U0180801

中 外 物 理 学 精 品 书 系

本 书 出 版 得 到 " 国 家 出 版 基 金 " 资 助

国家出版基金项目
NATIONAL PUBLICATION FOUNDATION

中外物理学精品书系

前沿系列·59

REBCO超导块材及其性能

杨万民 编著

北京大学出版社
PEKING UNIVERSITY PRESS

图书在版编目(CIP)数据

REBCO 超导块材及其性能/杨万民编著.—北京：北京大学出版社，2020.7
（中外物理学精品书系）
ISBN 978-7-301-31378-7

Ⅰ.①R…　Ⅱ.①杨…　Ⅲ.①高温超导材料　Ⅳ.①TB35

中国版本图书馆 CIP 数据核字(2020)第 104465 号

书　　　　名	REBCO 超导块材及其性能	
	REBCO CHAODAO KUAICAI JI QI XINGNENG	
著作责任者	杨万民　编著	
责 任 编 辑	刘　啸	
标 准 书 号	ISBN 978-7-301-31378-7	
出 版 发 行	北京大学出版社	
地　　　　址	北京市海淀区成府路 205 号　100871	
网　　　　址	http://www.pup.cn　新浪微博：@北京大学出版社	
电 子 信 箱	zpup@pup.cn	
电　　　　话	邮购部 010-62752015　发行部 010-62750672　编辑部 010-62754271	
印 刷 者	北京中科印刷有限公司	
经 销 者	新华书店	
	730 毫米×980 毫米　16 开本　25.75 印张　491 千字	
	2020 年 7 月第 1 版　2020 年 7 月第 1 次印刷	
定　　　　价	116.00 元	

序　言

　　物理学是研究物质、能量以及它们之间相互作用的科学。她不仅是化学、生命、材料、信息、能源和环境等相关学科的基础,同时还与许多新兴学科和交叉学科的前沿紧密相关。在科技发展日新月异和国际竞争日趋激烈的今天,物理学不再囿于基础科学和技术应用研究的范畴,而是在国家发展与人类进步的历史进程中发挥着越来越关键的作用。

　　我们欣喜地看到,改革开放四十年来,随着中国政治、经济、科技、教育等各项事业的蓬勃发展,我国物理学取得了跨越式的进步,成长出一批具有国际影响力的学者,做出了很多为世界所瞩目的研究成果。今日的中国物理,正在经历一个历史上少有的黄金时代。

　　在我国物理学科快速发展的背景下,近年来物理学相关书籍也呈现百花齐放的良好态势,在知识传承、学术交流、人才培养等方面发挥着无可替代的作用。然而从另一方面看,尽管国内各出版社相继推出了一些质量很高的物理教材和图书,但系统总结物理学各门类知识和发展,深入浅出地介绍其与现代科学技术之间的渊源,并针对不同层次的读者提供有价值的学习和研究参考,仍是我国科学传播与出版领域面临的一个富有挑战性的课题。

　　为积极推动我国物理学研究、加快相关学科的建设与发展,特别是集中展现近年来中国物理学者的研究水平和成果,北京大学出版社在国家出版基金的支持下于2009年推出了"中外物理学精品书系",并于2018年启动了书系的二期项目,试图对以上难题进行大胆的探索。书系编委会集结了数十位来自内地和香港顶尖高校及科研院所的知名学者。他们都是目前各领域十分活跃的知名专家,从而确保了整套丛书的权威性和前瞻性。

　　这套书系内容丰富、涵盖面广、可读性强,其中既有对我国物理学发展的梳理和总结,也有对国际物理学前沿的全面展示。可以说,"中外物理学精品书系"力图完整呈现近现代世界和中国物理科学发展的全貌,是一套目前国内为数不多的兼具学术价值和阅读乐趣的经典物理丛书。

    "中外物理学精品书系"的另一个突出特点是,在把西方物理的精华要义"请进来"的同时,也将我国近现代物理的优秀成果"送出去"。物理学在世界范围内的重要性不言而喻。引进和翻译世界物理的经典著作和前沿动态,可以满足当前国内物理教学和科研工作的迫切需求。与此同时,我国的物理学研究数十年来取得了长足发展,一大批具有较高学术价值的著作相继问世。这套丛书首次成规模地将中国物理学者的优秀论著以英文版的形式直接推向国际相关研究的主流领域,使世界对中国物理学的过去和现状有更多、更深入的了解,不仅充分展示出中国物理学研究和积累的"硬实力",也向世界主动传播我国科技文化领域不断创新发展的"软实力",对全面提升中国科学教育领域的国际形象起到一定的促进作用。

    习近平总书记在 2018 年两院院士大会开幕会上的讲话强调,"中国要强盛、要复兴,就一定要大力发展科学技术,努力成为世界主要科学中心和创新高地"。中国未来的发展在于创新,而基础研究正是一切创新的根本和源泉。我相信,在第一期的基础上,第二期"中外物理学精品书系"会努力做得更好,不仅可以使所有热爱和研究物理学的人们从中获取思想的启迪、智力的挑战和阅读的乐趣,也将进一步推动其他相关基础科学更好更快地发展,为我国的科技创新和社会进步做出应有的贡献。

"中外物理学精品书系"编委会主任

中国科学院院士,北京大学教授

王恩哥

2018 年 7 月于燕园

内 容 提 要

　　本书首先简要介绍了高温超导的发展史.之后,本书以 REBCO 超导块材为主,总结了国内外该领域的最新研究成果,包括 REBCO 晶体的相图、显微组织、晶体结构、制备方法、生长规律和机制、磁通钉扎中心的引入方法及其磁通钉扎机制、临界电流密度、磁悬浮力及捕获磁通特性等内容,其中着重介绍了 REBCO 超导块材的制备方法、物理性能测量方法,以及提高磁通钉扎能力、磁悬浮力和捕获磁通的方法.全书共 4 章,包括高温超导简介、REBCO 超导体的物相关系、单畴 REBCO 超导块材的制备方法和生长机制、REBCO 超导块材的捕获磁通密度及磁悬浮力特性.特别地,本书包含了作者多年来的部分研究成果.

　　本书可供本领域研究人员参考,也可作为超导材料、超导物理和磁悬浮技术等领域研究生的教材或参考书.

目　　录

第1章　高温超导简介

超导体是一种在一定温度(称为临界温度,记为 T_c)以下具有零电阻特性,且在弱磁场条件下具有完全抗磁性的材料.利用超导体的零电阻特性,可将电能无损耗地从一个地方传输到另一个地方,实现大容量、低电压、低损耗的电力输送,在超导电力传输电缆及高场磁体等领域具有巨大的应用潜力.

当温度降到临界温度以下时,超导体的电阻为零.如果导体只有零电阻特性而不具有完全抗磁性,则称为理想导体.那么,理想导体的磁学性质如何? 我们以一个理想导体球为例,分两种情况进行分析:

(1) 在无外加磁场的情况下,将其冷却到临界温度以下,使理想导体进入电阻为零的状态,接着给其施加一均匀磁场,再撤去外加磁场.

(2) 在高于临界温度的情况下,给处于非零电阻状态的理想导体施加一均匀磁场,接着将其冷却到临界温度以下,使理想导体进入电阻为零的状态,再撤去外加磁场.

对于第(1)种磁化过程,导体的起始温度高于临界温度 T_c.若先将其冷却到 T_c 以下,使其变成电阻为零的理想导体,再给其施加一均匀磁场,就会使理想导体表面激励起感生电流(又叫屏蔽环流).由于理想导体的零电阻特性,该屏蔽环流产生后永不消逝,结果在理想导体内部产生了一个与外加磁场的磁通密度大小相等、方向相反的磁场,刚好抵消了作用在样品内部的外加磁场.之后除去外加磁场,会使理想导体表面感生的屏蔽环流同时消失,此时,理想导体的状态与没有经历磁化过程的情况一样,如图 1.1 上部分所示.

对于第(2)种磁化过程,在导体温度高于临界温度 T_c 的情况下,先给其施加一均匀磁场.按照电磁感应定律,其表面也会产生感生电流,但由于其处于有电阻的状态,该感生电流很快就衰减为零,结果是导体内的磁感应强度与外场分布完全一致.之后再将其冷却到 T_c 以下,使其变成电阻为零的理想导体.在这一过程中,由于磁场没有发生任何变化,理想导体内的磁场分布也不会出现任何变化.然后,除去外磁场,这时理想导体表面就会感生屏蔽电流,该屏蔽环流将永不消逝,其产生的磁场与原外加磁场方向相同,相当于一个永磁体,如图 1.1 下部分所示.

基于以上分析可知,对于理想导体,采用先冷却,再加磁场,最后去磁场的方法,与先加磁场,再冷却,最后去磁场的方法,得到的结果完全不同.这说明,即使处于相同的温度和磁场环境,理想导体的物理特性也不是唯一的,因为理想导体的最终磁化效果与其磁化的历史或过程细节密切相关.

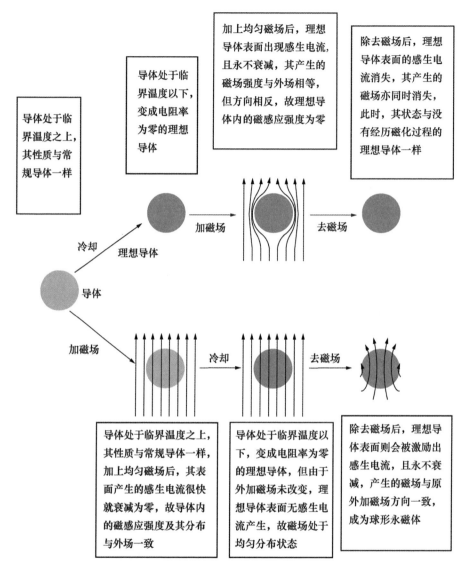

图 1.1　理想导体球的磁化行为与过程的关系

　　在 1911 年超导电性发现后的二十多年里,人们一直认为磁场与超导体的相互作用就像与理想导体一样,主要依据就是超导体在临界温度以下电阻为零.那么,超导体是否就是理想导体? 零电阻是否是它的唯一特性? 其磁化行为是否与理想导体的磁化行为相同? 这就需要通过实验验证.

　　1933 年,Meissner 和 Ochsenfeld 通过实验研究了圆柱形超导体在以下两种情况下的磁化行为:(1) 先冷却,后加磁场,再去磁场;(2) 先加磁场,后冷却,再去磁场.他们在测量圆柱形超导体外表面的磁通密度时发现:不管是通过第(1)种方法还是第(2)种方法,只要柱形超导体处于超导态,其内部的磁感应强度永远为零,磁通线都不能进入超导体内部,与超导体的初始状态和磁化历史没有关系.该物理现象无法用零电阻特性解释,是超导体所具有的另一种特殊性质,称为超导体的"完全抗磁性",亦称为 Meissner 效应.

由于超导体的完全抗磁性,其磁化行为与理想导体明显不同.仍以一个球状超导体为例,分两种情况进行分析:

(1) 在无外加磁场的情况下,将其冷却到临界温度以下,使其进入超导状态,接着给其施加一均匀磁场,再撤去外加磁场.

(2) 在高于临界温度的情况下,给处于非超导状态的超导体施加一均匀磁场,接着将其冷却到临界温度以下,使其进入超导状态,再撤去外加磁场.

对于第(1)种磁化过程,超导体的起始温度高于临界温度 T_c.先将其冷却到 T_c 以下,使其处于超导态,再给其施加一均匀磁场,结果会在超导体表面感生一层屏蔽环流.由于超导体具有零电阻特性,该感生电流将永不消逝,结果在超导体内部产生了一个与外加磁场磁通密度相等,但方向相反的磁场,刚好抵消了作用在超导体内部的外加磁场.当除去外加磁场后,超导体表面感生的屏蔽环流及其产生的磁场亦同时消失.此时,超导体的状态与没有经历磁化过程的情况一样,如图 1.2 上部分所示.

对于第(2)种磁化过程,在超导体温度高于临界温度 T_c 的情况下,先给其施加一均匀磁场,超导体内的磁感应强度与外场分布完全一致.再将其冷却到 T_c 以下,使其进入超导态.这时,超导体内的磁场被全部排出,其内部的磁感应强度则变为零.当除去外加磁场后,超导体的状态与没有经历磁化过程的情况一样,如图 1.2 下部分所示.这表明超导体的磁化行为与理想导体完全不同.

基于以上实际情况可知,对于超导体,不论采用的是先冷却,再加磁场,最后去磁场的方法,还是先加磁场,再冷却,最后去磁场的方法,得到的结果是完全相同的.这说明,超导体的最终磁化效果与其磁化的历史或过程细节无关,只与其所处的温度和磁场有关.只要处于相同的温度和磁场环境,超导体的物理特性将是唯一的,即超导体内的磁感应强度永远为零.

超导体的完全抗磁性只是其在弱磁场条件下的共有特性,当外加磁场继续增强时,不同的超导材料则会呈现出不同的磁化特性.那么,当外加磁场逐渐增强时,会发生什么变化? 研究结果表明,超导体的磁化行为会出现两种不同的情况.

(1) 当在处于超导态的超导体外部逐渐增强磁场时,其内部的磁感应强度 $B\equiv0$ 保持不变,直到外加磁场达到一个特定值时,超导体的超导态被突然破坏,并恢复到正常态.使超导体从超导态恢复到正常态的磁场强度称为临界磁场强度,记为 H_c.磁感应强度 $B=\mu_0(H+M)$.当 $H<H_c$ 时,超导体内 $B=0$,其磁化强度

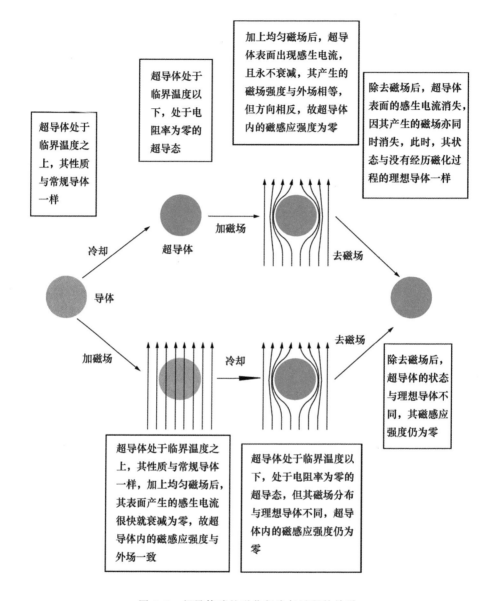

图 1.2　超导体球的磁化行为与过程的关系

$M=-H$；当 $H>H_c$ 时，超导体内 $B=\mu_0 H$，$M=0$.其磁化行为如图 1.3 左图所示.我们把具有这种特性的超导体称为第一类超导体.

(2) 当在处于超导态的超导体外部逐渐增强磁场，且当 H 小于某一较小的特定值 H_{c1} 时，其内部的磁感应强度 $B\equiv 0$ 保持不变，超导体仍处于完全抗磁状态.但当 $H\geqslant H_{c1}$ 时，磁通线开始进入超导体的内部，这时超导体内的磁感应强度 B 不再等于 0,超导体进入了一种超导态和正常态共存的混合态.随着 H 的进一步增加,超导体内的磁感应强度 B 越来越强,其磁化强度 $M=-H+\dfrac{B}{\mu_0}$ 也越来越接近于零,直到当外加磁场达到某一特定值 H_{c2} 时,超导态才被破坏,并恢复到正常态.当 $H\geqslant H_{c2}$ 时,$M=0$,超导体处于正常态,其磁化行为如图 1.3 右图所示.使超导体从完全抗磁状态开始进入混合态的磁场强度 H_{c1} 称为下临界磁场强度;使超导体从混合态开始进入正常态的磁场强度 H_{c2} 称为上临界磁场强度.我们把这种具有下临界磁场强度 H_{c1}、上临界磁场强度 H_{c2},以及完全抗磁状态和混合态的超导材料,称为第二类超导体.

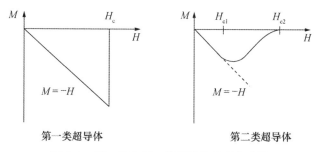

图 1.3　第一类和第二类超导体的磁化曲线

　　超导体的抗磁性,使得施加在超导体上的外加磁场难以穿入其内部,表现为对外加磁场的排斥性.利用超导体的抗磁性,可以研发超导磁悬浮轴承、储能飞轮、磁悬浮搬运系统、超导电机或发电机、永磁体等方面的应用.

　　总之,超导体独特的物理性能使得其在电力传输、高场磁体、发电机、电动机、磁选矿、地质探测、医学磁成像、磁悬浮列车、磁悬浮轴承、超导储能飞轮、超导储能系统、测量标准、高性能滤波器、超导磁力船舶推进系统、粒子加速器、高速超导开关、超高速超导计算机,以及受控核聚变等领域都已经或正在取得举世瞩目的成就.正是由于超导材料具有大的无阻载流能力和很好的抗磁性以及其潜在的巨大应用价值,才使得无数的科学家和科技工作者夜以继日、孜孜不倦地努力工作,不断提高超导材料的临界温度(T_c)、临界电流密度(J_c)及临界磁场强度(H_c),以期获得具有更高 T_c,J_c 及 H_c 的新材料.经过一百多年的艰苦努力,超导材料的研究不仅在临界温度方面,而且在临界电流密度及其应用方面都取得了重大进展.

§1.1　高温超导的发现及历史

　　以 NbTi,Nb$_3$Sn 和 Nb$_3$Al 为代表的低温超导材料的商业化,使得超导材料在核磁共振人体成像、超导磁体、大型粒子加速器、磁流体发电、磁悬浮列车等领域获得了广泛应用. SQUID 作为超导体弱电应用的代表, 已在微弱电磁信号测量方面起到了重要作用, 其灵敏度是其他任何非超导装置无法达到的. 尽管如此, 由于传统低温超导体的临界温度太低, 必须在昂贵而且复杂的液氦系统中使用, 从而严重地限制了低温超导材料的广泛应用.

1986 年 4 月 17 日, Bednorz 和 Muller 在撰写的科技论文中, 首次报道了 T_c 达 35 K 的 Ba-La-Cu-O 超导材料[1], 这标志着高温超导材料新纪元的开始. 他们认为这种性能与 Ba-La-Cu-O 晶体的 Jahn-Teller 效应有关. 他们发现该晶体中不仅有氧缺陷, 而且还存在具有混合价态的铜离子, 并且在无 Jahn-Teller 效应的 Cu^{3+} 和有 Jahn-Teller 效应的 Cu^{2+} 离子之间存在巡游电子, 因此, 他们认为 Ba-La-Cu-O 晶体中可能存在较强的电子–声子相互作用, 有望呈现金属电导特性. Jahn-Teller 效应是指, 对具有电子轨道简并态的非线性分子, 由电子占据简并态轨道的不对称性导致的分子对称性、轨道简并度, 以及体系能量降低的现象.

由于发表这一结果的期刊知名度并不高, 而且 Bednorz 和 Muller 两位科学家当时知名度也不是很高, 所以, 刚开始时, 许多人怀疑这一结果的可靠性. 最终, 日本的 Uchid[2] 小组和美国的朱经武小组[3,4] 从实验上证实了这一结果的正确性. 至此, 人们才开始认真考虑和高度重视该类高 T_c 氧化物超导材料, 许多研究者很快加入了高温超导材料的研究热潮中, 使高温超导材料的临界转变温度出现了突飞猛进的发展, 如图 1.4 所示.

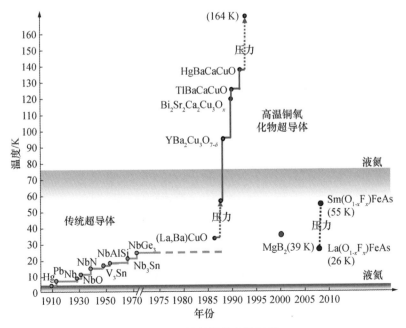

图 1.4　超导材料的发展历程

1987 年初,美国休斯敦大学德州超导中心的朱经武首先通过美国国家科学基金会宣布,他们合成了一种新的超导体,$T_c = 93$ K,并强调测量是在液氮中进行的. 几乎同时,中国科学院宣布,中国科学院物理所赵忠贤等合成了 Y-Ba-Cu-O 超导体[5],其中点转变温度为 92.8 K,零电阻温度为 78.5 K,并同时第一次在国际上发表了该种超导体的组成元素. 从此真正开创了液氮温度超导体(高温超导体)的新时代.

1988 年,Maeda 等[6]通过在 T_c 为 22 K 的 Bi-Sr-Cu-O 超导体中掺 Ca 的方法,使 Bi-Sr-Ca-Cu-O($Bi_2 Sr_2 Ca_3 Cu_3 O_{10+x}$)超导体的 T_c 提高到了 110 K. 同年 4 月,Hazen 等发现了 T_c 达到 120 K 的 Tl-Ba-Ca-Cu-O($Tl_2 Ba_2 Ca_2 Cu_3 O_{10-x}$)超导体[7]. 1993 年 4 月,瑞士学者 Schiling 等又合成了 Hg-Ba-Ca-Cu-O($HgBa_2 Ca_2 Cu_3 O_{8+x}$)超导材料[8],其 T_c 达 134 K,在 30 GPa 的压力下可达 164 K. 在这众多的高温超导体中,每种材料都自成体系,如 Y 系、Bi 系、Tl 系和 Hg 系超导体. 虽然组成每类超导体的元素成分不同,但它们有一个共同的特点,即每一类材料都含有铜氧化物,统称为铜氧化物超导体.

2001 年,日本青山学院大学的秋光纯宣布,他们小组发现了迄今为止临界温度最高的金属化合物超导体——二硼化镁(MgB_2),其超导转变温度达 39 K[9]. 二硼化镁的发现为研究具有简单组成和结构的新型超导体找到了途径. 二硼化镁超导体的最大特征是:晶体结构和性能具有各向同性、临界电流密度达 10^5 A/cm²,而且易于成材和加工,具有很好的应用开发前景. 与铜氧化物高温超导体不同,二硼化镁容易制成薄膜或线材,因此,可用于电力传输、磁体、超级电子计算机器件以及 CT 扫描成像仪等方面. 二硼化镁晶体属六方晶系,虽然早在 1950 年就被人们发现,但之前从未有人研究过其超导电性问题. 如今,二硼化镁已成为国际上开发应用的主要超导材料之一.

2008 年初,日本 Kamihara 等首次发现了铁基化合物 $LaO_{1-x} F_x FeAs$ 的超导电性,临界温度约 26 K[10]. 这又引起了新一轮的超导研究热潮. 在对铁基超导材料及其物理特性的研究过程中,我国的中国科学院物理研究所、中国科学技术大学、中国科学院电工研究所应用超导重点实验室等做了大量工作,并取得了很好的进展. 如闻海虎等成功合成了第一个空穴掺杂型铁基超导材料 $La_{1-x} Sr_x OFeAs$[11],陈仙辉等[12]制备出了临界温度超过 40 K 的铁基超导体,赵忠贤等获得了转变温度达 52 K 的 $PrO_{1-x} F_x FeAs$ 和 55 K 的 $Sm[O_{1-x} F_x]FeAs$ 超导体[13],马衍伟等率先制备出了起始转变温度达 52 K 的 $SmO_{1-x} F_x FeAs$ 超导线材[14]等. 这些方面的工作仍在继续进行. 目前,我国在铁基超导材料和超导机制研究方面仍处于国际先进水平.

另外,崔田课题组采用第一性原理计算方法,预测了在高压下形成的 H_3S 化合物存在一个具有金属特性的立方相,并按照 BCS 理论计算,预测在 200 万大气压时其超导临界温度 T_c 在 191～204 K 之间[154].该理论预测的结果已被德国马普所 Eremets 课题组证实[155].

目前,除了继续研究和开发实用化的超导材料和应用技术之外,科学家们仍在继续努力,不断地探索和寻找具有室温或更高临界温度的超导材料.

在超导理论研究方面,传统超导体的超导现象和特性可以用 BCS 理论进行解释,但是 BCS 理论尚不能解释铜基超导体和铁基超导体的物理性质.关于高温超导体的理论目前仍然处于研究和争论当中.虽然尚没有形成共识的理论,但大量的事实表明,高温超导体中的确存在 Cooper 电子对,只是电子对形成的机制尚不清楚.如人们对铜氧化合物超导体存在的 d 波对称和赝能隙是有共识的,但多种合作现象的共存与竞争却使实验研究和理论研究都遇到了很多问题.因此,高温超导机理向传统的固体理论提出了新的挑战,是物理学公认的一个难题.正是这些问题的存在,给科学研究者带来了挑战与机遇.随着实验研究和理论认识的深入,人们应该能够建立新的理论,以解决有关超导电性的全部问题.这可能是新的固体电子论诞生的一个基础[15].

§1.2　几种实用超导体的性能

众所周知,对于具有 A15 型钙钛矿结构的传统超导体而言,在实际工程中已经被广泛应用的主要有铌钛合金(NbTi)和铌三锡合金(Nb_3Sn)材料.虽然它们的临界温度 T_c 只有 9.5 K 和 18.1 K 左右,没有 Nb_3Ge 超导体高(Nb_3Ge 是低温超导体中 T_c 最高的材料,约 23.2 K),但是它们的机械强度、在强磁场下的载流能力却很强.而 Nb_3Ge 合金超导体在这些关键的技术参数方面比较差,大大地限制了其应用.因此,以具有综合性能优势的 $NbTi$,Nb_3Sn 为代表的超导材料,已商品化、实用化,并在核磁共振人体成像、超导磁体、大型加速器用磁体、磁流体发电、磁悬浮列车、大型国际科技工程(如大型强子对撞机(Large Hadron Collider)、国际热核聚变实验反应堆(International Thermonuclear Experimental Reactor))等多个领域获得了广泛应用.这说明一种超导体能否满足实际应用、应用的程度、应用范围的宽广度等都取决于其综合超导性能,而不只是简单地视其 T_c 高低而定.

对于超导体而言,它具有三个临界参量,即临界电流密度 J_c、临界磁场强度 H_c 和临界温度 T_c,它们之间既相互依赖,又相互制约,有着密切的关系.超导体只有在同时满足工作温度 $T < T_c$、荷载电流密度 $J < J_c$、工作环境磁场强度 $H < H_c$ 三个条件的情况下,才能呈现超导电性,否则,超导体将恢复到正常态.因此,如果给定了超导体工作的温度,那么其 J_c 的大小以及 J_c 随外加磁场衰减的快慢,就成为

判断其能否应用的主要因素. 图 1.5 是美国应用超导中心的 Lee 在 2013 年 7 月整理的几种已经在实际工程中应用,或具有实际应用价值的超导材料在 4.2 K(除特别标注外)条件下的临界电流密度 J_c 随外加磁场强度的变化规律[16].

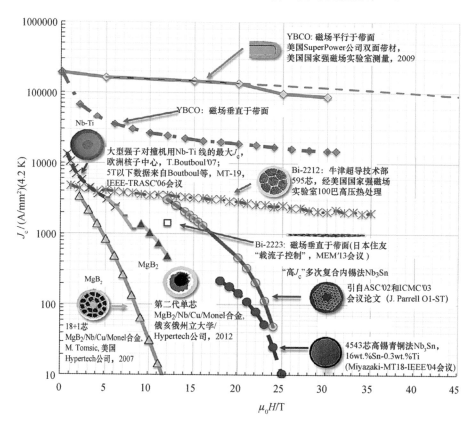

图 1.5 几种具有实用价值的超导材料在 4.2 K(除特别标注外)条件下的临界电流密度 J_c 随外加磁场强度的变化规律[16]

图 1.5 中除了上面提到的已商品化的 NbTi 和 Nb_3Sn 低温超导材料外,还包括 1986 年后发现的 T_c 约 93 K 的 Y-Ba-Cu-O、T_c 约 80 K 的 Bi-Sr-Ca-Cu-O ($Bi_2Sr_2CaCu_2O_{8+\delta}$)、$T_c$ 约 110 K 的 Bi-Sr-Ca-Cu-O ($Bi_2Sr_2Ca_2Cu_3O_{10+x}$) 和 T_c 约 39 K 的 MgB_2 超导材料(2001 年发现),却没有 T_c 约 120 K 的 Tl-Ba-Ca-Cu-O ($Tl_2Ba_2Ca_2Cu_3O_{10-x}$)超导体和 T_c 约 134 K 的 Hg-Ba-Ca-Cu-O ($HgBa_2Ca_2Cu_3O_{10-x}$)超导体. 这不仅是因为 Tl-Ba-Ca-Cu-O 和 Hg-Ba-Ca-Cu-O 超导体含有有毒的 Tl 和 Hg 元素,更主要是由于它们在强磁场下的载流能力较差,从而限制了其应用. 这进一步说明,虽然 T_c 的高低是判断超导体性能优劣的一个非常重要的参数,但并不是唯一的,因此,在实际工程应用设计中,必须根据实际情况的需要,综合考

虑超导材料的 T_c, J_c, H_c 参量, 认真地选择能够完全满足工程应用需求的超导材料.

由图 1.5 可以明显看出, $Bi_2Sr_2Ca_2Cu_3O_{10+x}$ 超导体的 J_c 和 MgB_2 超导材料的 J_c 介于低温超导材料 NbTi 和 Nb_3Sn 之间, $Bi_2Sr_2CaCu_2O_{8+\delta}$ 超导材料的 J_c 在低磁场时低于超导材料 NbTi, 但在高磁场条件下, 其 J_c 明显高于 NbTi 和 Nb_3Sn 超导材料. 特别突出的是 Y-Ba-Cu-O 超导材料, 不管是在低磁场还是在高磁场条件下, 其 J_c 均明显高于现有的所有其他超导材料. 如在低磁场 1 T 条件下, Y-Ba-Cu-O 超导材料的 J_c 高达 2×10^5 A/mm^2, 明显高于其他超导体中 J_c 最高的 NbTi 超导材料(1.2×10^4 A/mm^2). 在 30 T 的高磁场条件下, Y-Ba-Cu-O 超导材料的 J_c 仍高达 9×10^4 A/mm^2, 明显高于其他超导体中 J_c 最高的 $Bi_2Sr_2CaCu_2O_{8+\delta}$ 超导材料(2×10^3 A/mm^2). 因此, 基于 RE-Ba-Cu-O(RE 为 Y, Gd, Sm, Eu, Nd 等稀土元素)系列材料优越的超导性能, 不论是以 RE-Ba-Cu-O 为基础的第二类超导带材, 还是以 RE-Ba-Cu-O 为基础单畴超导块材, 都已成为目前科学研究和实际工程应用开发的主要方向, 并取得了良好的进展.

§1.3　铜氧化物高温超导晶体结构的共性特征

铜氧化物高温超导体有好几个系列, 每个系列又包含不同的种类, 比较受人们关注的有 Y 系、Bi 系、Tl 系和 Hg 系超导材料, 它们的 T_c 和磁场下的 J_c 各不相同, 但在晶体结构上却有许多共同之处.

(1) 每一类铜氧化物超导体都含有一层或几层 CuO_2 平面, 这是其称为铜氧化物超导体的原因. CuO_2 平面对超导电性是至关重要的, 它决定了该类超导体在结构上和物理性能上的二维特点[17].

(2) 铜氧化物超导体都具有层状钙钛矿结构, 其晶格常数 a 和 b 都接近 0.38 nm. 这与 Cu—O 键的键长有关. 而晶格常数 c 却与晶体结构中 CuO_2 面的层数有关[17].

(3) 对已知的铜氧化物超导体而言, 其对称性仅限于四方晶系或正交晶系.

(4) 氧含量的高低对铜氧化物超导体的晶体结构及超导电性有重要影响[18,19,20,21].

这些是铜氧化物超导体的共性, 但不同的铜氧化物超导体还有不同的具体结构和性能.

§1.4 REBCO 高温超导体简介

1.4.1 REBCO 超导体中常用化合物相的简称

从目前已发表的论文和相关图书资料看,该领域的专家学者基本上都采用了相同的简称,如用 REBCO 表示 RE-Ba-Cu-O 系列超导体,用 BSCCO 表示 Bi-Sr-Ca-Cu-O 系列超导体,用 TlBCCO 表示 Tl-Ba-Ca-Cu-O 系列超导体,用 HgBCCO 表示 Hg-Ba-Ca-Cu-O 系列超导体.在 REBCO 超导体中,RE 代表 Y,Gd,Sm,Eu,Nd 等稀土元素.由于其 RE^{3+} 离子半径的差异,REBCO 超导体的分子式有所不同:

(1) 用 Y123 表示 $YBa_2Cu_3O_{7-\delta}$ 超导体,用 Y211 表示 Y_2BaCuO_5,用 Y200 表示 Y_2O_3,用 011 表示 $BaCuO_2$,用 001 表示 CuO,用 YBCO 表示纯 Y123 超导体或含有其他化合物的 Y123 超导体.

(2) 用 RE123 表示 $RE_{1+x}Ba_{2-x}Cu_3O_{7-\delta}$ 超导体,用 RE211 表示 $RE_{2-x}Ba_{1+x}CuO_5$,用 REBCO 表示纯 RE123 超导体或含有其他化合物的 RE123 超导体,用 Nd422 表示 $Nd_{4-2x}Ba_{2+2x}Cu_2O_{10-\delta}$,用 La422 表示 $La_{4-2x}Ba_{2+2x}Cu_2O_{10-\delta}$ 等.

在 Y123 超导体中,由于 Y^{3+} 的半径与 Ba^{2+} 的半径相差较大,不会出现 Ba^{2+} 占据 Y^{3+} 离子晶格位置的情况,因此,在 Y123 超导体中 Y,Ba,Cu 原子的比例为 Y:Ba:Cu=1:2:3.而在具有较大离子半径的 REBCO 超导体中,由于 RE^{3+} 的半径与 Ba^{2+} 的半径相差较小,结果导致了部分 Ba^{2+} 占据 RE^{3+} 离子晶格位置的现象.因此,在 RE123 超导体中 RE,Ba,Cu 原子的比例不再是严格的 RE:Ba:Cu=1:2:3,如 Nd123,Sm123,La123 等.

1.4.2 YBCO 超导体的晶体结构

Y123 超导体的分子式为 $YBa_2Cu_3O_{7-\delta}$.根据氧含量的高低,它有两种晶体结构,一种是四方相,另一种是正交相.其中,氧含量较高的正交相是超导相,T_c 约 92 K.图 1.6 是 $YBa_2Cu_3O_{7-\delta}$ 超导体的晶体结构示意图[22].

由图 1.6 可知,Y123 超导体的晶体结构比较复杂,是由 3 个简单的钙钛矿 ABO_3 结构构成的.其中,A 代表离子半径较大的阳离子,B 代表离子半径较小的过渡金属阳离子,由 CuO_2 构成的铜氧平面可以周期性地延伸到整个晶体.$CaTiO_3$ 晶体是钙钛矿 ABO_3 结构的典型代表,Ca 占据 A 位,Ti 占据 B 位.图 1.7 是 ABO_3 钙钛矿晶体的结构示意图.从晶体结构上看,6 个 O 离子与一个 B(Ti)离子构成一个 BO_6 八面体,B(Ti)离子占据八面体的中心,这是钙钛矿晶体结构的框架.8 个 BO_6 八面体构成了一个简立方晶格结构,A(Ca)离子位于该简立方晶格结构的中心.

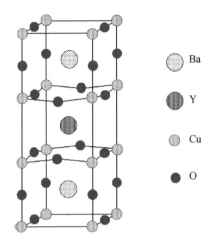

图 1.6 $YBa_2Cu_3O_{7-\delta}$ 超导体的晶体结构[22]

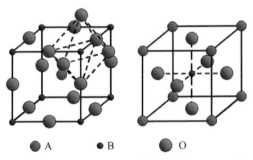

图 1.7 ABO_3 晶体的结构

图 1.6 所示 $YBa_2Cu_3O_{7-\delta}$ 超导体的晶体结构,可以视为由 3 个钙钛矿结构的 $BaCuO_3$,$YCuO_2$ 和 $BaCuO_2$ 组成. 其中,$YCuO_2$ 和 $BaCuO_2$ 是缺氧的钙钛矿结构,这就是该种晶体 c 轴的晶格常数约是 a(或 b)轴晶格常数 3 倍的原因.

$YBa_2Cu_3O_{7-\delta}$ 随着 δ 的不同,晶格常数也会发生明显变化. 样品中 δ 值的大小与烧结样品时的温度及氧分压有密切关系,直接影响着 YBCO 化合物的晶格常数[20,23,24]. 图 1.8 是 Y123 化合物的详细结构示意图[20,23],图 1.8(a) 和 (b) 分别是正交相和四方相的晶体结构图,其中,在图 1.8(b) 中垂直于 c 轴的 Cu(1)-O(1) 平面,因 O(1) 的位置存在随机分布的氧空位而表现为无序的结构状态. 通过在纯氧气环境下进行热处理后,氧原子会进入 Y123 晶体,占据氧空位,并形成有序的晶体结构,使其从无序、非超导的四方相转变为有序的正交超导相,如图 1.8(a) 所示. 热处理温度上限可达 700℃,$YBa_2Cu_3O_{7-\delta}$ 超导晶体从四方相向正交相转变的临界氧含量 δ 在 0.65 左右.

由于 Y123 化合物是缺氧型钙钛矿晶体结构,因此 $YBa_2Cu_3O_{7-\delta}$ 超导晶体的晶

格常数 a,b,c 并不是确定的常数. 当 $\delta=0.07$ 时, $YBa_2Cu_3O_{7-\delta}$ 晶体的晶格常数 $a=3.8227$ Å, $b=3.8872$ Å, $c=11.6802$ Å. 图 1.9 是 $YBa_2Cu_3O_{7-\delta}$ 超导晶体的晶格常数 a,b 随着氧含量变化的规律曲线. 其中, a_O,b_O 分别对应于正交相的晶格常数, a_T 对应于四方相的晶格常数.

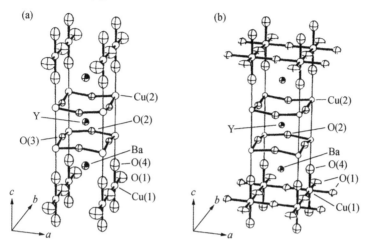

图 1.8   Y123 化合物的详细结构[20,23]. (a) 正交相, (b) 四方相. 在图 (b) 中垂直于 c 轴的 Cu(1)-O(1) 平面内, O(1) 位置存在随机分布的氧空位

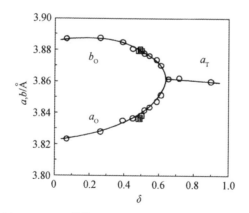

图 1.9 $YBa_2Cu_3O_{7-\delta}$ 晶体的 a 轴和 b 轴晶格常数与氧含量的关系

图 1.10 是 $YBa_2Cu_3O_{7-\delta}$ 晶体 c 轴的晶格常数随着氧含量变化的规律曲线. 由图 1.9, 图 1.10 可知, 随着 δ 的逐渐减小, $YBa_2Cu_3O_{7-\delta}$ 超导晶体中的氧含量越来越高, a 轴和 c 轴的晶格常数均逐渐变小, 而 b 轴晶格常数则逐渐增加. 氧含量的高低决定了 $YBa_2Cu_3O_{7-\delta}$ 晶体是属于正交相的超导体, 还是属于四方相的非超导体, 其相互转变的临界值为 $\delta\approx0.65$. 当 $\delta<0.65$ 时, $YBa_2Cu_3O_{7-\delta}$ 晶体是正交相的超

导体,当 $\delta > 0.65$ 时,则处于非超导的四方相.

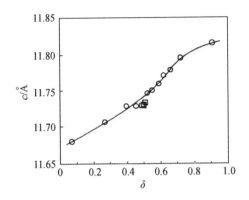

图 1.10 $YBa_2Cu_3O_{7-\delta}$ 超导晶体的 c 轴晶格常数与氧含量的关系

除 $YBa_2Cu_3O_{7-\delta}$ 化合物外,还有两种 Y 系超导体,即 $YBa_2Cu_4O_8$[25] 和 $YBa_2Cu_7O_{15}$[26] 化合物,但它们的超导性能都比 $YBa_2Cu_3O_{7-\delta}$ 材料差. 读者可参阅相关文献对其做进一步了解.

1.4.3   固态反应法制备的 YBCO 超导体的形貌及性能

YBCO 超导体是人们发现的第一个临界温度($T_c = 91 \sim 93$ K)高于液氮温度(77.3 K)的高温超导体,也是迄今为止,被认为最有发展前途的高温超导材料之一.

自 1987 年 YBCO 超导体发现后,立即掀起了全球范围的高温超导研究热潮,其规模之大、论文数量之多、关注程度之高,均反映了人们对这种超导材料的厚望. 起初,人们都采用固态反应方法制备 YBCO 超导材料,将 Y_2O_3,Ba_2CO_3 和 CuO 三种粉末按一定的原子比例(如 Y∶Ba∶Cu=1∶2∶3)混合研磨,压坯成型后,在 $900 \sim 920$℃烧结 24 h 左右,就可以得到具有四方相结构的 YBCO 材料. 这样得到的 YBCO 材料并不具有超导电性,要经过渗氧处理,才能使其从非超导的四方相转变成超导材料的正交相. 用固态反应法制备的 YBCO 超导材料是由大量 $YBa_2Cu_3O_{7-\delta}$ 晶粒构成的,这些超导颗粒相互黏结在一起形成了 YBCO 超导体. 图 1.11 是用固相反应法制备 Y123 晶体的显微组织照片,其中图(a)是用 Y_2O_3,Ba_2CO_3 和 CuO 按 Y∶Ba∶Cu=1∶2∶3 混合均匀后,在 950℃烧结 12 h 获得的样品形貌,图(b)是先将 Y_2O_3,Ba_2CO_3 和 CuO 按 Y∶Ba∶Cu=1∶2∶3 混合均匀,再球磨 4 h,然后在 950℃烧结 8 h 获得的样品形貌. 由此可知,不论球磨与否,只要是采用固态反应法制备的 YBCO 超导材料,都具有明显的颗粒状晶粒形貌,唯一的区别只是晶粒的大小和气孔的含量不同而已[30].

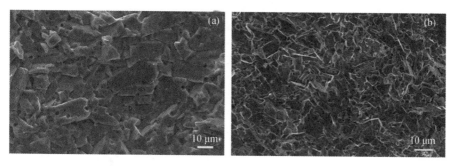

图 1.11 固相反应法制备 Y123 晶体的显微组织照片[30]. (a) 950℃烧结 12 h 的样品形貌(未球磨),(b) 950℃烧结 8 h 的样品形貌(烧结前球磨 4 h)

通过测量发现,该类材料的 T_c 一般在 91~93 K,转变宽度很窄($\leqslant 1$ K).但它的临界电流密度(J_c)却很低,介于 100~1000 A/cm^2(77.3 K,0 T)之间.而且 J_c 随外加磁场的增加下降很快,当外加磁场增加到 0.1~0.5 mT 时,J_c 迅速下降到几 A/cm^2,可以说没有应用价值.例如,对图 1.11 所示的两个 Y123 超导体在 2 mT 下的临界电流密度 J_c 进行测量,发现其 J_c 随温度的变化非常明显,如图 1.12 所示[30].从图中可明显看出,不论是烧结前对粉体进行了球磨还是没进行球磨、超导体中的晶粒是大还是小,只要是采用固态反应法制备的 YBCO 超导材料,其临界电流密度 J_c 都很小,在 77 K 只有几到几十 A/cm^2,即使在 40 K 左右也只有不到 250 A/cm^2.又如,Kim 等先用草酸盐共沉淀法制得 Y123 粉体,再用固相烧结法制备 Y123 晶体,并对其在 77 K 温度下的 J_c 随外加磁场强度的变化规律进行了研究,结果如图 1.13 所示[31].由图 1.13 可知,不论制备 Y123 粉体时采用的是具有

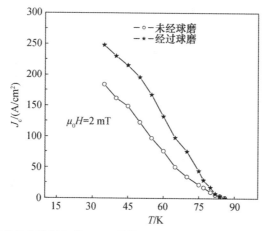

图 1.12 固态反应法制备的 Y123 晶体的临界电流密度 J_c 与温度的关系[30]

不同 PH 的溶液,还是草酸二水合物,只要是采用固态反应法制备的 YBCO 超导材料,其临界电流密度 J_c 都很小,在 400 G 的弱磁场下只有 10 A/cm^2 左右,即使在零磁场条件下最大也不到 500 A/cm^2. 这些结果说明,采用固态反应法制备的 Y123 晶体超导性能太差,远远无法满足实际应用的要求.

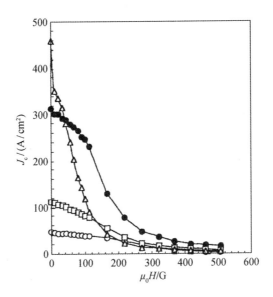

图 1.13 用草酸盐共沉淀法制得 Y123 粉体后,再用固态反应法制备的 Y123 晶体在 77 K 温度下的临界电流密度与外加磁场的关系[31]. (○) PH＝6.64,(●) PH＝6.58,(□) PH＝7.51,(△) 草酸二水合物法

该结果让对该类材料寄予厚望的科学家们感到了前所未有的困惑、挑战和机遇. 科学家们通过认真的观察和分析,找到了 J_c 低,且随磁场增加衰减很快的原因[27,28,29]. 原来,在用固态反应法制备的 YBCO 超导体中,制约 J_c 提高的因素主要有四点:(1) YBCO 超导晶粒之间存在着类似于 Josephson 结那样的弱连接,大电流无法通过晶界. (2) 样品中缺少有效的磁通钉扎中心,磁通钉扎能力弱,在 77 K 下样品出现的严重磁通蠕动,导致了其 J_c 随外加磁场增加快速衰减的现象. (3) 由于 YBCO 超导晶粒具有高度各向异性,而样品中的 YBCO 超导晶粒是随机取向,并非定向排列,导致其电磁特性无法充分发挥. (4) YBCO 样品中存在着微裂纹和气孔等. 针对这些具体的问题,科学家进行了认真的分析和研究,不断探索克服这些难题的方法. 在此过程中,Jin 等[29]率先发明了一种制备 YBCO 超导体的熔融织构生长(melt-texture growth,MTG)法,使 YBCO 超导体的 J_c 及其在磁场下的性能得到了大幅度提高,使人们再次看到了 YBCO 超导材料良好的性能及广阔的应用前景.

1.4.4   熔化生长方法制备的 YBCO 超导体的形貌及性能

鉴于用固态反应法制备的 YBCO 超导体存在上述问题,以及 YBCO 晶粒及其超导性能的各向异性,为了提高其 J_c,就必须使这些具有各向异性的片层状 YBCO 晶片定向排列、织构化生长.实现此目标的方法有三种:一是用机械的方法,实现片层状 YBCO 晶片的定向排列.二是用磁化取向法,使具有磁化强度各向异性的 YBCO 晶片在磁场的作用下实现定向生长.三是熔化生长方法.这种方法首先使多晶的 YBCO 晶粒在高温下熔化,然后在冷却的过程中,再次结晶生长成具有织构取向的 YBCO 晶体.用前两种方法制备的织构化 YBCO 样品,虽然能够实现晶粒的织构化和定向排列,但是由于大量晶粒间界的存在,仍难以显著提高 J_c.因此,用这两种方法制备的样品只能把 YBCO 材料的 J_c 提高到有限的程度,远不能满足实际应用的要求.用第三种方法制备的样品,则能够克服前两种方法的缺陷,实现样品中片层状 YBCO 晶粒按一定方向(ab 面方向)的定向排列.用该方法制备的 YBCO 样品沿 ab 面的 J_c 在 77 K 下可达 $10^4 \sim 10^5$ A/cm².在提高 YBCO 样品超导性能方面,人们相继发明了以下几种不同的熔化生长方法.

Jin 等发明了熔融织构生长(MTG)法[29].该方法将纯 $YBa_2Cu_3O_y$(Y123)粉末压成棒状坯料后,烧结成(0.2~1)mm×(0.5~2)mm×30 mm 的多晶样品,再将烧结好的样品在温度梯度为 50℃/cm 的炉子中加热到 1050~1200℃,使 Y123 相熔化分解,生成固态的 Y_2BaCuO_5(Y211)相、液态的 $BaCuO_2$(011)相和 CuO(001)相.然后,该方法将样品冷却到 900℃,接着将样品在通有氧气的气氛中以约 10℃/h 的速率冷却到 400℃,得到 YBCO 超导样品.在用这种方法制备的样品中,不仅 Y123 晶粒生长成了片层状形貌,晶片明显变大(相对于固相烧结法样品),晶面尺寸约为(100~300)μm×(5~20)μm,而且在单个晶畴(mm 量级)范围内,Y123 晶粒基本上都自然生长成了织构化、定向平行排列的层状晶结构.虽然有的晶粒之间夹杂着非超导的化合物,但相对于固相烧结法而言,用 MTG 法制备的 YBCO 样品的 J_c 有了大幅度的提高.图 1.14 是用熔融织构生长法制备的 YBCO 晶体的显微结构(SEM)照片.由图 1.14 可知,在 YBCO 晶体熔化生长的过程中,Y123 晶粒能够实现定向织构化生长,并生成高度平行排列的层状晶结构,其中镶嵌在 Y123 晶片之间的颗粒是非超导的 Y211 相粒子.

图 1.15 是用 MTG 法和固相烧结法制备的 YBCO 样品在液氮温度下的 J_c 随磁场的变化曲线.由图 1.15 可知,在液氮温度、零场条件下,用 MTG 法制备的 YBCO 样品传输电流密度 J_c 约为 17000 A/cm²,而固相烧结法制备的样品只有 500 A/cm² 左右.即使在 1 T 的磁场条件下,用 MTG 法制备的 YBCO 样品 J_c 仍高达 4000 A/cm²,而固相烧结法制备的样品只有 1 A/cm² 左右.这说明,用 MTG 法

不仅可以抑制和减少固相烧结法样品中的弱连接,而且能够实现 YBCO 超导晶体的定向生长,从而大幅度提高了其超导性能.

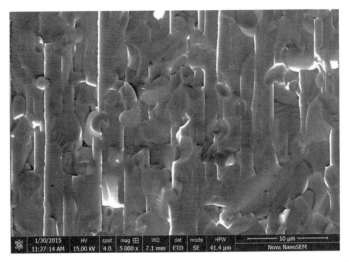

图 1.14   用熔融织构方法制备的 YBCO 晶体的显微结构(SEM)照片,其中片层状的是 Y123 晶体,颗粒状的是非超导的 Y211 相粒子

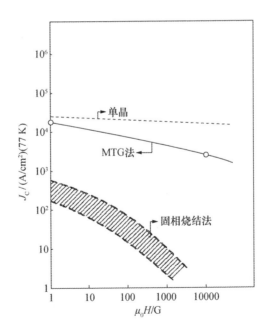

图 1.15   用 MTG 法和固相烧结法制备的 YBCO 样品在液氮温度下的 J_c 随磁场的变化[29]

Salama 等发明的液相生长(liquid phase processing, LPP)法[32]也能制备出具有良好织构化生长的 YBCO 超导晶体. 在用该种方法制备的样品中,具有高度晶粒取向的 Y123 晶畴比 MTG 方法制备的要大一些. 该方法先将 Y123 粉体压制成 1.2 cm×0.8 cm×6.5 cm 的 Y123 棒,并在大气气氛 940℃下烧结 24 h,然后,将烧结好的 Y123 多晶棒切割成厚度为 3 mm 的长方体形状,再将之放入已加热到 1100℃(高于 Y123 的包晶反应温度 1015℃)的均温炉子中,使 Y123 相快速熔化分解,避免了从低温升至高温时出现的共晶反应. 之后该方法将样品在 1100℃保温 10 min,使 Y123 相熔化分解生成固态的 Y_2BaCuO_5(211)相、液态的 $BaCuO_2$(011)相和 CuO(001)相,然后,将样品快速冷却到 1030℃,接着再以 0.3℃/min 到 1℃/h 的冷却速率降到 980℃,并保温 8 h. 在这一慢冷的温度区间(跨越了 Y123 的包晶反应温度),YBCO 晶体完成了从开始成核到生长成片层状 Y123 晶体的过程. 然后,将样品炉冷到 600℃,通入氧气后,再将样品从 600℃慢降到室温,其中,在 600℃保温 12 h,并在 500℃和 400℃进行长时间的保温(是为了减少渗氧过程中,因 Y123 晶体从四方相向正交相转变时出现裂纹),即可获得织构化生长的 YBCO 超导体.

LPP 生长法制备样品的显微组织表明,样品中并不完全都是 Y123 晶体,仍有 10%~15%(体积百分比)的椭球形 Y211 粒子(2~20 μm)残留在 Y123 晶体中. 细小 Y211 粒子的存在对提高样品的性能是有益的,因此,必须设计好 Y123 晶体生长的工艺参数,尽可能获得细小的 Y211 粒子. 这样至少有以下优势:(1)细小且均匀分布的 Y211 粒子,可以减少晶体生长过程中液相的流失,有利于减少样品中的气孔率. (2)细小均匀分布的 Y211 粒子,可以大幅度降低 Y211 粒子之间的距离,提高 YBCO 晶体的生长速率. (3)Y123/Y211 界面及其周围的缺陷是有效的磁通钉扎中心. 细小的 Y211 粒子有利于提高 Y123/Y211 界面缺陷的密度,从而提高样品的磁通钉扎能力和超导性能. 用液相生长法 LPP 制备的 YBCO 超导体,在液氮温度、零场条件下传输电流密度 J_c 约为 18500 A/cm^2,脉宽 1 ms 时的脉冲电流密度达 75000 A/cm^2.

为了进一步细化 Y211 粒子,并使其在 YBCO 超导体内均匀分布,Murakami 等[33]发明了淬火熔化生长(quench and melt growth, QMG)法和熔化粉末熔化生长(melt powder melt growth, MPMG)法[34]. QMG 方法是先将烧结好的 Y123 样品放在 Pt 坩埚中,快速加热到 1450℃,使 Y123 相分解成 Y_2O_3 和液相(Ba-Cu-O)之后,快速淬火到室温,再在大气气氛下将样品快速加热到 1100℃并保温 0.5~1 h,使 Y_2O_3 粒子与液相反应生成细小的 Y211 粒子. 待此相变过程结束后,该方法将样品快速冷却到 1000℃,接着以 1~5℃/h 的冷却速率降到 950℃,完成 YBCO 晶体的织构化定向生长. 给样品渗氧后,即可获得织构化定向生长的 YBCO

超导体.除此之外,他们在样品中加入了过量的 Y 元素,以补偿在 Y123 晶体生长过程中,由于不完全包晶反应生成 Y211 粒子造成的 Y 原子减少.

MPMG 法是 QMG 法的改进,它将 QMG 法分成两步进行.先将烧结好的 Y123 样品放在 Pt 坩埚中,快速加热到 1450℃,使之分解成 Y_2O_3＋液相之后淬火到室温,研磨后获得含有细小 Y_2O_3 颗粒的 YBCO 粉末,再将这种粉体压成块状,进行与 QMG 法相同的熔化生长,即可获得 YBCO 超导体.用 QMG 和 MPMG 法制备的 YBCO 超导体,不仅 Y123 晶粒取向很好,而且 Y211 粒子尺寸也较小,不超过 2 μm.在液氮温度、1 T 磁场条件下的电流密度 J_c 可达 30000 A/cm^2.

MPMG 方法与 QMG 方法基本一致,不同之处在于淬火后,MPMG 方法增加了将淬火样品研磨,再压块成型的过程,使用于熔化生长的 Y123 先驱块中的 Y_2O_3 颗粒分布更均匀.

西北有色金属研究院的周廉等在仔细研究了 YBCO 超导体的成相机理之后,提出了一种制备高性能 YBCO 超导体的新工艺——粉末熔化生长(powder melting process,PMP)法[35].他们在充分分析文献[29,32,33,34]的基础上,发现这些方法在 YBCO 晶体生长之前都必须经过 1100℃ 以上的高温,主要目的要么是使 Y123 相分解成 Y_2BaCuO_5(Y211)固相和 Ba-Cu-O 液相,要么是使 Y_2O_3(Y200)和 Ba-Cu-O 液相反应生成 Y_2BaCuO_5(Y211)固相和 Ba-Cu-O 液相,之后再通过慢冷降温的方法,使 Y_2BaCuO_5(Y211)固相和 Ba-Cu-O 液相反应重新结晶生长成 YBCO 超导晶体.基于此共性,他们直接采用固相 Y_2BaCuO_5(Y211)和液相 Ba-Cu-O 化合物作原始粉末制备 $YBa_2Cu_3O_y$(Y123),其熔化温度在 950～1040℃ 之间,具体温度的选择与熔化生长时的氧分压及预熔块的成分有关.该方法不仅大大降低了 YBCO 晶体的熔化生长的温度(与其他的熔化法相比,其熔化温度降低了 100～400℃),而且在克服晶粒间弱连接的同时,引入了有效的磁通钉扎中心,显著提高了 YBCO 超导体的临界电流密度.

该方法可通过连续区熔定向生长方式和熔化慢冷生长方式来实现.熔化慢冷方法是在有温度梯度或无温度梯度的炉子中,将样品加热到 1040℃ 左右,再以 1～5℃/h 的速度降温到 920℃ 左右,以保证样品中 Y123 晶体的成核长大.连续区熔定向生长法是通过在有温度梯度的炉子中缓慢移动样品的方式,实现 Y123 晶体的熔化和再结晶定向生长.这种方法的最高熔化温度在 990～1050℃ 之间,温度梯度在 50～120℃/cm 之间,样品的移动速度在 1～6 mm/h 之间.用该方法制备的样品,不仅 Y123 晶粒取向很好,而且样品中的晶片相互连接并生长在一起,克服了晶粒间的“弱连接”.另外,样品中弥散分布着均匀细小的 Y211 粒子($\leqslant 1$ μm),J_c 达 10^5 A/cm^2(77 K,1 T),是 20 世纪 90 年代最好水平.图 1.16 给出了用各种方法制备的 YBCO 样品在液氮温度下 J_c 随磁场强度的变化曲线[35].

时东陆等[36]为了接近或达到 QMG 方法的效果,并避免高温(1450℃)淬火过程,直接采用 Y_2O_3+Ba-Cu-O 及 0.5％Pt(原子数百分比)作原始粉体,制备出了 YBCO 超导体,称为固液熔化生长(solid liquid melting growth, SLMG)法.实验证明,在 YBCO 中掺少量的 Pt 可以改善 Y211 粒子与液相的界面能,降低 Y211 粒子的生长速率,最终得到细小的 Y211 粒子[37].法国的 Tournier 小组采用外加磁场约束与熔化生长相结合的方法,制备出了织构化定向生长的 Y123 晶体,样品的 J_c 达 $1.52×10^4$ A/cm²(77 K)[38].在用这些方法制备的样品中,虽然 Y123 晶体在每个晶畴内都有良好的取向,但各个晶畴之间的晶粒取向却不尽相同,尚需进一步改进.

在高温超导刚发现的前几年,人们关注的热点是如何克服用固相反应法制备样品存在的问题,研究的重点是如何提高 YBCO 超导材料的临界电流密度 J_c,所用的样品基本上都是直径为毫米量级的圆棒或厚度为毫米量级的长方条状样品,很少涉及厘米量级尺寸样品的制备.

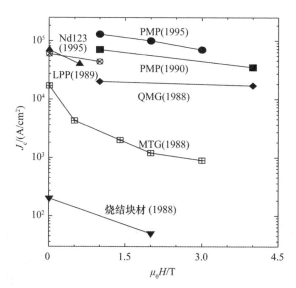

图 1.16　各种方法制备的 YBCO 样品在液氮温度下 J_c 随磁场强度的变化[35]

综上所述,不管是 MTG,LPP,MPMG,PMP 法,还是 SLMG 法,都可以制备出织构化生长的 YBCO 晶体,克服固相反应法制备样品存在的问题.

1.4.5　大块 YBCO 超导体的熔化生长方法简介

上一节所述的几种熔融织构化生长法,都可以用来制备具有定向织构化生长的单畴 YBCO 超导块材,或其他 REBCO(RE＝Y,Gd,Nd,Sm…)块材.为了能够制备织构很好的大尺寸(厘米量级)YBCO 块材,人们在已有制备技术的基础上,引入了籽晶技术,开发了多种顶部籽晶熔化生长法,并成功地制备出了大尺寸 YBCO 块材.目前国际上制备的 REBCO 块材直径已达 140~150 mm[39,40].这种材料由于其高的临界电流密度、大的磁悬浮力、强的磁通捕获能力,可广泛地用于磁悬浮轴承、超导储能飞轮、磁悬浮列车、超导电机、微型强磁超导永磁体等领域,并已取得了长足的进展.如德国研制的能悬浮 600 kg 的超导磁悬浮轴承[41]、韩国研制的能悬浮 1600 kg 的 35 kW·h 超导磁悬浮飞轮储能系统[42]、中国和巴西研制的载人超导磁悬浮列车样机[43]、日本用 GdBCO 超导块材研制的磁场为 2.60 T 的小型管状(内外径分别为 47 mm 和 87 mm)磁体[44]等,都充分说明 REBCO 超导块材的实用化将对能源、交通、磁体及相关高新技术产业的升级换代等起到积极的推进作用.因此,对单畴 REBCO 超导块材的研究不仅具有重要的科学意义,而且具有非常重要的实用价值.

大尺寸单畴 REBCO 超导块材的制备方法主要有两种:一种是顶部籽晶熔融织构生长(top seeding melt texturing growth,TSMTG)法.该方法是在将以 $REBa_2Cu_3O_y$ 和 RE_2BaCuO_5 为主的混合粉体压制成坯块后,再进行熔融织构生长.图 1.17 是用 TSMTG 法制备的单畴 YBCO 超导块材生长前后的样品形貌照片.在升温过程中,坯块中的 $YBa_2Cu_3O_y$ 相熔化,分解成 Y_2BaCuO_5 相与 Ba-Cu-O 液相.在慢冷降温过程中,Y_2BaCuO_5 相与 Ba-Cu-O 液相重新反应生成 $YBa_2Cu_3O_y$,并以 NdBCO 籽晶为中心外延生长成织构化的单畴 YBCO 超导晶体,如图 1.17(b)和(c)所示.

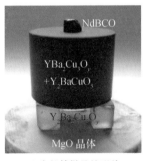  

(a) 生长前样品的形貌　(b) 生长后样品的侧面形貌　(c) 生长后样品的上表面形貌

图 1.17 用 TSMTG 法制备的单畴 YBCO 超导块材生长前后的样品形貌照片

另一种是顶部籽晶熔渗生长(top seeded infiltration and growth,TSIG)法.该方法出现较晚,特点是将固相和液相源块分开,固相源块由 RE_2BaCuO_5 粉末压制而成,液相源块由 $REBa_2Cu_3O_y$ 和 $Ba_3Cu_5O_8$(或 $3BaCuO_2+2CuO$)的混合粉体压制而成.一般情况下,固相源块放置在液相源块的正上方.图 1.18 是用 TSIG 法制备的单畴 YBCO 超导块材生长前后的样品形貌照片.在升温过程中,液相源块被熔化,其中的液相会在毛细力的作用下,渗入 Y_2BaCuO_5 固相块中. 在慢冷降温过程中,渗入的液相与 Y_2BaCuO_5 相反应生成 $YBa_2Cu_3O_y$,并在 NdBCO 籽晶的诱导下外延生长成单畴织构 YBCO 超导晶体,如图 1.18(b)和(c)所示. Izumi 等[45]以 Gd_2BaCuO_5 为固相源,$GdBa_2Cu_3O_y + Ba_3Cu_5O_8$ 为液相源,成功地用 TSIG 法制备出了单畴 GdBCO 块材.

(a) 生长前样品的形貌   (b) 生长后样品的侧面形貌   (c) 生长后样品的上表面形貌

图 1.18 用 TSIG 法制备的单畴 YBCO 超导样品生长前后的形貌照片

Babu 等[46]对这两种方法进行了比较,发现 TSIG 法比 TSMTG 法具有更多的优越性. 因为,在单畴 REBCO 超导晶体生长的过程中,TSIG 法可以有效地解决 TSMTG 法样品存在的液相流失、收缩变形、形状和尺寸不易控制、RE_2BaCuO_5 粒子大且分布不均匀等问题. 但是,TSIG 法的不足之处是,它比 TSMTG 法要多制备 1 种粉体,即需用 RE_2BaCuO_5,$REBa_2Cu_3O_{7-x}$ 和 $Ba_3Cu_5O_8$(由 $3BaCuO_2$ + $2CuO$ 混合而成)3 种粉体. 这说明 TSIG 法存在制备环节多、合成机制复杂、周期长、成本高、效率低、能耗高、污染严重等问题.

为了克服这些问题,在 TSMTG 和 TSIG 这两种方法的基础上,科研工作者通过改善所用初始粉体的化学组分,又发明了许多新方法. 如日本的 Murakami 等[47]以 Y_2BaCuO_5 作固相源,以 $Ba_3Cu_5O_8$ 替代传统的液相源,采用 TSIG 法成功地制备出了单畴 YBCO 块材,但是发现样品中的 Y_2BaCuO_5 粒子平均粒径较大,约 $4.2\,\mu m$. 他们认为,这可能是因为没有添加 Pt 和 Ce. 法国 Chaud 等[48]以 Y_2BaCuO_5 作固相源,以 $YBa_2Cu_3O_y$ 替代传统液相源,在添加 0.5% CeO_2(质量百分比)的情况下,用 TSIG 法制备出了直径为 36 mm 的多孔薄壁单畴 YBCO 块材,捕获磁通密度在 77 K 时达到 0.6 T,样品中大部分 Y_2BaCuO_5 粒子的平均粒径约 $2\,\mu m$,也有少量大粒子的平均粒径约 $8\,\mu m$. 陕西师范大学杨万民等[49,50,51]以 Gd_2BaCuO_5 作固相源,以 $Gd_2BaCuO_5 + 9BaCuO_2 + 9CuO$ 或 $Gd_2O_3 + 10BaCuO_2 + 6CuO$ 替代传统的 $GdBa_2Cu_3O_y$ 和 $Ba_3Cu_5O_8$ 液相源,均研制出了单畴织构 GdBCO 超导块材,并且发现样品的性能与用传统液相源制备的样品相当或稍高,样品

中的 Gd_2BaCuO_5 粒子平均粒径分别为 $2.32~\mu m$ 和 $2.28~\mu m$,比用传统液相源制备样品的 $2.39~\mu m$ 稍小. 文献[47—51]的结果说明,用这些新的液相源替代传统的液相源后,就只需要制备 2 种粉体,不用再制备 3 种粉体了. 这不仅简化了传统的 TSIG 法,提高了工作效率,而且还能够保证样品的质量. 另外,从已有的报道中可以发现,虽然这些样品都是用 TSIG 法制备的,但各个样品中的 RE_2BaCuO_5 粒子大小不同,甚至在同一样品中 RE_2BaCuO_5 粒子的大小也有很人差别,如文献[48]所述.

针对这一问题,在认真分析总结现有报道的基础上,结合长期工作的经验,杨万民等认为导致 RE_2BaCuO_5 粒子尺度差别大的关键在于:(1) 这些实验采用的都是传统的 RE_2BaCuO_5 固相源,RE_2BaCuO_5 的密度很高.(2) 每个小组采用的热处理方式不同,这是导致样品中 RE_2BaCuO_5 粒子大小和含量难以控制的主要因素.

为了克服这一难题,进一步简化并提高 TSIG 法样品的性能和工作效率,杨万民等发明了一种更新的制备单畴 REBCO 超导块材的方法[52,53],有效地细化和优化了 RE_2BaCuO_5 粒子的尺度和含量,其关键在于:以 $RE_2O_3+xBaCuO_2$ 为新固相源,替代传统固相源 RE_2BaCuO_5,以 $RE_2O_3+10BaCuO_2+6CuO$ 为新液相源,替代传统液相源 $REBa_2Cu_3O_y$ 和 $Ba_3Cu_5O_8$. 用这种新方法制备的单畴 GdBCO 超导块材的磁悬浮力为 28.5 N,高于用传统方法制备样品的 22 N. 制备的单畴 YBCO 超导块材的磁悬浮力为 47 N,高于用传统方法制备样品的 30 N. 由此可知,采用文献[49—53]发明的新液相和新固相后,制备单畴织构 REBCO 超导块材时,就只需要制备 1 种 $BaCuO_2$ 粉体,比 TSMTG 法和文献[46—48]改进的 TSIG 法都少. 这不仅大大简化了传统的 TSIG 法,降低了成本,提高了工作效率,而且还明显提高了样品的磁悬浮性能. 这种新方法对发展低成本、大尺寸、高质量单畴织构 REBCO 超导块材制备技术,促进该类材料的产业化及应用具有非常重要的意义.

1.4.6 定向生长 YBCO 超导体的临界电流密度 J_c

YBCO 超导体的临界电流密度 J_c 与其显微组织形貌密切相关. 由前面的讲述可知,熔化生长的 YBCO 超导体是由定向织构生长,且平行排列的片层状晶粒组成的,这表明从微观形貌上看,YBCO 超导体具有高度的各向异性,因此可以推断其 J_c 也具有高度的各向异性. 测量临界电流密度常用的方法有传输电流测量法、磁化电流测量法和脉冲电流测量法,但后者用得很少,不多做介绍.

1.4.6.1 传输临界电流密度

传输电流密度是采用四端引线法进行直接测量的,这种方法可以直观地给出超导体能够传输的无阻电流的大小. 测量时,用恒流电源通过焊接在超导样品两端的电流引线给其提供电流 I,在测试回路中串接有分流器,电流的大小可通过分流器上的电压来检测和记录,同时通过焊接在中间的两根引线检测超导样品上的电压 V,这样即可直接获得超导体的 I-V 曲线.当通过超导体的电流小于其临界电流 I_c 时,电压 $V=0$.当 $I>I_c$ 时,电压 $V>0$,超导体失超,不再具有超导电性.为了确定 I_c,一般采用电场强度 $E=V/L$ 作为判据,L 为超导样品上两根电压引线之间的距离.确定 I_c 常用的判据是 $E=0.1\,\mu\mathrm{V/cm}$.如果改变超导体所处的温度及其背景磁场,则可以研究超导体的 I_c 在不同温度或磁场条件下的变化规律.虽然这种方法直观有效,但缺点是必须在超导体上焊接测量需要的引线.在陶瓷类超导体上焊接导线尚有一定的难度,特别是对需要通入大电流的超导体.

1.4.6.2 磁化临界电流密度

临界电流密度的磁化测量是一种间接测量方法.按照电磁学理论,如果磁介质的磁化强度为 $\boldsymbol{M}$,则与之相应的磁化电流密度 $\boldsymbol{J}$ 可表示为

$$\boldsymbol{J} = \nabla\times\boldsymbol{M}. \tag{1.1}$$

对于超导体而言,同样可以通过测量其磁化强度的方法,计算其临界电流密度.对于截面为 $2a\times 2b$ 的无限长超导样品($a<b$),当外加磁场强度 $\boldsymbol{H}$ 垂直于样品截面(面积为 $2a\times 2b$ 的面),且从 0 逐渐增加到 H_a,再从 H_a 逐渐减小到 0,继续减小到 $-H_a$ 后,再逐渐增加到 H_a 时,就可以得到样品的 M-H 磁化曲线,也叫磁滞回线,如图 1.19 所示.对于不同的超导体,M-H 磁化曲线会有所不同.

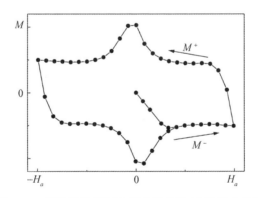

图 1.19 熔融织构 YBCO 超导样品的 M-H 磁化曲线

Umezawa 等[54] 根据 M-H 磁化曲线计算出了截面为 $2a\times 2b$ 的无限长超导体的临界电流密度 J_c,表达式为

$$J_c = \frac{20M}{a\left(1-\dfrac{a}{3b}\right)}, \tag{1.2}$$

其中

$$M(H) = \frac{1}{2}\Delta M(H) = \frac{1}{2}(M^+(H)-M^-(H)),$$

$M^+(H)$ 和 $M^-(H)$ 分别表示降磁场和升磁场时同一磁场强度 H 下的磁化强度,单位为 emu/cm³,J_c 表示磁化临界电流密度,单位为 A/cm²,$a<b$,a 与 b 的单位为 cm,外加磁场强度 $\boldsymbol{H}$ 垂直于样品由 $2a$ 与 $2b$ 构成的平面.(1.2)式常用于计算超导体的 J_c,如 Zhao 和 Shi 分别用这种方法计算分析了 $(RE_{1-x}Y_x)Ba_2Cu_3O_{7-\delta}$ 和 YBCO 超导体的 J_c 特性[55,56].

(1.2)式是根据 Bean 模型对无限长样品计算得到的.然而,用于研究 YBCO 磁化特性的超导块材的长度都是有限的.另外,Bean 模型认为超导体的电流密度与外加磁场强度无关,是一个常数,但实际上 YBCO 超导块材电流密度是随外加磁场强度变化的.因此,用该公式计算得到的 J_c 与实际的 J_c 相比,样品越短,计算得到的结果偏差越大.

对于多晶陶瓷材料,可采用如下公式[57,58]计算超导晶粒的临界电流密度 J_c:

$$J_c = \frac{30\Delta M}{d}, \tag{1.3}$$

其中

$$\Delta M(H) = M^+(H) - M^-(H),$$

$M^+(H)$ 和 $M^-(H)$ 分别表示降磁场和升磁场时同一磁场强度 H 下的磁化强度,单位为 emu/cm³,J_c 表示磁化临界电流密度,单位为 A/cm²,d 为样品中超导晶粒的平均直径,单位为 cm.

1.4.6.3　临界电流密度的各向异性

前面提到,从 YBCO 超导体的层状晶片结构可以推断其 J_c 具有高度的各向异性.图 1.20 是 YBCO 超导体沿 ab 面和 c 轴方向上的传输电流密度随磁场的变化曲线[59],从中可以看出平行于 ab 面的 J_c 随外加的磁场强度的增加衰减很缓慢,零场下 J_c 达 10^5 A/cm²,当 $\mu_0 H=30$ T 时,J_c 仍大于 10^3 A/cm². 而平行于 c 轴方向的 J_c 随着磁场强度的增加下降很快,只有在 $\mu_0 H<3$ T 时,其 J_c 才可与样品沿 ab 面的临界电流密度相比.

YBCO 超导体的 J_c 值与样品在磁场中的取向有关.许多研究表明,高温超导体的 J_c 大小与 θ 角(c 轴与外加磁场的夹角)密切相关,图 1.21 是用 LPP 法制备的 YBCO 超导体在 77 K,1.5 T 条件下的传输 J_c 与 θ 角的关系曲线[59].由图 1.21 可知,YBCO 超导体的 J_c 在 $\boldsymbol{H}\,/\!/\,ab$ 及 $\boldsymbol{H}\,/\!/\,c$ 的状态下均有一个极大值,而在两者之间则有一段平坦的低谷.$\boldsymbol{H}\,/\!/\,ab$ 面的 J_c 峰值与超导体的内禀钉扎机制有关[60],而 $\boldsymbol{H}\,/\!/\,c$ 的 J_c 峰值与外部的钉扎,如孪晶、位错及堆垛层错有关[61].一般情况下,相对于 $\boldsymbol{H}\,/\!/\,ab$ 面的 J_c 而言,$\boldsymbol{H}\,/\!/\,c$ 的组态下样品的 J_c 更小.

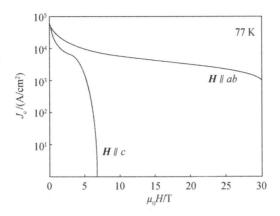

图 1.20 用 LPP 法制备的 YBCO 超导体沿 ab 面及 c 轴方向的传输电流密度随磁场强度的变化[59]

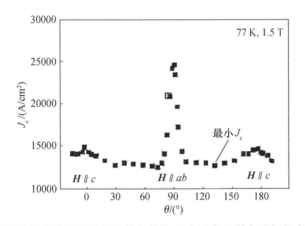

图 1.21 用 LPP 法制备的 YBCO 超导体的传输 J_c 与 θ 角(c 轴与磁场的夹角)的关系[59]

1.4.7 大块 REBCO 超导体的磁悬浮特性

REBCO 超导块材是一种非理想的第二类超导体,当施加的磁场强度 $H < H_{c1}$(下临界磁场强度)时,REBCO 超导体具有完全抗磁性,超导体与磁体之间的相互作用表现为排斥力.当 $H_{c1} < H < H_{c2}$(上临界磁场强度)时,部分磁通线进入超导体内,REBCO 超导体呈非完全抗磁性,超导体与磁体之间既有吸引力,也有排斥力,相互作用的具体结果取决于合力的大小.当 $H > H_{c2}$ 时,超导体失超,不再具有零电阻和抗磁性.利用超导体与磁体之间的这种相互作用,非常容易实现超导体与磁体之间的自稳定磁悬浮.图 1.22 是 YBCO 超导体与钕铁硼永磁体之间的磁悬浮照片.

由图 1.22 可知,YBCO 超导体之上的钕铁硼永磁体可以有不同的悬浮方式,如水平悬浮(如图 1.22(a))、倾斜悬浮(如图 1.22(b)),或以需要的其他方式悬浮,不同的悬浮方式需要与之相应的磁化方法.

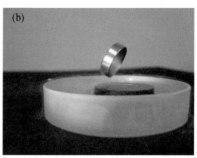

图 1.22   YBCO 超导体与钕铁硼永磁体之间的磁悬浮照片,玻璃皿内盛有液氮,其中黑色圆柱块为 YBCO 超导体,悬浮在空中的是钕铁硼永磁体

YBCO 超导体与钕铁硼永磁体之间的稳定磁悬浮,以及超导体或磁体的悬浮高度都与两者之间相互作用力的特性密切相关.图 1.23 是直径为 18 mm 的单畴YBCO 超导块材与直径为 18.5 mm 的钕铁硼永磁体,在 77 K,零场冷,轴对称情况下的磁悬力[62].零场冷是指在远离磁体的无磁场条件下,将超导体冷却到设定的温度.场冷是指在超导体接近磁体或有磁场的条件下对其进行冷却,并降到设定的温度.

由图 1.23 可知,在零场冷条件下,YBCO 超导块材与钕铁硼永磁体之间的相互作用力有如下特征:

(1) 超导体与永磁体之间的相互作用力与两者间的距离并非一一对应关系.如图 1.23(b)所示,上面是当两者接近时的 F-Z 变化曲线,下面是当两者远离时的 F-Z 变化曲线.对于某一确定的 Z 值,相互作用力 F 可以有两个值.对于某一确定的相互作用力 F,也可以在两个不同的 Z 值处获得.

(2) 超导体与永磁体之间的相互作用力有两种.

① 排斥力.这种力源于磁体接近超导体时产生的感生电流与永磁体之间的相互作用力.由图 1.23(b)可知,Z 越小排斥力越大.

② 吸引力.这种力只有当超导体被磁化(外加磁场强度 H 满足 $H_{c1} < H < H_{c2}$)后才会出现,隐藏或显现于图 1.23(b)中两者远离时的 F-Z 变化曲线中.曲线中的 F 是排斥力和吸引力的合力,Z 越小排斥力越大,Z 越大排斥力越小,只有在一定的距离范围内,吸引力才变得明显和直观.当 $Z < 7$ mm 时,$F > 0$,表现为斥力.当 7 mm $< Z < 35$ mm 时,$F < 0$,表现为吸引力.当 $Z > 35$ mm 时,$F \approx 0$,相互作用力逐渐消失.

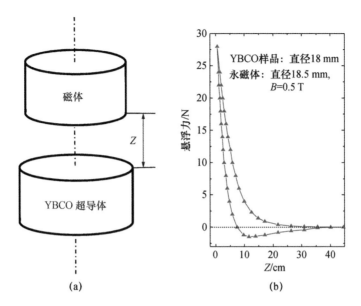

图 1.23　单畴 YBCO 超导块材与钕铁硼永磁体,在 77 K,零场冷,轴对称情况下的相互作用力随两者之间距离的变化[62].(a) YBCO 超导块材与钕铁硼永磁体的组合形式,(b) 两者之间的相互作用力随距离 Z 的变化

　　当超导体(或永磁体)稳定悬浮于某一位置时,如果外界作用力的干扰不大,超导体(或永磁体)会像弹簧一样自动恢复到原来的平衡位置.这是因为在由超导体与永磁体构成的系统中,斥力和吸引力是并存的,所以,当它受到外力作用时,就会偏离原来的位置,但当外力撤除后会自动回归原来的平衡位置.

　　(3) 由超导体与永磁体接近时的 F-Z 变化曲线和远离时的 F-Z 变化曲线包围的面积大小,与超导体的磁通钉扎能力大小密切相关,面积越小,磁通钉扎能力越强,反之,磁通钉扎能力则越弱.

　　如果以图 1.23(a)所示形式,将超导体在距永磁体某一高度时场冷,然后,让超导体以轴对称的形式接近和离开永磁体,这时,两者之间的相互作用力会明显不同于零场冷的情况,具体表现为斥力减小而引力增大.如果在图 1.23(a)所示的轴对称情况下,将超导体在距永磁体某一高度时场冷,然后,在保证两者间垂直距 Z 不变的情况下,让超导体沿平行于永磁体的某一直径做水平运动,这时,两者之间相互作用力的轴向分量(磁悬浮力)和运动方向的回复力分量(也称为导向力),均会随着两者间的相对运动而变化,但垂直于运动方向的分力则为零.如果超导体与永磁体的运动路线不同,它们之间的相互作用力则会不同.另外,超导体与磁体之间的相互作用力的大小还与磁体的形状、大小、磁极数目、磁场分布、超导体的晶畴的大小、晶粒取向、临界电流密度、磁通钉扎能力、工作温度、冷却方式、是否被磁化、热循环次数、两者之间的组合形式、相对运动路径、速度等众多因素有关,遇到具体问题,需要具体分析和设计.

对于给定的永磁体,超导体与永磁体之间的相互作用力主要由超导体的临界电流密度 J_c 及晶粒大小(与磁场垂直的晶粒半径、或面积)确定.假设有一个半径为 R 的圆柱形超导块和一个圆柱状的永磁体,两者以图 1.24 所示的形式放置,用 J_c 表示超导体的临界电流密度,则根据电磁学理论可知,当永磁体以轴对称的方式接近超导体时,其磁感应强度的垂直分量 B_z 会在超导体内产生平行于水平面的感应环流 I,I 与磁感应强度的水平分量 B_r 相互作用,会产生一个竖直向上的力 F,如图 1.24 所示.现在分析图 1.24 中微体积元 $dV = rd\theta drdz$ 的受力,按照 Bean 模型,取 J_c 为常数,则 B_z 作用在 dV 内产生的平行于水平面的感生电流 $dI = J_c drdz$,dI 与磁感应强度水平分量 B_r 相互作用产生向上的力.微体积元 dV 所受的力为

$$d\boldsymbol{F}_L = dI \cdot d\boldsymbol{l} \times \boldsymbol{B}, \tag{1.4}$$

其中,$d\boldsymbol{l} = rd\boldsymbol{\theta}$ 为微体积元 dV 内通过电流 dI 的弧长.由于超导体与永磁体处于轴对称状态,所以两者之间只有向上的排斥力(假设是在零场冷条件下的两者正在接近的过程),力的大小为

$$dF_L = dI \cdot dl \cdot B_r = J_c B_r r dr dz d\theta. \tag{1.5}$$

对(1.5)式积分,即可获得超导体所受的力

$$F_L = 2\pi \iint J_c B_r r dr dz. \tag{1.6}$$

由(1.6)式可知,超导体的磁悬浮力与超导样品的 J_c,半径 r,以及厚度 z 相关,要获得大的磁悬浮力,就必须提高超导体的临界电流密度 J_c,半径 r 和厚度 z.

在制备大尺寸(大 r 和 z)单畴 REBCO 超导块材以及提高临界电流密度 J_c 方面,国内外都已经取得了长足的进展.如德国的 IPHT,IWF 研究所,ATZ 公司,日本的 ISTEC,日本钢铁公司,英国的剑桥大学,法国的 CNRS,美国的得克萨斯超导中心,韩国的 KAERI,中国的有色金属研究总院、西北有色金属研究院、上海交通大学、陕西师范大学、上海大学等均可制备 REBCO 超导块材.目前,最大的 REBCO 超导块材是由日本钢铁公司制备的直径 150 mm 的单畴 GdBCO 超导块材[63,149].从单位面积磁悬浮力的大小来看,单畴 REBCO 超导块材的磁悬浮力密度在液氮温度已达到 $10 \sim 17$ N/cm² [62,157],已能满足一些实际应用的需求.但是,太大的样品磁悬浮力密度较低,这与大尺寸样品长时间生长导致的晶粒取向扭曲变化以及晶体物相成分的均匀性差异有关.

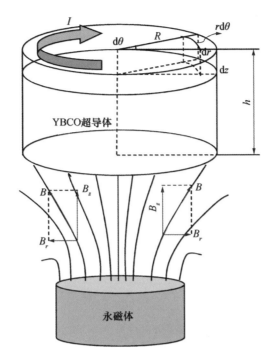

图 1.24 半径为 R 的超导圆柱块和一个圆柱形永磁体相互接近时的电磁感应以及相互作用分析,微体积元 $dV = rd\theta drdz$

1.4.8 大块 REBCO 超导体的磁通捕获特性

REBCO 超导块材除了在强磁场下大的无阻载流能力、大的磁悬浮力和良好的自稳定磁悬浮特性外,还有一个非常重要的物理性能,即具有特别强的磁通捕获能力.利用这一特性,可以制作体积很小的微型强磁场永磁体[64, 156].如日本 Murakami 等[64]通过对单畴 YBCO 超导块材中心的钻孔,并浸渗低温 Bi-Pb-Sn-Cd 合金的方式,提高了热导性能和机械强度,克服了由于特高磁场强度引起样品断裂的问题,用这种方法强化的一个单畴 YBCO 超导块材(直径 2.65 cm、厚度 1.5 cm),在 78 K,46 K 和 29 K 时样品表面的捕获磁通密度分别为 1.2 T,9.5 T 和 17.24 T,如图 1.25 所示.这也是目前报道的单个样品最高水平.这比常用的"磁王"钕铁硼的磁场强度高很多,因为,不管钕铁硼的直径多大、厚度多高,其表面磁感应强度也只有 0.6 T 左右.这种微型强磁场永磁体可以广泛地用于超导磁悬浮轴承、储能飞轮、超导磁悬浮列车及磁悬浮搬运系统等领域.

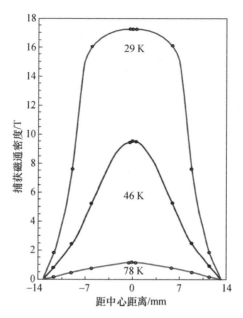

图 1.25　用 Bi-Pb-Sn-Cd 合金强化的单畴 YBCO 超导块材在 78 K, 46 K 和 29 K 时, 样品表面的捕获磁通密度分布[64]

1.4.8.1　大块 REBCO 超导体的磁化方法

对于同一大块 REBCO 超导体, 如果采用不同的磁化方法, 将会获得不同的捕获磁通密度分布, 这与超导体的特殊物理性质密切相关. 如果要充分发挥 REBCO 超导体优势, 使其达到最大的捕获磁通量, 就必须确保施加于超导体上的激励磁场强度足够高, 至少超过该类材料的饱和磁化强度. 对已磁化 REBCO 超导体的捕获磁通密度分布, 可采用 Hall 传感器沿样品表面扫描的方式获得. 对 REBCO 超导体常用的磁化方法主要有三种:

(1) 常规电磁铁磁化法. 这种方法的优点是设备简单、操作方便, 可以在场冷条件下对样品进行磁化, 缺点是磁感应强度比较低(<3 T), 能耗大, 适用于较高温度范围的磁化研究, 因为低温条件下 REBCO 超导体的捕获磁通密度可能高于该磁感应强度. 另外, 对捕获磁通密度很小的样品, 也可用永磁体进行磁化.

(2) 超导磁体磁化法. 优点是可以在强的磁场(>5 T)、场冷条件下对样品进行磁化, 效果很好, 缺点是需要复杂的制冷系统, 操作不太方便, 运行成本高.

(3) 脉冲磁体磁化法. 优点是不需要复杂的冷却系统, 操作简单, 可在强磁场条件下对样品进行磁化, 缺点是只能在零场冷条件下对超导样品进行磁化, 并且由于强磁场的突变, 会引起超导体内磁通的蠕动或流动, 以及磁力、温升和热应力等问题, 磁化效果没有场冷好.

1.4.8.2 REBCO 超导体的磁化行为和计算模拟方法

REBCO 超导体的捕获磁通密度与其体内的磁化电流分布密切相关,而磁化电流的大小、方向与分布和超导体的磁化方式、磁场强度又分不开.由 Maxwell 方程

$$\nabla \times \boldsymbol{H} = \boldsymbol{J} \tag{1.7}$$

可知,超导体内的电流密度由其体内的磁通密度分布确定:

$$\boldsymbol{J} = \frac{1}{\mu_0} \nabla \times \boldsymbol{B}. \tag{1.8}$$

假如厚度为 $2a$,长宽都为 $L(L \gg a)$ 的超导板材处在磁通密度为 B_a 的均匀磁场中,磁场沿 z 轴方向,x 轴垂直于超导板,y 轴垂直于纸面向内,如图 1.26 所示.对这种情况,(1.8)式就可以简化为一维情况,具体表现为在被磁化的超导体内,磁感应强度 $\boldsymbol{B}$ 沿 x 方向有一定的梯度分布,沿 y 方向则均匀分布.由于 $\boldsymbol{B}$ 沿 x 方向分布的非均匀性,导致超导体内的磁化电流只能沿 y 方向流动:

$$J_y = -\frac{1}{\mu_0} \frac{\mathrm{d} B_z(x)}{\mathrm{d} x}. \tag{1.9}$$

进入超导体的每根磁通线均形成一个磁通涡旋芯,其磁通量为一个磁通量子 Φ_0.用 $n(x)$ 表示进入超导体内磁通线密度,则超导体内磁通密度为 $B_z = n(x)\Phi_0$,故有

$$J_y = -\frac{\Phi_0}{\mu_0} \frac{\mathrm{d} n(x)}{\mathrm{d} x}. \tag{1.10}$$

根据电磁学理论可知,在有电流通过时,超导体内的磁通线会受到一个驱使其运动的力,即 Lorentz 力:

$$F_{\mathrm{L}} = | \boldsymbol{J} \times \boldsymbol{B} | = J_y B_z$$

$$= -\frac{\Phi_0^2}{\mu_0} n(x) \frac{\mathrm{d} n(x)}{\mathrm{d} x} = -\frac{\mathrm{d}}{\mathrm{d} x} \left(\frac{(n(x)\Phi_0)^2}{2\mu_0} \right) = -\frac{\mathrm{d}}{\mathrm{d} x} E_B(x), \tag{1.11}$$

其中 $E_B(x) = \frac{(n(x)\Phi_0)^2}{2\mu_0}$ 为超导体内的磁能密度.由此可知,超导体内磁能密度梯度越大,磁通线受到的 Lorentz 力就越强,出现磁通蠕动或流动的可能性就越大.

另外,超导体中的缺陷和非超导的第二相粒子会阻碍磁通线的蠕动或流动,阻碍作用的大小与其对磁通线的钉扎能力大小有关.因此,超导体内的磁通线主要受到驱动其运动的 Lorentz 力(F_{L})和磁通钉扎力(F_{p})两种力的作用,这两种力的作用方向相反.

磁通线是否会出现运动主要取决于 F_{L} 和 F_{p} 的大小:

(1) 当 $F_{\mathrm{L}} < F_{\mathrm{p}}$ 时,作用在磁通线上的驱动力小,磁通钉扎力大,因此不会出现磁通蠕动或流动现象.

(2) 当 $F_{\mathrm{L}} = F_{\mathrm{p}}$ 时,作用在磁通线上的驱动力与磁通钉扎力大小相等,方向相反,因此磁通线处于静止和运动的临界状态.

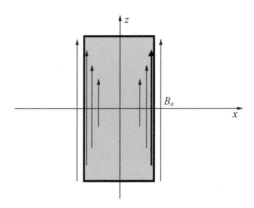

图 1.26　厚度为 $2a$,长、宽都为 $L(L\gg a)$ 的超导平板在磁感应强度为 B_a 的均匀磁场中被磁化,磁场沿 z 轴方向,x 轴垂直于超导板材

(3) 当 $F_L > F_p$ 时,作用在磁通线上的驱动力大,磁通钉扎力小,致使超导体内的磁通线开始蠕动.随着驱动力 F_L 的继续增大,磁通线的蠕动和流动会加速,使超导体产生磁流电阻,超导性能下降.

1. Bean 临界态模型

对于确定的超导体,其内部的缺陷和非超导第二相粒子的分布是确定的,其磁通钉扎力 F_p 的分布也是确定的,F_p 越大,磁通钉扎力越强,磁通线越稳定,能够通过的无阻电流密度就越高.当 $F_L = F_p$ 时,作用在磁通线上的驱动力与磁通钉扎力大小相等、方向相反,磁通涡旋线介于静止和运动的临界状态.为了探讨这种物理现象,Bean 提出了一种分析超导体内磁通涡旋线运动的概念.他认为,当超导体内的磁通涡旋线所受的 Lorentz 力与磁通钉扎力大小相等,且超导体表面的磁感应强度 $B(\pm a)$ 等于外加磁场的磁通密度 B_a 时,称为超导体的临界态.这种情况下,如果外加磁场不再变化,超导体内的磁通涡旋线分布也不会随时间变化.为了便于分析超导体内电流与磁场之间的关系,在临界态的基础上,Bean 将超导体的电流密度与磁场的关系进行了简化,认为电流密度是一个不随外加磁场变化的常数,称为 Bean 临界态模型.

(1) 零场冷超导体磁化过程的物理图像和计算.

用 Bean 临界态模型可以很好地分析和理解超导体被磁化的过程和物理图像.考虑厚度为 $2a$,长宽都为 $L(L\gg a)$ 的超导平板,在零场冷条件下,当对其施加磁感应强度为 B_a 的均匀磁场时,由(1.8)式可知,超导体表面的磁感应强度 $B(\pm a)=B_a$ 最强,而在超导体内则是逐渐递减的.假设 $B_a > \mu_0 H_{c1}$,但比较弱,磁场进入超导体深度为 $\Delta x = \pm(a-a_1)$,$a_1 > 0$,对应于 $x = \pm a_1$ 处的磁感应强度 $B(\pm a_1)=0$.这种情况下,超导体内的磁感应强度和电流密度分布如图 1.27 所示.

由图 1.27(a) 可知, 进入超导体的磁场并不是均匀分布的, 其磁感应强度 $B(x)$ 和电流分布可分为三个区域: 当 $-a \leqslant x < -a_1$ 时,

$$B_z(x) = B_a \frac{a_1 + x}{a_1 - a}, \tag{1.12a}$$

当 $-a_1 \leqslant x < a_1$ 时,

$$B_z(x) = 0, \tag{1.12b}$$

当 $a_1 \leqslant x < a$ 时,

$$B_z(x) = B_a \frac{x - a_1}{a - a_1}. \tag{1.12c}$$

根据 (1.8) 和 (1.12) 式, 可分别计算出这三个区间的电流分布, 如图 1.27(a) 下图所示. 当 $-a \leqslant x < -a_1$ 时,

$$J_y(x) = \frac{1}{\mu_0} \frac{B_a}{a - a_1} = J_c, \tag{1.13a}$$

当 $-a_1 \leqslant x < a_1$ 时,

$$J_y(x) = 0, \tag{1.13b}$$

当 $a_1 \leqslant x < a$ 时,

$$J_y(x) = \frac{1}{\mu_0} \frac{B_a}{a_1 - a} = -J_c. \tag{1.13c}$$

以上分析的前提是磁场比较弱, 即外加磁场小于穿透超导体需要的强度, 超导体中心部分的磁感应强度和电流密度均为 0. 随着外加磁场的增加, 磁场向超导体内的穿透深度不断向中心推移. 当磁场刚好穿透到超导板中心 $x = 0$ 处时, 外加磁场达到了一个特定的值 $B_a = B_p$, 称为穿透磁感应强度. 由 (1.8) 式可知,

$$B_p(x) = \mu_0 J_c a. \tag{1.14}$$

当 $B_a < B_p$ 时, 相当于弱磁场, 超导体内的磁场和电流分布在三个区间, 如图 1.27(a) 所示. 当 $B_a = B_p$ 或 $B_a > B_p$ 时, 超导体内的磁场和电流均分布在两个区间, 分别如图 1.27(b)、1.27(c) 所示.

对 $B_a = B_p$ 的情况, 磁场刚好穿透到超导体中心, 且该处的磁感应强度 $B(0) = 0$. 此时, 超导体的磁通密度分布分成两个区间, 如图 1.27(b) 上图实线所示. 当 $-a \leqslant x < 0$ 时,

$$B_z(x) = -\frac{x}{a} B_p, \tag{1.15a}$$

当 $0 \leqslant x < a$ 时,

$$B_z(x) = \frac{x}{a} B_p. \tag{1.15b}$$

根据 (1.8) 和 (1.15) 式, 可分别计算出这两个区间的电流, 其电流分布如图 1.27(b) 下图所示. 当 $-a \leqslant x < 0$ 时,

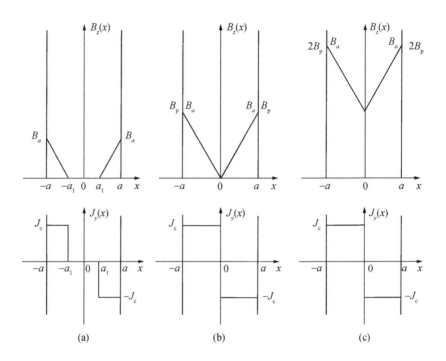

图 1.27　厚度为 $2a$，长、宽都为 $L(L \gg a)$ 的超导平板在均匀磁场中，当磁感应强度 B_a 从 0 增加到 $2B_p$ 时，超导体内的磁感应强度和电流分布.(a) $B_{c1} \leqslant B_a < B_p$，(b) $B_a = B_p$，(c) $B_a = 2B_p$

$$J_y(x) = \frac{1}{\mu_0} \frac{B_p}{a} = J_c, \qquad (1.16a)$$

当 $0 \leqslant x < a$ 时，

$$J_y(x) = -\frac{1}{\mu_0} \frac{B_p}{a} = -J_c. \qquad (1.16b)$$

对 $B_a > B_p$ 的情况，超导体中心处的磁感应强度 $B(0)$ 不再是零. 这时，两个区间的磁通密度分布如图 1.27(c) 上图实线所示，图中磁通密度分布对应于 $B_a = 2B_p$ 的情况. 当 $-a \leqslant x < 0$ 时，

$$B_z(x) = B_a - \left(1 + \frac{x}{a}\right)B_p, \qquad (1.17a)$$

当 $0 \leqslant x < a$ 时，

$$B_z(x) = B_a - \left(1 - \frac{x}{a}\right)B_p. \qquad (1.17b)$$

根据 (1.8) 和 (1.17) 式，可分别计算出这两个区间的电流，其电流分布如图 1.27(c) 下图所示. 当 $-a \leqslant x < 0$ 时，

$$J_y(x) = \frac{1}{\mu_0} \frac{B_p}{a} = J_c, \tag{1.18a}$$

当 $0 \leqslant x < a$ 时,

$$J_y(x) = -\frac{1}{\mu_0} \frac{B_p}{a} = -J_c. \tag{1.18b}$$

根据以上分析可知,随着外加磁场的增加,磁场进入超导体内的深度亦不断增加,磁通密度越来越高,其物理过程为:当 $H > H_{c1}$ 时,表面处的磁通线在外加磁场的作用下被排斥,并挤入超导体体内,形成磁通涡旋线,但由于超导体内磁通钉扎中心的阻碍作用,这些磁通涡旋线只能分布在紧邻超导体表面的一个薄层内.随着外加磁场增加,进入超导体的磁通涡旋线越来越多,使挤压在这一薄层内的磁通涡旋线密度越来越高,相邻磁通涡旋线之间的排斥力亦越来越强.当这种排斥力大于超导体的磁通钉扎力时,处在最内层的磁通涡旋线由于受力不平衡,就会被迫离开原来的磁通钉扎中心位置,向超导体内移动,进入下一个磁通钉扎中心稳定下来,而其外层的磁通涡旋线则会以同样的方式,进入各自的新磁通钉扎中心稳定下来.如此循环,如果外加磁场不断增加,磁通涡旋线进入超导体的距离就越深,超导体被磁化得就越充分.

以上所述是超导体在零场冷条件下,增加磁场过程中的磁化行为,下面分析降磁场过程中超导体的磁化行为.图 1.28 是厚度为 $2a$,长宽都为 $L(L \gg a)$ 的超导平板在经历如图 1.27 磁化过程后,在逐渐减小外加磁场的过程中,超导体内的磁感应强度和电流分布的示意图.当外加磁场从 $B_a = 2B_p$ 开始下降时,超导体内的磁通涡旋线开始从表面向外逃逸,使超导体表面处的磁感应强度 $B_z(x)$ 减小,但由于超导体的磁通钉扎作用,部分磁通涡旋线会被捕获或冻结在超导体内.图 1.28 是当外加磁场从 $B_a = 2B_p$ 分别下降到 B_p,$0.5B_p$ 和 0 时,超导体内的磁通密度和感生电流分布示意图,虚线表示最开始降磁场前超导体内的磁通密度分布.由图 1.28 可知,当外加磁场从 $B_a = 2B_p$ 分别下降到 B_p 和 $0.5B_p$ 时,超导体内的磁通密度和感生电流分为四个区.当外加磁场降到 0 时,超导体内的磁通密度和感生电流分为两个区,具体的计算方法与图 1.27 情况同理,读者可自行分析.

当外加磁场降到 0 时,就完成了一次磁化过程,这时,超导体沿 y 轴单位长度的捕获磁通量为 aB_p,对应于图 1.28(c) 上图等腰三角形的面积.如果再沿反方向增加磁场强度,超导体已捕获的磁通量将被逐渐消除,其磁通密度和感生电流分布的变化规律如图 1.29 所示.当反方向的磁感应强度 B_a 从 0 增加到 $0.5B_p$ 时,超导体内的磁场被分成三个区域,中间区域的磁场方向沿 z 轴的正方向,而在靠近表面的两个区域内,磁场方向则沿 z 轴的负方向,如图 1.29(a) 所示.当反方向的磁场强度继续增加到 B_p 时,超导体内沿 z 轴正方向的磁场已被完全消除,超导体内的磁场和电流分布在两个区间,如图 1.29(b) 所示.当反方向的磁场强度继续增加到

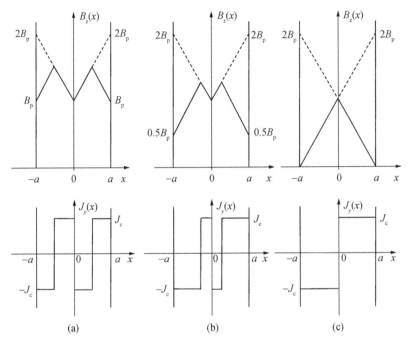

图 1.28　厚度为 $2a$，长、宽都为 $L(L \gg a)$ 的超导平板在均匀磁场中，当磁感应强度 B_a 从 0 增加到 $2B_p$ 后，再降磁场的过程中，超导体内的磁感应强度和电流分布. (a) B_a 从 $2B_p$ 降到 B_p，(b) B_a 从 B_p 降到 $0.5B_p$，(c) B_a 从 $0.5B_p$ 降到 0

$2B_p$ 时，超导体内的磁场的电流分布与图 1.29(b) 类似，只是超导体内的磁通密度不同，如图 1.29(c) 所示. 具体的计算方法与图 1.27 情况同理，读者可自行分析.

当反方向磁场强度增加到 $2B_p$ 后，如果开始减小外加磁场的强度，超导体内的磁通涡旋线同样从表面向外逃逸，使超导体表面处的磁感应强度 $B_z(x)$ 的绝对值减小. 具体的计算方法与图 1.27 同理，读者可自行分析. 当反方向外加磁场强度从 $B_a = 2B_p$ 减小到 0 时，超导体沿 y 轴单位长度的捕获磁通量为图 1.30(b) 中上图等腰三角形的面积 aB_p，其大小与图 1.28(c) 上图等腰三角形的面积相等. 此时，如果再沿 z 轴正方向增加磁场强度，就会开始重复如图 1.27 的磁化行为.

通过图 1.27，图 1.28，图 1.29 和图 1.30，就可以很好地理解在外加磁场 B_a 从 $0 \to 0.5B_p \to B_p \to 2B_p \to B_p \to 0.5B_p \to 0 \to -0.5B_p \to -B_p \to -2B_p \to -B_p \to -0.5B_p \to 0$ 循环变化的过程中，超导体内磁通密度和感生电流分布变化的物理图像，有助于分析 REBCO 超导体的磁化行为、捕获磁通、磁悬浮力等物理特性.

（2）场冷超导体磁化过程的物理图像和计算.

在零场冷磁化的过程中，超导体内的磁通密度随着外加磁场的增加而逐渐增加，当达到能够充分满足超导体磁化需要的磁场强度后，再将外加磁场降到零即可

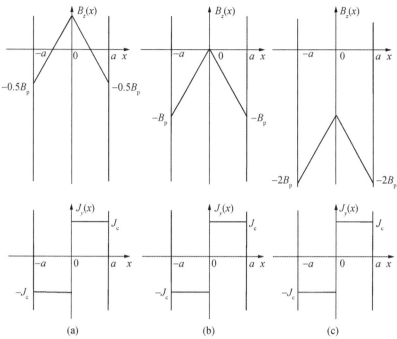

图 1.29 厚度为 $2a$,长、宽都为 $L(L \gg a)$ 的超导平板在均匀磁场中,当磁感应强度 B_a 从 0 增加到 $2B_p$ 后,先将磁场降到 0,再加反向磁场到 $B_a = 2B_p$ 的过程中,超导体内的磁感应强度和电流分布.(a) B_a 从 0 降到 $-0.5B_p$, (b) B_a 从 $-0.5B_p$ 降到 $-B_p$, (c) B_a 从 $-B_p$ 降到 $-2B_p$

完成对超导体的磁化.电磁铁、超导磁体、脉冲磁体等均可用于对超导体的零场冷磁化,但要达到比较好的效果,施加的磁场强度至少要达到 $2B_p$ 以上.然而,大量实验结果表明,用场冷的方式对超导体进行磁化,效果明显优于零场冷.

以场冷方式磁化超导体时,先使其处于临界温度 T_c 以上,再施加外磁场,然后,对将其冷却并降到实验设定的温度,最后,关闭磁场或移去磁体即可.图 1.31 是厚度为 $2a$,长宽都为 $L(L \gg a)$ 的超导平板在场冷磁化过程中的磁感应强度和电流分布示意图.图 1.31(a) 是在超导体处于临界温度 T_c 以上时,先给其加上磁通密度为 $B_a = B_p$ 的均匀磁场,再将其冷却到 T_c 以下的设定温度后,超导体内的磁通密度和电流分布.这时,超导体内的磁场与外加磁场一样.由于在冷却的过程中,通过超导体的磁通量并没有发生变化,故超导体内没有超导电流.当外加磁场从 $B_a = B_p$ 下降到 $0.5B_p$ 时,超导体内的磁通密度和感生电流密度分为三个区,中间区域的感生电流密度为零,只有靠近超导体表面处的两个区域有电流.当外加磁场继续降到 0 时,超导体内的磁通密度和感生电流分为两个区,具体的计算方法与图 1.27 情况同理,读者可自行分析.

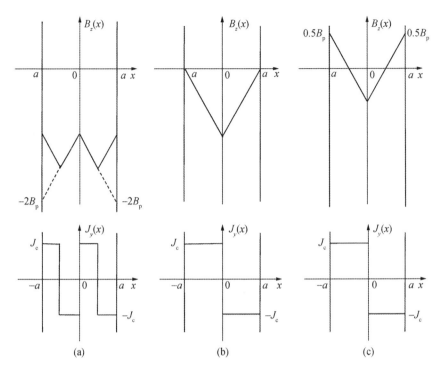

图 1.30 厚度为 $2a$,长、宽都为 $L(L \gg a)$ 的超导平板在均匀磁场中,当磁感应强度 B_a 从 0 增加到 $2B_p$ 后,先将磁场降到 0,B_a 再加反向磁场到 $B_a = 2B_p$,再增加磁场的过程中,超导体内的磁感应强度和电流分布.(a) B_a 从 $-2B_p$ 增加到 $-B_p$,(b) B_a 从 $-B_p$ 增加到 0,(c) B_a 从 0 增加到 $0.5B_p$

2. Kim 临界态模型

虽然 Bean 模型能够很好地说明超导体磁化过程中的物理现象,但由于视 J_c 为与外加磁场大小无关的常数,故会导致理论计算与实验结果之间的较大差异. 因此,有人提出了 J_c 随外加磁感应强度变化的模型,如 Kim[65]. 他认为 J_c 随外加磁感应强度的变化为

$$J_c = \frac{\alpha}{B(x) + B_0}. \tag{1.19}$$

其中 α 和 B_0 为非零常数,B_0 是为保证 $B(x) = 0$ 时 (1.19) 式有意义. 由 (1.8) 和 (1.19) 式就可以求出超导体内的磁通密度分布和电流分布,计算的结果与实验符合得更好. 读者可以自己通过 (1.8) 和 (1.19) 式推导分析磁通密度和电流分布的具体公式,并画出超导体在磁化过程中的行为物理图像.

另外,还有一些其他临界态模型,如指数模型、平方根模型、平方模型等,读者可以参阅其他文献资料.

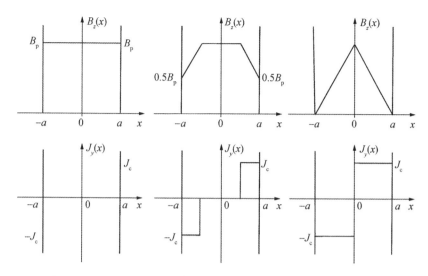

图 1.31 厚度为 $2a$, 长、宽都为 $L(L \gg a)$ 的超导平板在场冷磁化过程中的磁感应强度和电流分布. 先将超导体加热到其临界温度 T_c 以上, 加上磁场到 $B_a = B_p$, 再将其进行冷却到 T_c 以下实验设定的温度, 最后将外加磁场降到 0. (a) $B_a = B_p$, (b) B_a 从 B_p 降到 $0.5B_p$, (c) B_a 从 $0.5B_p$ 降到 0

1.4.8.3 大块 REBCO 超导体的捕获磁通计算方法

在了解 REBCO 超导体磁化行为、物理图像和计算方法的基础上, 大块 REBCO 超导体的捕获磁通密度 (B_{tr}) 分布可以直接用 Biot-Savart 定律计算和分析:

$$d\boldsymbol{B} = \frac{\mu_0}{4\pi} \frac{I d\boldsymbol{l} \times \boldsymbol{r}}{r^3}, \tag{1.20}$$

其中, μ_0 为真空磁导率, $\mu_0 = 4\pi \times 10^{-7} \ H/m$, I 为电流元通过的电流强度, $d\boldsymbol{l}$ 为电流元的线元矢量, $\boldsymbol{r}$ 为空间某一点 P 到电流元的位移矢量. (1.20) 式表示电流元 $I d\boldsymbol{l}$ 在空间某点 P 处产生的磁感应强度 $d\boldsymbol{B}$ 与电流元 $I d\boldsymbol{l}$ 到空间某点 P 的距离的平方成反比, 与电流元 $I d\boldsymbol{l}$ 的大小成正比, 与电流元矢量和其到空间某点 P 的位移矢量之间夹角的正弦成正比. 也可先计算出电流元 $I d\boldsymbol{l}$ 在空间的磁矢势 $\boldsymbol{A}$, 再根据 $\boldsymbol{B} = \nabla \times \boldsymbol{A}$ 计算出磁感应强度 $d\boldsymbol{B}$ 的分布. 磁矢势 $\boldsymbol{A}$ 的公式[66] 为

$$d\boldsymbol{A} = \frac{\mu_0}{4\pi} \frac{I d\boldsymbol{l}}{r}. \tag{1.21}$$

下面以圆柱形大块 REBCO 超导体为例, 计算其在空间的磁矢势 $\boldsymbol{A}$ 和捕获磁通密度 B_{tr} 分布. 以超导体上表面中心位置原点, 建立如图 1.32 的柱坐标系. 假设超导体的半径为 R, 厚度为 h, 临界电流密度为 J_c, 且超导体内的电流均匀分布. 现在分析图 1.32 中 $\boldsymbol{\rho}'(r', z', \theta')$ 点处的微体积电流元 $dV' = r' d\theta' dr' dz'$ 在空间某一点 $\boldsymbol{\rho}(r, z, \theta)$ 产生的磁矢势 $d\boldsymbol{A}$. 通过微体积元 dV' 的电流 $dI = J_c dr' dz'$, 电流元 $dI d\boldsymbol{l}$

的方向沿其所在位置 $\boldsymbol{\rho}'(r',z',\theta')$ 点处的切线方向，$\mathrm{d}\boldsymbol{l}=r'\mathrm{d}\boldsymbol{\theta}'$，电流元 $\mathrm{d}I\mathrm{d}\boldsymbol{l}$ 到空间某点 $\boldsymbol{\rho}(r,z,\theta)$ 的位移矢量为 $\Delta\boldsymbol{\rho}=\boldsymbol{\rho}-\boldsymbol{\rho}'$，故该电流元在空间某点 $\boldsymbol{\rho}(r,z,\theta)$ 产生的磁矢势

$$\mathrm{d}\boldsymbol{A} = \frac{\mu_0}{4\pi}\frac{\mathrm{d}I\mathrm{d}\boldsymbol{l}}{\Delta\rho} = \frac{\mu_0}{4\pi}\frac{J_c\mathrm{d}r'\mathrm{d}z'\mathrm{d}\boldsymbol{l}}{\Delta\rho}. \tag{1.22}$$

由于对称性，柱坐标系中 $\boldsymbol{A}$ 只有 θ 分量，故 $A_r=0,A_z=0$，而在此处，$A_\theta=A_y$，即只要计算出公式(1.22)的 θ 分量即可。由图 1.32 可知，

$$\mathrm{d}l_\theta = r'\cos\theta'\mathrm{d}\theta',$$

$$\begin{aligned}\Delta\rho &= \sqrt{\rho^2 + \rho'^2 - 2\boldsymbol{\rho}\cdot\boldsymbol{\rho}'}\\ &= \sqrt{r^2 + z^2 + r'^2 + z'^2 - 2(ri+zk)\cdot(r'\cos\theta'i + r'\sin\theta'j - z'k)}\\ &= \sqrt{r^2 + z^2 + r'^2 + z'^2 - 2(rr'\cos\theta' - zz')}.\end{aligned}$$

将上式代入(1.22)式，得

$$\mathrm{d}A_\theta = \frac{\mu_0}{4\pi}\frac{J_c r'\cos\theta'\,\mathrm{d}r'\,\mathrm{d}z'\,\mathrm{d}\theta'}{\sqrt{r^2 + z^2 + r'^2 + z'^2 - 2(rr'\cos\theta' - zz')}}. \tag{1.23}$$

对(1.23)式积分，可得圆柱形大块 REBCO 超导体在空间的磁矢势

$$A_\theta = \frac{\mu_0}{4\pi}\int_{-h}^{0}\mathrm{d}z'\int_{0}^{R}\mathrm{d}r'\int_{0}^{2\pi}\frac{J_c r'\cos\theta'\,\mathrm{d}\theta'}{\sqrt{r^2 + z^2 + r'^2 + z'^2 - 2(rr'\cos\theta' - zz')}}. \tag{1.24}$$

对 $\boldsymbol{A}$ 取旋度，可得圆柱形大块 REBCO 超导体在空间的磁感应强度分布：

$$\boldsymbol{B} = \nabla\times\boldsymbol{A} = \frac{1}{r}\begin{vmatrix} \boldsymbol{e}_r & r\boldsymbol{e}_\theta & \boldsymbol{e}_z \\ \dfrac{\partial}{\partial r} & \dfrac{\partial}{\partial\theta} & \dfrac{\partial}{\partial z} \\ 0 & rA_\theta & 0 \end{vmatrix}, \tag{1.25}$$

即

$$B_r = -\frac{1}{r}\frac{\partial}{\partial z}(rA_\theta), \tag{1.26}$$

$$B_z = \frac{1}{r}\frac{\partial}{\partial r}(rA_\theta), \tag{1.27}$$

$$B_\theta = 0. \tag{1.28}$$

由(1.24)~(1.28)式可知，要获得强的捕获磁通密度，就必须提高 REBCO 超导体的尺寸 r' 和临界电流密度 J_c。这与 Murakami[67] 计算圆柱状单畴 REBCO 超导体捕获磁通密度 B_{tr} 的结果吻合：

$$B_{tr} = CI_c r, \tag{1.29}$$

其中，C 为与样品尺寸有关的常数，I_c 是超导体的临界电流，r 为超导体的半径。但是(1.29)式没有考虑样品厚度的影响。由此可知，要提高超导体的捕获磁通密度，就必须提高超导体的 J_c 和 r 值。

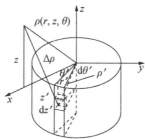

图 1.32　计算圆柱形大块 REBCO 超导体在空间的磁矢势 $\boldsymbol{A}$ 及其捕获磁通密度分布

1.4.9　REBCO 超导体的磁通钉扎及磁通蠕动

1.4.9.1　磁通蠕动对 REBCO 超导性能的影响

对于第二类超导体,不论是低温还是高温超导体,都存在超导性能随时间衰减的弛豫现象,对于 REBCO 超导体也是如此. 例如,图 1.33 是 Kung 等在 3 T,不同温度下对 MPMG 织构 YBCO 超导体的磁化强度随时间弛豫的测量结果[68]. 由图 1.33 可知,样品的磁化强度 M(由 M 可计算出 J_c)随时间 t 的增加以对数规律衰减,可用如下公式计算:

$$M(t) = M_0 \left[1 - \frac{kT}{U_0}\ln\left(\frac{t}{t_0}\right)\right], \tag{1.30}$$

$$J(t) = J_{c0} \left[1 - \frac{kT}{U_0}\ln\left(\frac{t}{t_0}\right)\right], \tag{1.31}$$

其中,M_0,U_0,t_0,J_{c0} 分别为超导体起始的磁化强度、磁通钉扎势能、起始观察时间和临界电流密度. 该结果与 Anderson-Kim 提出的磁通蠕变速率公式

$$s = \frac{\dfrac{\mathrm{d}M}{M_0}}{\mathrm{d}\ln\left(\dfrac{t}{t_0}\right)} = -\frac{kT}{U_0} = 常数 \tag{1.32}$$

一致.

但是,也有许多试验结果并不是完全符合(1.30)、(1.31)和(1.32)式,特别是在温度较高的情况下. 例如,图 1.34 是 Gao 等在液氮温度下对熔融织构 YBCO 超导体的磁化强度随时间 t 弛豫测量的结果[69],其磁化强度随时间的衰减规律偏离了对数关系. 这些结果说明,YBCO 超导体的磁化强度和 J_c 都存在随时间衰减的现象,衰减的程度与磁场强度、温度等密切相关,并不完全符合 Anderson-Kim 提出的磁通蠕变速率公式(1.32).

由(1.6)、(1.24)和(1.25)式可知,超导体的磁悬浮力和捕获磁通密度都正比于 J_c,因此也都存在着随时间衰减的弛豫. Suzuki 等用超导磁体对直径为 60 mm、厚度为 20 mm 的 GdBCO 超导块材,在 77 K 下的磁悬浮力随磁场与时间的变化规

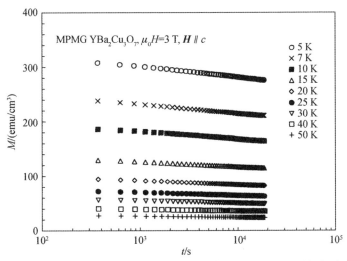

图 1.33　在 3 T 时不同温度下 YBCO 超导体的单位体积磁化强度随时间的弛豫规律[68]

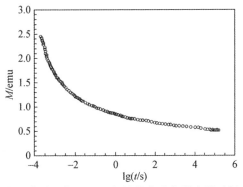

图 1.34　液氮温度下熔融织构 YBCO 超导体的磁化强度随时间 t 的弛豫规律[69]

律进行了测量[70]. 图 1.35 是他们的测试装置示意图,测量时保证超导磁体中心的磁感应强度 $B_z = 2.541$ T 不变,具体参数见表 1.1,测量结果如图 1.36 所示.

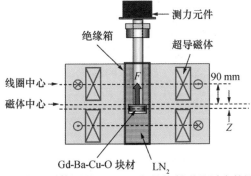

图 1.35　用超导磁体测量 REBCO 超导块材磁悬浮力的测试装置

表 1.1　测量用超导磁体在不同位置的磁感应强度参数

Z/mm	电流$/\text{A}$	B/T	B_z/T^a	B_r/T^b
120	53.8	2.663	2.541	0.160
130	56.5	2.797	2.541	0.240
140	60.6	3.000	2.544	0.321
−10	66.37	3.286	0.532	−0.819
−20	49.41	2.446	0.783	−0.583

a B_z 在样品中心;
b B_r 在样品边缘($r=0.03\text{ m}$)

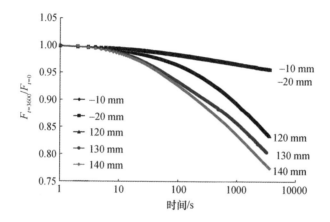

图 1.36　直径为 60 mm,厚度为 20 mm 的 GdBCO 超导块材在 77 K 下超导磁体不同位置的约化磁悬浮力随时间的变化规律[70]

图 1.36 表明,GdBCO 超导块材的磁悬浮力随时间的衰减速率与外加磁场的强度密切相关,外加磁感应强度越强,磁悬浮力衰减越快. 当超导磁体中心的磁感应强度 $B_z=2.541\text{ T}$ 保持不变时,GdBCO 超导块材磁悬浮力的衰减程度与其在磁体内的位置(磁场分布)有关,参见表 1.1. 该超导块材在超导磁体中的位置 $z=$ 120 mm,130 mm,140 mm 的磁悬浮力分别为 909 N,1501 N,2094 N.

Tomita 等用多个内径 47 mm,外径 80 mm,高 22 mm 的环状 GdBCO 超导块材,装配成了一个圆筒状磁体[71],如图 1.37 所示. 该磁体在 77 K 的捕获磁通密度 $B_{tr}=2.65\text{ T}$,而且具有良好的均匀性. 但是,人们在研究该筒状超导磁体的捕获磁通密度随时间的变化规律时发现,B_{tr} 随时间的增加仍存在着明显衰减的现象,如图 1.38 所示. 由此图可知,B_{tr} 在 6 h 后衰减了 19%.

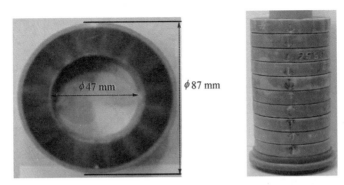

图 1.37 用多个内径 47 mm,外径 80 mm,高 22 mm 的环状 GdBCO 超导块材装配的圆筒状磁体[71]

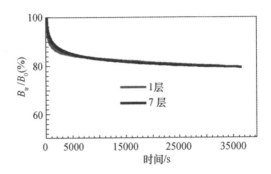

图 1.38 单个环状 GdBCO 超导块材和 7 个环叠成的筒状超导磁体的捕获磁通密度随时间的变化规律[71]

1.4.9.2 REBCO 超导体的磁通涡旋态及不可逆磁场

由上一节可知,不论是 REBCO 超导材料的临界电流密度 J_c,还是其磁悬浮力 F_L,或捕获磁通密度 B_{tr} 等超导性能,都呈现随时间增加而衰减的弛豫现象,但衰减的程度与超导体的本质特性、所处的温度和磁场强度等因素密切相关. 对于确定的超导体,磁场强度越强,温度越高,其磁通蠕动速率就越大,J_c,F_L 和 B_{tr} 的衰减就越快. 因此,超导体的状态以及磁通蠕动的程度应由其所处的环境温度 T 和磁场强度 H 确定. Yeshurun 等将高温超导体的这些关系总结成了 H-T 相图[72],如图 1.39 所示.

由图 1.39 可知,高温超导体的 H-T 相图与传统超导体的不同,在混合态出现了两个磁通涡旋线状态不同的区域,即磁通涡旋液体(vortex liquid)和磁通涡旋玻璃态(vortex glass). 对于均匀、无缺陷,且各向同性超导体,当进入超导体的磁通线达到平衡态时,样品中的磁通涡旋线遵循 Abrikosov 理论,以磁通涡旋点阵的形式在样品中周期性排列,如图 1.40(a)所示. 磁通涡旋线的密度与外加磁场的强度有关,外加磁场越强,磁通涡旋线的密度越高,超导体内的磁通密度越大. 由于磁通涡旋线的均匀分布,按照(1.8)式,必然导致超导体内无宏观电流存在. 该结果是 Abrikosov 在忽略涨落的情况下,从能量的角度按照经典平均场理论计算得到的.

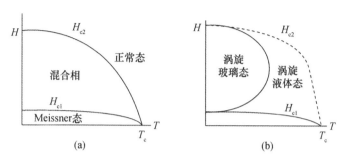

图 1.39　传统超导体(a)和高温超导体(b)的 H-T 相图[72]

Gammel 等[73]选用含有孪晶的 YBCO 单晶超导体,并对其磁通涡旋线的动力学行为进行了研究,发现在接近临界温度 T_c 和上临界磁场强度 H_{c2} 的条件下,超导体中的磁通涡旋会出现熔化现象,形成具有流动性的磁通涡旋液体. 这种情况下,会出现磁通涡旋线流动,产生磁流电阻和能量损耗,对应于图 1.39(b)中的磁通涡旋液体区域和图 1.40(b)的物理图像.

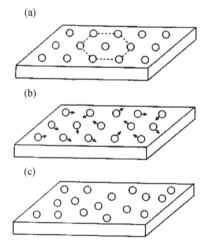

图 1.40　超导体中磁通涡旋线的分布.(a)均匀分布的磁通涡旋点阵,(b)磁通涡旋点阵的熔化(磁通涡旋液体),(c)磁通涡旋玻璃态

　　如果超导体不均匀,且存在能够起磁通钉扎作用的缺陷,那么,即使超导体处于平衡态,其磁通涡旋线的分布也不会出现严格的 Abrikosov 周期性点阵. 其原因在于,作为磁通钉扎中心的缺陷对磁通涡旋线具有吸引和钉扎能力,这种作用使处

于缺陷处的磁通涡旋线的受力不同于均匀超导体,也不同于无缺陷处磁通涡旋线的受力,在一定的温度和磁场范围内,缺陷产生的磁通钉扎力大于磁通涡旋线之间的排斥力,这样,部分磁通涡旋线就会被固定在随机分布的缺陷处,不能自由运动. 这种在较低温度和磁场条件下,超导体中非周期性分布的磁通涡旋线固定不动的物理状态,称为磁通涡旋玻璃态. 这种情况下,不会出现磁通涡旋线流动,没有能量损耗,对应于图 1.39(b)中的磁通涡旋玻璃态区域和图 1.40(c)的物理图像.

如果超导体中没有磁通钉扎中心,那么在确定的磁场和温度下,进入样品的磁通涡旋线,不管是处于 Abrikosov 周期性磁通涡旋点阵状态,还是处于磁通涡旋液体状态,最终都必然达到热力学平衡态,与超导体磁化的历史无关. 因此,这种情况下,超导体的磁化过程是可逆的. 如果超导体中有磁通钉扎中心,那么在确定的磁场和温度下,进入样品的磁通涡旋线最终也能达到热力学平衡态,但是由于磁通钉扎中心的存在,被钉扎于该中心的磁通涡旋线将受到限制,不能自由运动. 因此,对超导体先降温、后加磁场,或先加磁场、后降温,最终超导体的磁化强度是不同的,这与其磁化时升降温、升降磁场的先后次序密切相关. 这种情况下,超导体的磁化行为是不可逆的. 超导体的不可逆线对应于图 1.39(b)中磁通涡旋线液体和磁通涡旋线玻璃态之间的曲线.

另外,对于无缺陷或只有弱磁通钉扎能力的单晶而言,由于其磁通钉扎力很弱,所以在确定的温度下,磁通涡旋线之间的磁弹性起主要作用,在低场条件下,致使磁通涡旋线的分布呈现一种新的形态,即磁通 Bragg 玻璃态(Bragg glass phase). 其原因在于,这种 Bragg 玻璃态是由磁通涡旋线之间的弹性能、磁通钉扎能和热能共同竞争而导致的一种平衡态. Shibata 等[74] 研究了最佳掺杂无孪晶 $YBa_2Cu_3O_y$($y=6.92$,)单晶超导体(1.55 mm $\times$ 0.80 mm $\times$ 0.02 mm)磁通涡旋态的相图,如图 1.41 所示. 图 1.41 中有四条曲线,包括将 Bragg 玻璃态和磁通涡旋液体态分开的磁通涡旋点阵熔化曲线 $T_m(H)$(为一级相变)、将磁通涡旋玻璃态和磁通涡旋液体态分开的相变曲线 $T_g(H)$、涡旋 Bragg 玻璃态和磁通涡旋玻璃态分开并由磁场控制的相变曲线 $H^*(T)$,以及将磁通涡旋液体态和磁通涡旋泥浆态分开的相变曲线 $T_L(H)$,其中 $T_m(H)$,$T_g(H)$ 和 $H^*(T)$ 三条曲线相交于多临界点 $\mu_0 H_{mcp}=7$ T. 由于 $T_L(H)$ 曲线有一个临界点 $\mu_0 H_{cep}=11$ T,因此,磁通涡旋液体态可以直接绕过 $T_L(H)$ 相变线的临界点 H_{cep} 进入 $T_g(H)$ 和 $T_L(H)$ 曲线之间的区域,而不需要发生相变. 这种情况类似于水的临界点. 随着温度的升高,有序的 Bragg 玻璃态和无序的磁通涡旋玻璃态之间的转变磁场 $\mu_0 H^*(T)$ 向高场推移,在 81 K 下达到 7 T. 图 1.41 中的内插图表示沿曲线 $T_m(H)$ 和 $T_L(H)$ 发生一级相变时熵的变化量 ΔS.

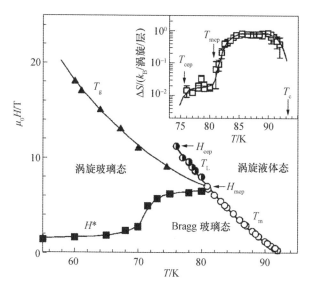

图 1.41　最佳掺杂无孪晶 $YBa_2Cu_3O_y$（$y=6.92$,）单晶超导体的磁通涡旋态相图[74]，内插图表示沿曲线 $T_m(H)$ 和 $T_L(H)$ 发生一级相变时熵的变化量 ΔS

事实上，$YBa_2Cu_3O_y$ 单晶超导体的磁通涡旋态相图很复杂，如果氧含量不同，其磁通涡旋态相图也有明显的差异，如图 1.42 所示. 由图 1.42 可知，当氧含量高于最佳氧含量时，单晶超导体的磁通涡旋态相图不会出现磁通涡旋泥浆态（vortex slush），见图 1.42(a) 和 (b). 当氧含量最佳或稍低时，单晶超导体的磁通涡旋态相图呈现出磁通涡旋泥浆态，见图 1.42(c) 和 (d) 中的阴影区域. 当氧含量低于最佳氧含量时，有序的 Bragg 玻璃态从单晶超导体的磁通涡旋态相图中消失，但是，多出了一条 $H_p(T)$ 曲线，温度越高，$H_p(T)$ 值越小. $H_p(T)$ 表示在温度为 T 时，超导体磁滞回线中的第二个峰值对应的磁场强度，这与缺氧产生的磁通钉扎效应有关，如图 1.42(d) 和 (e) 所示. 由图 1.42(f) 可知，只要样品中的氧含量偏离最佳值 $y=6.92$，$YBa_2Cu_3O_y$ 超导体的临界温度 T_c 就会下降.

图 1.39(b) 中关于磁通涡旋液体和磁通涡旋玻璃态的 H-T 曲线画得有些夸张，特别是在低温和低磁场条件下. 图 1.42(d) 和 (e) 表明，当 $YBa_2Cu_3O_y$ 超导体中氧含量不足时，晶体中的缺陷能够起到磁通钉扎作用，使样品的临界电流密度在高磁场下出现峰值效应，同时导致超导体中有序的 Bragg 玻璃态消失. 对于具有实际应用价值的单畴 REBCO 超导体而言，其中存在着各种各样的缺陷，而且基本上都是为了提高其超导性能人为引入的. 因此对于这种具有强磁通钉扎能力的超导体，磁通涡旋线的有序 Bragg 玻璃态就不是很明显了. 所以，从实际应用方面考虑，Murakami 将 REBCO 超导体的磁通涡旋态 H-T 相图划分为四部分，如图 1.43 所示[75]. 其中，包括区分 Meissner 态与磁通涡旋点阵态和玻璃态的下临界磁场

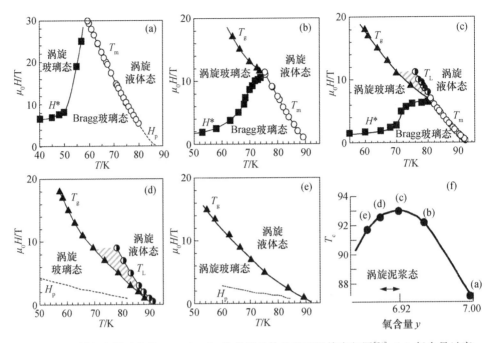

图 1.42 不同氧含量无孪晶 $YBa_2Cu_3O_y$ 单晶超导体的磁通涡旋态相图[74]. (a) 氧含量过高,$y=7.0$;(b) 氧含量稍高,$y=6.95$;(c) 氧含量最佳,$y=6.92$;(d) 氧含量较低,$y=6.90$;(e) 氧含量低,$y=6.88$;(f) 临界温度 T_c 与氧含量 y 的关系

$H_{c1}(T)$ 曲线、区分磁通涡旋液体态与正常态的上临界磁场 $H_{c2}(T)$ 曲线,以及区分磁通涡旋液体态与磁通涡旋点阵态和玻璃态的不可逆磁场 $H_{irr}(T)$ 曲线. 当 $H<H_{c1}(T)$ 时,REBCO 超导体处于 Meissner 效应状态,呈现完全抗磁性. 当 $H_{c1}(T)<H<H_{irr}(T)$ 时,REBCO 超导体处于混合态,磁通涡旋线以磁通涡旋点阵态或磁通涡旋玻璃态的形式固定在超导体中,只能在其固定位置振动,不能自由流动,无磁流电阻和能量损耗,$J_c>0$. 当 $H_{irr}(T)<H<H_{c2}(T)$ 时,REBCO 超导体处于混合态,虽仍具有超导电性,但在该区域,磁通涡旋线以涡旋液体的形式存在,可在超导体内自由流动,产生了磁流电阻和能量损耗,不再具备无阻传输电流的能力. 当 $H>H_{c2}(T)$ 时,REBCO 超导体处于正常态. 在实际工程应用的过程中,高温超导体的选择,主要以其在 $H_{c1}(T)<H<H_{irr}(T)$ 区间的性能为依据.

图 1.44 是 YBCO 超导体在 $\boldsymbol{H}//c$ 和 $\boldsymbol{H}\perp c$ 两种情况下的磁通涡旋态相图[76]. 包括上临界磁场 $B_{c2}(T)$ 和不可逆场 $B_{irr}(T)$. 由图 1.44 可知,不论是采用直流电阻测量法、脉冲电阻测量法,还是直流磁化测量法、脉冲磁化测量法,得到的结果一致性很好. 当 $B<B_{irr}(T)$ 时,REBCO 超导体处于混合态,磁通涡旋线在强磁通钉扎中心的作用下,被扭曲变形并以磁通涡旋玻璃态的形式存在,不能自由流动,具有

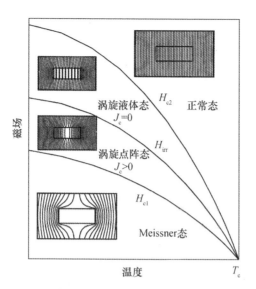

图 1.43　REBCO 超导体的磁通涡旋态相图[75],包括下临界磁场强度 $H_{c1}(T)$、上临界磁场强度 $H_{c2}(T)$ 和不可逆磁场强度 $H_{irr}(T)$

无阻传输电流的能力. 当 $B_{irr}(T)<B<B_{c2}(T)$ 时,磁通涡旋线以磁通涡旋液体的形式存在,主要受热涨落影响,不再具备无阻传输电流的能力. YBCO 超导体在 $H//c$ 时,77 K 和 30 K 条件下的不可逆磁感应强度 $B_{irr}(T)$ 分别为 7 T 和 42 T. 在 $H//c$, 77 K 条件下的上临界磁场 B_{c2} 为 22 T. 这说明在低于液氮温度的条件下,YBCO 超导体具有宽广的应用范围和良好的应用前景.

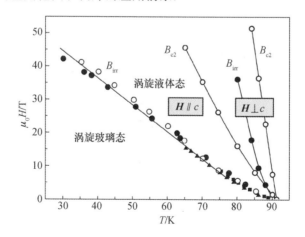

图 1.44　YBCO 超导体在 $H//c$ 和 $H\perp c$ 两种情况下的磁通涡旋态相图[76],包括上临界磁场 $B_{c2}(T)$ 和不可逆磁场 $B_{irr}(T)$. 采用(■)直流磁化测量法、(●)脉冲磁化测量法、(▲)直流电阻测量法、(○)脉冲电阻测量法

在外加磁场强度小于上临界磁场强度 H_{c2} 的情况下,测量高温超导体的磁化强度 $M(T)$ 随温度变化的曲线时,发现在磁场中冷却(FC)和零磁场中冷却(ZFC)的 $M(T)$ 曲线有差异.当温度高于某一特定温度(T_i)时,两条曲线重合,$M(T)$ 曲线是可逆的.当温度低于 T_i 时,FC 和 ZFC 的 $M(T)$ 值不同,两条 $M(T)$ 曲线是分开的、不可逆的.T_i 是该磁场条件下 $M(T)$ 曲线的不可逆温度,而该磁场则是温度为 T_i 时超导体的不可逆磁场强度,用 H_{irr} 表示.如 Lima 等采用直流磁化率方法,对尺寸为 $2.7\,\text{mm} \times 2.5\,\text{mm} \times 1.1\,\text{mm}$ 的熔融织构 YBCO 超导体进行了测量,其 $M(T)$ 曲线如图 1.45 所示[77],其中 α 表示磁场 H 与样品的夹角,$M_{rem}(T)$ 和 $M_{fc}(T)$ 曲线分别是样品在 FC 和 ZFC 过程中的磁化率曲线,T_i 是 $M(T)$ 曲线的不可逆温度,插图是 $\alpha = 60°$ 时样品的 $M(T)$ 曲线,T_{c2} 是通过外延 $M(T)$ 曲线获得的与该磁场对应的临界温度.这种磁场强度和温度构成的 $H_{irr}(T)$ 曲线称为超导体的不可逆曲线.传统低温超导体的 $H_{irr}(T)$ 曲线和 $H_{c2}(T)$ 曲线非常接近.高温超导体的热涨落很强,其 $H_{irr}(T)$ 曲线和 $H_{c2}(T)$ 曲线偏离较大,如图 1.44 所示.

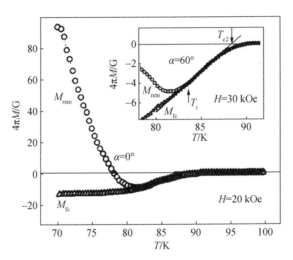

图 1.45 熔融织构 YBCO 超导体在 FC 和 ZFC 过程中的直流磁化率 $M(T)$ 曲线[77],α 表示磁场与样品的夹角,$M_{rem}(T)$ 和 $M_{fc}(T)$ 曲线分别是样品在 FC 和 ZFC 过程中的直流磁化率,T_i 是 $M(T)$ 曲线的不可逆温度,插图是 $\alpha = 60°$ 时样品的 $M(T)$ 曲线,T_{c2} 是与该磁场对应的临界温度

1.4.9.3 通过磁通钉扎中心引入提高 REBCO 超导性能的方法

在 $H\text{-}T$ 相图中,REBCO 超导材料的混合态被 $H_{irr}(T)$ 曲线分为两个区域,在 $H_{irr}(T) < H < H_{c2}(T)$ 区间,虽然 REBCO 超导体仍具有超导电性,但其磁通涡旋线以涡旋液体的形式存在,可自由流动并产生磁流电阻,不再具备无阻传输电流的能力,所以在该区间内超导体实际上已无实用价值.在 $H_{c1}(T) < H < H_{irr}(T)$ 区间,REBCO 超导体中的磁通涡旋线主要以磁通涡旋玻璃态的形式被束缚在由缺陷

而形成的磁通钉扎中心位置,只能在该位置附近振动.不同类型的缺陷,与超导体形成的负界面能大小不同,对磁通涡旋线的约束能力(即磁通钉扎力)也不同.但是,由于热涨落的影响,磁通涡旋线可能摆脱某个磁通钉扎中心的束缚,从一个磁通钉扎中心跳跃到另一个磁通钉扎中心,呈现磁通蠕动现象.这会导致其临界电流密度 J_c,磁悬浮力 F_L,捕获磁通密度 B_{tr} 随时间衰减.

要进一步提高 REBCO 超导体的临界电流密度 J_c,磁悬浮力 F_L,捕获磁通密度 B_{tr},并解决其随时间衰减的问题,除了制备大尺寸的超导样品以外,关键在于 REBCO 超导体中引入有效的磁通钉扎中心,抑制或阻碍磁通线的脱钉及蠕动现象.

从理论上讲,只有当超导体中的缺陷(如第二相非超导粒子)尺寸与其相干长度接近时,才能起到最有效的磁通钉扎作用,而 REBCO 超导体的相干长度很短,为纳米量级,所以只有引入纳米级的缺陷或非超导相粒子,才能有效地提高 REBCO 超导体的磁通钉扎能力 F_p 和 J_c.在引入磁通钉扎中心方面,常用的方法主要包括通过掺杂直接引入 RE211 相或 REM2411 相等非超导相粒子、通过元素替代或氧化处理引入低 T_c 相、通过金属氧化物掺杂引入非超导相、通过粒子辐照引入线状缺陷等.

1. 粒子辐照产生的线状磁通钉扎中心对 REBCO 超导性能的影响

通过高能粒子辐照的方式能够产生纳米量级的线状磁通钉扎中心,这种线状缺陷具有很强的磁通钉扎能力,其磁通钉扎势能可表示为[78]

$$U_{pin} \approx \left(\frac{H_c^2}{8\pi}\right) 2\pi\xi^2 L \times \ln\left(1 + \left[\frac{d_d}{2\sqrt{2}\xi}\right]^2\right), \tag{1.33}$$

其中 U_{pin} 是磁通钉扎势能, L 是限制缺陷长度, d_d 是线状缺陷直径, H_c 是超导体的临界磁场强度, ξ 是超导体的相干长度.由(1.33)式可知,对于确定的超导体,由于其 H_c 和 ξ 是确定的,因此,线状缺陷的长度 L 越长、直径 d_d 越大,样品的磁通钉扎势能越强、磁通钉扎力越强,超导体的 J_c 越高,并有利于抑制 J_c 的衰减.但是,线状缺陷的直径 d_d 并不是越大越好,太大了会减少超导相的体积,反而导致超导性能下降.

Civale 等用助熔剂法制备出了 T_c 为 93.5 K,尺寸为 1 mm×1 mm×0.02 mm 的 $YBa_2Cu_3O_7$ 单晶, c 轴与样品的短边平行.他们用 580 MeV 能量的 $^{116}Sn^{30+}$ 离子以不同的辐射剂量(f_i =4.8×10^{10},1.5×10^{11},2.4×10^{11} ions/cm^2)和角度(离子入射方向与 c 轴夹角分别为 2°,30°,45°)对该样品进行辐照,并研究了其对样品超导性能的影响[79].如果按照每根线缺陷钉扎一个磁通量子 Φ_0,则这三种辐射剂量分别相当于磁通密度 B_Φ($B_\Phi = \Phi_0 \times f_i$)为 1 T,3 T,5 T.图 1.46 是辐射剂量为 1.5× 10^{11} ions/cm^2,入射角为 2°时该样品辐照后的 TEM 照片.其中,上图是由 $^{116}Sn^{30+}$ 离子辐照产生的线缺陷端部图,下图是将样品倾斜后的照片,从中可以明显看到由 $^{116}Sn^{30+}$ 离子辐照产生的线缺陷,线径约 5 nm,线缺陷间距约 10 nm.

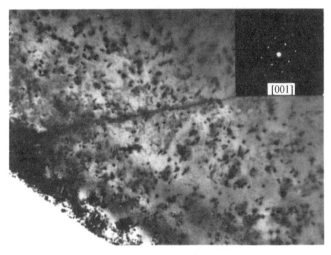

图 1.46 Sn 离子沿与 c 轴夹角为 2°辐照($f_i = 1.5 \times 10^{11}$ ions/cm²)后样品的透射电子显微镜 (TEM) 照片[79]. 上图是由 Sn 离子辐照产生的线缺陷端部图, 下图是将样品倾斜后的照片, 从 中可以明显看到由 Sn 离子辐照产生的线缺陷, 线径约 5 nm, 间距约 10 nm

图 1.47 是用能量为 580 MeV 的 Sn 离子沿偏离 c 轴 2°角方向对样品辐照后, 在 $\boldsymbol{H} // c$ 情况下的磁化电流密度 J_c 随磁场的变化曲线[79]. 由图 1.47 可知, 在高 温、高场条件下, 用 Sn 离子辐照样品的 J_c 明显高于未辐照和用质子辐照的样品. 图 1.47(b) 表明, 辐射剂量相当于 $B_\Phi = 5$ T 样品的 J_c 达到 4.5×10^5 A/cm²(77 K, 1 T). 当 $\mu_0 H > 3$ T 时, 未辐照和用质子辐照样品的 J_c 几乎为零, 但用 Sn 离子辐照 样品的 J_c 仍比较高. 图 1.47(a) 表明, 在低温条件下, Sn 离子和质子的辐照效果类 似, 都能明显提高样品的 J_c. 这说明通过离子辐照产生的线缺陷是一种非常有效的

磁通钉扎中心,能够明显提高 REBCO 超导体的磁通钉扎力 F_p 和 J_c.

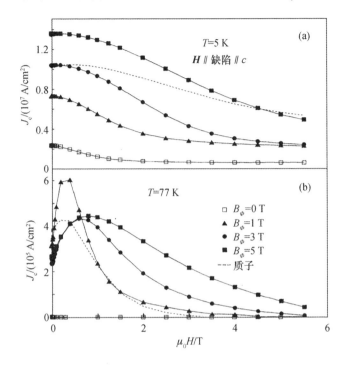

图 1.47 图 1.46 中样品在 $\boldsymbol{H}\,/\!/\,c$ 情况下的磁化电流密度 J_c 随磁场的变化曲线[79].(b)图表明,辐射剂量相当于 $B_\Phi=5\,\mathrm{T}$ 样品的 J_c 达到 $4.5\times10^5\,\mathrm{A/cm^2}$($77\,\mathrm{K},1\,\mathrm{T}$).当 $\mu_0 H>3\,\mathrm{T}$ 时,未辐照和用质子辐照样品的 J_c 几乎为零,但用 Sn 离子辐照样品的 J_c 仍比较高.(a)图表明,在低温条件下,Sn 离子和质子的辐照效果类似,都能明显提高样品的 J_c.

Weinstein 等以 Y123+Y211+Pt+U 为初始粉体(其中,U 是 ^{235}U 和 ^{238}U 的混合物),采用顶部籽晶熔融织构生长法制备出了单畴 YBCO 超导体(直径为 20.8 mm),使掺 U 样品的 J_c 提高了 80%.他们通过热中子辐照的方式,使 ^{235}U 裂变成两个较轻的原子核碎片,碎片间距 $8\,\mu\mathrm{m}$,并释放中子、β 射线和 γ 射线,在样品中产生了纳米量级的线状缺陷[78,80],如图 1.48 所示.由图 1.48 可知,^{235}U 裂变产生的线状缺陷轨迹线径小于 2.6 nm,总体线径小于 5.2 nm.样品中的粒子为 YBCO 晶体生长过程中生成的 $(\mathrm{U_{0.6}Pt_{0.4}})\mathrm{YBa_2O_6}$ 化合物,平均粒径约 300 nm.

这种由 ^{235}U 裂变产生的线状缺陷具有很强的磁通钉扎能力,可大幅度提高 YBCO 超导体的 J_c.如在 77 K,0.25 T 条件下,样品的 J_c 达到 $2.9\times10^5\,\mathrm{A/cm^2}$,相对于辐照前性能,提高率 R 大于 30.在 50 K,10 T 条件下,样品的 J_c 达到 $10^6\,\mathrm{A/cm^2}$ 量级,相对于辐照前性能,提高率 R 大于 20,见图 1.49.同时,^{235}U 裂变产生的线状缺陷也能明显提高单畴 YBCO 超导体的捕获磁通密度 B_{tr},相对于

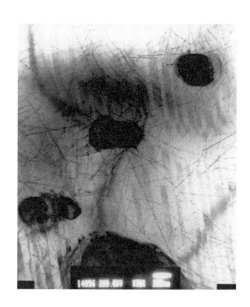

图 1.48　^{235}U 裂变产生的线状缺陷[78]. 图中的标尺为 200 nm. 轨迹线径小于 2.6 nm, 总体线径小于 5.2 nm. 灰黑色的粒子为 $(U_{0.6}Pt_{0.4})YBa_2O_6$ 化合物, 平均粒径约 300 nm

辐照前性能, 在 77 K 提高率 R 可达 4 以上, 如图 1.50 所示. 这些结果表明, 通过粒子辐照产生的线状缺陷, 不仅能够大幅度提高超导体的磁通钉扎能力, 而且可大幅度提高其 J_c, B_{tr}, 磁悬浮力 F_L 等超导性能. 但是, 由于这种方法需要大型复杂设备、辐照产生的辐射和半衰期较长等原因, 大规模的推广应用受到了一定的限制.

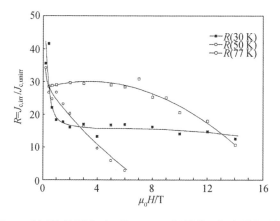

图 1.49　U 含量为 0.3%(质量百分比)的 YBCO 超导体, 在中子辐照(剂量 $f_n = 0.8 \times 10^{17}\,\mathrm{n/cm^2}$)前后样品临界电流密度的约化值 R 随磁场强度的变化规律[80]

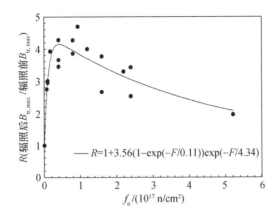

图 1.50 U 含量为 0.3%（质量百分比）的 YBCO 超导体，在中子辐照前后样品捕获磁通密度 B_{tr} 的约化值 R 随辐照剂量的变化规律[80]．黑点是实验结果，曲线是拟合结果．对未辐照样品 $f_{\text{n}}=0$，$R=1$

2. RE211 粒子掺杂对 REBCO 超导性能的影响

RE211 是在 REBCO 超导晶体生长过程中自身反应生成的化合物，也是发现最早的具有良好磁通钉扎能力的一种非超导相粒子．许多结果表明，添加 RE211 粒子的 REBCO 块材，其 J_{c}，B_{tr} 和 F_{L} 等值在一定程度上都有明显提高，而且 RE211 粒子越小，其超导性能越好．如 Salama 等用 LPP 法制备出了具有不同 Y211 含量的织构 YBCO 超导体，其在 77 K，1.5 T 条件下的 J_{c} 与 c 轴夹角 θ 的关系[59]如图 1.51 所示．结果表明，相对于未掺杂的样品，当 Y211 粒子的掺杂量为 15%（质量百分比）时，不论 θ 多大，J_{c} 均有提高，特别是在 $\boldsymbol{H}/\!/ab$ 及 $\boldsymbol{H}/\!/c$ 的状态下，J_{c} 提高幅度很大．当 Y211 粒子的掺杂量为 30%（质量百分比）时，在 $\boldsymbol{H}/\!/c$ 的状态下，J_{c} 继续大幅度提高，但是在 $\boldsymbol{H}/\!/ab$ 的状态下，YBCO 超导体的 J_{c} 却开始下降．这说明适量的 Y211 粒子掺杂，可以提高 YBCO 超导体的磁通钉扎能力以及临界电流密度 J_{c}．该样品中的 Y211 粒子粒径在 $0.2\sim20~\mu\text{m}$ 之间，远大于 YBCO 超导体的相干长度（几个纳米），说明 Y211 粒子本身并不能直接起到磁通钉扎中心的作用．进一步研究表明，镶嵌在 YBCO 超导体（Y123 相）中的 Y211 粒子与 Y123 相形成了一种超导/非超导相界面，在 Y211/Y123 界面处存在着大量相互交错的位错等缺陷，约 $10^{10}/\text{cm}^2$，而这些缺陷则是纳米量级的（见图 1.52），能够起到磁通钉扎中心的作用，从而提高了磁通钉扎力和 J_{c}．

Murakami 等通过 MPMG 方法制备出了一组初始配比为 Y∶Ba∶Cu＝1∶2∶3，1.2∶2.1∶3.1 和 1.5∶2.25∶3.25（相当于 Y123＋xY211，$x=0$，0.1 和 0.25）的织构 YBCO 超导块材，记为 Y1.0，Y1.2，Y1.5 样品．图 1.53 是 Y1.0，Y1.2 和 Y1.5 样品的 SEM 照片[81]．从图 1.53 可知，在未掺杂 Y211 相的样品中，

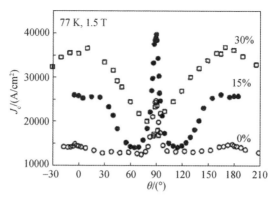

图 1.51　用 LPP 法制备的 YBCO 超导体的传输 J_c 与 θ 角（c 轴与磁场的夹角）的关系[59]

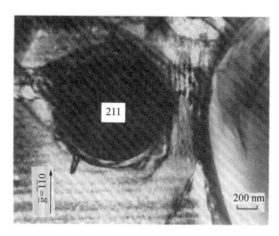

图 1.52　熔融织构 YBCO 超导体中 Y211/Y123 界面处的 TEM 照片，在 Y211 粒子周围存在大量相互交错的纳米量级位错等缺陷[59]

Y211 粒子很少，见图 1.53(a). 当 Y211 相的含量 x 增加时，样品中的 Y211 粒子不断增加，见图 1.53(b)，(c). 样品中的 Y211 粒子大小约 1 μm.

　　图 1.54 是图 1.53 样品在 $H/\!/c$ 和 $H \perp c$ 情况下的磁化电流密度 J_c 随磁场强度的变化曲线[81]. 由图 1.54 可知，不管是 $H/\!/c$，还是 $H \perp c$，相对于未掺杂 Y211 相的样品，随着 Y211 相含量 x 的增加，样品的 J_c 有明显提高. $H/\!/c$ 情况下的 J_c 约是 $H \perp c$ 时的 3 倍，$H \perp c$ 情况下的 J_c 约为 3.0×10^4 A/cm^2（77 K，1 T）. 由于样品中的 Y211 粒子是均匀分布的，因此，可以认为 Y211 粒子不会导致 J_c 的各向异性，其主要原因在于样品微观组织结构的各向异性（晶体是片层状结构）以及样品本征特性的各向异性（YBCO 超导体的在 ab 面和 c 轴方向的相干长度不同）.

　　图 1.55 是 Y1.0 样品和 Y1.2 样品在 77 K 时不同磁场条件下的约化磁化强

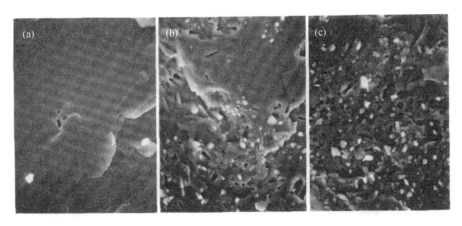

图 1.53 MPMG 方法制备 YBCO 超导体的 SEM 照片[81].(a) Y1.0 样品,(b) Y1.2 样品,
(c) Y1.5 样品

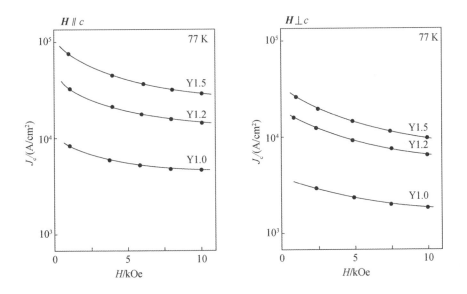

图 1.54 与图 1.53 相应样品在 $H/\!/c$ 和 $H\perp c$ 情况下的磁化电流密度 J_c 随磁场强度的变化[81]

度随时间衰减的变化曲线.通过比较可知,Y1.2 样品的约化磁化强度随时间衰减
的程度明显低于 Y1.0 样品.按照(1.32)式计算可知,Y1.0 和 Y1.2 样品在 77 K,
1 kOe 条件下的磁通钉扎能分别为 0.6 eV 和 1.0 eV.这些结果表明,适量的 Y211
相粒子添加,不仅可以提高的 YBCO 超导体的磁通钉扎力 F_p、临界电流密度 J_c,而
且能够降低 YBCO 材料超导性能随时间的衰减.

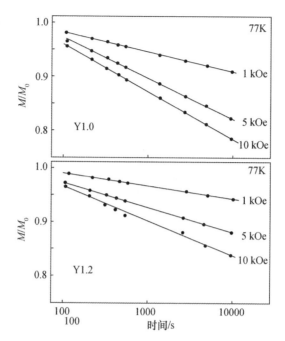

图 1.55 Y1.0 样品和 Y1.2 样品在 77 K,不同磁场条件下的约化磁化强度随时间衰减的
变化[81]

以上的结果同样适用于其他 REBCO 超导材料. 在此基础上,人们又发现
RE211 粒子越小,REBCO 超导体的磁通钉扎能力越强,J_c 越高. Nariki 等通过湿
法球磨,获得了具有不同粒度的 Y211 粉体,见表 1.2,Y211 粒子的最小粒度达
50 nm[82]. 他们是通过 Y211 粒子的比表面积数据,按与之等效的球形颗粒方法,根
据下式计算的粉体粒径[83]:

$$d = \frac{6}{\rho S},$$

其中,S,ρ 分别是被测粉体的比表面积和密度,单位分别为 m^2/g 和 g/cm^3,d 的单
位为 μm. 他们将配比为 Gd123:Y211=100:30 的粉体,与 0.5% 的 P_t,1% 的
CeO$_2$ 和 20% 的 Ag$_2$O(质量百分比)均匀混合后,作为初始粉体,压制成直径为
30 mm 的圆柱形坯体. 之后,他们采用热籽晶熔化生长的方法,在 99% Ar-1% O$_2$
气氛条件下,制备出了掺有不同粒度 Y211 粉体的系列单畴 GdBCO 超导块材,
直径约为 25 mm. 他们对每种粒度的样品,分别切取两个尺寸约为 1.5 mm×
1.5 mm×0.7 mm 的小样品,一个取自接近籽晶的部位,另一个取自远离籽晶接
近上表面的部位. 将这些小样品在流通氧气气氛、450℃下热处理 100 h,使其从
非超导的四方相转变为超导相. 图 1.56 是这些样品在 77 K 下的 J_c.

表 1.2　Y211 初始粉体的粒度

粉体	球磨时间/h	粒径/nm
Y211-A	0	1136
Y211-B	2	110
Y211-C	4	70
Y211-D	8	50

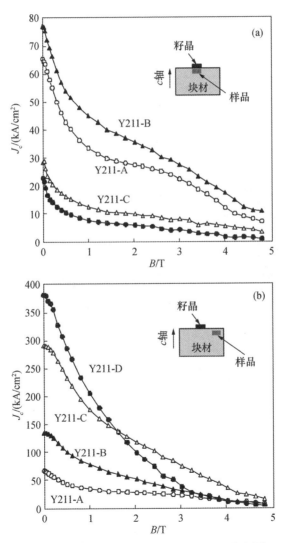

图 1.56　具有不同粒度的单畴 GdBCO 超导块材在 77 K 的 J_c-B 曲线[82]. 上图样品取自接近籽晶的部位, 下图样品取自远离籽晶接近上表面的部位

由图 1.56 可知,接近籽晶样品的 J_c 与远离籽晶样品的不同. 对于接近籽晶的样品,Y211-B 样品的 J_c 比 Y211-A 样品的高,这是因为 Y211-B 样品中的(Gd,Y)211 粒子比 Y211-A 样品的小,而 Y211-C 和 Y211-D 样品的 J_c 却明显低于 Y211-A 和 Y211-B 样品,这是因为 Y211-C 和 Y211-D 样品中的(Gd,Y)211 粒子太少. 如图 1.57 上排三个图所示. 对于远离籽晶的样品,Y211 粒子越小,样品的 J_c 越高. 这种情况在 Y211 粒子特别细小的 Y211-C 和 Y211-D 样品中更明显,J_c 分别达到 2.9×10^5 A/cm^2 和 3.8×10^5 A/cm^2(77 K,0 T). 这是因为相对于 Y211-A 和 Y211-B 样品而言,Y211-C 和 Y211-D 样品中的(Gd,Y)211 粒子不仅特别小,而且比表面积高的缘故,如图 1.57 下排三个图所示.

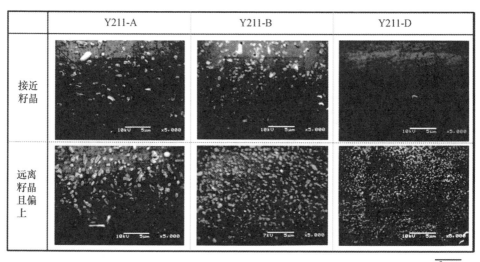

图 1.57   Y211-A,Y211-B 和 Y211-D 样品的 SEM 照片. 上排是接近籽晶位置的照片,下排是远离籽晶且偏上位置的照片[82]

从图 1.57 的 SEM 照片可知,在接近籽晶的样品中,(Gd,Y)211 粒子密度小、粒径小,在远离籽晶的样品中,(Gd,Y)211 粒子密度高、粒径大. 这种情况在 Y211 粒子特别细小的 Y211-C 和 Y211-D 样品中更明显. 在 Y211-D 样品中,(Gd、Y)211 粒子特别小,介于 50~300 nm 之间. 造成(Gd、Y)211 粒子的这种偏析的原因在于,在 GdBCO 晶体生长的过程中,Y211 粒子是被 GdBCO 晶体捕获还是被推出,取决于晶体生长前沿液相中 Y211 粒子的半径,以及晶体生长速率的大小(与过冷度有关). 在确定的过冷度或生长速率下,当 Y211 粒子小于某一临界半径 r^* 时,Y211 粒子会被推离 GdBCO 晶体,这种情况下,只有半径大于 r^* 的 Y211 粒子才能被晶体捕获.

前面已讲过,在超导体中形成的 RE211/RE123 界面缺陷能够起到磁通钉扎作用. 如果将每个 RE211 粒子视为一个磁通钉扎中心,则可根据样品中 RE211 粒子的含量、粒径及分布,计算出 RE211 粒子与 J_c 的关系[81,84]:

$$J_c = \frac{\pi\xi B_c^2 N_p d^2}{4\mu_0 \Phi_0^{\frac{1}{2}} B^{\frac{1}{2}}}, \tag{1.34}$$

其中, N_p 是单位体积内 RE211 粒子的数目, d 为 RE211 粒子的平均直径, J_c 正比于 V_f/d, $V_f(\propto N p d^3)$ 是 RE211 粒子的体积分数, B_c 和 ξ 分别是超导体的热力学临界磁场和相干长度, Φ_0 和 μ_0 分别是磁通量子和真空磁导率. 该理论结果已被一些实验证实[83,84]. Nariki 等对含有不同粒度 Gd211 粒子的 GdBCO 超导晶体的 J_c 进行了测量,并研究了样品在 $\boldsymbol{H}/\!/c$,77 K,0.05 T 条件下的 J_c 与 V_f/d 的关系,结果如图 1.58 所示,与(1.34)式吻合.

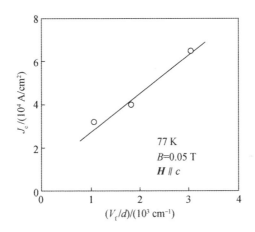

图 1.58　在 $\boldsymbol{H}/\!/c$,77 K,0.05 T 条件下,含有不同粒度 Gd211 粒子的 GdBCO 超导晶体的 J_c 与 V_f/d 的关系[83]

REBCO 块材的超导性能不仅与 RE211 粒子的大小有关,而且与 RE211 粒子的含量也密切相关. 通过对初始组分为 Gd123:Y211-B=100:x(x=20,30,40,50)的单畴 GdBCO 超导块材(直径 25 mm)的研究,人们发现样品的最大捕获磁通密度 B_{tr} 并不是随着 Y211 粒子含量的增加单调递增,而是先增加后减小,在 x=30 时达到最大值,如图 1.59 所示[82]. 该结果表明,Y211 粒子的最佳掺杂量为 x=30. 这与具体实验条件有关,因为影响该类晶体生长的因素太多,如初始粉体的纯度、晶体生长的热处理技术参数、渗氧的温度、时间等等,因此不同的人获得的结果可能会有一定的差异.

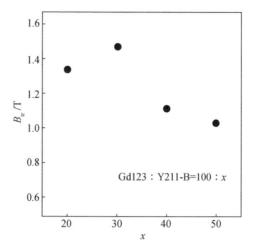

图 1.59　初始组分为 Gd123：Y211-B＝100：x 的单畴 GdBCO 超导块材（直径 25 mm）的捕获磁通密度 B_{tr} 与 Y211 粒子数的关系[82]. Y211-B 表示平均粒径为 110 nm 的 Y211 粒子

由此可知, 如果 RE211 粒子太小, 可能会造成 REBCO 晶体中 RE211 粒子的偏析, 不利于提高样品的均匀性. 如果 RE211 粒子太大, 最终被 REBCO 晶体捕获的 RE211 粒子就太大, 则会导致样品磁通钉扎能力的下降. 如果 RE211 粒子的含量太低, 可能会造成 REBCO 晶体中 RE211 粒子体积分数减小, 不利于提高样品磁通钉扎能力. 如果 RE211 粒子的含量太高, 会导致 REBCO 晶体中 RE123 超导相的减少, 也不利于提高超导体的整体性能. 因此, 只有选择合适的 RE211 粒子掺杂量和粒径范围, 才能有效提高样品的均匀性、磁通钉扎能力和超导性能.

为了细化 REBCO 晶体中的 RE211 粒子, 可直接采用初始粒度很小的 RE211 粒子, 但这种方法不仅制备过程复杂、成本高、工作效率低, 而且无法抑制晶体生长过程中 RE211 粒子的长大. 因此, 如果有一种办法能够在 REBCO 晶体生长的过程中抑制 RE211 粒子的长大则会非常有意义. Izumi 等[85]采用 MPMG 法, 研究了 Pt 掺杂对 YBCO 晶体生长机制的影响, 发现 Pt 掺杂可以有效细化 YBCO 晶体中的 Y211 粒子. 其主要原因是, 在处于半熔状态（主要由 RE211 固相和 Ba-Cu-O 液相组成）的 YBCO 材料中的 Pt 元素, 能降低液相中的 Ba 和 Cu 离子之间的化学势, 这样就减小了 RE211 粒子表面附近的液相与远离其表面处液相之间的化学势梯度, 从而起到了抑制 RE211 长大的作用. 这种 RE211 的细化, 不仅增加了固相与液相的界面面积, 而且提高了在半熔状态 REBCO 材料的黏度和样品形状的稳定性.

另外还有一种解释, 认为样品中掺杂的 Pt 与 Ba 和 Cu 离子发生反应, 首先生成含 Pt 的化合物（如 $Ba_4CuPt_2O_9$）. 它可以作为 RE211 粒子的成核中心, 并改变 YBCO 晶体生长过程中的反应机制和化学组分, 从而抑制 RE211 的进一步长大.

但这种解释与实验结果尚不一致[86,87,88].

Kim 等[88]以平均粒径约 $1\,\mu m$ 的 Y211 为固相源,以$((100-x)\%\,Ba_3Cu_5O_8+x\%\,PtO_2,x=0,1)$(质量百分比)为液相源,采用熔渗(IG)法,研究了液相源中添加和不添加 PtO_2 对 YBCO 样品在 1100℃ 保温时 Y211 粒子的生长的影响.结果表明,未添加 PtO_2 的 YBCO 样品,Y211 粒子生长很快,其平均粒径从 1100℃ 保温 1 h 的 $5.5\,\mu m$,增长到 5 h 和 9 h 的 $9\,\mu m$ 和 $9.4\,\mu m$,而添加 PtO_2 的 YBCO 样品,Y211 粒子生长很慢,即使 1100℃ 保温 10 h,其平均粒径仍小于 $2\,\mu m$,如图 1.60 所示.该实验结果证明了 PtO_2 的确能够有效抑制 Y211 粒子的长大.

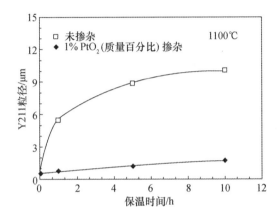

图 1.60　以 Y211 作固相源、$((100-x)\%\,Ba_3Cu_5O_8+x\%\,PtO_2,x=0,1)$(质量百分比)作液相源,采用熔渗(IG)法,在 1100℃ 保温时 Y211 粒子的生长规律[88]

以上结果表明,Pt 的添加能够很好地抑制 RE211 粒子的长大,但成本太高,因此,人们希望能够找到一种既成本低,又能起到抑制 RE211 粒子长大作用的添加物.在大量研究的基础上,人们发现添加 CeO_2 能够达到或接近 Pt 的效果,起到抑制 RE211 粒子长大的作用[89,90].Kim 等[90]研究了 CeO_2 添加对熔融织构 YBCO 超导晶体显微组织的影响,如图 1.61 所示,实验所用粉体的 Y211 粒子平均粒径约 $1\,\mu m$.从图 1.61(a)可知,未添加 CeO_2 样品中的 Y211 粒子长大了,如果遇到相邻的 Y211 粒子,就会与其逐渐融合成一个更大的 Y211 粒子.该样品中 Y211 粒子的粒径范围很宽,平均粒径约 $22\,\mu m$.从添加 5% 的 CeO_2 样品(质量百分比)的图 1.61(b)可知,YBCO 样品中出现了两种粒子,一种是 Y211 粒子,另一种是 $BaCeO_3$ 粒子,其中的 Y211 粒子明显偏小,平均粒径约 $1.75\,\mu m$,而 $BaCeO_3$ 粒子的粒径从 $0.68\,\mu m$ 到 $1.9\,\mu m$,平均粒径小于 $1\,\mu m$.另外,在 YBCO 超导晶体熔化生长的过程中,$BaCeO_3$ 粒子比较稳定,粒径基本不变.

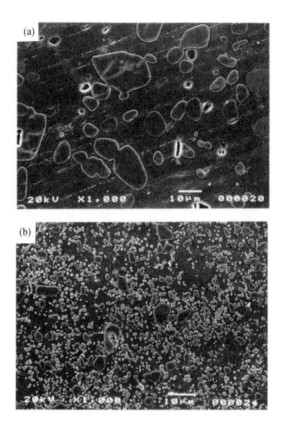

图 1.61　熔融织构法生长 YBCO 超导体的 SEM 照片[90]. 初始粉体为(a) 80％Y123＋20％
Y211,(b) 75％Y123＋20％Y211＋5％CeO$_2$(质量百分比)

　　为了探究添加 CeO$_2$ 能够抑制 Y211 长大的机制,Kim 等[90]以((100－x)％
Y123＋x％CeO$_2$,x＝0,5)(质量百分比)为初始粉体,采用淬火的方法,研究了在
1040℃保温(0.5 h)条件下,添加和不添加 CeO$_2$ 对 YBCO 样品中生成 Y211 粒子
形貌的影响. 结果发现,在未添加 CeO$_2$ 的样品中,Y211 粒子具有块状形貌. Y211
粒子的粒径宽度约 10 μm,长度在 30～50 μm 之间,如图 1.62(a),(b)所示. 而在添
加 5％CeO$_2$ 的样品(质量百分比)中,Y211 粒子明显具有高度的各向异性,呈针状
形貌,Y211 粒子的粒径宽度约几微米,长度大于 50 μm,如图 1.62(c),(d)所示. 因
此,他们认为添加的 CeO$_2$ 与 YBa$_2$Cu$_3$O$_y$ 反应生成了细小的 BaCeO$_3$ 粒子,以及
Y211 粒子和 CuO,这样就改变了未添加时样品中的化学组分,从而导致了 Y211
粒子和 Ba-Cu-O 液相之间界面能、Y211 粒子的生长速率,以及晶粒生长方向的变
化,使处于高温熔化状态样品中的 Y211 粒子由未添加 CeO$_2$ 的块状形貌转变成高

度各向异性的针状形貌. 这样, 在 YBCO 晶体慢冷生长的过程中, 针状的 Y211 粒子比较容易熔化分解, 导致最终被 YBCO 晶体捕获的 Y211 粒子更小, 如图 1.61 (b)所示.

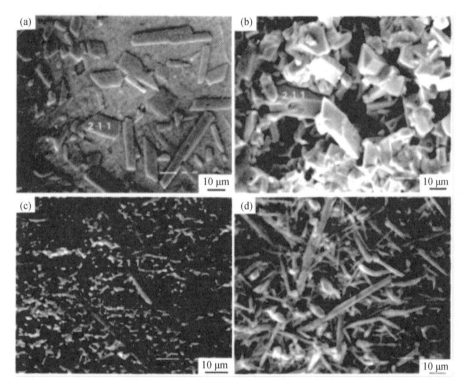

图 1.62 $((100-x)\%Y123+x\%CeO_2, x=0,5)$(质量百分比)样品在 1040℃保温(0.5 h)的 SEM 照片. (a)和(b)为未添加 CeO_2 的 YBCO 样品, Y211 粒子呈块状形貌; (c)和(d)为添加 CeO_2 的 YBCO 样品, Y211 粒子呈针状形貌

　　关于通过细化 RE211 粒子提高 REBCO 超导块材性能的工作还有很多, 这里不再赘述, 只举几个例子. 如 Kim 等[91]采用添加纳米(200~300 nm)CeO_2 的方法, 将 YBCO 超导块材中 Y211 粒子的粒径减小到了添加微米 (2~3 μm) CeO_2 样品的二分之一到三分之一, J_c 从 0.6×10^3 A/cm² 提高到了 4.2×10^4 A/cm². Muralidhar 等[92,93]通过同时添加 Pt 和 CeO_2 的方法, 将样品中的 Gd211 粒子减小到接近 1.0 μm 的量级, 制备的直径 24 mm 的样品, 在 77 K 下捕获磁通密度达到 0.9 T. Jiao 等[94]通过超细(平均粒径为 0.5 μm)Gd211 粒子的添加, 将 GdBCO 超导块材中的 Gd211 粒子减小到约 1 μm. Iida 等[95]用亚微米 Gd211 粒子添加的方法将 GdBCO 超导样品中的 Gd211 粒子减小到了 0.6 μm, 捕获磁通密度在 77 K 下达到 1.5 T, 是未添加样品的 1.3 倍. 然而, 由于受 Ostwald 熟化效应的影响,

Gd211 粒子会在 GdBCO 晶体生长的过程中长大,如 Iida 等[95]用的 Gd211 粒子初始粒度为 $0.48\,\mu m$,而最终样品中的 Gd211 粒子却长大到 $0.6\,\mu m$. 因此,要进一步细化 Gd211 粒子的成本高、难度大.

3. $Y_2Ba_4CuMO_y(M=Bi,Nb\cdots)$ 粒子掺杂对 REBCO 超导性能的影响

前面已经讲过,通过细化 RE211 粒子,增加 RE211/RE123 界面缺陷,是提高 REBCO 超导体磁通钉扎力的有效方法之一. 但是,在 REBCO 超导晶体生长的过程中,处于晶体生长前沿 Ba-Cu-O 液相中的 RE211 粒子,会受到第二相粒子粗化效应影响,使界面自由能较高、较小的 RE211 粒子熔化分解,界面自由能较小、较大的 RE211 粒子长得更大. 如 Nariki 等[96]通过添加初始粒度为 $100\sim200$ nm 的 RE211 粒子,采用 QMG 和 MPMG 方法制备出了单畴 YBCO 超导体,发现最终 YBCO 超导晶体中的 Y211 粒子粒径约在 $0.5\sim1\,\mu m$. 这说明,在 REBCO 超导晶体生长的过程中,RE211 粒子的粒径很难控制.

那么,如何才能简单有效地在 REBCO 超导晶体中引入更细小的非超导相粒子,提高其磁通钉扎力及超导性能呢?这一直是人们研究的热点之一. Babu 等[97]在掺杂 UO_2 的织构 YBCO 样品中,发现了一种粒度细小的非超导第二相新粒子,即 $Y_2Ba_4CuO_y$. 在此基础上,Babu 和 Cardwell 等[98—104]通过对 U 元素的替代,研究了 $RE_2Ba_4CuMO_y$(REM2411,$M=Bi,Nb,U,Ta,Mo,W\cdots$)粒子掺杂对 REBCO 超导体微观组织及超导性能的影响. 结果表明,通过固态反应法,可以制备出单相的 REM2411 粒子. 在 REBCO 超导体熔化生长的过程中,REM2411 粒子不会与 Ba-Cu-O 液相发生化学反应,具有良好的化学稳定性,且不会出现粒子粗化现象,不需要复杂化学制备方法或长时间的球磨过程,就可以有效地在 REBCO 超导体中引入 REM2411 粒子,粒径在约 $20\sim500$ nm 之间. REM2411 粒子的形貌有点状、针状和米粒状,具体形状与 RE 和 M 元素有关. 适量的 REM2411 粒子掺杂可明显提高 REBCO 超导体的磁通钉扎力、临界电流密度、捕获磁通密度和磁悬浮力等.

图 1.63 是 Babu 等[98]采用固态反应法制备 $RE_2Ba_4CuMO_y$ 及 Y123+0.3 $Y_2Ba_4CuWO_y$)粉体的 X 射线衍射(XRD)谱[98]. 图 1.63 上图的 RE 为 Y 元素,M 分别为 U 和 W 元素. $Y_2Ba_4CuUO_y$ 和 $Y_2Ba_4CuWO_y$ 粉体的 X 射线衍射谱谱形相似,只是衍射峰值对应的角度稍有不同,这是由 U 和 W 的离子半径不同而引起的晶格常数变化所致. 图 1.63 下图的 RE 分别为 Y,Gd,Sm 元素,M 为 W 元素,$Y_2Ba_4CuWO_y$,$Gd_2Ba_4CuWO_y$ 和 $Sm_2Ba_4CuWO_y$ 粉体的 X 射线衍射谱谱形也相似,同样只是衍射峰值对应的角度稍有不同,这是由 Y,Gd,Sm 元素的离子半径不同而引起的晶格常数变化所致. REM2411 是由两个同构型的钙钛矿结构构成的,结构如图 1.64 所示. REM2411 粒子的晶格常数和晶胞体积大小与 RE 和 M 元素的离子半径大小有关,如 YM2411 粒子,当金属元素 M 不同时,离子半径也不同,

晶格参数也会不同,变化范围在 8.43~8.71 Å. 又如当用其他稀土元素如 Gd,Sm,Nd 替代 Y 元素时,REM2411 粒子的晶格常数的变化范围在 8.4748~8.6525 Å.

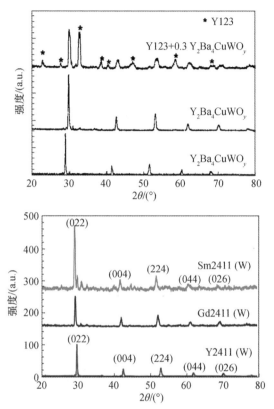

图 1.63　固态反应法制备的 $RE_2Ba_4CuMO_y$ 及 $Y123+0.3Y_2Ba_4CuWO_y$ 粉体的 X 射线衍射谱[98]. 上图:RE=Y,M=U,W;下图:RE=Y,Gd,Sm,M=W

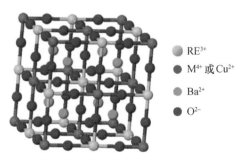

图 1.64　REM2411 的晶体结构[105]. 它由两个同构型的钙钛矿结构构成

Cardwell 等采用 TSMG 法,制备出了含有 YW2411 相的 YBCO 超导块材,其 SEM 显微组织照片如图 1.65 所示[102]. 从图 1.65 可知,在 YBCO 基质中分布着两种粒子,一种是较大的灰白色 Y211 粒子,粒度约在微米量级,有的长度达 15 μm. 另一种是较小的白色 YW2411 粒子,粒度约几十纳米,远远小于 Y211 粒子. 因此, 在 REBCO 超导块材中引入纳米量级的 YW2411 粒子,能够有效地提高 REBCO 的超导体磁通钉扎能力.

图 1.65　含有纳米 YW2411 相的 TSMG 法 YBCO 块材的显微组织[102],其中白色的小点为 YW2411 相粒子,深黑色的是气孔,灰白色是 Y211 粒子

　　事实上,即使在同样的条件下,采用同样的方法制备 REM2411 粉体,获得的 REM2411 粒子的粒径也不尽相同. 表 1.3 是 Babu 等[105]对 TSMG 法制备 YBCO 超导块材中 YM2411 粒子的观察结果. 由表 1.3 可知,对于不同的 M 元素,其 YM2411 粒子的粒径范围不一定相同. 如对于 Zr,Nb,Ru 元素,YM2411 粒子的粒径范围在 20～30 nm. 对于 Ag,Hf 元素,YM2411 粒子的粒径范围在 50～100 nm. 对于 W,Bi,U 元素,YM2411 粒子的粒径范围分别在 100～200 nm,200～300 nm, 300～400 nm.

表 1.3　TSMG 法制备 YBCO 超导块材中的 YM2411 粒子的粒径与 M 金属元素的关系

种类	粒径/nm
$Y_2Ba_4CuZrO_y$	20～30
$Y_2Ba_4CuNbO_y$	20～30
$Y_2Ba_4CuRuO_y$	20～30
$Y_2Ba_4CuAgO_y$	50～100
$Y_2Ba_4CuHfO_y$	50～80
$Y_2Ba_4CuWO_y$	100～200
$Y_2Ba_4CuBiO_y$	200～300
$Y_2Ba_4CuUO_y$	300～400

这种方法可以直接用于其他的 REBCO 超导块材. 如 Xu 等[106]以 Gd123＋$(0.4-x)$Gd211＋xGdZr2411＋0.1BaO$_2$ 为初始组分,$x=0.01,0.04,0.08,0.12,$ 0.2,制备出了系列含 GdZr2411 粒子的熔融织构 GdBCO 超导块材,GdZr2411 粒子的平均粒径约为 50 nm. 当 $x=0.08$ 时,样品的临界电流密度最高,达到了 6.9×10^4 A/cm^2(77 K,0 T). 他们用同样方法制备的含 GdZr2411($x=0.04$)粒子的 GdBCO 超导块材,J_c 达 8.5×10^4 A/cm^2(77 K,0 T). Babu 等[101]采用 TSMG 法,制备出了初始组分分别为 Y123,Y123＋20％ YBi2411＋0.1％Pt 和 Y123＋10％ Y211＋ 20％ YBi2411＋0.1％Pt(质量百分比)的 YBCO 超导块材,发现样品中的 YBi2411 粒子的粒径在 50～300 nm 之间,掺杂 YBi2411 粒子样品的 J_c 比未掺杂的样品高一个数量级,达 10^5 A/cm^2 (77 K,0 T),如图 1.66 所示[101].

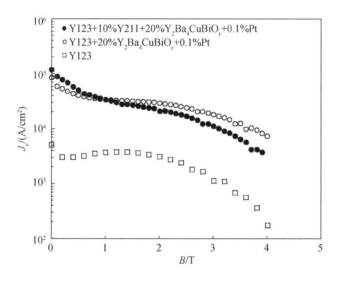

图 1.66　掺杂 Y211,YBi2411 粒子和未掺杂熔融织构 YBCO 样品在 77 K 温度下的 J_c-B 曲线

Babu 等[98]采用 TSMG 法,制备出了初始组分分别为 Y123＋10％ YNb2411 和 Nd123＋10％YNb2411(质量百分比)的超导块材,发现样品中的 YNb2411 粒子的粒径在 10～20 nm 之间. 掺杂 YNb2411 粒子的 YBCO 样品在低场下的 J_c 很高,约为 7.5×10^4 A/cm^2(77 K,0 T),但在高场时则较低. 掺杂 YNb2411 粒子的 NdBCO 样品在低场下的 J_c 较高,约为 6×10^4 A/cm^2(77 K,0 T),而在高场时约 4×10^4 A/cm^2(77 K,1 T),明显高于组分为 Nd123＋15％Nb422 的 NdBCO 超导块材. 如图 1.67 所示[98].

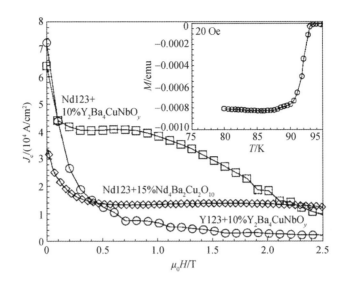

图 1.67　初始组分分别为 Y123＋10％YNb2411 和 Nd123＋10％YNb2411 的熔融织构超导块材在 77 K 温度下的 J_c-$\mu_0 H$ 曲线[98]. 插图是在 20 Oe 磁场下 Nd123＋10％YNb2411 样品测量 T_c 的磁化曲线. 为了与掺杂 Nb422 样品比较, 图中给出了 Nd123＋15％Nb422 样品的 J_c [107]

　　Babu 等[103]采用 TSMG 法, 制备出了初始组分为 Sm123＋10％ SmBi2411 的 SmBCO 超导块材, 发现样品中的 SmBi2411 粒子的粒径在 100～200 nm 之间, 有的甚至小于 20 nm, Sm211 粒子的粒径为 1～2 μm, 如图 1.68 所示. 通过对初始组分为 Sm123＋x％ $Sm_2Ba_4CuBiO_y$＋2％ BaO_2（质量百分比）的 SmBCO 超导块材（x＝0, 5, 10, 20）在 77 K, 不同磁场下 J_c 的测量发现, SmBCO 样品在 1.5 T 处均有峰值效应, 或叫鱼尾效应. 相对于未掺杂的样品而言, 随着 SmBi2411 粒子掺杂量的增加, SmBCO 样品的 J_c 有大幅度的提高, 特别是在零场和 1.5 T 条件下, J_c 提高的幅度达到 400％和 200％.

　　为了进一步研究 REM2411 粒子对 REBCO 超导性能的影响, Babu 等[105]采用 TSMG 法制备出了掺杂和未掺杂 GdNb2411 的 GdBCO 超导块材, 发现添加 2％ GdNb2411 纳米粒子（质量百分比）的 GdBCO 超导块材的 J_c 在 77 K, 1 T 条件下, 比未添加样品的 3.14×10^4 A/cm^2 有了明显提高, 达到 5.5×10^4 A/cm^2, 如图 1.69(b)所示. 为了比较 RE211 和 RE2411 对 REBCO 超导性能的影响程度, 他们制备出了初始组分为 Sm123＋30％Sm211＋2％BaO_2 和 Sm123＋20％Sm211＋10％ Sm2411＋2％BaO_2（质量百分比）的 SmBCO 超导块材, 发现添加 Sm2411 粒子样品的 J_c 明显高于掺杂 Sm211 的样品. 特别是在 1.5 T 条件下, 仅掺杂 Sm211 样品的 J_c 只有 2.4×10^4 A/cm^2（77 K, 1.5 T）, 而同时掺杂 Sm211 和 Sm2411 样品

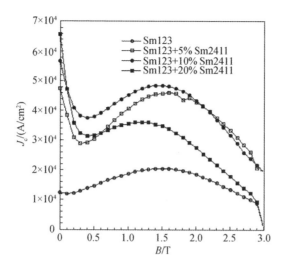

图 1.68　初始组分为 Sm123＋x% $Sm_2Ba_4CuBiO_y$＋2%BaO_2（质量百分比）的 SmBCO 超导块材在 77 K 的 J_c-B 曲线[103]

的 J_c 高达 7.25×10^4 A/cm^2（77 K，1 T），J_c 提高的幅度达 300% 以上，如图 1.69（a）所示.

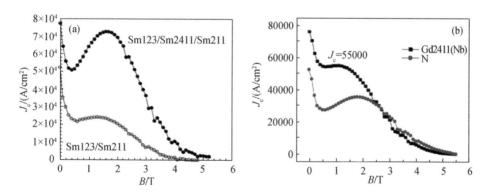

图 1.69　掺杂和不掺杂 GdNb2411 的 GdBCO 超导块材，以及初始组分为 Sm123＋30% Sm211＋2%BaO_2 和 Sm123＋20% Sm211＋10% Sm2411＋2%BaO_2 的 SmBCO 超导块材在 77 K 的 J_c-B 曲线[105]

杨万民小组采用 TSMG 法和 TSIG 法，研究了 REM2411 粒子对 REBCO 超导性能的影响. 如他们研究了 GdNb2411 掺杂对单畴 GdBCO 超导块材性能的影响[108]. 样品中 GdNb2411 粒子的尺寸在 100～300 nm 之间，当添加量为 0.06 mol 时，其磁悬浮力相对于未添加的样品提高了 70%. 杨万民等还研究了 YNb2411 添加对单畴 YBCO 超导块材性能的影响[109]. 样品中 YNb2411 粒子的尺寸在 200～

500 nm 之间, 当添加量为 2% 时, 直径为 20 mm 样品的磁悬浮力从未添加样品的 16 N 提高到了 21 N. 他们也研究了 YBi2411 添加对单畴 YBCO 超导块材性能的影响[110]. 样品中 YBi2411 粒子的尺寸在 80~500 nm 之间. 当添加量为 2% 时, 直径为 20 mm 样品的磁悬浮力从未添加样品的 9.7 N 提高到了 27.2 N. 另外, 在对 YW2411 添加对单畴 YBCO 超导块材性能的影响的研究中[111], 他们发现样品中 YW2411 粒子的平均尺寸约为 100 nm, 当添加量为 5% 时, 直径为 20 mm 样品的磁悬浮力从未添加样品的 23 N 提高到了 33.6 N.

这些结果说明, 不论是采用 TSMG 法, 还是 TSIG 法, 都可在 REBCO 超导体中引入纳米 REM2411 粒子作为磁通钉扎中心. REM2411 纳米磁通钉扎中心的引入, 能提高 REBCO 超导体的 F_p, J_c, 磁悬浮力和捕获磁通等物理特性.

4. 元素替代对 REBCO 超导性能的影响

在 REBCO 超导体中, $YBa_2Cu_3O_{7-\delta}$ 是最早被人们发现的, 如 1.4.2 节所述. 它是由三个具有钙钛矿结构的 $BaCuO_3$, $YCuO_2$ 和 $BaCuO_2$ 镶套而成的, 其中 $YCuO_2$ 和 $BaCuO_2$ 是缺氧的钙钛矿结构. 由于 $YBa_2Cu_3O_{7-\delta}$ 是一种缺氧的钙钛矿结构, 如果想从改变晶格结构方面提高超导体的性能, 可以采取两种方法: (1) 通过渗氧或脱氧控制晶格中的氧含量和晶格缺陷, 提高超导体的临界温度、磁通钉扎力及超导性能. (2) 通过元素替代的方法, 在金属离子的晶格位造成局部晶格缺陷, 以提高超导体的临界温度、磁通钉扎力及超导性能. 在 $YBa_2Cu_3O_{7-\delta}$ 超导体中有 Y, Ba, Cu 三个金属元素, 如果用其他元素只替换其中的一个, 或者用多个元素同时替换其中的两个或三个, 那么由于替换元素与被替换元素化合价或离子半径的不同, 必然导致 $YBa_2Cu_3O_{7-\delta}$ 超导体在被替换的离子位置出现晶格或电子结构畸变缺陷, 以及可能产生的氧缺陷等, 这些缺陷会影响超导体的磁通钉扎力和临界电流密度. 元素替换必须满足一个基本要求, 即保证 $YBa_2Cu_3O_{7-\delta}$ 超导体的晶体结构不变. 在这种情况下, 哪些元素可以用来替换 Y, 哪些元素可以用来替换 Ba, 哪些元素可以用来替换 Cu?

在钙钛矿结构 ABO_3 晶体中(ABO_3 晶体结构见图 1.7), A 位一般为碱土或稀土离子, 离子半径 $r_A > 0.090$ nm, B 位一般为过渡金属离子, 离子半径 $r_B > 0.051$ nm. 要保持这样的晶体结构, A, B, O 的离子半径应相互匹配, 必须满足 Goldschmidt 提出的公式[112]:

$$r_A + r_O = \sqrt{2}(r_B + r_O)t, \tag{1.35}$$

其中 t 是容忍因子(tolerance factor), 与 A 和 B 位离子的半径密切相关. 可替换 Y, Ba, Cu 元素的离子半径 r_{sub} 与被替换的元素的离子半径 r_{host} 的比例范围比较小[76], 约为 $0.85 < r_{sub}/r_{host} < 1.15$.

（1）Y 元素的替代效应.

在 YBCO 超导体中,Y 属于稀土元素,因此可以用其他稀土元素（RE）替代其中的 Y. 大量的研究表明,用大部分稀土元素替代后,不仅能保证其仍具有与 YBCO 超导体相似的晶体结构,而且能够保证其起始超导转变温度在液氮温度以上. 但是,也有个别例外,如用 Pr 元素替代 Y 后,PrBCO 就不再具有超导电性,而是变成一种绝缘体[113],其机制仍具有争论. 对不同的稀土元素,RE123 的晶格参数不同,包晶反应或熔化温度也不同,这主要取决于稀土元素的离子半径大小. 表 1.4 是稀土元素的离子半径以及与之相应的 RE123 超导材料的包晶反应或熔化温度[114].

表 1.4　RE123 晶体的包晶反应温度与稀土元素的离子半径的关系

	La	Nd	Sm	Eu	Gd	Dy	Y	Ho	Er	Tm	Yb	Lu
离子半径/Å	1.160	1.109	1.079	1.066	1.053	1.027	1.019	1.015	1.004	0.994	0.985	0.977
包晶反应温度/℃	1090	1090	1060	1050	1030	1010	1000	990	980	960	900	880

由表 1.4 可知,离子半径越大,RE123 超导材料的熔化温度越高. 由于 RE123 晶体具有相同的晶体结构,因此,可以用高熔点的 RE123 晶体作为制备低熔点 RE123 晶体的籽晶,用低熔点的 RE123 晶体作为高熔点的 RE123 晶体的焊接材料. 如可用 Nd123 或 Sm123 晶体作为制备低熔点单畴 YBCO 超导块材的籽晶,可用低熔点的 Yb123 作为高熔点 Y123,Gd123 或 Sm123 晶体的焊接材料,这对该类材料的实际应用起着非常重要的作用.

但是,RE123 晶体中的原子比并不都满足 RE：Ba：Cu＝1：2：3. 当稀土元素的离子半径与 Ba 的离子半径（$r_{Ba^{2+}}=1.42$ Å）相差较大时,RE123 晶体中不会出现 RE^{3+} 与 Ba^{2+} 离子之间的固溶现象,最终超导相中各离子的比例不变,如 Y123 超导体就满足 Y：Ba：Cu＝1：2：3. 这种情况下,超导体的临界温度较高,转变宽度很窄,超导性能较好. 当稀土元素的离子半径较大,与 Ba 的离子半径（$r_{Ba^{2+}}=$ 1.42 Å）接近时,RE123 晶体中会出现 RE^{3+} 与 Ba^{2+} 离子的固溶替换现象,最终导致各离子的比例发生变化,如 Nd123 的原子比就变成 Nd：Ba：Cu＝（1＋x）：（2−x）：3,化学分子式为 $RE_{1+x}Ba_{2-x}Cu_3O_y$. 这种情况下,超导体的临界温度较低,转变宽度较宽,超导性能较差. 在 $RE_{1+x}Ba_{2-x}Cu_3O_y$ 超导体中,RE^{3+} 占据 Ba^{2+} 离子晶格位置的程度取决于 RE^{3+} 离子的半径. 不同 $RE_{1+x}Ba_{2-x}Cu_3O_y$ 超导体中 RE^{3+} 占据 Ba^{2+} 离子晶格位置的比例如图 1.70 所示[114].

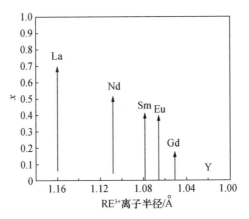

图 1.70 在大气环境下制备的 $RE_{1+x}Ba_{2-x}Cu_3O_y$ 超导体中 RE^{3+} 占据 Ba^{2+} 离子晶格位置的比例[114]

在 $RE_{1+x}Ba_{2-x}Cu_3O_y$ 超导体中,由于三价 RE^{3+} 占据二价 Ba^{2+} 离子的晶格位置,使得原 Ba^{2+} 离子晶格处多了一个正电荷,为了保持晶体电荷的中性,RE^{3+} 就会从 CuO_2 面上吸引电子,引起 $RE_{1+x}Ba_{2-x}Cu_3O_y$ 超导晶体电子结构的变化,最终导致样品临界温度和物理性能的下降. $Nd_{1+x}Ba_{2-x}Cu_3O_y$ 超导体的临界温度随 Nd^{3+} 替换 Ba^{2+} 离子比例 x 的变化规律如图 1.71 所示[114]. 由图 1.71 可知,Nd^{3+} 占据 Ba^{2+} 离子晶格位置的比例 x 越高,$Nd_{1+x}Ba_{2-x}Cu_3O_y$ 超导体的临界温度 T_c 就越低,超导性能就越差. 要减少或消除 Nd^{3+} 对 Ba^{2+} 离子晶格位的占据,可以通过在样品中添加过量 Ba(如 BaO,$BaCuO_2$)的方法,提高晶体生长时液相中 Ba^{2+} 离子浓度,达到抑制 Nd^{3+} 对 Ba^{2+} 离子替换的目的. 也可以通过在低氧压环境中进行晶体生长的方法,达到抑制 Nd^{3+} 对 Ba^{2+} 离子替换的目的.

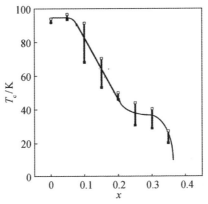

1.71 $Nd_{1+x}Ba_{2-x}Cu_3O_y$ 超导体的临界温度随 Nd^{3+} 替换 Ba^{2+} 比例 x 的变化规律

Murakami 等发明了控制氧分压熔化生长(oxygen-controlled melt growth, OCMG)法,有效地抑制了 Nd^{3+} 和 Ba^{2+} 之间的替换. 图 1.72 是在不同氧分压环境下,采用 OCMG 法制备的 $Nd_{1+x}Ba_{2-x}Cu_3O_y$ 超导体的交流磁化率[114]. 由图 1.72 可知,当氧分压较高时,如在纯氧和大气环境条件下,很难抑制 Nd^{3+} 和 Ba^{2+} 的替换,$Nd_{1+x}Ba_{2-x}Cu_3O_y$ 超导体的临界温度 T_c 低,如图 1.72(a),(b)所示,纯氧条件下制备样品的 T_c 尚不到 70 K. 当氧分压较低,如氧分压为 1% O_2/大气和 0.1% O_2/Ar 时可有效抑制 Nd^{3+} 和 Ba^{2+} 的替换,显著提高 $Nd_{1+x}Ba_{2-x}Cu_3O_y$ 超导体的临界温度,T_c 高达 96 K,如图 1.72(c),(d)所示.

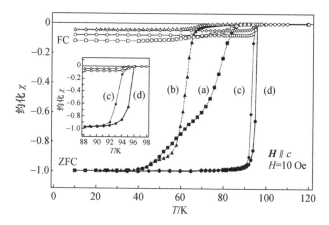

图 1.72　不同氧分压环境下,通过控氧熔化生长方法制备 $Nd_{1+x}Ba_{2-x}Cu_3O_y$ 超导体的磁化率.(a) 纯 O_2,(b) 大气环境,(c) 1% O_2/大气,(d) 0.1% O_2/Ar

通过 OCMG 法,不仅可抑制 Nd^{3+} 和 Ba^{2+} 替换,提高 REBCO 超导块材的 T_c,而且能显著提高其超导性能. 图 1.73 是不同氧分压环境下,通过 OCMG 法制备 REBCO 超导块材的 M-H 曲线,RE＝Sm,Eu,Gd. 由图 1.73 可知,SmBCO,EuBCO 和 GdBCO 超导块材,在低氧分压条件下制备的样品均有明显优势:(1) 磁化强度显著高于纯氧和大气环境中制备的样品,在高场条件下更明显.(2) 具有更高的不可逆磁场强度,SmBCO,EuBCO 和 GdBCO 超导块材,在纯 O_2 条件下的 B_{irr} 分别为 2.4 T,2.8 T 和 2.2 T,而在 0.1% O_2/Ar 条件下的 B_{irr} 分别达到 7 T,5 T,5 T 以上.

尽管通过 OCMG 方法可以有效地抑制 Nd^{3+} 和 Ba^{2+} 离子的替换,从而提高 REBCO 超导块材的 T_c 和超导性能,但仍存在少量的 Nd^{3+} 和 Ba^{2+} 替换. 这种微量的替换会在样品内形成一种特殊的磁通钉扎中心. Muralidhar 等采用 OCMG 方法,在氧分压为 0.1% O_2/Ar 条件下,制备出了配比为 $(Nd_{0.33}Eu_{0.28}Gd_{0.38})Ba_2Cu_3O_y+5\%NEG211(Nd:Eu:Gd=1:1:1)+0.5\%Pt+10\%Ag_2O$ 的超导

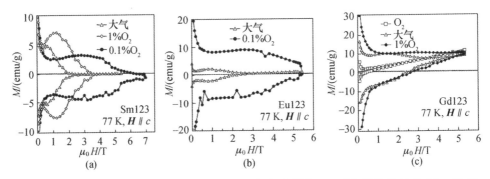

图 1.73　不同氧分压环境下,通过控氧熔化生长方法制备 REBCO 超导块材的 M-$\mu_0 H$ 曲线[114].(a) SmBCO 超导块材,(b) EuBCO 超导块材,(c) GdBCO 超导块材

块材,结果发现掺杂 5%NEG211 的样品在强磁场下的 J_c 有明显提高,高达 7.0×10^4 A/cm²($77\,$K,$4.5\,$T),2.2×10^4 A/cm²($77\,$K,$10\,$T),在液氮温度下的不可逆磁场达到 15 T,如图 1.74 所示[115]. 图 1.75 是该样品的扫描隧道显微镜(STM)照片,可以看到样品中有条状的纳米结构,平均周期为 3.5 nm,如图 1.75(a)所示. 图 1.75(b)是高倍的 STM 照片. 结合 X 射线能谱仪(EDX)分析发现,条状组织的化学成分约为 NEG$_{1.015}$Ba$_{1.985}$Cu$_3$O$_y$,但不同条状结构相应的化学成分不同,并呈周期性变化,如图 1.76 所示[115]. 图 1.76 是在透射电子显微镜(TEM)观察样品显微结构的过程中,在样品上每隔 5 nm 取一个点,对每个点取直径为 3 nm 的区域做 EDX 分析,发现(NEG)/Ba 的比值在空间呈现一定的周期性变化,变化范围在 0.485 到 0.53 之间. 这种纳米量级的条状结构缺陷以及由此产生的孪晶结构,是一种非常好的磁通钉扎中心,从而大大提高了样品的磁通钉扎能力和超导性能.

　　(2) Ba 元素的替代效应.

　　在 YBCO 超导体中,关于 Ba 元素替代效应的研究相对较少. 但是,用别的元素替代 Ba 元素,同样能对其超导性能产生影响. 由于 Sr²⁺ 的离子半径 1.26 Å,与 Ba²⁺ 离子的离子半径 1.42 Å 接近,因此,Ying 等[116]研究了 Sr 部分替换 Ba 位对 Y(Ba$_{1-x}$Sr$_x$)$_2$Cu$_3$O$_{7-\delta}$($x=0,0.1,0.2,0.4,0.6$)超导性能的影响,发现随着 Sr 掺杂量 x 的增加,其临界温度 T_c 单调衰减,从 $x=0$ 的 91 K 降到 $x=0.6$ 的 78 K,转变宽度从 1 K 增加到 4.5 K,如图 1.77 所示.

　　Liyanawaduge 等[117]用固态反应法制备了掺 Sr 的 Y(Ba$_{1-x}$Sr$_x$)$_2$Cu$_3$O$_{7-\delta}$($x=0,0.025,0.05,0.1,0.25,0.5$)超导体. 当掺杂量 $x\leqslant 0.1$ 时,J_c 随着 Sr 掺杂量 x 的增加而增加,当掺杂量 $x>0.1$ 时,J_c 随着 Sr 掺杂量 x 的增加而减小,如图 1.78 所示. 这与过量掺杂导致的 T_c 降低有一定关系.

　　Shimoyama 等[118]用熔化生长法制备了掺 Sr 的 Y(Ba$_{1-x}$Sr$_x$)$_2$Cu$_3$O$_{7-\delta}$($x=0,0.005,0.05,0.02$)超导晶体,并对其磁化电流密度进行了测量. 他们发现在 77 K

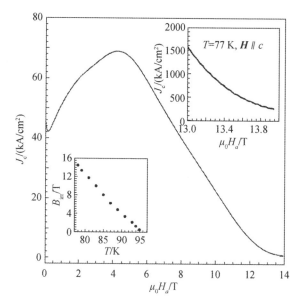

图 1.74   采用 OCMG 方法,在氧分压为 0.1% O_2/Ar 条件下,制备的配比为($Nd_{0.33}$ $Eu_{0.28}$ $Gd_{0.38}$)$Ba_2Cu_3O_y$+5% NEG-211 (Nd:Eu:Gd=1:1:1)+0.5% Pt+10% Ag_2O 的超导块材在液氮温度下的 J_c-μ_0H 曲线. J_c=7.0×10⁴ A/cm²(77 K,4.5 T),2.2×10⁴ A/cm² (77 K, 10 T)

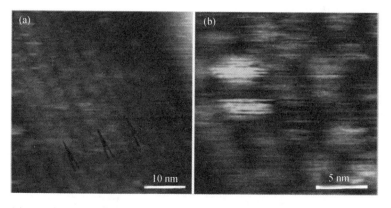

图 1.75   图 1.74 样品的扫描隧道显微镜(STM)照片.(a) 样品中有片层状的纳米结构,部分已用箭头标出,(b) 高倍的 STM 照片

温度下,随着 Sr 掺杂量 x 的增加,在 1 T 到 3 T 之间样品的 J_c 不断增加. x=0.2 时的 J_c 是未掺杂样品的 2 倍多,但相对于较低掺杂量的样品,其 J_c 的峰值已向低场偏移.在 84 K 温度下,J_c 的变化规律与 77 K 的情况相似,但是明显降低,其呈现

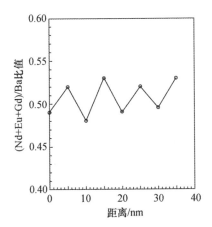

图 1.76　图 1.75 样品在不同距离的 (NEG)/Ba 比值. (NEG)/Ba 的比值随距离的变化呈现一定的周期性振荡, (NEG)/Ba 比值的变化范围在 0.485~0.53 之间

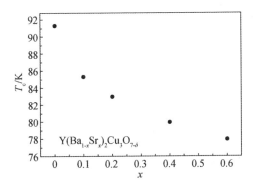

图 1.77　$Y(Ba_{1-x}Sr_x)_2Cu_3O_{7-\delta}$ 超导体的临界温度 T_c 随 Sr 掺杂量 x 的变化

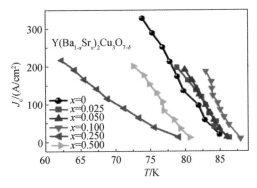

图 1.78　用固态反应法制备的 $Y(Ba_{1-x}Sr_x)_2Cu_3O_{7-\delta}$ 超导体的临界电流密度 J_c 随 Sr 掺杂量 x 的变化

峰值的磁场强度明显向低场偏移,小于 1 T,如图 1.79 所示.

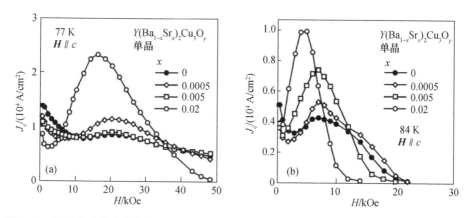

图 1.79　用熔化生长法制备的 $Y(Ba_{1-x}Sr_x)_2Cu_3O_{7-\delta}$ 超导晶体,在 77 K 和 84 K 温度下的磁化电流密度 J_c 随 Sr 掺杂量 x 的变化规律

另外,其他元素,如 Sm 等也可以占据 Ba 位.文献[119]和[120]分别研究了 Nd,La,Pr 替代 Ba 对 $YBa_{2-x}Nd_xCu_3O_y$ 和 $Y(Ba_{2-x}R_x)Cu_3O_{7-\delta}$($R=La,Pr,Nd$),包括 T_c 和 J_c 等超导性能的影响,这里不做详细介绍.

(3) Cu 元素的替代效应.

Cu 元素的替代效应,比 Y 和 Ba 元素的替代都复杂一些.$REBa_2Cu_3O_y$ 超导体根据铜离子所处的晶格位置不同分为两类:一类是铜离子占据 CuO 链上的晶格位,称为 Cu(1) 位.另一类是铜离子占据 CuO_2 面上的晶格位,称为 Cu(2) 位.因此,在研究 Cu 元素替代时,必须先搞清楚掺杂的元素是占据 Cu(1) 位还是 Cu(2) 位.

根据 Y123 化合物的晶体结构(见图 1.8)以及正交态时晶格离子间的距离(CuO 链上的 O(1) 与两侧的 Cu(1) 键长为 1.94 Å,与 Ba^{2+} 离子间距为 2.9 Å)可知,当 O(1) 位全部被占据后,Ba^{2+} 离子的 O 配为数就变成了 10,为了保持晶体的电中性,四个 Cu(1) 位之中必然出现 Cu^{3+} 离子.因此,在 $REBa_2Cu_3O_y$ 超导体中,铜离子可能有三种价态[121]:一价 Cu^+,二价 Cu^{2+} 和三价 Cu^{3+} 离子,相应的离子半径分别为 0.77 Å,0.73 Å 和 0.54 Å.对 Y123 化合物而言,在渗氧或脱氧的过程中,在由 Cu(2) 离子与 O(2) 和 O(3) 离子构成的 CuO_2 面内,氧离子的数目是不变的,因此,渗氧或脱氧的过程中,只有 CuO 链上与 Cu(1) 离子相关的 O(1) 含量会发生变化,渗氧时 Y123 晶体的氧含量增加,脱氧时减少.假设 $YBa_2Cu_3O_{7-\delta}$ 晶体被充分渗氧,完全处于正交相状态,这时 O(1) 晶格位是被占满的,$\delta \approx 0$.故可根据 Y123 晶体的氧含量以及晶格常数 a,b 的变化情况,判断掺杂元素究竟替代的是 Cu(1) 位还是 Cu(2) 位.

Cu(1) 位的元素替代例子很多,如在掺杂量不太高的情况下,Fe,Co 等元素基本上都是占据 Cu(1) 位. Xu 等[122]通过对 Fe 掺杂 $YBa_2(Cu_{1-x}Fe_x)_3O_{7-\delta}$ 超导材料的研究发现,随着 x 的增加,其晶格常数 a,b,c 也随之变化,如图 1.80 所示. 当 $x \leqslant 0.03$ 时,随着 Fe 含量的增加,$YBa_2(Cu_{1-x}Fe_x)_3O_{7-\delta}$ 晶体的 a 不断增加,b 不断减小,c 基本不变,属于正交相晶体结构. 当 $x > 0.03$ 时,$a=b$,随着 Fe 含量的增加,a,b 均在缓慢增加. $YBa_2(Cu_{1-x}Fe_x)_3O_{7-\delta}$ 属于四方相晶体结构,这说明,该斜方晶畸变率(orthorhombic distortion)$\Delta a_0 = 2(b-a)/(a+b)$ 随着 x 的增加而逐渐减小,当 $x=0.03$ 时趋近于 0. 由此可推知,Fe 元素主要占据 CuO 链上的 Cu(1) 位. 高价的 Fe 离子占据 Cu(1) 位后,将会吸收更多的氧离子,导致样品的氧含量增加,可能超过 7.0. 另外他们还发现,随着 x 的增加,$YBa_2(Cu_{1-x}Fe_x)_3O_{7-\delta}$ 超导材料的 T_c 从 90 K 逐渐下降,当 $x=0.15$ 时 T_c 已低于 4.2 K,如图 1.81 所示. Xu 等[123]通过对 Fe 掺杂 $YBa_2(Cu_{1-x}Fe_x)_3O_{7-\delta}$ 单晶超导材料的研究发现,其 T_c 也是随着 x 的增加而逐渐下降.

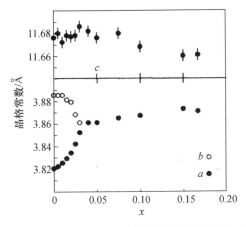

图 1.80　Fe 掺杂 $YBa_2(Cu_{1-x}Fe_x)_3O_{7-\delta}$ 超导材料的晶格常数 a,b,c 随 x 的变化

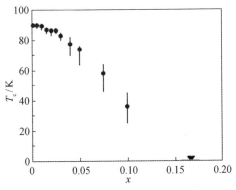

图 1.81　$YBa_2(Cu_{1-x}Fe_x)_3O_{7-\delta}$ 超导材料的 T_c 随 Fe 含量 x 的变化

Tao 等[124]采用固态反应法,制备出了配比为 $YBa_2(Cu_{1-x}M_x)_3O_{7-\delta}$ (M=Co, Fe)的样品,x 的上限值为样品中出现第二相. 结果表明,Co 的上限为 $x=1$,Fe 的上限为 $x=0.5$. 在大气环境或氮气条件下制备的样品中,除 M=Co,$x=0.037$ 的化合物是正交相之外,其他样品的晶体结构均为四方相. 对 $YBa_2(Cu_{1-x}M_x)_3O_{7-\delta}$ 系列样品渗氧后发现,与 $x=1$ 上限相应的掺 Co 单相化合物分子式为 $YBa_2Cu_2CoO_{7.25}$,与 $x=0.5$ 上限相应的掺 Fe 单相化合物分子式为 $YBa_2Cu_{2.5}Fe_{0.5}O_{7.19}$,可从图 1.82 所示的热重分析曲线得知. 不论是掺 Co 的 $YBa_2Cu_2CoO_x$ 样品,还是掺 Fe 的 $YBa_2Cu_{2.5}Fe_{0.5}O_x$ 样品,在氧化处理后,样品中的氧含量均高于 7.0,这是高价的 Fe 和 Co 离子占据 Cu(1)位后,吸收了更多的氧离子,导致样品的氧含量增加的结果.

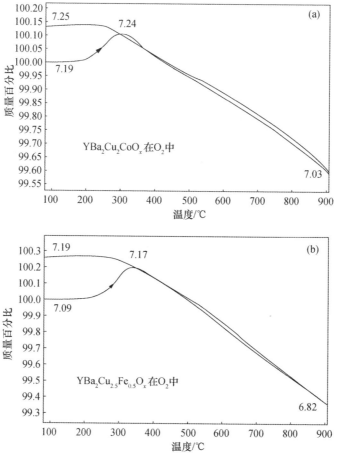

图 1.82 在以 1℃/min 升温和降温过程中 $YBa_2Cu_2CoO_x$ 和 $YBa_2Cu_{2.5}Fe_{0.5}O_x$ 化合物的热重分析曲线

　　Li,Ni,Zn 等离子均可掺杂到 Cu(2)位,但是,研究结果表明,能够替代 Cu(2) 位的元素并不一定全部占据 Cu(2)位,也有少量会占据 Cu(1)位,Cu(2)位的元素替代也会导致 REBa$_2$Cu$_3$O$_y$ 超导体 T_c 的下降. Maury 等[125] 通过对 Li 掺杂 YBa$_2$Cu$_{3-x}$Li$_x$O$_{7-\delta}$样品局域晶体结构的研究发现,有约 80% 的 Li 占据 Cu(2)位, 20% 的 Li 占据 Cu(1)位. Tarascon 等[126] 通过对 Ni 掺杂 YBa$_2$Cu$_{3-x}$Ni$_x$O$_{7-\delta}$ 样品的研究发现,随着 Ni 含量 x 的增加,超导体的 T_c 明显下降,从未掺杂的 93 K($x=$ 0)下降到掺杂量为 $x=0.5$ 的 50 K,如图 1.83 所示. Singhal 等[127] 通过对 Zn 掺杂 YBa$_2$(Cu$_{1-x}$Zn$_x$)$_3$O$_{7-\delta}$样品的研究发现,随着 Zn 含量 x 的增加,超导体的 T_c 也明显下降,从未掺杂的约 90 K ($x=0$) 下降到掺杂量为 $x=0.4$ 的约 20 K,特别是当 $x=0.6$ 时样品已不再具有超导电性,如图 1.84 所示. 因此,如果选择合适的元素进行适量的掺杂,既能保证足量的高 T_c 超导相比例,又能在 REBa$_2$Cu$_3$O$_y$ 超导体中引入适量低 T_c 相缺陷,形成有效的磁通钉扎中心,提高样品的磁通钉扎能力及超导性能. Shlyk 等[128] 通过熔化生长法,制备了组分为 YBa$_2$(Cu$_{1-x}$M$_x$)$_3$O$_{7-\delta}$＋0. 3Y$_2$O$_3$＋0.02Pt(M＝Li,Ni)的单畴 YBCO 超导块材,样品表面尺寸为 26 mm× 26 mm,并测量了其捕获磁通密度,发现适量的 Li 和 Ni 掺杂均能有效提高 YBCO 超导块材的捕获磁通密度,而且掺杂 Li 样品的捕获磁通密度比掺杂 Ni 的样品高一倍多,如图 1.85 所示.

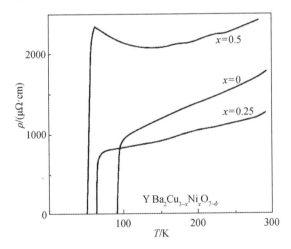

图 1.83　不同 Ni 含量 YBa$_2$Cu$_{3-x}$Ni$_x$O$_{7-\delta}$超导体的电阻率随温度的变化. $T_c=93$ K ($x=0$), 63 K($x=0.25$),50 K($x=0.5$)

　　Krabbes 等[129] 采用熔化生长法制备了组分为 YBa$_2$(Cu$_{1-x}$Zn$_x$)$_3$O$_{7-\delta}$＋0. 3 Y$_2$O$_3$＋0.05Pt($x=0,0.01$)、直径为 25 mm 的单畴 YBCO 超导块材. 图 1.86 是掺

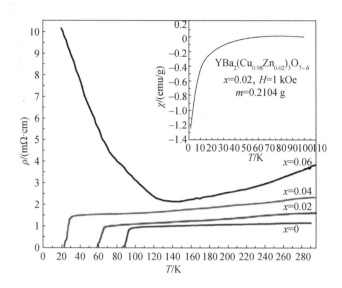

图 1.84 不同 Zn 含量 $YBa_2(Cu_{1-x}Zn_x)_3O_{7-\delta}$ 超导体的电阻率随温度的变化

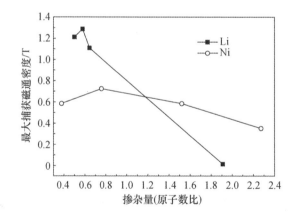

图 1.85 Li 和 Ni 的掺杂量对 YBCO 超导块材捕获磁通密度的影响

杂和未掺杂 Zn 样品的 J_c-B 曲线. 可以看出, 不论是在 75 K 还是 55 K, 掺 Zn 样品的 J_c 都显著高于未掺杂 Zn 的样品, 特别是在中场条件下的 J_c 峰值处. 图 1.87 是掺杂和未掺杂 Zn 样品 77 K 捕获磁通密度分布, 未掺杂 Zn 样品的最大捕获磁通密度为 0.75 T, 而掺杂 Zn 样品的最大捕获磁通密度达 1.12 T, 也明显高于未掺 Zn 的样品.

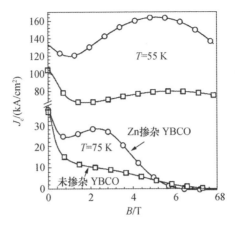

图 1.86　掺杂和未掺杂 Zn 样品的 J_c-B 曲线. 掺 Zn 样品的 J_c 明显高于未掺 Zn 的样品, 特别是中场条件下 J_c 的峰值(鱼尾)效应

这些结果说明, 只要选择合适的元素、合适的掺杂量、合适的热处理参数等, 即可实现通过 Cu 位元素替代的方法, 在 $REBa_2Cu_3O_y$ 超导体中引入适量的局部低 T_c 相缺陷, 形成有效的磁通钉扎中心, 从而提高样品磁通钉扎力及超导性能的效果.

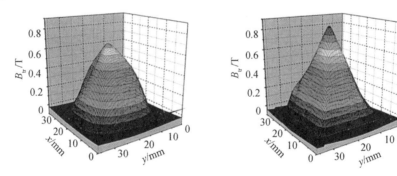

图 1.87　掺杂和未掺杂 Zn 样品 77 K 捕获磁通密度分布, 未掺杂 Zn 样品的最大捕获磁通密度为 0.75 T, 掺杂 Zn 样品的最大捕获磁通密度达 1.12 T

综上所述, 在 $YBa_2Cu_3O_{7-\delta}$ 超导体中, 不论是对 Y, Ba, Cu 三个金属元素中的任何一个进行元素替代, 或者是对多个元素同时进行替代, 均可改变 $YBa_2Cu_3O_{7-\delta}$ 超导体的局部晶体结构、电子结构及其超导性能. 只要选择合适的元素、掺杂量、制备技术等, 即可通过元素替代的方法, 在 $REBa_2Cu_3O_{7-\delta}$ 超导体中引入适量的局部缺陷, 作为有效的磁通钉扎中心, 实现提高样品磁通钉扎力及超导性能的目标.

5. 金属氧化物掺杂对 REBCO 超导性能的影响

在 REBCO 超导块材熔化生长的过程中, 掺杂的金属氧化物 MO_x($M=RE$,

Bi,Ag,W,Nb,Ni,Zr,Sn,Zn,Ce…)会与样品中的 RE,Ba,Cu 元素发生化学反应,有的可能部分替代或占据 RE,Ba,Cu 元素的晶格位,如 Ni 和 Zn 的氧化物掺杂就会出现部分 Ni 和 Zn 占据 Cu 位的现象,有的则反应生成新的化合物,如掺杂 RE_2O_3 就会反应生成第二相 RE_2BaCuO_5 粒子,掺杂 Bi_2O_3 就会反应生成 $RE_2Ba_4BiCuO_y$ 第二相粒子,掺杂 Zr,Sn 和 Ce 的氧化物就会反应生成 $BaMO_3$(M= Zr,Sn,Ce…)第二相粒子等等. 这些新生成的粒子均可起到磁通钉扎中心的作用,在掺杂量和引入方法合理的情况下,均可有效地提高样品的超导性能.

Kim 等[89]以 Y_2O_3,$BaCO_3$,CuO 和 CeO_2 为原料,通过固相反应法制备了掺杂 Ce 的 $YCe_xBa_2Cu_3O_y$(0<x<0.5)超导样品,发现随着 Ce 含量的增加,超导体的 T_c 逐渐下降,从未掺杂的 91 K 下降到 x=0.5 的 83 K,见表 1.5. 这说明,Ce 元素进入了 $YCe_xBa_2Cu_3O_y$ 超导体的晶格,抑制了其 T_c. 同时,他们以已制备好的 Y123 和 CeO_2 作为初始粉体,采用熔化生长的方法,制备出了组分为((1−x%)Y123+ x%CeO_2,0<x<5)的系列织构化 YBCO 超导晶体,发现不管是掺杂 Ce 的样品,还是未掺杂的样品,超导体的 T_c 都在 90~93 K,基本保持不变,见表 1.6. 这与用固相反应法制备的 YBCO 超导晶体明显不同,说明在制备好 Y123 相后,再掺入 CeO_2,可以有效地抑制 Ce 元素进入超导体的晶格,从而达到不影响 T_c 的效果. 他们通过对样品微观结构的分析发现,在 YBCO 晶体熔化生长的过程中,掺入的 CeO_2 反应生成了颗粒细小的 $BaCeO_3$,如图 1.88 所示. 由图 1.88 可看出,样品中灰色的大粒子是 Y211 粒子,大的粒径超过 20 μm,白色的小粒子是 $BaCeO_3$ 粒子,平均粒径小于 1 μm.

表 1.5　Ce 含量对固相反应法制备 $YCe_xBa_2Cu_3O_y$ 超导体零电阻临界温度 T_c 的影响

Ce 含量 x	未添加	0.1	0.2	0.3	0.4	0.5
T_c/K	91	88	87	85	84	83

表 1.6　组分为((1−x%)Y123+x%CeO_2)的熔化生长 YBCO 超导体临界温度 T_c

Ce 含量 x	未添加	1	2	3	4	5
T_c/K	91	91	93	91	90	91

Chen 等[130]采用 TSMTG 法和 TSIG 法分别制备了掺杂和未掺杂 1.5%CeO_2(质量百分比)的单畴 YBCO 超导块材,并对其临界电流密度 J_c 和捕获磁通密度 B_{tr} 进行了测量,发现不管是用 TSMTG 法还是用 TSIG 法,掺有 CeO_2 样品的 J_c 和 B_{tr} 都高于未掺杂的样品. 图 1.89 是用这两种方法制备的直径为 25 mm 的掺杂和未掺杂 CeO_2 的单畴 YBCO 超导块材在液氮温度下的捕获磁通密度 B_{tr} 分布图. 可以清楚地看到,不管采用哪种晶体生长方法,掺有 CeO_2 样品的 B_{tr} 均高于未掺杂

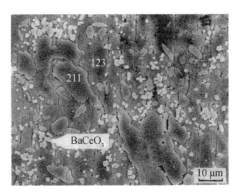

图 1.88　用熔化生长法制备的掺 5％CeO$_2$（质量百分比）YBCO 块材的 SEM 照片. 灰色的大粒子是 Y211 粒子, 大的超过 20 μm, 白色的小粒子是 BaCeO$_3$, 平均粒径小于 1 μm

的样品, 用 TSIG 法制备的掺 CeO$_2$ 样品的最大捕获磁通密度为 0.23 T, 远高于用 TSMTG 法制备的掺 CeO$_2$ 样品的 0.13 T. 这说明掺杂 CeO$_2$ 可有效地在单畴 YBCO 超导块材引入磁通钉扎中心, 提高超导体的性能.

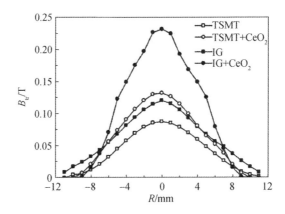

图 1.89　用 TSMTG 和 TSIG 法制备的掺杂和未掺杂 CeO$_2$ 的单畴 YBCO 超导块材（直径为 25 mm）在液氮温度下的捕获磁通密度 B_{tr} 分布图. 掺有 CeO$_2$ 样品的 B_{tr} 均高于未掺杂的样品, 用 TSIG 和 TSMTG 法制备样品的最大捕获磁通密度分别为 0.23 T 和 0.13 T

　　Cardwell 等[131]采用 TSMTG 法分别制备了掺杂 Y211（粒径 1～3 μm）和 Y$_2$O$_3$（粒径 20～50 nm）的单畴 YBCO 超导块材, 掺杂 Y211 和 Y$_2$O$_3$ 样品的初始组分分别为 Y123＋30％Y211＋1％CeO$_2$ 和 Y123＋25％Y$_2$O$_3$＋1％CeO$_2$（质量百分比）. 结果表明, 样品中掺杂的 Y$_2$O$_3$ 最终反应生成了 Y211 粒子, 在掺杂 Y211 和 Y$_2$O$_3$ 的样品中, Y211 粒子基本上均匀分布在 Y123 超导基体中, 相应粒子的平均粒径分别为 1.5 μm 和 1 μm, 见图 1.90. 掺杂纳米 Y$_2$O$_3$ 样品中的 Y211 粒子更小

些,磁通钉扎效果更好些.

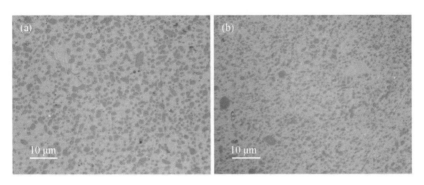

图 1.90 采用 TSMTG 法制备的掺杂 Y211 和 Y_2O_3 单畴 YBCO 超导块材的显微组织照片. 掺杂 Y211(a)和 Y_2O_3(b)样品中的 Y211 粒子平均粒径分别为 1.5 μm 和 1 μm

图 1.91 是用 TSMTG 法制备的掺杂 Y211 和 Y_2O_3 的单畴 YBCO 超导块材在 77 K 下的临界电流密度 J_c 随磁场强度的变化曲线[131]. 可以清楚地看到,掺杂 Y_2O_3 样品的 J_c 高于掺杂 Y211 样品的 J_c. 图 1.92 是掺杂 Y_2O_3 的单畴 YBCO 超导块材(20 mm×20 mm×9 mm)在 77 K 下的捕获磁通密度分布(a),最大捕获磁通密度为 0.8 T,以及掺杂 Y211 和 Y_2O_3 的单畴 YBCO 超导块材在 77 K 下的最大捕获磁通密度随样品半径的变化曲线(b). 实验数据表明,掺杂 Y_2O_3 样品的最大捕获磁通密度高于掺杂 Y211 的样品[131]. 这些结果说明,纳米 Y_2O_3 的掺杂有利于生成更加细小的 Y211 粒子,能够提高单畴 YBCO 超导块材磁通钉扎力和超导性能.

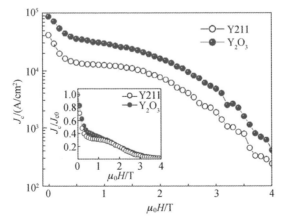

图 1.91 掺杂 Y211 和 Y_2O_3 的单畴 YBCO 超导块材在 77 K 下的 J_c-$\mu_0 H$ 曲线. 掺杂 Y_2O_3 样品的 J_c 高于掺杂 Y211 的样品. 内插图是约化临界电流密度与磁场强度的关系

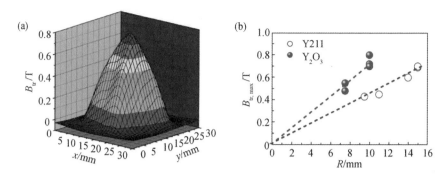

图 1.92   (a) 掺杂 Y_2O_3 的单畴 YBCO 超导块材在 77 K 下的捕获磁通密度分布,最大捕获磁通密度为 0.8 T;(b)掺杂 Y211 和 Y_2O_3 的单畴 YBCO 超导块材在 77 K 下的最大捕获磁通密度随样品半径的变化

　　Feng 等[132]采用粉末熔化生长(PMP)法,制备出了织构良好的 $YBa_2Cu_3O_y$ (YBCO)和掺 Sn 的 $YBa_2Cu_{2.95}Sn_{0.05}O_y$(Sn005)样品. 图 1.93 是 YBCO 和 Sn005 超导样品在 60 K 下的 J_c-H 曲线,Sn005 样品的 J_c 高于未掺杂的 YBCO 样品,这是由于 SnO_2 的掺杂,既有利于细化 Y211 粒子,又能够生成 $BaSnO_3$ 粒子,这些粒子与超导基体形成的界面缺陷起到了磁通钉扎中心的作用,提高了样品的超导性能.

　　Iida 等[133]通过在(0.75Y123＋0.25Y211)混合粉体中加入 0.5％ Pt 和 x％ $(0<x<0.25)ZrO_2$(质量百分比)的方法,用熔化生长技术制备出了具有不同 ZrO_2 含量的单畴超导 YBCO 样品,粉末的平均粒度为 30 nm,并研究了 Zr 掺杂对 YBCO 超导块材超导性能的影响. 图 1.94 是具有不同 ZrO_2 含量的单畴超导 YBCO 样品的约化交流磁化率曲线. 从图 1.94 可知,掺杂 ZrO_2 样品的 T_c 与未掺杂的样品基本一致,说明 ZrO_2 的掺杂并未导致 Zr 进入或占据 YBCO 样品晶格位的现象发生. 图 1.95 是具有不同 ZrO_2 含量的单畴超导 YBCO 样品在 77.3 K 下的 J_c-B 曲线. 掺杂少量的 ZrO_2(如 $x=0.05,0.1$)有利于提高 YBCO 样品的 J_c,而过量的 ZrO_2 掺杂(如 $x=0.25$)则会导致 YBCO 样品的 J_c 下降. 这表明适量的 ZrO_2 掺杂,有利于提高 YBCO 样品的超导性能.

　　另外,还有许多其他金属氧化物(如 Bi_2O_3,WO_3 等)的掺杂也能有效地提高提高 REBCO 样品的磁通钉扎能力和超导性能,这里不再赘述. 但是,从实验结果看,在 REBCO 样品中掺杂的金属氧化物,一般都会反应生成其他复杂的化合物,因此,最好选择那些在样品生长过程中化学稳定性很好的生成物进行直接掺杂,以提高样品的磁通钉扎力和超导性能,如在 YBCO 样品中掺杂的 CeO_2 最终反应生成了 $BaCeO_3$ 化合物. Mahmood 等[134,135]以 $(1-x$％$)Y_{1.5}Ba_2Cu_3O_y+x$％$BaCeO_3$(质量百分比)组分为初始粉体,$0<x<45$,通过 TSMTG 和 TSIG 方法,分别制备出了

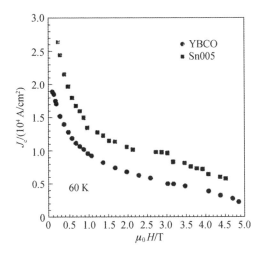

图 1.93 YBCO 和掺杂 Sn 的 Sn005 超导样品在 60 K 下的 J_c-$\mu_0 H$ 曲线,掺杂 Sn 的 Sn005 样品的 J_c 高于未掺杂的 YBCO 样品

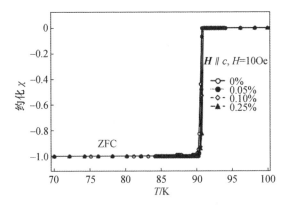

图 1.94 具有不同 ZrO_2 含量的单畴超导 YBCO 样品的约化交流磁化率曲线. 掺杂 ZrO_2 样品的 T_c 与未掺杂的样品基本一致

系列具有不同 $BaCeO_3$ 含量的单畴 YBCO 超导体,样品的直径为 20 mm,并研究了 $BaCeO_3$ 的掺杂量对超导体微观形貌及超导电性的影响. 结果发现,在未掺杂 $BaCeO_3$ 的样品中,Y211 粒子较大,平均粒径约几微米,随着 $BaCeO_3$ 含量 x 的增加,YBCO 超导体中除了几个较大的 Y211 粒子外,总体粒径越来越细小,分布越来越均匀,但当 $BaCeO_3$ 的掺杂量 x 达到 45 时,样品中的 $BaCeO_3$ 出现了聚集和偏析现象,只有当 $BaCeO_3$ 的掺杂量 x 为 35 时,样品中的 Y211 粒子和 $BaCeO_3$ 粒子分布最佳,见图 1.96.

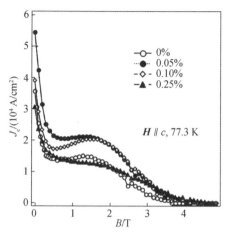

图 1.95　具有不同 ZrO_2 含量的单畴超导 YBCO 样品在 77.3 K 下的 J_c-B 曲线

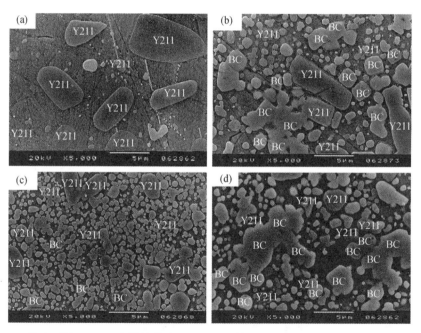

图 1.96　具有不同 $BaCeO_3$ 含量的单畴 YBCO 超导体光学显微组织照片. (a) $x=0$,（b）$x=$ 15,（c）$x=35$,（d）$x=45$,Y211 表示 Y211 粒子,BC 表示 $BaCeO_3$ 粒子

　　图 1.97 是具有不同 $BaCeO_3$ 含量的单畴 YBCO 超导样品在 77.3 K 下的 J_c-B 曲线. 实验数据表明, 随着 $BaCeO_3$ 掺杂量的增加, YBCO 超导样品的 J_c 逐渐增加. 掺杂量为 $x=35$ 时, 样品的 J_c 最高. 这与图 1.96 微观结构结果一致. 图 1.98 是具有不同 $BaCeO_3$ 含量的单畴 YBCO 超导样品（直径为 20 mm）在 77.3 K 下的最大

捕获磁通密度 $B_{tr,max}$ 曲线. 由图 1.98 可知, 随着 $BaCeO_3$ 掺杂量的增加, YBCO 超导样品的最大捕获磁通密度逐渐增加. 当掺杂量为 $x=35\%$ 时, 样品的 $B_{tr,max}$ 最大. 这也与图 1.96 微观结构结果一致. 其他化合物的掺杂也可能有类似的效果. Mele 等[136,137] 在含有纳米 $BaMO_3(M=Zr,Sn)$ 磁通钉扎中心的 YBCO 薄膜中发现, 其 F_p 在 77 K 下, 相对于未掺杂 YBCO 块材的 $5.69\,GN/m^3$, 分别提高到了 $16.3\,GN/m^3$ 和 $28.3\,GN/m^3$, 从而显著地提高了 YBCO 超导体的性能. 这里不详述, 读者可查阅相关文献资料.

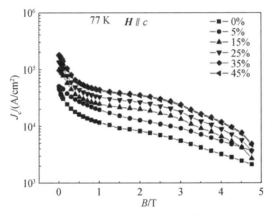

图 1.97 具有不同 $BaCeO_3$ 含量的单畴 YBCO 超导样品在 77.3 K 下的 J_c-B 曲线

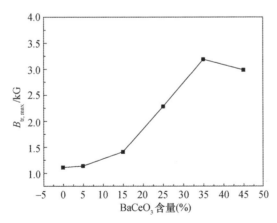

图 1.98 具有不同 $BaCeO_3$ 含量的单畴 YBCO 超导样品(直径为 20 mm)在 77 K 下的最大捕获磁通密度 $B_{tr,max}$ 曲线

1.4.10 REBCO 超导体的热学性能

相对于传统的低温金属超导体而言, REBCO 超导体虽具有高的临界温度 T_c,

但其相干长度 ξ 很小,只有几个纳米,约是传统低温超导体相干长度的千分之一. 而且 REBCO 超导体是一种陶瓷材料,导热性能较差,应用过程中,冷热循环以及其他外界物理条件的变化都可能会造成样品温度的不均匀分布,局部温度变化则会影响其热稳定性,并导致超导性能的波动和涨落. 因此,了解 REBCO 超导陶瓷材料的热力学性质,并改善其热导特性,将有利于提高 REBCO 超导材料热稳定性,减小局部热涨落而引起的超导性能波动.

1.4.10.1   REBCO 超导体的比热

Jeandupeux 等[138]用 4 mm×4 mm×0.5 mm 的 $YBa_2Cu_3O_7$ 单晶材料($T_c=$ 91.4 K,$\Delta T_c=0.2$ K),在 $H /\!/ c$ 的情况下,研究了其在不同磁场强度($0<\mu_0 H<$ 7 T)下的比热 C_p 随温度 T 的变化规律,结果如图 1.99 所示,内插图是有场条件下的比热 $C(B)$ 与零场条件下的比热 $C(0)$ 之差与温度的比值($(C(B)-C(0))/T$ 随温度变化的规律. 在 91.4 K 处,$YBa_2Cu_3O_7$ 超导体的比热有一跳跃式变化,这是由超导相变时超导体中电子的有序-无序转化产生的比热跃变,电子比热跃变的幅度约为 33 mJ·mol^{-1}·K^{-2},相对于 $YBa_2Cu_3O_7$ 超导体的整体比热很小.

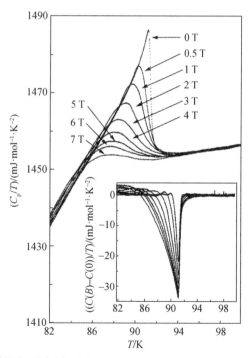

图 1.99 $YBa_2Cu_3O_7$ 单晶在不同磁场强度($0<\mu_0 H<$ 7 T)下的比热 C_p/T 随温度 T 的变化规律. 内插图是($C(B)-C(0))/T$ 随温度 T 的变化规律,$C(B)$ 是有磁场条件下的比热,$C(0)$ 零磁场条件下的比热

YBCO 超导体在临界温度处的比热突变幅度大小,不仅与外加磁场强度有关,而且与元素替代有关. Ashok 等[139]研究了 Mn 掺杂对 $YBa_2(Cu_{1-x}Mn_x)_3O_y$ 超导体比热 C_p 的影响,实验结果如图 1.100 所示,内插图是相应 Mn 含量 x 样品的比热 C_p 与温度的比值 C_p/T 随温度的变化曲线. 由图 1.100 可知,随着 Mn 含量 x 的增加,$YBa_2(Cu_{1-x}Mn_x)_3O_y$ 超导样品的比热 C_p 跃变幅度越来越小,从未掺 Mn 的 $4.1\,J\cdot mol^{-1}\cdot K^{-1}$,降到 $x=0.5\%$ 的 $3.5\,J\cdot mol^{-1}\cdot K^{-1}$,直到 $x\geqslant1\%$ 时,再也无法观察到比热 C_p 的跃变现象. 这说明 Mn 元素占据了 YBCO 超导体的晶格位,随着 x 的增加,高 T_c 相的比例逐渐减少,导致了 $YBa_2(Cu_{1-x}Mn_x)_3O_y$ 超导样品比热 C_p 跃变幅度的减小.

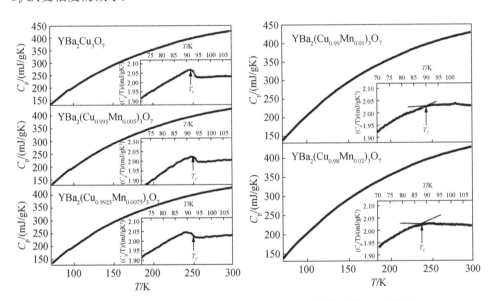

图 1.100 Mn 掺杂对 $YBa_2(Cu_{1-x}Mn_x)_3O_y$ 超导体比热 C_p 的影响

1.4.10.2 REBCO 超导体的热导率

由于 REBCO 超导体的工作温度比较低,所以在应用的过程中,除了要将其冷却到一定的温度外,还必须保证其稳定性. 在设计冷却方案时,就必须考虑超导体的比热和热导率两个基本参数. 一般情况下,材料的比热和热导率分别由声子与电子的比热和热导率两部分构成. REBCO 超导体的热导率也是由声子与电子热导率两部分构成,但是很难区分声子与电子的贡献各是多少. Mucha 等[140]用熔化生长法制备了组分为 $(1-x\%)Y123+x\%Y211(x=20,33,47)$(质量百分比)的 YBCO 超导体,样品的尺寸为 $1\,mm\times1\,mm\times4\,mm$,分别称为 S1/20ab,S2/20c,S3/33ab,S4/33c,S5/47ab 和 S10/20ab30 样品. 样品的编号代表的意思举例说明如下:如 S1/20ab 表示该样品的 Y211 掺杂量 $x=20$,Y123 晶体的 ab 面与样品的长度平行,

S10/20ab30 表示该样品的 Y211 掺杂量 $x=20$,Y123 晶体的 ab 面与样品的长度方向夹角为 30°. 由图 1.101 可知,在 YBCO 超导体中,Y211 含量越高、Y123 超导体的晶界越多,其热导率就越低. 该结果与 Shams 等对 $YBa_2Cu_3O_{7-\delta}$ 热传导性能研究得到的结果有一致性[141].

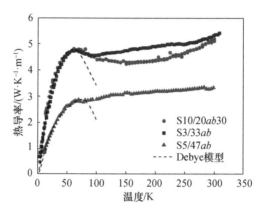

图 1.101　不同 Y211 含量和晶粒取向 YBCO 超导样品热导率随温度的变化

为了充分发挥 REBCO 超导体性能,减少由于局部热涨落引起的超导性能衰减,进一步提高其工作稳定性,必须提高其热导率,以便能及时快速地降低随时可能出现的局部温升. Kimura 等[142]在直径 25 mm,厚度 18 mm 的单畴 GdBCO 超导体中心,钻了一个直径约 1 mm 孔,再将其在低熔点的 Bi-Sn-Cd 熔体中浸渗,使 Bi-Sn-Cd 合金尽可能填满 GdBCO 超导体中的裂纹和气孔,从而提高其热导率. 为了验证这种 Bi-Sn-Cd 熔体中浸渗法是否能够提高 GdBCO 超导体热导率,他们对 Bi-Sn-Cd 浸渗和未浸渗 GdBCO 超导体,在 44 K 下研究了其在脉冲充磁过程中温度的变化量和最终捕获磁通密度随时间的变化曲线,脉冲磁感应强度为 5.6 T. 由图 1.102 可知,在脉冲充磁过程中,用 Bi-Sn-Cd 浸渗 GdBCO 超导体的温度升高量比未浸渗的样品低 4 K,在 44 K 下的捕获磁通密度比未浸渗的样品高 25%. 这一事实表明,用 Bi-Sn-Cd 合金浸渗的方法,可以有效地提高 REBCO 超导样品热导率和超导性能.

1.4.10.3　REBCO 超导体的热膨胀特性

由于 REBCO 超导体的工作温度较低,因此在实际应用过程中,就必须考虑与冷热循环相应的热胀冷缩情况. Meingast 等[143]用电容式测高计研究了单晶(2 mm×2 mm×1 mm,c 轴平行于短边)和织构取向(4 mm×2 mm×4 mm,c 轴平行于长边)$YBa_2Cu_3O_y$ 超导材料的热膨胀系数随温度的变化规律,结果如图 1.103 所示. 图 1.103 说明,不论是对单晶还是织构取向的 YBCO 超导材料,热膨胀系数都具有明显的各向异性,c 轴的热膨胀系数明显大于 ab 面的膨胀系数. 在 90～100 K 之

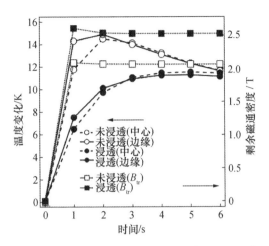

图 1.102 Bi-Sn-Cd 浸渗和未浸渗的 GdBCO 超导体在脉冲充磁过程中温度变化量和捕获磁通密度随时间的变化,脉冲磁感应强度为 5.6 T

间,两种材料的热膨胀系数度均在 $4 \times 10^{-6} \sim 10^{-5}$ K^{-1} 范围内. 进一步究表明,在 T_c 附近,与 ab 面相应的热膨胀系数 α_{ab} 出现跳跃式突变,$\Delta \alpha_{ab} = (15 \sim 23) \times 10^{-8}$ K^{-1},而 c 轴的热膨胀系数 α_c 则未发现明显的跳跃式突变,$\Delta \alpha_c < 1 \times 10^{-8}$ K^{-1},但在 T_c 两侧的曲线斜率不一样.

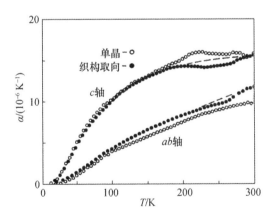

图 1.103 单晶和织构取向 $YBa_2Cu_3O_7$ 超导材料的热膨胀系数随温度的变化规律. 单晶和织构取向 YBCO 超导材料的热膨胀系数均具有明显的各向异性,c 轴的热膨胀系数明显大于 ab 面的膨胀系数

Zeisberger 等[144]用光纤光栅传感器研究了熔融织构生长 YBCO 超导材料的热膨胀系数随温度的变化规律,结果如图 1.104 所示. 从图 1.104 可知,织构取向 YBCO 超导材料的热膨胀系数具有明显的各向异性,c 轴的热膨胀系数明显大于

ab 面的热膨胀系数,这与文献[143]的结果一致. 在 90～100 K 之间,该样品的相对热膨胀率 $\Delta L/L$ 在 ab 面和 c 轴方向的值分别为 1.6×10^{-3} 和 2.4×10^{-3},在 300 K 时,ab 面和 c 轴方向的热膨胀系数分别为 $\alpha_{ab} = 9.1 \times 10^{-6}$ K^{-1} 和 $\alpha_c = 13 \times 10^{-8}$ K^{-1}. 为了比较,图 1.104 中也给出了 Cu,Fe,Al 三种金属材料的热膨胀系数,可以看到,Cu 和 Al 的热膨胀系数明显高于 YBCO 超导材料,而 Fe 的热膨胀系数则与 YBCO 超导材料接近. 因此,在实际应用的过程中,必须考虑与 YBCO 超导材料连接部件材料的选择.

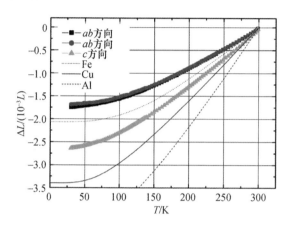

图 1.104　熔融织构生长 YBCO 超导材料的热膨胀系数随温度的变化曲线. YBCO 超导材料的热膨胀系数具有明显的各向异性,c 轴的热膨胀系数明显大于 ab 面的热膨胀系数. 为了比较,图中也给出了 Cu,Fe,Al 三种金属材料的热膨胀系数

1.4.11　REBCO 超导体的力学性能

REBCO 超导体是一种陶瓷材料,很脆而易碎,应力应变性能差,易产生微裂纹,塑性形变及断裂韧性等机械性能较差. 在急冷急热等冷热循环过程中,热量在超导体内的传输必然导致其内部局部的过热或过冷现象. 这样形成的温度梯度会产生一定的热应力,由此产生的应变可使 REBCO 超导体内产生微裂纹,从而导致其机械性能和超导性能的下降. 另外,在 REBCO 超导体磁化的过程中,如果外加磁场或者捕获磁场很强,又或超导体内存在大的磁场梯度,特别是在强脉冲磁场下磁化时,样品内部磁场相互作用产生的应力应变,也会使 REBCO 超导体内产生微裂纹,甚至出现断裂现象,从而导致其机械性能和超导性能的下降. 因此,在实际应用中,特别是在高场下时,REBCO 超导体的机械强度是必须考虑的一个非常重要的参数.

材料在受力的情况下会发生形变,应力 σ 与应变 ε 之间的关系可用广义 Hooke 定律描述:

$$\varepsilon = \frac{\sigma}{E}, \tag{1.36}$$

其中 E 为弹性模量. 如果受到剪切应力 τ 作用, 则会产生剪切应变 γ, τ 与 γ 的关系式为

$$\gamma = \frac{\tau}{G}, \tag{1.37}$$

其中, G 为剪切模量. 对脆性 REBCO 超导陶瓷材料, 不管是外力作用、温度变化, 还是磁场变化等, 均可在样品内产生应力, 并驱动其原有微裂纹扩展, 甚至导致破坏性断裂现象的出现. 在拉伸实验中, 脆性陶瓷材料的断裂强度

$$K_{\mathrm{IC}} = Y\sigma \sqrt{\pi a}, \tag{1.38}$$

其中 a 为临界裂纹的长度, σ 为临界应力, Y 为实验测试用样品中几何形状因子, 与样品及其裂纹的形状有关.

Sakai 等[145]研究了熔融织构生长 YBCO 和 SmBCO 超导材料的机械性能, 其中包括 YBCO 超导材料平行和垂直于 c 轴方向, 以及掺 Ag 和未掺 Ag SmBCO 超导材料垂直于 c 轴方向的抗拉强度, 如图 1.105 所示. 由图 1.105(a), (b) 可知, YBCO 超导材料抗拉强度具有高度的各向异性, 其在 c 轴方向的抗拉强度 (平均值 8.6 MPa) 明显小于其在 ab 面方向的抗拉强度 (平均值 23.7 MPa). YBCO 超导材料抗拉强度的各向异性与其微观结构的各向异性有关. 众所周知, YBCO 超导材料是一种缺氧型钙钛矿晶体结构, 分子式为 $YBa_2Cu_3O_{7-\delta}$. 对于刚刚完成熔化生长的 YBCO 样品, 其氧含量很低 (δ 较大), 是一种四方相晶体结构. 严格地说, 这时它还不是超导材料, 只有对样品渗氧后, 才能称为超导材料. 但在渗氧的过程中, YBCO 样品会吸氧, 使其氧含量增加 (δ 变小), 渗氧后的样品就转变成了正交相晶体结构. 这种晶体结构的变化必然导致晶胞体积的变化, 结果由于 a 轴缩短、b 轴伸长, 导致 ab 面内出现孪晶等现象, 而 c 轴方向晶格缩短的幅度较大, 相应的应力使样

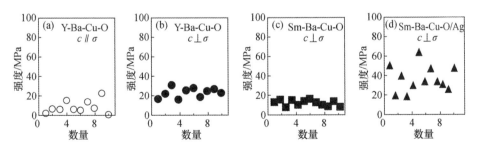

图 1.105 熔融织构生长 YBCO 和 SmBCO 超导材料的机械性能. YBCO 超导材料平行 (a) 和垂直 (b) 于 c 轴方向的抗拉强度, 以及未掺 Ag(c) 和掺 Ag(d) 的 SmBCO 超导材料垂直于 c 轴方向的抗拉强度

品在沿 c 轴方向产生微裂纹,微裂纹的长度平行于 ab 面,垂直于 c 轴方向,这样就容易造成样品沿 ab 面的解理,如图 1.106 所示. 这就是 ab 面方向的抗拉强度(23.7 MPa)高于 c 轴方向的抗拉强度(8.6 MPa)的原因.

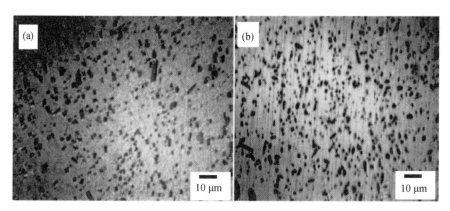

图 1.106　YBCO 样品的偏光显微照片.(a) 刚刚完成熔化生长的 YBCO 样品(四方相晶体结构),(b) 渗氧后的样品(正交相晶体结构)

由图 1.105(c),(d)可知,掺 Ag 和未掺 Ag SmBCO 超导材料在垂直于 c 轴(平行于 ab 面)方向的抗拉强度也有很大的差异,掺 Ag SmBCO 超导材料抗拉强度(平均值 37.4 MPa)明显大于未掺 Ag SmBCO 超导材料的抗拉强度(平均值 13.4 MPa). 这种抗拉强度的差异也是由掺 Ag 和未掺 Ag SmBCO 超导材料微观结构的差异所致,可由图 1.107 看出. 众所周知,熔化生长的 REBCO 样品都存在气孔,而气孔的存在必然导致材料力学性能的下降. 图 1.107(a)说明未掺 Ag 的 SmBCO 超导材料中的确存在许多气孔,因此抗拉强度较低. 而掺 Ag 的 SmBCO 超导材料则不同,其中的气孔很少,并且没有明显的裂纹,如图 1.107(b)所示. 这说明,掺柔性的金属材料 Ag 不仅可以填充 REBCO 晶体生长过程中产生的气孔和裂纹,提高材料的热导性能,而且还能够吸收材料中可能产生的应力,避免裂纹的产生,有利于提高 REBCO 超导材料的性能.

另外,由图 1.105(b),(c)可知,YBCO 和 SmBCO 超导材料在垂直于 c 轴(平行于 ab 面)方向的抗拉强度也有差异,掺 YBCO 超导材料的抗拉强度(平均值 23.7 MPa)高于 SmBCO 超导材料的抗拉强度(平均值 13.4 MPa). 这可能与 YBCO 和 SmBCO 晶体的离子之间的键长不同有关.

Leenders 等[146]研究了组分为 0.982(0.75Y123+0.25Y211)+0.018PtO 的熔化生长 YBCO 样品的断裂强度,K_{IC} 为 1.5~2.0 MPam$^{0.5}$,当经过室温—液氮—室温反复 50 次循环后,断裂强度下降了 20%. 这可能是在冷热循环过程中,样品内产生的热应力引起的裂纹所致. Tomita 等[147]在测量 TSMTG 法制备的单畴

YBCO 超导块材(直径 100 mm,厚度 16 mm)在 77 K 的捕获磁通密度分布时发现,
第一次测量的结果表明样品的捕获磁通密度分布是对称的,样品也具有良好的磁
单畴特性,但经过 5 次循环后,样品的捕获磁通密度分布不再对称,说明样品中已
出现多个磁畴,如图 1.108(c),(d)所示.为了提高 YBCO 超导块材的热稳定性和
机械性能,他们通过浸渗环氧树脂的方法,强化样品的机械性能,以抵抗由于温度、
磁场等变化产生的应力对样品的损伤.对用环氧树脂强化样品捕获磁通密度分布
的测量结果表明,第一次和 5 次循环后的测量结果一样,样品的捕获磁通密度分布
都是对称的,没有变化,都呈现良好的磁单畴特性,如图 1.108(a),(b)所示.同时
他们还发现,经环氧树脂强化样品的磁悬浮力也有一定的提高.这一事实表明,通
过环氧树脂浸渗的方法,可以强化样品的机械性能,抵抗由于温度、磁场等变化产
生的应力对样品的损伤,提高样品超导性能的稳定性.

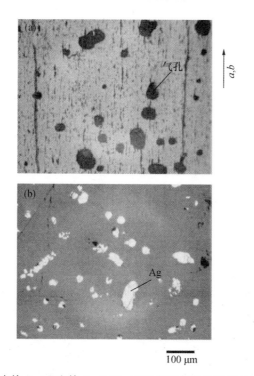

图 1.107   未掺 Ag(a)和掺 Ag(b)SmBCO 超导材料的光学显微结构照片

Shimpo 等[148]通过给单畴 YBCO 超导块材外加 Fe-Mn-Si 合金环的方法,提高
了样品的机械性能和超导性能.图 1.109 是他用 TSMTG 法制备的组分为 99%
(Y123+0.4Y211)+1%CeO$_2$(质量百分比)的单畴 YBCO 超导块材(a)和其套上
Fe-Mn-Si 合金环的照片(b).在 77 K 温度下,他们测量了该样品在用 Fe-Mn-Si 合
金环强化前和后的捕获磁通密度分布,发现两种情况下样品的捕获磁通密度分布

是对称的,均呈良好的磁单畴特性,但经 Fe-Mn-Si 合金环后,样品的最大捕获磁通密度明显提高,如图 1.110 所示.

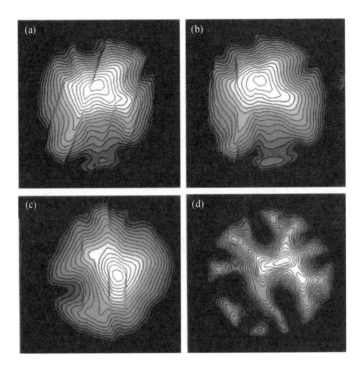

图 1.108　单畴 YBCO 超导块材(直径 100 mm,厚度 16 mm)在 77 K 的捕获磁通密度分布.(a) 环氧树脂强化样品第 1 次测量结果,(b) 第 5 次测量结果;(c) 未强化样品第 1 次测量结果,(d) 第 5 次测量结果

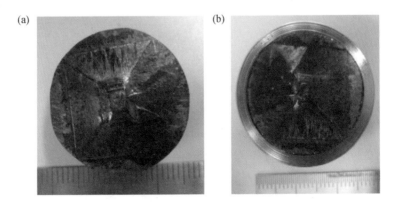

图 1.109　单畴 YBCO 超导块材(a)和其套上 Fe-Mn-Si 合金环的照片(b)

Tomita 等[64]采用 Bi-Pb-Sn-Cd 合金浸渗强化的方法,使直径 2.65 cm 的单畴 YBCO 超导块材在 46 K 和 29 K 的最大捕获磁通密度分别达到 9.3 T 和 17.29 T. Murakami 等[149]研究了直径为 150 mm 的单畴 REBCO(RE=Gd,Dy)超导块材的机械性能,结果表明,样品不同部位的断裂强度和弹性模量等稍有不同,样品边部的机械性能较好.

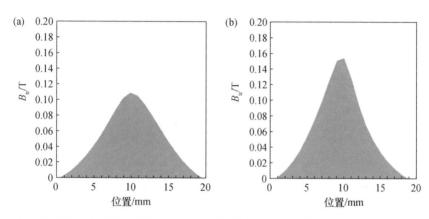

图 1.110　单畴 YBCO 超导块材在 77 K 温度下的捕获磁通密度分布.(a)未用 Fe-Mn-Si 合金环,(b)用 Fe-Mn-Si 合金环后

1.4.12　大块 REBCO 超导体的应用

自从超导材料发现以来,由于超导材料独特的物理特性,使得其在大电流传输超导电缆、强磁场磁体、核磁共振成像仪器用磁体、超导电机和发电机、微波器件、超导量子干涉器件、磁力船舶推进系统、电磁弹射装置、磁悬浮列车、大型强子对撞机(LHC)、国际受控热核聚变实验堆(ITER)等国际大型科技工程方面得到了广泛应用,并取得了良好的经济和社会效益.从超导材料应用的条件看,传统的低温超导体需要在极低的温度环境下工作,一般在液氦温区,这种苛刻的条件、高昂的成本、复杂的技术,大大限制了其应用推广.高温超导体的发现,使得人们很容易在液氮温区直接进行实验和观察超导体的零电阻和抗磁现象,这对超导科学与技术知识的推广与普及起到了重要作用.高温超导这一高新技术材料及其应用技术的产业化,将对国民经济的发展和产业化的升级换代起到积极的推动作用.许多国际知名专家认为,它将成为 21 世纪高新技术材料和高新技术应用发展的新热点和亮点.YBCO 超导块材则是高温超导材料中性能最好、最有发展前景和应用潜力的材料之一.

单畴 REBCO 超导块材,由于其较高的临界温度($T_c>90$ K)、大的临界电流密度、强的磁通捕获能力、大的磁悬浮力和良好的自稳定磁悬浮性能,在磁悬浮轴承、储能飞轮、电流引线、故障限流器、微型强磁场永磁体、短周期同步辐射源用磁体、靶向给药系统、废水净化、磁分离技术、超导电机和发电机、电磁发射装置、超导防震装置、磁悬浮列车等方面具有广泛的应用前景,并取得了长足的进展,如德国研制的能悬浮 600 kg 的超导磁悬浮轴承[150]、韩国研制的能悬浮 1600 kg 的 35 kW·h 超导磁悬浮飞轮储能系统[151]、巴西研制的可承载 20 多人的超导磁悬浮列车样机[152]、用 GdBCO 超导块材研制的磁场为 2.6 T 的小型管状磁体[153]和捕获磁通密度为 17.6 T 微型强磁场磁体[156]等. 这些事实说明,高温超导材料及其关应用技术已经或正在走向市场,其实用化将对与国民经济发展密切相关的能源、交通、医疗及相关产业升级等起到积极的推进作用.

参 考 文 献

[1] Bednorz J G and Muler K A. Possible high T_c superconductivity in the Ba-La-Cu-O system. Z. Phys. B, 1986, 64: 189.

[2] Uchida S, Takai H, Kitazawa K, and Tanaka S. High T_c superconductivity of La-Ba-Co oxides. Jpn. J. Appl. Phys., 1987, 26: L1.

[3] Chu C W, Hor P H, Meng R L, Gao L, Huang Z J, and Wang Y Q. Evidence for superconductivity above 40 K in the La-Ba-Cu-O compound system. Phys. Rev. Lett., 1987, 58(4): 405.

[4] Wu M K, Ashburn J R, Torng C J, Hor P H, Meng R L, Gao L, Huang Z J, Wang Y Q, and Chu C W. Superconductivity at 93 K in a new mixed-phase Y-Ba-Cu-O compound system at ambient pressure. Phys. Rev. Lett., 1987, 58(9): 908.

[5] 赵忠贤, 陈立泉, 杨乾声, 黄玉珍, 陈赓华, 唐汝明, 刘贵荣, 崔长庚, 陈烈, 王连忠, 郭树权, 李山林, 毕建清. Ba-Y-Cu 氧化物液氮温区的超导电性. 科学通报, 1987, 32(6): 412.

[6] Maeda H, Tanaka Y, Fukutomi M, and Asano T. A new High-T_c oxide superconductor without a rare earth element. Jpn. J. Appl. Phys. Lett., 1988, 27: L209.

[7] Hazen R M, Finger L W, Angel R J, Prewitt C T, Ross N L, Hadidicos C G, Heaney P J, Veblen D R, Sheng Z Z, Ali A E, and Hermann A M. Superconductivity in the high-T_c Bi-Ca-Sr-Cu-O system: phase identification. Phys. Rev. Lett., 1988, 60: 1657.

[8] Schilling A, Cantoni M, Guo J D, and Ott H R. Superconductivity above 130 K in the Hg-Ba-Ca-Cu-O system. Nature, 1993, 363: 56.

[9] Nagamatsu J, Nakagawa N, Maranaka T, Zenitani Y, and Akimitsu J. Superconductivity at 39 K in magnesium diboride. Nature, 2001, 410: 630.

[10] Kamihara Y, Watanabe T, Hirano M, and Hosono H. Iron-based layered superconductor La[$O_{1-x}F_x$]FeAs ($x=0.05-0.12$) with $T_c=26$ K. J. Am. Chem. Soc., 2008, 130(11): 3296.

[11] Wen H H, Mu G, Fang L, Yang H, and Zhu X Y. Superconductivity at 25 K in hole-

doped $(La_{1-x}Sr_x)OFeAs$. Europhys. Lett., 2008, 82(1): 17009.

[12] Chen X H, Wu T, Wu G, Liu R H, Chen H, and Fang D F. Superconductivity at 43 K in $SmFeAsO_{1-x}F_x$. Nature, 2008, 453(7193): 761.

[13] Ren Z A, Yang J, Lu W, Yi W, Che G C, Dong X L, Sun L L, and Zhao Z X. Superconductivity at 52 K in iron-based F-doped layered quaternary compound $Pr[O_{1-x}F_x]FeAs$. Mater. Res. Innov., 2008, 12(3): 105.

[14] Gao Z S, Wang L, Qi Y P, Wang D L, Zhang X P, Ma Y W, Yang H, and Wen H H. Superconducting properties of granular $SmFeAsO_{(1-x)}F_{(x)}$ wires with $T(c) = 52$ K prepared by the powder-in-tube method. Supercond. Sci. Tech., 2008, 21(11): 112001.

[15] 赵忠贤. 百年超导, 魅力不减. 物理, 2011, 40(6): 351.

[16] http://fs.magnet.fsu.edu/~lee/plot/Jeprog-070813-1358x974-256pal.png.

[17] 张其瑞. 高温超导电性. 杭州: 浙江大学出版社, 1994.

[18] Gonzalez-Calbet J M, Ganeiro A, Ramirez J, and Vallet-Legi M. Oxygen content and microstructure in $Bi_2Sr_2CaCu_2O_{8+\delta}$. Physica C, 1991, 637: 185.

[19] Groen W A and Leeuw D M. Oxygen content, lattice constants and T_c of $Bi_2Sr_2CaCu_2O_{8+\delta}$. Physica C, 1989, 159: 417.

[20] Jorgensen J D, Veal B W, Paulikas A P, Nowicki L J, Crabtree G W, Claus H, and Kwok W K. Structural properties of oxygen-deficient $YBa_2Cu_3O_{7-\delta}$. Phys. Rev. B, 1990, 41: 1863.

[21] Shaked H, Veal B W, Faber J Jr, Hitterman R L, Balachandran U, Tomlins G, Shi H, Morss L, and Paulikas A P. Structural and superconducting properties of oxygen-deficient $NdBa_2Cu_3O_{7-\delta}$. Phys. Rev. B, 1990, 41: 4173.

[22] http://imr.chem.binghamton.edu/labs/super/superc.html.

[23] Jorgensen J D, Beno M A, Hinks D G, Soderholm L, Volin K J, Hitterman R L, Grace J D, Schuller I K, Segre C U, Zhang K, and Kleefisch M S. Oxygen ordering and the orthorhombic-to-tetragonal phase transition in $YBa_2Cu_3O_{7-x}$. Phys. Rev. B, 1987, 36: 3608.

[24] Hazen R M, Finger L W, Angel R J, Prewitt C T, Ross N L, Mao H K, Hadidiacos C G, Hor P H, Meng R L, and Chu W. Crystallographic description of phases in the Y-Ba-Cu-O superconductor. Phys. Rev. B, 1987, 35: 7238.

[25] Heyen E, Cardona M, Karpinski J, Kaldis E, and Rusiecki S. Two superconducting gaps and electron-phonon coupling in $YBa_2Cu_4O_8$. Phys. Rev. B, 1991, 43: 12958.

[26] Gupta R P and Gupta M. Distribution of the hole-carrier density in $Y_2Ba_4Cu_7O_{14+\delta}$ ($\delta = 0.0, 0.5, 1.0$) superconductors. Phys. Rev. B, 1993, 48: 16068.

[27] Larbalestier D C, Babcock S E, Cai X, Daeumling M, Hampshire D P, Kelly T F, Lavanier L A, Lee P J, and Seuntjens J. Weak links and the poor transport critical currents of the 123 compounds. Physica C, 1988, 153: 1580.

[28] Dimos D, Chaudhari P, Mannhart J, and LeGoues F K. Orientation dependence of Grain-Boundary critical currents in $YBa_2Cu_3O_{7-\delta}$ Bicrystals. Phys. Rev. Lett., 1988, 62: 219.

[29] Jin S, Tiefel T H, Sherwood R C, Davis M E, Van Dover P B, Kammlott G W, Fastnacht R A, and Keith H D. High critical currents in Y-Ba-Cu-O superconductors. Appl. Phys. Lett. , 1988, 52: 2074.

[30] Hannachi E, Ben Salem M K, Slimani Y, Hamrita A, Zouaoui M, Azzouz F B, and Salem M B. Dissipation mechanisms in polycrystalline YBCO prepared by sintering of ball-milled precursor powder. Physica B, 2013, 430: 52.

[31] Kim D J and Kroeger D M. Optimization of critical current density of bulk YBCO superconductor prepared by coprecipitation in oxalic acid. J. Mater. Sci. , 1993, 28: 4744.

[32] Salama K, Selvamanickam V, Gao L, and Sun K. High current density in bulk $YBa_2Cu_3O_x$ superconductor. Appl. Phys. Lett. , 1989, 54: 2352.

[33] Murakami M, Gotoh S, Koshieuka N, Tanaka S, Matsushita T, Kambe S, and Kitazawa K. Critical currents and flux creep in melt processed high T_c oxide superconductors. Cryogenics, 1990, 30: 390.

[34] Murakami M, Oyama T, Fujimoto H, Taguchi T, Gotoh S, Shiohara Y, Koshizuka N, and Tanaka S. Large Levitation Force due to Flux Pinning in YBaCuO Superconductors Fabricated by Melt-Powder-Melt-Growth Process. Jpn. J. Appl. Phys. , 1990, 29: L1991.

[35] 周廉. 超导材料研究与发展的展望及对策. 科技进步与学科发展——"科学技术面向新世纪"学术年会论文集, 1998: 67.

[36] Shi D, Sengupta S, Lou J S, Varanasi C, and McGinn P J. Extremely fine precipitates and flux pinning in melt-processed $YBa_2Cu_3O_x$. Physica C, 1993, 213: 179.

[37] Izumi T, Nakamura Y, and Shiohara Y. Diffusion solidification model on Y-system superconductors. J. Mater. Res. , 1992, 7(7): 1621.

[38] Lees M R, Bourgaulk D, Braithwaite D, Rango P, Lejay P, Sulpice A, and Tournier R. Transport properties of magnetically textured $YBa_2Cu_3O_{7-\delta}$. Physica C, 1992, 191: 414.

[39] Sakai N, Nariki S, Nagashima K, Miryala M, Murakami M, and Hirabayashi I. Magnetic properties of melt-processed large single domain Gd-Ba-Cu-O bulk superconductor 140 mm in diameter. Physica C, 2007, 460-462: 305.

[40] Murakami A, Teshima H, Morita M, and Iwamoto A. Distribution of mechanical properties in large single-grained RE-Ba-Cu-O bulk 150 mm in diameter fabricated using RE compositional gradient technique. Physica C, 2013, 03: 054.

[41] Werfel F N, Floegel-Delor U, Rothfeld R, Riedel T, Goebel B, Wippich D, and Schirrmeister P. Superconductor bearings, flywheels and transportation. Supercond. Sci. Technol. , 2012, 25: 014007.

[42] Han Y H, Park B J, Jung S Y, Han S C, Lee W R, and Bae Y C. The improved damping of superconductor bearings for 35 kWh superconductor flywheel energy storage system. Physica C, 2013, 485: 102.

[43] Wang J S, Wang S Y, Zeng Y W, Deng C Y, Ren Z Y, Wang X R, Song H H, Wang X

Z, Zheng J, and Zhao Y. The present status of the high temperature superconducting Maglev vehicle in China. Supercond. Sci. Technol. , 2005, 18: S215.

Dias D H N, Sotelo G G, Rodriguez E F, Andrade Jr R, and Stephan R M. Dynamical tests in a linear superconducting magnetic bearing. Physics Procedia, 2012, 36: 943.

Dias D H N, Sotelo G G, Rodriguez E F, de Andrade R, and Stephan R M. Emulation of a full Scale maglev vehicle behavior under operational conditions. IEEE T. App. Supercon. , 2013, 23(3): 3601105.

[44] Tomita M, Fukumoto Y, Suzuki K, Ishihara A, and Muralidhar M. Development of a compact, lightweight, mobile permanent magnet system based on high T_c Gd-123 superconductors. J. Appl. Phys. , 2011, 109: 023912.

[45] Zhou D F, Izumi M, Miki M, Felder B, Ida T, and Kitano M. An overview of rotating machine systems with high-temperature bulk superconductors. Supercond. Sci. Technol. , 2013, 26: 015003.

[46] Babu N H, Iida K, Shi Y, and Cardwell D A. Developments in the processing of bulk (RE)BCO superconductors. Appl. Phys. Lett. , 2005, 87: 202506.

Babu N H, Shi Y H, and Pathak S K. Developments in the processing of bulk (RE)BCO superconductors. Physica C, 2011, 471: 169.

[47] Umakoshi S, Ikeda Y, Wongsatanawarid A, Kim C J, and Murakami M. Top-seeded infiltration growth of Y-Ba-Cu-O bulk superconductors. Physica C, 2011, 471(21-22): 843.

[48] Chaud X, Noudem J G, Kenfaui D, and Louradour E. Thin-Wall bulk high temperature superconductor as a permanent cryomagnet. IEEE T. Appl. Supercon. , 2012, 22 (3): 6800304.

[49] Yang W M, Li G Z, Chao X X, Li J W, Guo F X, Chen S L, and Ma J. Fabrication of single domain GdBCO bulks with different new kind of liquid sources by TSIG technique. Physica C, 2011, 471: 850.

[50] 杨万民, 李国政. 单畴钆钡铜氧超导块材的制备方法: 200910024036.2. 2012-01-11.

[51] 杨万民, 李国政. 用熔渗法制备单畴钆钡铜氧超导块材的方法: 200910024034.3. 2012-01-11.

[52] 杨万民, 王明梓, 王孝江. 单畴钆钡铜氧超导块材的制备方法: 201210507356.5. 2012-11-29.

Yang P T, Yang W M, Abula Y, Su X Q, and Zhang L L. Effect of Li doping on the superconducting properties of single domain GdBCO bulks fabricated by the top-seeded infiltration and growth process. Ceramics International, 2017, 43: 3010.

[53] 杨万民, 王孝江, 王明梓. 制备单畴钇钡铜氧超导块材的方法: 201210506996.4. 2012-11-29.

Yang W M, Chen L P, and Wang X J. A new RE+011 TSIG method for the fabrication of high quality and large size single domain YBCO bulk superconductors. Supercond. Sci. Technol. , 2016, 29: 024004.

[54] Umezawa A, Crabtree G W, Liu J Z, Weber H W, Kwok W K, Nunez L H, Moran T J, Sowers C H, and Claus H. Enhanced critical magnetization currents due to fast neutron irradiation in single-crystal. Phys. Rev. B, 1987, 36: 7151.

[55] Zhao Z X, Wen H H, and Li Y. Flux pinning induced by lattice mismatch stress field in $(RE_{1-x}Y_x)Ba_2Cu_3O_{7-\delta}$ cuprates. Science in China (Series A), 1996, 39(10): 1065.

[56] Shi Y H, Hasan T, Babu N H, Torrisi F, Milana S, Ferrari A C, and Cardwell D A. Synthesis of $YBa_2Cu_3O_{(7-\delta)}$ and Y_2BaCuO_5 nanocrystalline powders for YBCO superconductors using carbon nanotube templates. ACS. Nano., 2012, 6: 5395.

[57] Shimizu E and Ito D. Critical current density obtained from particle size dependence of magnetization in $Y_1Ba_2Cu_3O_{7-\delta}$ powders. Phys. Rev. B, 1989, 39(4): 2921.

[58] 陈庆虎, 方明虎, 叶锡生, 焦正宽, 张其瑞, 闻海虎, 赵忠贤. $YBa_2Cu_3O_y$ 体系中 MgO 纳米颗粒对磁通钉扎的影响. 科学通报, 1997, 42(5): 477.

[59] Salama K and Lee D F. Progress in melt texturing of $YBa_2Cu_3O_x$ superconductor. Supercond. Sci. Technol., 1994, 7: 177.

[60] Tachiki M and Takahashi S. Anisotropy of critical current in layered oxide superconductors. Solid State Commun., 1989, 72: 1083.

[61] Mironova M, Lee D F, and Salama K. TEM and critical current density studies of melt-textured $YBa_2Cu_3O_x$ with silver and Y_2BaCuO_5 additions. Physica C, 1993, 211: 188.

[62] Yang W M, Chao X X, Bian X B, Liu P, Feng Y, Zhang P X, and Zhou L. The effect of magnet size on the levitation force and attractive force of single-domain YBCO bulk. Supercond. Sci. Technol., 2003, 16(7): 789.

[63] Okajima N, Oura Y, Ohsaki H, Teshima H, and Morita M. Trapped flux and current Density distributions of a 140 mm diameter large single-grain Gd-Ba-Cu-O bulk superconductor fabricated with RE compositional gradient method. Physics Procedia, 2013, 45: 269.

[64] Tomita M and Murakami M. High-temperature superconductor bulk magnets that can trap magnetic fields of over 17 tesla at 29 K. Nature, 2003, 421: 517.

[65] Kim Y B, Hempstead C F, and Strnad A R. Critical persistent currents in hard superconductors. Phys. Rev. Lett., 1962, 9: 306.

[66] 郭硕鸿. 电动力学. 北京: 高等教育出版社, 1986.

[67] Murakami M. Measurements of trapped-flux density for bulk high temperature superconductors. Physica C, 2001, 357-360: 751.

[68] Kung P J, Maley M P, McHenry M E, Willis J O, and Coulter J Y. Magnetic hysteresis and flux creep of melt-powder-melt-growth $YBa_2Cu_3O_7$ superconductors. Physical review B, 1992, 46(10): 6427.

[69] Gao L, Xue Y Y, Hor P H, and Chu C W. The giant short-time decay of persistent currents in $Y_1Ba_2Cu_3O_{7-x}$ at 77 K. Physica C, 1991, 177: 438.

[70] Suzuki T, Araki S, Koibuchi K, Ogawa K, Sawa K, Takeuchi K, Murakami M, Nagashi-

ma K, Seino H, Miyazaki Y, Sakai N, Hirabayashi I, and Iwasa Y. A study on levitation force and its time relaxation behavior for a bulk superconductor-magnet system. Physica C, 2008, 468: 1461.

[71] Tomita M, Fukumoto Y, Suzuki K, Ishihara A, and Muralidhar M. Development of a compact, lightweight, mobile permanent magnet system based on high T_c Gd-123 superconductors. J. Appl. Phys., 2011, 109: 023912.

[72] Yeshurun Y, Malozemoff A P, and Shaulov A. Magnetic relaxation in high-T_c superconductors. Rev. Mod. Phys., 1996, 68(3): 911.

[73] Gammel P L, Schneemeyer L F, Waszczak J V, and Bishop O J. Evidence from mechanical measurements of flux lattice melting in single crystal $YBa_2Cu_3O_7$ and $Bi_{2.2}Sr_2Ca_{0.8}Cu_2O_8$. Phys. Rev. Lett., 1988, 61: 1666.

[74] Shibata K, Nishizaki T, Sasaki T, and Kobayashi N. Phase transition in the vortex liquid and the critical endpoint in $YBa_2Cu_3O_y$. Phys. Rev. B, 2002, 66: 214518.

[75] Murakami M. Melt processed high-temperature superconductors. World Scientific, 1992.

[76] Krabbes G, Fuchs G, Canders W R D, May H, and Palka R. High temperature superconductor bulk materials. John Wiley & Sons, 2006.

[77] Lima O F and Andrade R Jr. Relevance of thermal and quantum fluctuations to the irreversibility line in a melt-textured YBCO sample. Physica C, 1995, 248: 353.

[78] Weinstein R, Gandini A, Parks D, Sawh R P, and Mayes B. Improved pinning regime by energetic ions using reduction of pinning potential. Physica C, 2003, 387: 391.

[79] Civale L, Marwick A D, Worthington T K, Kirk M A, Thompson J R, Krusin-Elbaum L, Sun Y, Clem J R, and Holtzberg F. Vortex confinement by columnar defects in $YBa_2Cu_3O_7$ crystals: Enhanced pinning at high fields and temperatures. Phys. Rev. Lett., 1991, 67(5): 648.

[80] Weinstein R, Sawh R, Ren Y, and Parks D. The role of uranium, with and without irradiation, in the achievement of $J_c \approx 300000$ Acm^{-2} at 77 K in large grain melt-textured Y123. Mat. Sci. Eng. B-ADV, 1998, 53: 38.

[81] Murakami M, Gotoh S, Fujimoto H, Yamaguchi K, Koshizuka N, and Tanaka S. Flux pinning and critical currents in melt processed YBaCuO superconductors. Supercond. Sci. Technol., 1991, 4: S43.

[82] Nariki S, Sakai N, Murakami M, and Hirabayashi I. Effect of RE_2BaCuO_5 refinement on the critical current density and trapped field of melt-textured (Gd,Y)-Ba-Cu-O bulk superconductors. Physica C, 2006, 439: 62.

[83] Nariki S, Seo S J, Sakai N, and Murakami M. Influence of the size of Gd211 starting powder on the critical current density of Gd-Ba-Cu-O bulk superconductor. Supercond. Sci. Technol., 2000, 13: 778.

[84] Martínez B, Obradors X, Gou A, Gomis V, Piñol S, Fontcuberta J, and Van T H. Critical currents and pinning mechanisms in directionally solidified $YBa_2Cu_3O_7$-Y_2BaCuO_5 com-

posites. Phys. Rev. B, 1996, 53: 2797.

[85] Izumi T, Nakamura Y, Sung T H, and Shiohara Y. Reaction mechanism of Y-system superconductors in the MPMG method. J. Mater. Res. , 1992, 7(4): 801.

[86] Saito Y, Shishido T, Toyota N, Ukei K, and Sakai T. Crystal growth and properties of $R_2Ba_2CuPtO_8$ (R=Ho,Er,Y), $R_2Ba_3Cu_2PtO_{10}$ and $Ba_4CuPt_2O_9$. J. Crys. Growth, 1991, 109(1-4): 418.

[87] Kim C J, Park H W, Kim K B, and Hong G W. New method of producing fine Y_2BaCuO_5 in the melt-textured Y-Ba-Cu-O system: attrition milling of $YBa_2Cu_3O_y$-Y_2BaCuO_5 powder and CeO_2 addition prior to melting. Supercond. Sci. Technol. , 1995, 8: 652.

[88] Kim C J, Kim K B, Kuk I H, and Hong G W. Role of PtO_2 on the refinement of Y_2BaCuO_5 second phase particles in melt-textured Y-Ba-Cu-O oxides. Physica C, 1997, 281: 244.

[89] Kim C J, Kim K B, Hong G W, Won D Y, Kim B H, Kim C T, Moon H C, and Suhr D S. Microstructure, microhardness and superconductivity of CeO_2-added Y-Ba-Cu-O superconductors. J. Mater. Res. , 12992, 7: 2349.

[90] Kim C J, Kim K B, Won D Y, Moon H C, Suhr D S, Lai S H, and McGinn P J. Formation of $BaCeO_3$ and its influence on microstructure of sintered/melt-textured Y-Ba-Cu-O oxides with CeO_2 addition. J. Mater. Res. , 1994, 9: 1952.

[91] Kim Y, No K, Han Y H, Kim C J, Jun B H, Lee S Y, Youn J S, and Sung T H. Interaction mediated by size differences between Y_2BaCuO_5 and CeO_2 particles in melt-textured YBCO superconductors. Cryogenics, 2011, 51: 247.

[92] Muralidhar M, Tomita M, Suzuki K, and Fukumoto Y. Novel seed for batch cold seeding production of GdBaCuO bulks. Physica C, 2010, 470: 1158.

[93] Muralidhar M, Tomita M, Suzuki K, Jirsa M, Fukumoto Y, and Ishihara A. Novel seeds applicable for mass processing of LRE-123 single-grain bulks. Supercond. Sci. Technol. , 2010, 23: 045033.

[94] Jiao Y L, Xiao L, Zheng M H, Yan Q Z, and Xu K X. Microstructure and superconducting properties of MTG GdBaCuO bulk superconductor with doping fine Gd211 inclusion. Journal of Physics: Conference Series, 2010, 234: 012020.

[95] Iida K, Nenkov K, Fuchs G, Krabbes G, Holzapfel B, Büchner B, and Schultz L. Effect of addition of planetary milled Gd-211 on the microstructures and superconducting properties of air-processed single grain Gd-Ba-Cu-O/Ag bulk superconductors. Physica C, 2010, 470: 1153.

[96] Nariki S, Sakai N, Murakami M, and Hirabayashi I. High critical current density in Y-Ba-Cu-O bulk superconductors with very fine Y211 particles. Supercond. Sci. Tech. , 2004, 17: S30.

[97] Babu N H, Kambara M, Shi Y, Cardwell D A, Tarrant C D, and Schneider K R. The chemical composition of uranium-containing phase particles in U-doped Y-Ba-Cu-O melt

processed superconductor. Physica C, 2003, 392-396: 110.

[98] Babu N H, Reddy E S, Cardwell D A, Campbell A M, Tarrant C D, and Schneider K R. Artificial flux pinning centers in large, single-grain RE-Ba-Cu-O superconductors. Appl. Phys. Lett. , 2003, 83(23): 4086.

[99] Babu N H, Shi Y H, Iida K, Cardwell D A, Haindl S, Eisterer M, and Weber H W. Processing of large, single grain $YBa_2Cu_3O_{7-\delta}$ $Y_2BaCuO_5/Y_2Ba_4CuNbO_y$ bulk composites. Physica C, 2005, 426-431: 520.

Babu N H and Iida K. Flux pinning in melt-processed nanocomposite single-grain superconductors. Supercond. Sci. Technol. , 2007, 20: S141.

[100] Koblischka-Veneva A, Koblischka M R, Babu N H, Cardwell D A, and Mücklich F. Embedded $Y_2Ba_4CuNbO_x$ nanoparticles in melt-textured YBCO studied by means of EBSD. Physica C, 2006, 445-448: 379.

[101] Babu N H, Liu C, Iida K, and Cardwell D A. Nano-composite single grain $YBa_2Cu_3O_7$-/$Y_2Ba_4CuBiO_y$ bulk superconductors. Journal of Physics: Conference Series, 2006, 43: 377.

[102] Cardwell D A and Babu N H. Improved magnetic flux pinning in bulk (RE)BCO superconductors. Aip. Conf. Proc. , 2008, 986: 543.

[103] Babu N H, Iida K, Matthewsb L S, Shi Y, and Cardwell D A. Influence of $Sm_2Ba_4CuBiO_y$ phase content on J_c of $SmBa_2Cu_3O_7/Sm_2Ba_4CuBiO_y$ nano-composites. Mater. Sci. Eng B-ADV, 2008, 151: 21.

[104] Pathak S K, Babu N H, Iida K, Strasik M, and Cardwell D. Processing and properties of large grain Y-Ba-Cu-O containing $Y_2Ba_4CuWO_y$ and Ag second phase inclusions. J. Appl. Phys. , 2009, 106: 063921.

[105] Babu N H, Shi Y H, Pathak S K, Dennis A R, and Cardwel D A. Developments in the processing of bulk (RE)BCO superconductors. Physica C, 2011, 471: 169.

Babu N H and Iida K. Flux pinning in melt-processed nanocomposite single-grain superconductors. Supercond. Sci. Technol. , 2007, 20: S141.

Shi Y, Babu N H, Iida K, Yeoh W K, Dennis A R, and Cardwell D A. The influence of Gd-2411(Nb) on the superconducting properties of GdBCO/Ag single grains. Supercond. Sci. Technol. , 2009, 22(7): 075025.

[106] Xu C, Hu A, Ichihara M, Sakai N, Izum M, and Hirabayashi I. Enhanced flux pinning in GdBaCuO bulk superconductors by Zr dopants. Physica C, 2007, 463-465: 367.

[107] Babu N H, Lo W, Cardwell D A, and Campbell A M. The irreversibility behavior of Nd-BaCuO fabricated by top-seeded melt processing. Appl. Phys. Lett. , 1999, 75: 2981.

[108] 梁伟, 杨万民, 程晓芳, 李国政, 高平, 万凤, 宋芳. $Gd_2Ba_4CuNbO_y$ 掺杂对单畴 GdBCO 超导块材性能的影响. 中国科学, 2011, 41: 201.

[109] Wang M, Yang W M, Fan J, Li G Z, Zhang, X J, Tang Y N, and Wang G F. Effect of $Y_2Ba_4CuNbO_y$ additions on the levitation force of single domain YBCO bulk superconductor by the top-seeded infiltration and growth process. Supercond. Nov. Magn. , 2012,

25: 867.

[110] Wang M, Yang W M, Wang M Z, and Wang X J. Effect of $Y_2 Ba_4 CuBiO_y$ nanoparticles doping on the levitation force of single-domain YBCO bulk superconductor by top seeded infiltration process. Supercond. Nov. Magn. , 2013, 26: 3221.

[111] Chao X X, Yang W M, Wan F, Guo F X, Li J W, and Chen S L. The effect of $Y_2 Ba_4 CuWO_y$ addition on the properties of single domain YBCO superconductors by TSIG technique. Physica C, 2013, 493: 49.

[112] Modeshia D R and Walton R L. Solvothermal synthesis of perovskites and pyrochlores: crystallization of functional oxides under mild conditions. Chem. Soc. Rev. , 2010, 39: 4305.

[113] Tomkowicz Z, Lunkenheimer P, Knebel G, Bal/anda M, Pacyna A W, and Zaleski A J. Insulator-metal transition by the substitution of Ho, Y or Ca for Pr in $PrBa_2 Cu_3 O_y$. Physica C, 2000, 331: 45.

[114] Murakami M, Sakai N, Higuchi T, and Yoo S I. Melt-processed light rare earth element-Ba-Cu-O. Supercond. Sci. Technol. , 1996, 9: 1015.

[115] Muralidhar M, Sakai N, Chikumoto N, Jirsa M, Machi T, Nishiyama M, Wu Y, and Murakami M. New type of vortex pinning structure effective at very high magnetic fields. Phys. Rev. Lett. , 2002, 88: 237001.

[116] Ying X N, Li A, Huang Y N, Li B Q, Shen H M, and Wang Y N. The effect of strain on the low-temperature internal friction of $Y(Ba_{1-x} Sr_x)_2 Cu_3 O_{7-\delta}$. J. Phys. : Condens. Matter. , 2001, 13: 9813.

[117] Liyanawaduge N P, Singh S K, Kumar A, Jha R, Karunarathne B S B, and Awana V P S. Magnetization and magneto-resistance in $Y(Ba_{1-x} Sr_x)_2 Cu_3 O_{7-\delta} (x=0-0.5)$ superconductors. Supercond. Sci. Technol. , 2012, 25: 035017.

[118] Shimoyama J I, Tazaki Y, Ishii Y, Nakashima T, Horii S, and Kishio K. Improvement of flux pinning properties of RE123 materials by chemical doping. Journal of Physics: Conference Series, 2006, 43: 235.

[119] Tang W H and Gao J. Influence of Nd at Ba-sites on superconductivity of $YBa_{2-x} Nd_x Cu_3 O_y$. Physica C, 1998, 298: 66.

[120] Harada T and Yoshida K. The effect of rare-earth substitution at the Ba site on the flux pinning properties of $Y(Ba_{2-x} R_x) Cu_3 O_{7-\delta}$ (for R=La, Pr, and Nd). Physica C, 2003, 391: 1.

[121] Ginsberg D M. Physical properties of high temperature superconductors. World Scientific, 1990, P121.

[122] Xu Y W, Suenaga M, Tafto J, Sabatini R L, Moodenbaugh A R, and Zolliker P. Microstructure, lattice parameters, and superconductivity of $YBa_2 (Cu_{1-x} Fe_x)_3 O_{7-\delta}$ for $0 \leqslant x \leqslant 0.33$. Phys. Rev. B, 1989, 39: 6667.

[123] Yao X, Oka A, Izumi T, and Shiohara Y. Crystal growth and superconductivity of Fe-

doped YBCO single crystals original research article. Physica C, 2000, 339: 99.

[124] Tao Y K, Swinne J S, Manthirama A, Kimal J S, Goodenougha J B, and Steinfinka H. Co, and Fe substitution in $YBa_2Cu_3O_{7-\delta}$. Mater. Res. , 1988, 3(2): 246.

[125] Maury F, Nicolas-Francillon M, Bouree F, Ollitrault-Fichet R, and Nanot M. Local structural changes in lithium-doped $YBa_2Cu_3O_y$. Physica C, 2000, 333: 121.

[126] Tarascon J M, Greene L H, Barboux P, McKinnon W R, Hull G W, Orlando T P, Delin K A, Foner S, and McNiff E J. 3d-metal doping of the high-temperature superconducting perovskites La-Sr-Cu-O and Y-Ba-Cu-O. Phys. Rev. B, 1987, 36: 8393.

[127] Singhal R K. How the substitution of Zn for Cu destroys superconductivity in YBCO system. J. Alloy. Compd. , 2010, 495: 1.

[128] Shlyk L, Krabbes G, and Fuchs G. Trapped field and levitation force in melt-textured YBCO doped with Ni and Li. Physica C, 2003, 390: 325.

[129] Krabbes G, Fuchs G, Schazle P, Gruß S, Park J W, Hardinghaus F, Stover G, Hayn R, Drechsler S L, and Fahr T. Zn doping of $YBa_2Cu_3O_7$ in melt textured materials: peak effect and high trapped fields. Physica C, 2000, 330: 181.

[130] Chen P W, Chen I G, Chen S Y, and Wu M K. The peak effect in bulk Y-Ba-Cu-O superconductor with CeO_2 doping by the infiltration growth method. Supercond. Sci. Technol. , 2011, 24: 085021.

[131] Cardwell D A, Yeoh W K, Pathak S K, Shi Y H, Dennis1 A R, Babu N H, and Iida K. The generation of high trapped fields in bulk (RE)BCO high temperature superconductors, Advances in Cryogenic Engineering: Transactions of cryogenics engineering materials. Conference-ICMC, 2010, 56: 397.

[132] Feng Y, Zhou L, Wen J G, and Koshizuka N. Flux pinning and flux creep in Sn-doped powder melting processed YBCO. Physica C, 1997, 289: 216.

[133] Iida K, Babu N H, Reddy E S, Shi Y H, and Cardwell D A. The effect of nano-size ZrO_2 powder addition on the microstructure and superconducting properties of single-domain Y-Ba-Cu-O bulk superconductors. Supercond. Sci. Technol. , 2005, 18: 249.

[134] Mahmood A, Park S D, Jun B H, Kim K B, Sung T H, Lee S H, and Kim C J. Effect of $BaCeO_3$ addition on the microstructure and current density of melt-processed $Y_{1.5}Ba_2Cu_3O_x$ superconductors. Physica C, 2008, 468: 1355.

[135] Mahmood A, Park S D, Jun B H, Youn J S, Han Y H, Sung T H, and Kim C J. Improvement of the superconducting properties of an infiltrated YBCO bulk superconductor by a $BaCeO_3$ addition. Physica C, 2009, 469: 1165.

[136] Mele P, Matsumoto K, Horide T, Ichinose A, Mukaida M, Yoshida Y, Horii S, and Kita R. Ultra-high flux pinning properties of $BaMO_3$-doped $YBa_2Cu_3O_{7-x}$ thin films (M= Zr, Sn). Supercond. Sci. Technol. , 2008, 21: 032002.

[137] Mele P, Matsumoto K, Horide T, Ichinose A, Mukaida M, Yoshida Y, Horii S, and Kita R. Incorporation of double artificial pinning centers in $YBa_2Cu_3O_{7-d}$ films. Super-

cond. Sci. Technol. , 2008, 21: 015019.

[138] Jeandupeux O, Schilling A, Ott H R, and Otterlo A V. Scaling of the specific heat and magnetization of $YBa_2Cu_3O_7$ in magnetic fields up to 7 T. Phys. Rev. B, 1996, 53: 12475.

[139] Rao A, Radheshyam1 S, Das A, Gahtori B, Agarwal S K, Lin Y F, Sivakumar K M, and Kuo Y K. Effect of Mn doping on the specific heat of the high T_c superconductor $REBa_2Cu_3O_y$ (RE=Y, Gd). J. Phys: Condens. Matter. , 2006, 18: 2955.

[140] Mucha J, Rogacki K, Misiorek H, Jezowsk A, Wisniewski A, and Puzniak R. Influence of the Y211 phase on anisotropic transport properties and vortex dynamics of the melt-textured Y123/Y211 composites. Physica C, 2010, 470: S1009.

[141] Shams G A, Cochrane J W, and Russell G J. Thermal transport in polycrystalline $YBa_2Cu_3O_{7-\delta}$, Y_2BaCuO_5 and melt-processed $YBa_2Cu_3O_{7-\delta}$ materials. Physica C, 2001, 351: 449.

[142] Kimura Y, Matsumoto H, Fukai H, Sakai N, Hirabayashi I, Izumi M, and Murakami M. Pulsed field magnetization properties for Gd-Ba-Cu-O superconductors impregnated with Bi-Sn-Cd alloy. Physica C, 2006, 445-448: 408.

[143] Meingast C, Blank B, Burkle H, Obst B, Wolf T, and Wuhl H. Anisotropic pressure dependence of T, in single-crystal $YBa_2Cu_3O_7$ via thermal expansion. Phys. Rev. B, 1990, 41: 11299.

[144] Zeisberger M, Latka I, Ecke W, Habisreuther T, Litzkendorf D, and Gawalek W. Measurement of the thermal expansion of melt-textured YBCO using optical fibre grating sensors. Supercond. Sci. Technol. , 2005, 18: S202.

[145] Sakai N, Seo S J, Inoue K, Miyamoto T, and Murakami M. Mechanical properties of RE-Ba-Cu-O bulk superconductors. Physica C, 2000, 335: 107.

[146] Leenders A, Mich M, and Freyhard H C. Influence of thermal cycling on the mechanical properties of VGF melt-textured YBCO. Physica C, 1997, 279: 173.

[147] Tomita M, Murakami M, Sawa K, and Tachi Y. Effect of resin impregnation on trapped field and levitation force of large-grain bulk Y-Ba-Cu-O superconductors. Physica C, 2001, 357-360: 690.

[148] Shimpo Y, Seki H, Wongsatanawarid A, Taniguchi S, Maruyama T, Kurita T, and Murakami M. The improvement of the superconducting Y-Ba-Cu-O magnet characteristics through shape recovery strain of Fe-Mn-Si alloys. Physica C, 2010, 470: 1170.

[149] Murakami A, Teshima H, Morita M, and Iwamoto A. Distribution of mechanical properties in large single-grained RE-Ba-Cu-O bulk 150 mm in diameter fabricated using RE compositional gradient technique. Physica C, 2014, 496: 44.

[150] Werfel F N, Floegel-Delor U, Rothfeld R, Riedel T, Goebel B, Wippich D, and Schirrmeister P. Superconductor bearings, flywheels and transportation. Supercond. Sci. Technol. , 2012, 25: 014007.

[151] Han Y H, Park B J, Jung S Y, Han S C, Lee W R, and Bae Y C. The improved damping of superconductor bearings for 35 kWh superconductor flywheel energy storage system. Physica C, 2013, 485: 102.

[152] Dias D H N, Sotelo G G, Rodriguez E F, Andrade R D, and Stephan R M. Emulation of a full scale maglev vehicle behavior under operational conditions. IEEE T. Appl. Supercon., 2013, 23(3): 3601105.

[153] Tomita M, Fukumoto Y, Suzuki K, Ishihara A, and Muralidhar M. Development of a compact, lightweight, mobile permanent magnet system based on high T_c Gd-123 superconductors. J. Applied Phys., 2011, 109: 023912.

[154] Duan D, Liu Y, Tian F, Li D, Huang X, Zhao Z, Yu H, Liu B, Tian W J, and Cui T. Pressure-induced metallization of dense $(H_2S)_2H_2$ with high-T_c superconductivity. Sc. Rep-UK, 2014, 4: 6968.

[155] Capitani F, Langerome B, Brubach J B, Roy P, Drozdov A, Eremets M I, Nicol E J, Carbotte J P, and Timusk T. Supplementary information spectroscopic evidence of a new energy scale for superconductivity in H_3S. Nature, Physics volume, 2017, 13: 859.

[156] Durrell J H, Dennis A R, Jaroszynski J, Ainslie M D, Palmer K G B, Shi Y H, and Cardwell D A. A trapped field of 17.6 T in melt-processed, bulk Gd-Ba-Cu-O reinforced with shrink-fit steel. Supercond. Sci. Technol., 2014, 27: 082001.
Namburi D K, Durrell J H, Jaroszynski J, Shi Y, Ainslie M, Huang K, Dennis A R, Hellstrom E E, and Cardwell D A. A trapped field of 14.3 T in Y-Ba-Cu-O bulk superconductors fabricated by buffer-assisted seeded infiltration and growth, Supercond. Sci. Technol., 2018, 13: 125004.

[157] Yang P T, Yang W M, Zhang L J, and Chen L. Novel configurations for the fabrication of high quality REBCO bulk superconductors by a modified RE+011 top-seeded infiltration and growth process. Supercond. Sci. Technol., 2018, 31: 085005.

第 2 章　REBCO 超导体的物相关系

如前面所述,1986 年,Bednorz 和 Muller 发现了临界温度为 35 K 的 La-Ba-Cu-O 陶瓷超导材料[1],1987 年,朱经武小组[2]和赵忠贤小组[3]分别发现了临界温度高达 90 K 以上的 $YBa_2Cu_3O_{7-y}$ 超导材料,此后,RE-Ba-Cu-O 系列超导材料就成为了人们研究的重点和热点之一. 在众多的化合物中,人们发现 $REBa_2Cu_3O_{7-y}$,$REBa_2Cu_4O_8$ 和 $RE_2Ba_4Cu_7O_{15}$ 三种化合物,通过渗氧后具有超导电性. 由于后两种化合物的临界温度较低,超导性能较差,因而人们的研究工作主要集中在 $REBa_2Cu_3O_{7-y}$ 超导材料上. $REBa_2Cu_3O_{7-y}$ 超导材料是一种缺氧型钙钛矿晶体结构,氧含量的多少将会直接影响其晶体结构和物理特性. 当氧含量不足时其为非超导的四方相,只有渗氧后才能转变成超导的正交相. 制备 RE-Ba-Cu-O 化合物时,需要的 RE,Ba,Cu 和 O 元素可以直接用 RE_2O_3,BaO,CuO_x 三种金属氧化物作为初始原料提供,并通过混合、研磨、烧结等过程生成.

用 RE_2O_3,BaO,CuO_x 三种金属氧化物究竟能合成什么样的化合物,能生成多少种化合物？要回答这些问题就必须考虑:(1) 所用的 RE_2O_3,BaO,CuO_x 三种金属氧化物的组分配比是多少. 组分配比将直接决定可能获得的化合物类型.(2) 用的是哪一种 RE(Y,Gd,Sm,Nd…). 不同稀土元素的离子半径不同,有的稀土离子可能占据化合物中其他离子的晶格位,如在 $REBa_2Cu_3O_{7-y}$ 晶体中,Sm^{3+} 和 Nd^{3+} 均会部分占据 Ba^{2+} 位,形成 $RE_{1+x}Ba_{2-x}Cu_3O_{7-y}$ 固溶体,从而产生晶体结构缺陷,导致超导性能下降.(3) 用的是什么制备方法,是固相反应法还是熔化生长法. 即使在组分配比确定的情况下,如采用不同的制备方法,就可能生成不同的化合物或不同的显微结构,并直接影响所制备化合物的物理性能.(4) 如果采用由 RE_2O_3,BaO,CuO_x 三种金属氧化物合成的中间化合物制备超导材料是否有优势？如果有,哪种方式有利于提高其物理性能？(5) 气氛环境对 $REBa_2Cu_3O_{7-y}$ 超导材料有何影响？由于 $REBa_2Cu_3O_{7-y}$ 是一种缺氧型钙钛矿晶体结构,在制备 REBCO 超导材料的过程中,如果采用不同的气氛,将直接影响样品中氧含量的多少,从而影响超导体的物理特性.那么,什么样的气氛环境有利于提高 $REBa_2Cu_3O_{7-y}$ 超导体的物理性能？要解决这些问题,就必须了解与其相关的相图.

§2.1　RE-Ba-Cu-O 化合物的热力学基础

RE_2O_3,BaO,CuO_x 三种金属氧化物及其反应生成的 RE-Ba-Cu-O 化合物可视为一个开放的多元复相系热力学系统,组元 E_i 包括 RE,Ba,Cu,O,如果添加其他元素,E_i 的数目亦随之增加,$i=1,2,3,\cdots$. 在制备 RE-Ba-Cu-O 化合物的过程中,由于一般都采用等温等压条件,所以,可以选用 Gibbs 自由能 G 作为描述该系统的热力学特性函数.

　　按照热力学知识[4],对于一个有 φ 个相,每个相又有 k 个组元的热力学系统,在等温等压的热力学平衡状态下,如果系统发生一个虚变动,各个组元的摩尔数则会发生改变,在 α 相中第 i 个组元摩尔数的改变量表示为 n_i^{α}($\alpha=1,2,3,\cdots,\varphi,i=1,2,3,\cdots,k$),但各组元的总摩尔数不变,因此:

$$\delta n_i = \delta n_i^1 + \delta n_i^2 + \cdots + \delta n_i^{\varphi} = \delta \sum_{\alpha=1}^{\varphi} n_i^{\alpha} = 0. \tag{2.1}$$

每相的 Gibbs 自由能的变化量为

$$\delta G^{\alpha} = \sum_{i=1}^{k} \mu_i^{\alpha} \delta n_i^{\alpha}. \tag{2.2}$$

由于系统处于热力学平衡状态,因此各相中同一组元 E_i 的化学势相等:

$$\mu_i^1 = \mu_i^2 = \cdots = \mu_i^{\varphi} = \mu_i. \tag{2.3}$$

系统的总 Gibbs 自由能的变化量则为

$$\delta G = \sum_{\alpha=1}^{\varphi} \delta G^{\alpha} = \sum_{\alpha=1}^{\varphi} \sum_{i=1}^{k} \mu_i^{\alpha} n_i^{\alpha} = \sum_{\alpha=1}^{\varphi} \sum_{i=1}^{k} \mu_i \delta n_i^{\alpha} = \sum_{i=1}^{k} \mu_i \sum_{\alpha=1}^{\varphi} \delta n_i^{\alpha} = 0. \tag{2.4}$$

　　由(2.1)式可知,在等温等压的热力学平衡状态下,系统中任一组元 E_i 的化学势可表示为

$$\mu_i = \left(\frac{\partial G}{\partial n_i} \right)_{T,P,n_{j\neq i}}. \tag{2.5}$$

用上述条件和公式,可以描述处于等温等压条件下的热力学平衡系统. 在系统达到热力学平衡状态之前,仍在进行化学反应或者物相转变. 在系统达到热力学平衡状态之后,如果改变系统的温度、压强,或某一组元的摩尔分数等,系统将会发生新的化学反应或物相转变. 在温度和压强不变的条件下,所有的这些变化,都可以用系统中的组元(k 个)以及这些组元可反应生成化合物(物相,φ 个)的数目等参数进行描述. 将这些变化过程以图形的形式表示,就构成了该热力学系统的相图. 各组元及各相之间的转化规律遵循 Gibbs 相律

$$f = k + 2 - \varphi, \tag{2.6}$$

其中 f 为多元复相系的自由度数,是多元复相系可以独立改变的强度量数目. 当自由度 $f=0$ 时,生成的物相对应相图上的一个点,表明系统中所有的参量都已确定,不可改变. 当自由度 $f=1$ 时,对应相图中的一条相平衡曲线,表明系统中只有一个参量可以独立改变. 当自由度 $f=2$ 时,对应相图上的一个二维平面区域,表明系统中有两个参量可以独立改变. 当自由度 $f=3$ 时,对应于立体相图上的一个三维区

域,表明系统中有三个参量可以独立改变,需要用立体坐标描述.如果自由度 f 更大,则对应于相图上的一个多维区域,需要用更复杂的多维坐标描述.

对于 RE-Ba-Cu-O 系统,参与化学反应和相变的有 RE_2O_3,BaO,CuO_x 三组元($k=3$).由于在制备 RE-Ba-Cu-O 化合物的过程中,整个系统处于固态或液态,几乎不会出现气化现象,故可认为压强不变,因此,在热力学平衡状态下,该系统公式(2.6)可表示为

$$f = k+1-\varphi = 4-\varphi. \tag{2.7}$$

如果改变系统中 RE_2O_3,BaO,CuO_x 三组元摩尔比、温度,或气氛条件,将会引起系统中自由度 f 的改变,从而导致系统发生新的化学反应或相变.

§2.2　Y-Ba-Cu-O 化合物的相图

在由 $1/2Y_2O_3$,BaO,CuO 组成的三组元系统中,所有的化学反应和相变均是在固态或熔化状态下进行的,因此压强的影响可以忽略不计.如果在这种情况下,三组元 $1/2Y_2O_3$,BaO,CuO 发生了化学反应,并生成了一种新的化合物,那么新化合物中三种金属元素的摩尔比 Y︰Ba︰Cu 是多少? 这取决于系统中各组元摩尔分数(x_i,$i=1,2,3$)以及该系统发生化学反应的温度 T.

对于这样的三组元体系,需要绘制一个三维立体图才能表示新生成化合物与三个组元及温度的关系.以三组元 $1/2Y_2O_3$,BaO,CuO 分别作一顶点,构成一个浓度(x_i)三角形,以此浓度三角形为基底,以垂直于该三角形的高表示温度,这样构成的三维立体相图,可很好地描述三个组元的浓度及温度与新生成化合物之间的关系.反之,如果需要制备某一种原子配比的化合物,即可根据相图,查找和计算出所需的各组元配比关系以及合成温度.因此,相图对于研究化合物或晶体之间的物相关系、制备技术、物性改进等具有非常重要的意义.

从实际应用方面看,三维立体相图不仅很复杂,而且使用有所不便,因此一般情况下都用三维立体相图中某一截面构成的平面相图描述,主要包括等温截面相图和垂直于浓度三角形的变温截面两种相图.等温截面相图反映了在该温度下,三组元 $1/2Y_2O_3$,BaO,CuO 发生反应后,可能生成的化合物及其物相状态(如固相和液相).如果说等温截面相图是根据确定的温度选取的截面,很简单,那么,纵截面相图的选取就没那样简单了,必须考虑要研究的化合物或物相是由最初的三组元、三组元与新生成物相,还是一种新生成物相与另一种新生成物相之间的反应生成的.在此基础上,选取并确定需要截面的位置和方向,再以垂直于浓度三角形的平面,沿确定的位置和方向与三维立体相图交截即可.变温截面相图反映了选取的两种化合物在不同温度下的化学反应和相变过程.

2.2.1　Y-Ba-Cu-O 中的二元化合物相图

在 $1/2Y_2O_3$，BaO，CuO 组成的三组元系统中，如果某一组元的摩尔分数为 0，那么，三组元系统降为二组元系统，这种情况下，任意两个组元与温度构成的相图就是三维立体相图外表面中的立面之一. 因此，由这三个组元中的任意两个进行组合，即可形成由 Y_2O_3-BaO，Y_2O_3-CuO，BaO-CuO 构成的三个二元相图. Cu 是一个变价的过渡金属元素，其氧化物有氧化铜（CuO）和氧化亚铜（Cu_2O）两种. 当温度高于 1080℃时，CuO 会放出氧气，分解成 Cu_2O. 当温度低于 1080℃时，Cu_2O 会吸收氧气，发生相变成为 CuO. 这是一个可逆反应[5]. 因此，有时会把铜的氧化物写成 CuO_x，x 是可变的.

（1）Y_2O_3-BaO 二元相图.

图 2.1 是通过实验获得的 Y_2O_3 和 BaO 的二元系统相图[6]. 由该图可知，在 2000℃以下，Y_2O_3 是立方相（C-Y_2O_3ss，ss 表示固溶体）固体，在 2400℃以上，Y_2O_3 是六角相（H-Y_2O_3ss）固体. 在该体系中，Y_2O_3 和 BaO 反应可生成两种化合物，一种是 BaY_2O_4 相化合物，其包晶反应温度约 1400℃，另一种是 $Ba_3Y_4O_9$ 化合物（熔点 2160℃）. $Ba_3Y_4O_9$ 分别与 Y_2O_3 和 BaO 形成共晶体系.

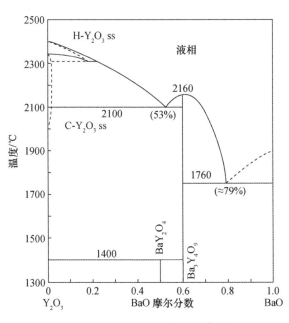

图 2.1　Y_2O_3 和 BaO 的二元系相图

（2）Y_2O_3-CuO 二元相图.

图 2.2 是通过实验获得的 Y_2O_3 和 CuO 二元系统相图[6]. 从图中可看出，在该

体系中,Y_2O_3 和 CuO 反应只生成了一种 $Y_2Cu_2O_{5-x}$ 化合物,其生成温度范围在
1000~1135℃之间. $Y_2Cu_2O_{5-x}$ 是一个正交相晶体化合物,晶格常数 $a=10.799$ Å,
$b=3.496$ Å,$c=12.456$ Å. 在二元系统中,铜氧化物有 CuO 和 Cu_2O 两个物相,两
相转变温度约为 1026℃,该实验结果与文献[5]理论计算的物相关系一致,但温度
有一定差异.

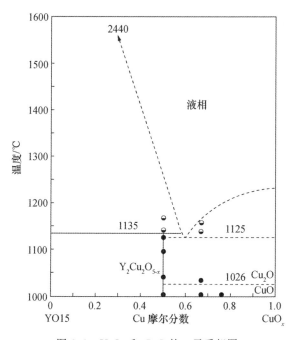

图 2.2 Y_2O_3 和 CuO 的二元系相图

(3) BaO-CuO 二元相图.

图 2.3 是通过实验获得的 BaO 和 CuO 二元系统相图[6]. 由该图可知,在该体
系中,BaO 和 CuO 反应可生成两种化合物,一种是 $BaCuO_2$ 相化合物,其熔化温度
约 1000℃.另一种是 Ba_2CuO_3 化合物,它有正交相和四方相两种晶体结构,两相转
变的温度约为 810℃[7].

2.2.2   Y-Ba-Cu-O 化合物的三元相图

由 1/2 Y_2O_3,BaO,CuO 组成的三组元系统中,在三组元之间的化学反应及其
生成物是由系统中各组元摩尔分数(x_i,$i=1,2,3$)以及该系统进行化学反应的温
度 T 决定的.在确定的温度下,如果三组元的摩尔分数是确定的,则生成化合物的
金属元素摩尔比(Y∶Ba∶Cu)基本就确定了.当三组元的摩尔分数变化时,生成化
合物的金属元素摩尔比亦将随之而变.如果三组元的摩尔分数不同,就可能生成不

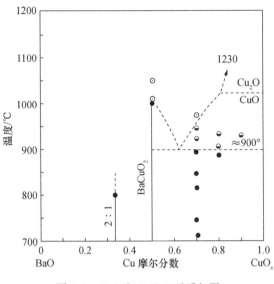

图 2.3　BaO 和 CuO 二元系相图

同的化合物. 在确定温度下, 三组元 $1/2Y_2O_3$, BaO, CuO 之间反应可能生成的化合物, 可用前面讲过的三维立体相图的等温截面描述.

图 2.4 是在大气环境下通过实验获得的 950℃ 条件下的 $1/2\ Y_2O_3$, BaO 和 CuO 的三元系相图[8]. 这实际是一个赝三元相图, 因为生成的化合物是由四个组元 (Y, Ba, Cu, O) 构成的. 由该图可知, 在 950℃, 随着 $1/2\ Y_2O_3$, BaO 和 CuO 三组元摩尔配比的变化, 可生成多种不同的化合物, 其中三元化合物主要包括

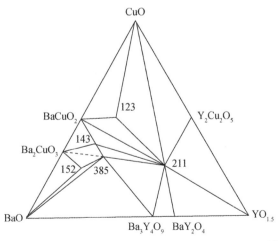

图 2.4　在大气环境下 950℃ 时 $1/2\ Y_2O_3$, BaO 和 CuO 三元系统相图[8]

Y_2BaCuO_5，$YBa_2Cu_3O_{7-\delta}$，$YBa_4Cu_3O_{8.5+\delta}$，$Y_3Ba_8Cu_5O_{17.5+\delta}$，$YBa_5Cu_2O_{8.5+\delta}$ 五种，分别对应于图 2.4 中标注的 211,123,143,385,152 点. 在这五种化合物中，常用的是 Y_2BaCuO_5 和 $YBa_2Cu_3O_{7-\delta}$，其中，Y_2BaCuO_5 化合物是一种比较稳定的绿色陶瓷粉体，具有正交相晶体结构，晶格常数为 $a = 7.132$ Å，$b = 12.181$ Å，$c = 5.685$ Å. $YBa_2Cu_3O_{7-\delta}$ 化合物是一种比较稳定的黑色陶瓷粉体，属缺氧的钙钛矿结构，在缺氧的情况下为四方相晶体结构，渗氧后即转变成具有超导电性的正交相晶体结构.

当温度变化时，$1/2Y_2O_3$，BaO 和 CuO 三组元也可能生成其他化合物，也可能出现某些化合物的熔化分解或合成. 在大气环境下，Aselage 等[9] 研究了 $1/2$ Y_2O_3，BaO 和 CuO 三组元在不同温度下的化学反应，特别详细地研究了与 $YBa_2Cu_3O_{7-\delta}$ 相超导晶体生长有关的主要化学反应及其生成的化合物，如图 2.5 所示. 结果表明，三元系的相图很复杂，但与 $YBa_2Cu_3O_{7-\delta}$ 超导晶体的生长有关的主要有以下几个化学反应：

$$YBa_2Cu_3O_{7-\delta} + BaCuO_2 + CuO \xrightarrow{890℃} L \quad (e1), \qquad (2.8)$$

$$YBa_2Cu_3O_{7-\delta} + CuO \xrightarrow{940℃} Y_2BaCuO_5 + L \quad (p1), \qquad (2.9)$$

$$Y_2BaCuO_5 + CuO \xrightarrow{975℃} Y_2Cu_3O_5 + L \quad (p2), \qquad (2.10)$$

$$YBa_2Cu_3O_{7-\delta} + BaCuO_2 \xrightarrow{1000℃} Y_2BaCuO_5 + L \quad (p3), \qquad (2.11)$$

$$YBa_2Cu_3O_{7-\delta} \xrightarrow{1015℃} Y_2BaCuO_5 + L \quad (m1), \qquad (2.12)$$

$$Y_2Cu_2O_5 \xrightarrow{1122℃} Y_2O_3 + L \quad (m3), \qquad (2.13)$$

$$Y_2BaCuO_5 \xrightarrow{1270℃} Y_2O_3 + L \quad (m4). \qquad (2.14)$$

图 2.5 表示的相图及其相应的反应方程（2.8）到（2.14）都是在大气环境条件下获得的. 还有一些其他的反应，这里不再多述. 实验结果表明，这些反应基本上都是可逆的，也就是说，当温度升高且高于相应方程的温度时，化学反应从左向右进行，但在温度降低且低于相应方程的温度时，反应从右向左进行. 这对 YBCO 超导晶体的制备具有重要的指导作用.

2.2.3　氧分压和温度对 Y-Ba-Cu-O 化合物氧含量的影响

从晶体结构看，$YBa_2Cu_3O_{7-\delta}$ 超导体属于缺氧型钙钛矿结构，因此，在制备 YBCO 超导体时，温度和气氛环境等对样品的氧含量、晶体结构、显微组织和超导性能等都有重要影响. Lee 等[5,10] 总结分析了不同温度（573 ～ 1173 K）下 $YBa_2Cu_3O_{7-\delta}$（或 $YBa_2Cu_3O_{6+x}$）样品的氧含量与氧分压的关系，如图 2.6 所示. 由图 2.6 可知，在确定的温度下，随着氧分压的增加，样品中的氧含量逐渐增加，氧含

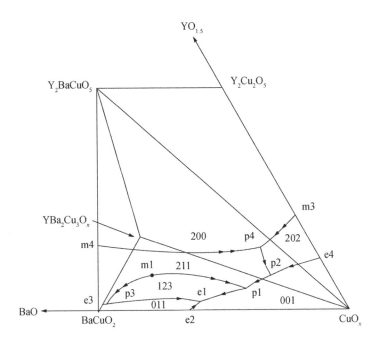

图 2.5　大气环境下 $1/2\ Y_2O_3$, BaO 和 CuO 在不同温度下的三元相图, 其中, e, p, m 分别表示共晶反应、包晶反应和熔化相变. 123 表示 $YBa_2Cu_3O_{7-\delta}$, 211 表示 Y_2BaCuO_5, 202 表示 $Y_2Cu_2O_5$, 200 表示 Y_2O_3, 011 表示 $BaCuO_2$, 001 表示 CuO

量越高, 超导性能越好, 在确定的氧分压下, 随着温度的升高, 样品中的氧含量逐渐减少.

　　$YBa_2Cu_3O_{7-\delta}$ 晶体中的氧含量直接影响着其中氧空位的有序化程度、正交相的对称性及其超导电性. 样品中氧含量的多少和氧空位的有序化程度与其热处理温度和氧分压密切相关. Jorgensen 等[11] 研究了氧分压与温度对 $YBa_2Cu_3O_{7-\delta}$ 晶体氧空位的有序度的影响规律, 如图 2.7 所示. 由此图可知, 在 $400\sim800℃$ 范围内, 随着氧分压的增加, $YBa_2Cu_3O_{7-\delta}$ 晶体从无序的四方相向有序的正交相转变的温度逐渐增高. 图中的阴影区给出了通过淬火法和原位分析法得到的结果. 可以看出, 在相同的温度下, 通过这两种方法得到的样品具有不同的晶体结构. 原位分析的结果表明, 样品在相应的温度时为四方相 (对应于氧无序的情况), 而淬火法的结果表明, 样品在同样的温度时为正交相 (对应于氧有序的情况). 这表明, 在降温过程中, $YBa_2Cu_3O_{7-\delta}$ 晶体中的氧空位有向有序化转变的趋势.

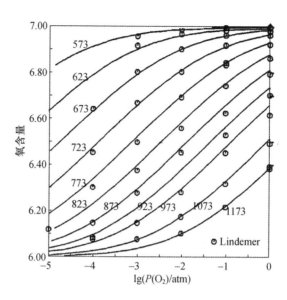

图 2.6　不同温度下 $YBa_2Cu_3O_{7-\delta}$ 样品的氧含量与氧分压的关系. 其中, 曲线是理论计算结果, 圆圈是实验结果

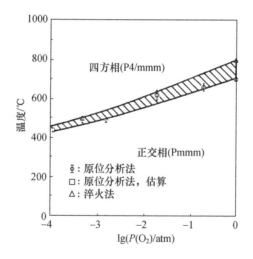

图 2.7　氧分压和温度与 $YBa_2Cu_3O_{7-\delta}$ 晶体氧空位的有序度的关系

这些结果表明, 只有选择合适的温度和氧分压, 才能提高样品的氧含量、$YBa_2Cu_3O_{7-\delta}$ 晶体中氧空位的有序度和超导电性. 当然, 在实际应用过程中, 还必须考虑氧化处理的时间和压强等因数.

2.2.4 YBCO 晶体生长的准二元相图

从 Y-Ba-Cu-O 化合物的准三元相图,可以确定需要制备的化合物中 Y,Ba,Cu 的摩尔比. 如对 $YBa_2Cu_3O_{7-\delta}$ 化合物,可按 Y:Ba:Cu=1:2:3 的摩尔比进行配料、混合、研磨、烧结(或熔化生长)及渗氧处理等,即可制备出 YBCO 超导体.

在第一章讲过,采用固相反应法制备的 YBCO 超导体,是由大量 YBCO 晶体颗粒组成的,颗粒之间的弱连接导致了样品的超导性能很差,远远无法满足实际应用的需求,因此,目前采用的都是熔化生长的方法. 那么,在熔化生长 YBCO 超导体的过程中,初始组分和温度的变化对 $YBa_2Cu_3O_{7-\delta}$ 超导材料合成或分解有何影响?

在采用熔化生长法制备 YBCO 超导体的过程中,一般都采用固相和液相配料的方法准备初始组分. 这里的固相是指在 $YBa_2Cu_3O_{7-\delta}$ 包晶反应温度 1015℃以上仍保持固态的化合物,如 Y_2BaCuO_5,Y_2O_3 等,液相是指熔化分解温度在其包晶反应温度以下的化合物,如 $BaCuO_2$,$Ba_3Cu_5O_8$ 等.

Murakami 等[12]以 $\frac{1}{4}Y_2BaCuO_5$ 和 $\frac{1}{8}Ba_3Cu_5O_8$ 为初始组分,采用熔化生长方法,研究了大气环境下,Y_2BaCuO_5 和 $Ba_3Cu_5O_8$ 两种组元的摩尔比和温度对 YBCO 超导晶体生长的影响,并绘制成了准二元相图,如图 2.8 所示. 由图 2.8 可知,在图中 $\frac{1}{6}$123 对应的竖线上,Y,Ba,Cu 的摩尔比为 Y:Ba:Cu=1:2:3. 当温度 $T<1020$℃时,可生成 $YBa_2Cu_3O_{7-\delta}$ 固相. 当温度 $T>1020$℃时,则生成固相 Y_2BaCuO_5 和液相,反应温度就是 $YBa_2Cu_3O_{7-\delta}$ 相的包晶反应温度(T_{m1},在 1010~1020℃,不同实验室的结果略有差异),对应于图 2.8 中 m1 标定的等温线. 大量的实验证明这是一个可逆反应:

$$YBa_2Cu_3O_{7-\delta} \xrightleftharpoons{1010 \sim 1020℃} Y_2BaCuO_5 + Ba_3Cu_5O_8. \qquad (2.15)$$

在高温($T>1020$℃)下生成的固相 Y_2BaCuO_5 和液相,从高温降低到 1020℃以下时,会再反应生成 $YBa_2Cu_3O_{7-\delta}$ 相. 如果 Y_2BaCuO_5 和 $Ba_3Cu_5O_8$ 的配比向右偏离 $\frac{1}{6}$123 竖线,则会生成固相 $YBa_2Cu_3O_{7-\delta}$ 和液相. 由于在降温的过程中,$YBa_2Cu_3O_{7-\delta}$ 晶体并不是突然生成的,而是在一定的过冷度(如图 2.8 中的 $T_{m1}-\Theta$ 范围内逐渐生成的,再加上样品中没有固相 Y_2BaCuO_5 粒子,因此很难制备出具有单畴性的 YBCO 超导晶体. 如果 Y_2BaCuO_5 和 $Ba_3Cu_5O_8$ 的配比向左偏离 $\frac{1}{6}$123 竖线,则会生成由 $YBa_2Cu_3O_{7-\delta}$ 超导基体和固相 Y_2BaCuO_5 粒子构成的复合超导材料. 如果在一定的过冷度范围内,逐渐缓慢降温使 $YBa_2Cu_3O_{7-\delta}$ 晶体生长,则可制备出性能优异的单畴 YBCO 超导晶体.

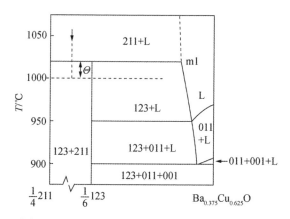

图 2.8 大气环境下 Y_2BaCuO_5 和 $Ba_3Cu_5O_8$ 两种组元的准二元相图

虽然 Y_2BaCuO_5 在以 Ba,Cu 氧化物为主的液相中的溶解度很低,但由于其在 1270℃ 以下一直是比较稳定的固相,因此在制备 YBCO 超导材料的过程中,过量的 Y_2BaCuO_5 相添加并不能明显改变 $YBa_2Cu_3O_{7-\delta}$ 晶体包晶反应温度(T_{m1}),如图 2.8 中 m1 标定的等温线表明 Y_2BaCuO_5 和 $YBa_2Cu_3O_{7-\delta}$ 晶体具有很好的兼容性. 但是如果用 Y_2O_3 替代 Y_2BaCuO_5 相,作为过量的富 Y 相添加到 $YBa_2Cu_3O_{7-\delta}$ 中,情况则会发生明显的改变. Krabbes 等[13]以 $\frac{1}{2}Y_2O_3$ 和 $\frac{1}{10}Ba_4Cu_6O_{10}$ 为初始组分,采用熔化生长方法,研究了大气环境下 Y_2O_3 和 $Ba_4Cu_6O_{10}$ 两种组元的摩尔比和温度对 YBCO 超导晶体生长的影响,并绘制成了准二元相图,如图 2.9 所示.该相图明显不同于图 2.8.比较两图可知,用 Y_2O_3 替代 Y_2BaCuO_5 作为过量添加化合物后,出现了一些新的现象:(1) Y_2O_3 会与 $YBa_2Cu_3O_{7-\delta}$ 发生固相反应.(2) 熔体与液相的化学成分发生了变化.(3) 晶体生长的凝固过程和温度发生了变化.

由图 2.9 可知,在研究的温度范围内,Y_2O_3 与 $YBa_2Cu_3O_{7-\delta}$ 没有共存的区域,因此 $YBa_2Cu_3O_{7-\delta}$ 必然与 Y_2O_3 发生了反应.如两者的比例为 1:1.5 时,反应方程为

$$1.5Y_2O_3 + YBa_2Cu_3O_{7-\delta} \xm&\xrightleftharpoons{940℃} 2Y_2BaCuO_5 + CuO. \qquad (2.16)$$

反应生成的 CuO 又会与样品中的 $YBa_2Cu_3O_{7-\delta}$ 反应,生成 Y_2BaCuO_5 与液相:

$$aYBa_2Cu_3O_{7-\delta} + bCuO \rightleftharpoons cY_2BaCuO_5 + L. \qquad (2.17)$$

方程(2.17)发生的温度取决于 $YBa_2Cu_3O_{7-\delta}$ 和 CuO 的摩尔数 a 和 b,而这一比例则是由方程(2.16)中 Y_2O_3 的添加量决定的,因此,$YBa_2Cu_3O_{7-\delta}$ 的熔化分解温度与 Y_2O_3 的添加量密切相关.如若初始组分为 $YBa_2Cu_3O_{7-\delta}+nY_2O_3$,当 $n=0.25$ 时,$YBa_2Cu_3O_{7-\delta}$ 的熔化分解温度为 1005℃,当 $n=0.4$ 时,为 990℃.由图 2.8

可知,当在 $YBa_2Cu_3O_{7-\delta}$ 中添加过量的 Y_2BaCuO_5 后,不管添加量的多少, $YBa_2Cu_3O_{7-\delta}$ 的熔化分解温度(T_{m1})始终不变,保持 1020℃. 这说明,在 $YBa_2Cu_3O_{7-\delta}$ 相中添加过量的 Y_2O_3,可以有效地降低 $YBa_2Cu_3O_{7-\delta}$ 晶体的熔化温度并扩大晶体的生长温度窗口.

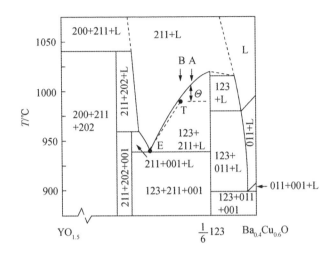

图 2.9　大气环境下 $\frac{1}{2}Y_2O_3$ 和 $\frac{1}{10}Ba_4Cu_6O_{10}$ 两种组元的准二元相图

另外,还有许多其他相图,如 $YBa_2Cu_3O_{7-\delta}$ 和 $BaCuO_2$,$Ba_3Cu_5O_8$,CuO 分别组成的二元相图等等,这里不详述.

§2.3　LRE-Ba-Cu-O 化合物的相图

如果用其他稀土元素(RE)替代 $YBa_2Cu_3O_{7-\delta}$ 晶体的 Y,除了个别元素(如 Pr, Ce,Pm,Tb)外,大部分稀土元素都可用于制备起始转变温度在液氮温度以上的 REBCO 超导体. 但是,由于每种稀土元素的电子结构和离子半径大小不同,必然导致 RE123 的晶格常数、包晶反应或熔化温度不同,这主要取决于稀土元素的离子半径. 离子半径越大,RE123 超导材料的熔化温度越高. 另外,在表 1.4 所列的众多稀土元素中,当 RE^{3+} 离子的半径(如 Y^{3+} 离子,$r_{Y^{3+}}=1.019$ Å)与 Ba 的离子半径($r_{Ba^{2+}}=1.42$ Å)相差较大时,不会出现 RE^{3+} 与 Ba^{2+} 离子之间的固溶现象,最终 RE123 晶体中 RE:Ba:Cu=1:2:3,如 Y123 超导体的 Y:Ba:Cu=1:2:3. 这种情况下,超导体的临界温度较高,转变宽度很窄,超导性能较好.

但是,当 RE^{3+} 离子的半径较大(如 Nd^{3+} 离子,$r_{Nd^{3+}}=1.109$ Å),接近 Ba 的离子半径时,RE123 晶体中会出现 RE^{3+} 与 Ba^{2+} 离子固溶替换的现象,最终导致

RE123 晶体中的离子比例偏离 RE：Ba：Cu＝1：2：3. 如 Nd123 的原子比就变成 Nd：Ba：Cu＝$(1+x)$：$(2-x)$：3，化学分子式为 $Nd_{1+x}Ba_{2-x}Cu_3O_y$，x 越大，Nd^{3+} 与 Ba^{2+} 离子固溶度越高，超导体的临界温度就越低，转变宽度越宽，超导性能则越差. 当 $x=0$ 时，$T_c \approx 96$ K，当 $x=0.25$ 时，$T_c<40$ K，当 $x=0.4$ 时，$T_c \approx 0$ K. 在 $RE_{1+x}Ba_{2-x}Cu_3O_y$ 超导体中，RE^{3+} 占据 Ba^{2+} 离子晶格位置的程度除了取决于 RE^{3+} 离子的半径外，还与制备样品时的初始组分配比、气氛和晶体生长的热力学参数密切相关. 相对于 YBCO 超导体，要制备高质量的轻稀土（LRE，RE^{3+} 离子半径较大的稀土元素，主要包括 Nd，Sm，Eu，Gd 等）$RE_{1+x}Ba_{2-x}Cu_3O_y$ 超导体，难度更大，方法更复杂. 因此，搞清楚与 $RE_{1+x}Ba_{2-x}Cu_3O_y$ 超导体相关的相图，对于理清思路，科学设计实验具有重要意义.

2.3.1　LRE-Ba-Cu-O 化合物的三元相图

对于轻稀土元素 LREBCO 超导体而言，由于其 RE^{3+} 离子半径较大，如 Nd^{3+}（$r_{Nd^{3+}}=1.109$ Å），Sm^{3+}（$r_{Sm^{3+}}=1.079$ Å）、Eu^{3+}（$r_{Eu^{3+}}=1.066$ Å）等，接近 Ba 离子半径（$r_{Ba^{2+}}=1.42$ Å），故会出现部分 RE^{3+} 占据 Ba^{2+} 离子晶格位置的现象，其结果是，当按 RE：Ba：Cu＝1：2：3 比例制备 RE123 超导体时，得到的不是这种比例的化合物，而是 RE：Ba：Cu＝$(1+x)$：$(2-x)$：3 的化合物，对于不同的 LRE 元素，x 的取值范围也不同.

图 2.10 是 Yoo 等在 890℃ 大气环境下通过实验获得的 $1/2Nd_2O_3$，BaO 和 CuO 三元系相图[14]. 由该图可知，在 890℃ 制备样品时，随着 $1/2 Nd_2O_3$，BaO 和 CuO 三组元摩尔配比的变化，可生成多种不同的化合物，其中三元化合物主要包括 $Nd_{1+x}Ba_{2-x}Cu_3O_{7-\delta}$，$Nd_{4-2x}Ba_{2+2x}Cu_2O_{10}$ 和 $NdBa_6Cu_3O_y$ 三种化合物，分别对应于图 2.10 中标注的 123，422 和 163. 另外，还有其他三种化合物，如 $Nd-Ba_4Cu_3O_y$ 和 $Nd_2Ba_4Cu_2O_y$ 等（该相图上未给出）. 在这五种化合物中，与 NdBCO 超导材料密切相关的是 $Nd_{1+x}Ba_{2-x}Cu_3O_{7-\delta}$ 和 $Nd_{4-2x}Ba_{2+2x}Cu_2O_{10}$，其中，$Nd_{4-2x}Ba_{2+2x}Cu_2O_{10}$ 的性质与 Y_2BaCuO_5 化合物是同一类，只是当稀土元素的 RE^{3+} 离子半径更大时，其晶体结构变得更复杂，不能再用如 Y_2BaCuO_5 那样简单的晶体结构描述，而必须用更大的晶胞表征. $Nd_{1+x}Ba_{2-x}Cu_3O_{7-\delta}$ 与 $YBa_2Cu_3O_{7-\delta}$ 化合物一样，都是缺氧型钙钛矿结构，在缺氧的情况下属四方相晶体结构，渗氧后即转变成具有超导电性的正交相晶体结构. Winnie 等[15] 的研究表明，在大气环境下，$Nd_{1+x}Ba_{2-x}Cu_3O_{7-\delta}$ 中 Nd^{3+}-Ba^{2+} 离子的固溶度范围约 $0<x \leqslant 0.7$，$Nd_{4-2x}Ba_{2+2x}Cu_2O_{10}$ 中 Nd^{3+}-Ba^{2+} 离子的固溶度范围约 $0<x \leqslant 0.2$.

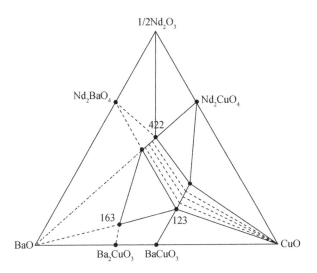

图 2.10　在大气环境下 890℃时 $1/2Nd_2O_3$, BaO 和 CuO 的三元相图. 123, 422 和 163 分别对应于 $Nd_{1+x}Ba_{2-x}Cu_3O_{7-\delta}$, $Nd_{4-2x}Ba_{2+2x}Cu_2O_{10}$ 和 $NdBa_6Cu_3O_y$ 三种化合物

图 2.11 是在大气环境下约 950℃的 $1/2Sm_2O_3$, BaO 和 CuO 三元系相图[16,17]. 由图 2.11 可知, 950℃制备样品时, 随着 Sm_2O_3, BaO 和 CuO 三组元摩尔配比的变化, 可生成多种化合物, 其中三元化合物主要包括 $Sm_{1+x}Ba_{2-x}Cu_3O_{7-\delta}$, Sm_2BaCuO_5, $SmBa_6Cu_3O_y$, $SmBa_4Cu_3O_y$ 和 $Sm_2Ba_4Cu_2O_y$ 五种, 分别对应于图中

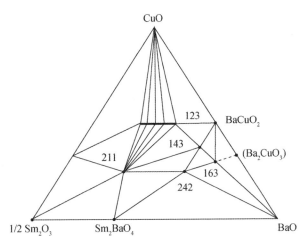

图 2.11　在大气环境下约 950℃的 $1/2Sm_2O_3$, BaO 和 CuO 三元系统相图. 123, 211, 163, 143 和 242 分别对应于 $Sm_{1+x}Ba_{2-x}Cu_3O_{7-\delta}$, Sm_2BaCuO_5, $SmBa_6Cu_3O_y$, $SmBa_4Cu_3O_y$ 和 $Sm_2Ba_4Cu_2O_y$ 五种化合物

的 123, 211, 163, 143 和 242. $Sm_{1+x}Ba_{2-x}Cu_3O_{7-\delta}$ 与 $Nd_{1+x}Ba_{2-x}Cu_3O_{7-\delta}$ 和 $YBa_2Cu_3O_{7-\delta}$ 化合物一样,都是缺氧型的钙钛矿结构,在缺氧的情况下属四方相晶体结构,渗氧后即转变成具有超导电性的正交相晶体结构.

图 2.12 是 Eu-Ba-Cu-O 和 Gd-Ba-Cu-O 系统的准三元相图[18,19]. 从图 2.12(a) 可知,在约 950℃大气环境下制备样品时,随着 Eu_2O_3, BaO 和 CuO 三组元摩尔配比的变化,可生成多种化合物,其中三元化合物主要包括 $Eu_{1+x}Ba_{2-x}Cu_3O_{7-\delta}$, Eu_2BaCuO_5, $EuBa_6Cu_3O_y$ 和 $EuBa_4Cu_3O_y$ 四种,分别对应于图 2.12(a) 中标注的 123, 211, 163 和 143. 从图 2.12(b) 可知,在约 880℃大气环境下制备样品时,随着 Gd_2O_3, BaO 和 CuO 三组元摩尔配比的变化,也可生成多种不同的化合物,三元化合物主要包括 $Gd_{1+x}Ba_{2-x}Cu_3O_{7-\delta}$, Gd_2BaCuO_5, $GdBa_6Cu_3O_y$ 和 $GdBa_4Cu_3O_y$ 四种,分别对应于图 2.12(a) 中标注的 123, 211, 163 和 143.

现在来分析 Y-Ba-Cu-O 和 LRE-Ba-Cu-O 化合物的异同点. 对比 Y-Ba-Cu-O 的准三元相图 2.4 与轻稀土元素(LRE=Nd, Sm, Eu, Gd)的 LRE-Ba-Cu-O 准三元相图 2.10~2.12 可知:

(1) Y-Ba-Cu-O 和 LRE-Ba-Cu-O 的准三元相图结构基本相同,生成的三元化合物种类基本一致,如均有 $RE_{1+x}Ba_{2-x}Cu_3O_{7-\delta}$, RE_2BaCuO_5, $REBa_6Cu_3O_y$ 和 $REBa_4Cu_3O_y$.

(2) 在 Y-Ba-Cu-O 体系中, $RE_{1+x}Ba_{2-x}Cu_3O_{7-\delta}$ 中的 $x=0$ 对应于三元相图 2.4 中的一个点(123).

(3) 在 LRE-Ba-Cu-O 的准三元相图中, $RE_{1+x}Ba_{2-x}Cu_3O_{7-\delta}$ 中的 $x \neq 0$, RE: Ba: Cu = $(1+x):(2-x):3$, 分别对应于三元相图 2.10~2.12 中 RE123 点 (123)附近的一条线段,表明 RE^{3+}-Ba^{2+} 离子在 RE123 形成了固溶体,固溶度 x 的大小与 RE^{3+} 离子的半径等参数有关, RE^{3+} 离子半径越大,固溶度 x 越大.

(4) 对于 RE^{3+} 离子半径更大的元素(如 Sm, Nd, La),在 LRE-Ba-Cu-O 的准三元相图中,会产生 $RE_2Ba_4Cu_2O_y$ 化合物.

(5) 在 Sm-Ba-Cu-O 体系中,由于 Sm^{3+} 离子半径较大,生成的 Sm211 相并不是精确的 Sm: Ba: Cu=2:1:1,而是形成了 $Sm_{2-x}Ba_{1+x}CuO_5$ 固溶体. 对于 Nd-Ba-Cu-O 和 La-Ba-Cu-O 体系,由于 RE^{3+} 离子半径太大,生成的类似于 RE_2BaCuO_5 相的晶体结构更复杂,因此,形成了 $RE_4Ba_2Cu_2O_{10}$ 化合物. 在 LRE-Ba-Cu-O 的准三元相图中, $RE_4Ba_2Cu_2O_{10}$ 化合物也不是精确的 RE: Ba: Cu=4: 2:2,而是 RE: Ba: Cu=$(4-2x):(2+2x):2$,形成了 $Nd_{4-2x}Ba_{2+2x}Cu_2O_{10}$ 和 $La_{4-2x}Ba_{2+2x}Cu_2O_{10}$ 固溶体. 与 $RE_{1+x}Ba_{2-x}Cu_3O_{7-\delta}$ 固溶体不同的地方是,在 $RE_{4-2x}Ba_{2+2x}Cu_2O_{10}$ 固溶体中, Ba^{2+} 离子占据 RE^{3+} 的晶格位.

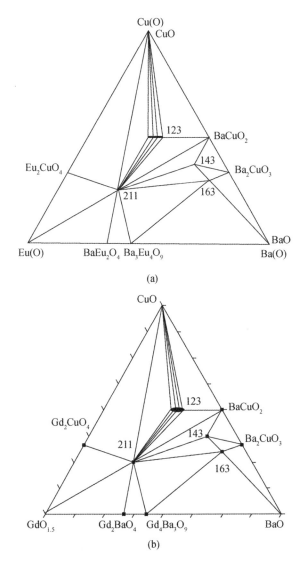

图 2.12 Eu-Ba-Cu-O 和 Gd-Ba-Cu-O 系统的准三元相图.(a) 在大气环境下(约 950℃)1/2Eu$_2$O$_3$,BaO 和 CuO 的准三元相图.(b) 在大气环境下(约 880℃)1/2Gd$_2$O$_3$,BaO 和 CuO 的准三元相图

2.3.2 LREBCO 晶体生长的准二元相图举例

LREBCO 晶体的生长方法与 YBCO 超导体基本一样,只是由于 LRE^{3+} 离子半径较大及其本征特性的影响,LREBCO 超导体的晶格常数和晶胞体积有所增大,

并形成了 RE^{3+} 与 Ba^{2+} 离子的 $RE_{1+x}Ba_{2-x}Cu_3O_{7-\delta}$ 固溶体. $LRE_{1+x}Ba_{2-x}Cu_3O_{7-\delta}$ 晶体的包晶反应温度 T_p 比 YBCO 的高,对于不同的 LRE 元素,其 T_p 不同[20]. 如 $NdBa_2Cu_3O_{7-\delta}$, $SmBa_2Cu_3O_{7-\delta}$ 和 $GdBa_2Cu_3O_{7-\delta}$ 晶体的 T_p 分别约为 1090℃, 1060℃ 和 1030℃.因此,在制备或生长 $LRE_{1+x}Ba_{2-x}Cu_3O_{7-\delta}$ 晶体的过程中,对于不同的 LREBCO 晶体,必须了解和掌握其具体相图.与制备 YBCO 超导体一样,在采用熔化生长法制备 LREBCO 超导体的过程中,通常也是以固相和液相配料的方法准备初始组分.常用的固态化合物有 $RE_4Ba_2Cu_2O_{10}$(RE422,RE=La,Nd), RE_2BaCuO_5(RE211,RE=Sm,Eu,Gd…),$RE_2Cu_2O_y$(RE202),RE_2O_3 等,液相化合物有 $BaCuO_2$,$Ba_3Cu_5O_8$ 等.

Kambara 等[21] 以 $Nd_4Ba_2Cu_2O_{10}$(Nd422)和 $Ba_3Cu_5O_8$ 为初始组分,采用熔化生长方法,研究了大气环境下这两种组元的摩尔比和温度对 NdBCO 超导晶体生长的影响,图 2.13 是其准二元相图.由图 2.13 可知,$NdBa_2Cu_3O_{7-\delta}$(Nd123)相的包晶反应温度约 1359 K,Nd 原子的溶解度为 3.2%Nd(原子数百分比),在 Nd123 对应的竖线上,Nd:Ba:Cu=1:2:3.当温度 $T<1359$ K 时,生成的是 Nd123 固相.当温度 $T>1359$ K 时,Nd123 相分解生成固相 Nd422 和液相,对应于图中温度为 1359 K 的等温线.这是一个可逆反应:

$$NdBa_2Cu_3O_{7-\delta} \xrightleftharpoons{1359\ K} Nd_4Ba_2Cu_2O_{10} + Ba_3Cu_5O_8. \tag{2.18}$$

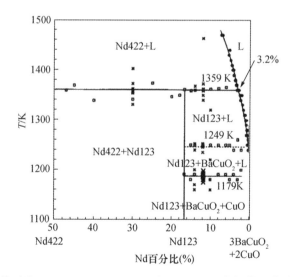

图 2.13　大气环境下以 $Nd_4Ba_2Cu_2O_{10}$(Nd422)和 $Ba_3Cu_5O_8$ 为初始组分,制备 NdBCO 超导晶体的准二元相图.图中的离散点(×,□,○)是通过淬火法获得的实验结果

当在高温($T>1359$ K)生成固相 Nd422 和液相后,从高温降低到 1359 K 以下时,Nd422 固相和液相则会再反应生成 Nd123 相.如果 Nd422 和 $Ba_3Cu_5O_8$ 的配比向

右偏离 Nd123 竖线,则会生成固相 $NdBa_2Cu_3O_{7-\delta}$ 和液相. 由于在降温的过程中,Nd123 晶体是在一定的过冷度范围内逐渐生成的,再加上样品中没有固相 Nd422 粒子,因此,这样的配比可用于生长 NdBCO 单晶体,但是不利于采用熔化生长法制备单畴 NdBCO 超导块材. 如果 Nd422 和 $Ba_3Cu_5O_8$ 的配比向左偏离 Nd123 竖线,则会生成由 Nd123 超导基体和固相 Nd422 粒子构成的复合超导材料.

Wende 等[16]以 $0.25Sm_2Cu_2O_y$(Sm202)和 $0.5BaCuO_2$(011)为初始组分,采用熔化生长方法,研究了大气环境下温度以及 Sm202 和 011 相两种组元的摩尔比对 SmBCO 超导晶体生长的影响,图 2.14 是其准二元相图. 对 $Sm_{1+x}Ba_{2-x}Cu_3O_z$(Sm123ss)化合物,当 $x \approx 0$ 时,$SmBa_2Cu_3O_z$(Sm123)相的包晶反应温度约 1070℃. 当 $x \approx 0.5$ 时,Sm123ss 化合物的熔化温度降低到约 1020℃. 当 $x > 0.5$ 时,Sm123ss 化合物的熔化温度在一定的范围内仍保持 1020℃基本不变,对应于图 2.14 上 p2 处的水平线段. 其反应方程为

$$Sm211 + L \Longleftrightarrow Sm123 + Sm201. \qquad (2.19)$$

当 $x > 0.7$ 时,在图 2.14 中 p1 点对应的等温线上,仍有一温度(975℃)保持不变的水平线段,对应的反应方程为

$$Sm123 + L \Longleftrightarrow Sm201 + CuO. \qquad (2.20)$$

这种情况下,Sm123 相已变得不稳定,不利于制备高质量的 SmBCO 超导体. 在由 s2,p1,p2,p3 包围的区域内,可生成由 Sm123 超导基体和固相 Sm211 粒子构成的复合超导晶体.

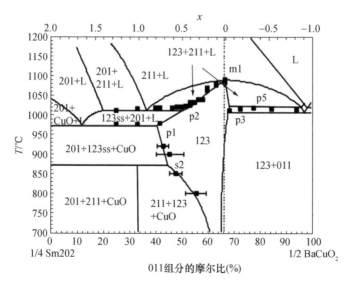

图 2.14 大气环境下以 $0.25Sm_2Cu_2O_y$(Sm202)和 $0.5BaCuO_2$(011)为初始组分制备 SmBCO 超导晶体的准二元相图

$x<0$ 对应于图 2.14 上的富 Ba 区,能够生成的三元化合物主要包括 Sm123, Sm211,Sm143,Sm163 等,具体生成的有哪些化合物与初始化合物的比例和温度有关.

不论是 $LRE_{1+x}Ba_{2-x}Cu_3O_{7-\delta}$ 晶体的准二元相图还是三元相图,对于制备 LREBCO 超导晶体都具有重要的指导作用.

2.3.3　RE^{3+}-Ba^{2+} 固溶体对 LREBCO 超导体的影响

从准三元相图中可知,在 Y-Ba-Cu-O 准三元相图中,Y123 相对应于一个点,而在 LRE-Ba-Cu-O 的准三元相图中,LRE123 相则对应于一条线段.RE^{3+}-Ba^{2+} 离子在 RE123 超导体中形成了 $LRE_{1+x}Ba_{2-x}Cu_3O_{7-\delta}$ $(x \neq 0)$ 固溶体.相对于 $YBa_2Cu_3O_{7-\delta}$ 超导体,这些较大的 LRE^{3+} 离子会引起 $RE_{1+x}Ba_{2-x}Cu_3O_{7-\delta}$ 超导体晶体结构、临界温度和超导性能的变化.

2.3.3.1　RE^{3+}-Ba^{2+} 离子固溶度对 $RE_{1+x}Ba_{2-x}Cu_3O_{7-\delta}$ 晶体晶格参数的影响

RE^{3+}-Ba^{2+} 离子固溶度 x 的大小对 $LRE_{1+x}Ba_{2-x}Cu_3O_{7-\delta}$ 晶体的晶格参数和超导性能有何影响? Drozd 等[22] 在大气环境下,采用固态反应法,通过 950℃烧结、淬火和渗氧的方法,制备出了系列配比为 $Sm_{1+x}Ba_{2-x}Cu_3O_y$(Sm123ss, $x=0$, $0.05, \cdots, 0.8$)的样品,并研究了 Sm^{3+}-Ba^{2+} 离子的固溶度对 Sm123ss 晶体晶格常数的影响.如图 2.15 所示,Sm123ss 化合物的晶格常数与 Sm^{3+}-Ba^{2+} 离子的固溶度 x 密切相关:通过淬火获得(未渗氧)的 $Sm_{1+x}Ba_{2-x}Cu_3O_y$ 样品,只有一种四方

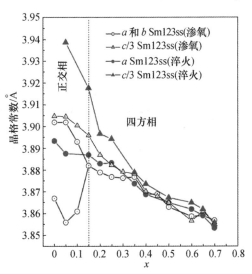

图 2.15　大气环境下,通过淬火和渗氧方法制备的 $Sm_{1+x}Ba_{2-x}Cu_3O_y$ 样品的晶格常数与 Sm 含量之间的关系

相晶体结构,随着 x 的增加,样品的晶格常数 $a(x)$ 轴和 $c(x)$ 轴均逐渐减小.对于渗氧后的 $Sm_{1+x}Ba_{2-x}Cu_3O_y$ 样品,则存在两种晶体结构:当 $x \leqslant 0.15$ 时,Sm123ss 化合物具有正交相晶体结构,是超导体;当 $x > 0.15$ 时,Sm123ss 化合物具有四方相晶体结构,是非超导相.

Sano 等[23]在大气环境下,采用固态反应法,通过 1010℃ 烧结和渗氧的方法,制备出了系列 $Sm_{1+x}Ba_{2-x}Cu_3O_y$ 样品.研究结果表明,当 $x \leqslant 0.3$ 时,Sm123ss 化合物仍具有正交相晶体结构,是超导体,与文献[22]所说的 $x = 0.15$ 并不一致,如图 2.16 所示.这两种结果都说明,随着 Sm 掺杂量的增加,Sm^{3+}-Ba^{2+} 离子的固溶度增大,只是 Sm^{3+}-Ba^{2+} 离子固溶度的范围有所不同.这与两个研究小组采用的实验方法、热处理参数、原料纯度、磨料的容器材质等不同有关.

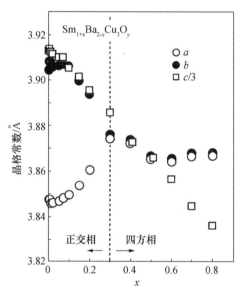

图 2.16 大气环境下,通过固相反应法制备 $Sm_{1+x}Ba_{2-x}Cu_3O_y$ 样品的晶格常数与 Sm 含量之间的关系.当 $x \leqslant 0.3$ 时,Sm123ss 是正交相晶体结构

在 $RE_{1+x}Ba_{2-x}Cu_3O_y$ 固溶体中,由于三价的 RE^{3+} 离子占据了二价 Ba^{2+} 离子的晶格位,使得被占的 Ba^{2+} 离子晶格位上多出一个正电荷,为了保持晶体中的电荷平衡,$RE_{1+x}Ba_{2-x}Cu_3O_y$ 晶体就必须吸收更多的负离子.因此,随着 RE^{3+}-Ba^{2+} 离子固溶度的增加,$RE_{1+x}Ba_{2-x}Cu_3O_y$ 晶体的氧含量也会增加.另外,由于 RE^{3+}-Ba^{2+} 离子的固溶以及氧含量的增加,也可能引起 $RE_{1+x}Ba_{2-x}Cu_3O_y$ 晶体中铜离子的化合价变化.Drozd 等[22]研究了 Sm^{3+}-Ba^{2+} 离子固溶度 x 对淬火和渗氧 $Sm_{1+x}Ba_{2-x}Cu_3O_y$ 样品的氧含量和铜离子平均化合价的影响规律,结果如图 2.17 所示.由图 2.17 可知,对淬火获得的 $Sm_{1+x}Ba_{2-x}Cu_3O_y$ 样品(未渗氧),随着 x 的增加,

Sm123ss 样品的氧含量从 $x=0$ 的 6.2 逐渐增加到 $x=0.6$ 的 6.8,之后趋于饱和状态.Sm123ss 样品中铜离子平均化合价从 $x=0$ 的 1.78 逐渐增加到 $x=0.3$ 的 2.0,之后,在 $0.3 \leqslant x \leqslant 0.7$ 之间,维持在 2.01 左右基本不变,当 $x=0.8$ 时下降到约 1.97.对渗氧后的 $Sm_{1+x}Ba_{2-x}Cu_3O_y$ 样品,其氧含量和铜离子平均化合价均明显高于淬火样品.随着 x 的增加,Sm123ss 样品的氧含量从 $x=0$ 的 6.9 逐渐增加到 $x=0.8$ 的 7.18,Sm123ss 样品中铜离子平均化合价在 2.18 到 2.28 之间变化.$x=0$ 时铜离子的平均化合价最大为 2.28,$x=0.8$ 时最小为 2.18.

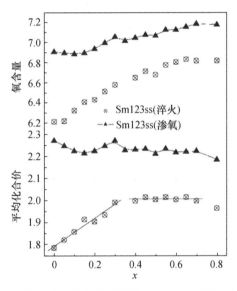

图 2.17　淬火和渗氧 $Sm_{1+x}Ba_{2-x}Cu_3O_y$ 样品的氧含量和铜离子平均化合价与固溶度 x 的关系

　　Shimi 等[24]研究了 Gd^{3+}-Ba^{2+} 离子固溶度 x 对 $Gd_{1+x}Ba_{2-x}Cu_3O_y$ 样品氧含量的影响规律,结果如图 2.18 所示.由图 2.18 可知,随着 x 的增加,Gd123ss 样品的氧含量 δ 从 $x=0$ 的 6.94 逐渐增加到 $x=0.23$ 的 6.99,计算的结果(实线)比实验结果(黑色圆点)要高一些.

　　这些结果均说明,在 $RE_{1+x}Ba_{2-x}Cu_3O_y$ 固溶体中,随着 RE^{3+}-Ba^{2+} 离子固溶度的增加,$RE_{1+x}Ba_{2-x}Cu_3O_y$ 晶体中的晶体结构、氧含量,以及铜离子的化合价均会发生变化.

2.3.3.2　RE^{3+}-Ba^{2+} 离子固溶度对 $RE_{1+x}Ba_{2-x}Cu_3O_{7-\delta}$ 晶体超导性能的影响

　　在 $RE_{1+x}Ba_{2-x}Cu_3O_{7-\delta}$ 晶体中,由于 RE^{3+} 占据了 Ba^{2+} 离子位置,RE123 相的组分、氧含量、铜离子化合价和晶体结构发生变化,RE^{3+}-Ba^{2+} 离子的固溶必然影响 $RE_{1+x}Ba_{2-x}Cu_3O_{7-\delta}$ 超导体的性能.Sano 等[23]通过对 $RE_{1+x}Ba_{2-x}Cu_3O_{7-\delta}$ 样品 T_c 的测量,发现随着 Sm^{3+}-Ba^{2+} 离子的固溶度 x 的增加,Sm123ss 化合物的 T_c 从

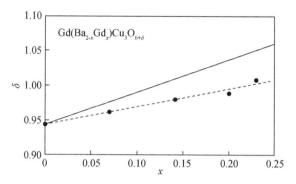

图 2.18 Gd^{3+}-Ba^{2+} 离子固溶度 x 与 $Gd_{1+x}Ba_{2-x}Cu_3O_y$ 样品氧含量的关系

$x=0$ 的 92 K 增加到 $x=0.02$ 的 94 K,再下降到 $x=0.05$ 的 91 K,之后快速下降到 $x=0.3$ 的 35 K. 当 $x>0.4$ 时,检测不到超导电性,如图 2.19 所示.

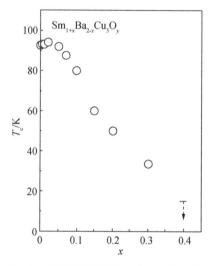

图 2.19 $Sm_{1+x}Ba_{2-x}Cu_3O_{7-\delta}$ 样品临界温度 T_c 与 Sm^{3+}-Ba^{2+} 离子固溶度 x 的关系

Shimi 等[24]研究了 Gd^{3+}-Ba^{2+} 离子的固溶度 x 对 $Gd_{1+x}Ba_{2-x}Cu_3O_{7-\delta}$ 样品的晶格常数及临界温度的影响规律,结果如图 2.20 所示.由图 2.20(a)可知,当 $x\leqslant$ 0.2 时,Gd123ss 化合物仍具有正交相晶体结构,是超导体.当 $x>0.2$ 时,Gd123ss 化合物则具有四方相晶体结构,是非超导材料.由图 2.20(b)可知,随着 Gd^{3+}-Ba^{2+} 离子固溶度 x 的增加,Gd123ss 化合物的 T_c 逐渐减小,从 $x=0$ 的约 92 K,逐渐减小到 $x=0.2$ 的 40 K 左右.

这些结果表明,在 $RE_{1+x}Ba_{2-x}Cu_3O_{7-\delta}$ 晶体中,RE^{3+} 占据 Ba^{2+} 离子位置后,不仅引起了 RE123 相的组分、氧含量、铜离子化合价、晶体结构和电子结构的变化,

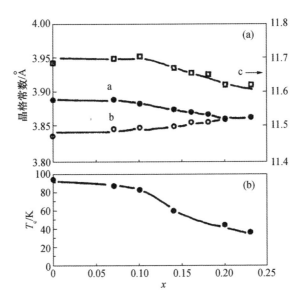

图 2.20 Gd^{3+}-Ba^{2+} 离子的固溶度 x 与 $Gd_{1+x}Ba_{2-x}Cu_3O_{7-\delta}$ 样品的晶格常数、临界温度的关系

而且较大的固溶度也会导致 $RE_{1+x}Ba_{2-x}Cu_3O_{7-\delta}$ 超导体临界温度的严重下降. 因此, 为了改善和提高 $RE_{1+x}Ba_{2-x}Cu_3O_{7-\delta}$ 晶体的超导性能, 探寻能够有效抑制和降低 RE^{3+}-Ba^{2+} 离子固溶度的方法就成了关键所在.

2.3.4 抑制 LREBCO 超导体中 RE^{3+}-Ba^{2+} 替换的方法

在 $RE_{1+x}Ba_{2-x}Cu_3O_y$ 超导体中, 导致其超导性能下降的原因主要是三价的 RE^{3+} 离子占据了二价 Ba^{2+} 离子的晶格位, 但是从晶体电中性的原则上看, 这种 RE^{3+}-Ba^{2+} 离子固溶现象的出现, 必须有足够的负离子 (氧离子) 来平衡. 那么, 如何才能有效地抑制和减小 LREBCO 超导体中的 RE^{3+}-Ba^{2+} 替换? 在晶体生长理论和大量实验的基础上, 我们把抑制 RE^{3+}-Ba^{2+} 替换的主要方法总结如下:

(1) 采用低氧分压抑制 LREBCO 超导体中 RE^{3+}-Ba^{2+} 的固溶度. 因为, 在 $RE_{1+x}Ba_{2-x}Cu_3O_y$ 晶体生长过程中, 如果其所处的环境为低氧分压 (氧气不足), 晶体就无法获得足够的负氧离子, 那么, 三价的 RE^{3+} 离子由于没有足够的氧离子来维持其可能造成的电荷不平衡, 占据二价 Ba^{2+} 离子晶格位的程度就会受到抑制.

(2) 采用添加富 Ba 相的方法抑制 LREBCO 超导体中 RE^{3+}-Ba^{2+} 的固溶度. 因为在 $RE_{1+x}Ba_{2-x}Cu_3O_y$ 晶体生长的过程中, 如果提高 Ba^{2+} 的浓度, 将会增强 Ba^{2+} 离子占据其固有晶格位的概率, 降低 RE^{3+} 离子占据二价 Ba^{2+} 离子晶格位的概率, 达到抑制三价 RE^{3+} 离子占据二价 Ba^{2+} 离子晶格位的作用.

（3）通过控制温度的方法抑制 LREBCO 超导体中 RE^{3+}-Ba^{2+} 的固溶度. 因为在 $RE_{1+x}Ba_{2-x}Cu_3O_y$ 晶体生长的过程中，RE^{3+} 的溶解度与温度有关，所以，选取合适的温度，可以降低 RE^{3+} 的溶解度，从而提高 Ba^{2+} 的相对浓度，达到抑制三价 RE^{3+} 离子占据二价 Ba^{2+} 离子晶格位的作用.

前两种方法简单有效，已被广泛采用. 由于温度对 $RE_{1+x}Ba_{2-x}Cu_3O_y$ 晶体的固溶度影响不太大，因此第三种方法一般很少用.

2.3.4.1 氧分压对 LREBCO 超导体 RE^{3+}-Ba^{2+} 固溶度的影响

从物理角度分析可知，采用低氧分压能够降低三价 RE^{3+} 离子占据二价 Ba^{2+} 离子晶格位的稳定性，有利于抑制 LREBCO 超导体中 RE^{3+}-Ba^{2+} 的固溶现象. 那么，究竟多大的氧分压能够抑制 $RE_{1+x}Ba_{2-x}Cu_3O_y$ 晶体中 RE^{3+} 离子占据 Ba^{2+} 离子晶格位的作用，达到提高 $RE_{1+x}Ba_{2-x}Cu_3O_y$ 超导性能的目的？

Yoo 等[14]通过差热分析方法，研究了氧分压（$P(O_2)=100\%O_2$，$1\%O_2+Ar$，$0.1\%O_2+Ar$）和 Nd 含量对 $Nd_{1+x}Ba_{2-x}Cu_3O_{7-\delta}$ 的反应温度的影响，$x=0,0.25,0.5$，结果如图 2.21 所示. 由此图可知，当 $P(O_2)=100\%O_2$ 时，$Nd_{1+x}Ba_{2-x}Cu_3O_{7-\delta}$ 化合物的包晶反应温度峰值（T_p）基本不变，当 $x=0$ 时，$T_p\approx1114℃$，当 $x=0.25,0.5$ 时，$T_p\approx1112℃$. 当 $P(O_2)=1\%O_2+Ar$ 时，$Nd_{1+x}Ba_{2-x}Cu_3O_{7-\delta}$ 化合物的 T_p 值明显降低，从 $x=0$ 的 $T_p\approx1071℃$ 降低到 $x=0.25$ 的 $1067℃$，$x=0.5$ 的 $1038℃$. 当 $P(O_2)=0.1\%O_2+Ar$ 时，$Nd_{1+x}Ba_{2-x}Cu_3O_{7-\delta}$ 化合物的 T_p 从 $x=0$ 的 $T_p\approx1062℃$ 降低到 $x=0.25$ 的 $1047℃$，$x=0.5$ 的 $1019℃$. 这些结果表明，不管 $Nd_{1+x}Ba_{2-x}Cu_3O_{7-\delta}$ 化合物中 Nd 含量 x 的高低，随着氧分压的降低，所有组分的包晶反应温度均有明显下降. 初始组分中的 Nd 含量 x 越高，$Nd_{1+x}Ba_{2-x}Cu_3O_{7-\delta}$ 化合物的异质熔化温度下降幅度就越大. 由此可以推知，低氧分压能够有效降低 $Nd_{1+x}Ba_{2-x}Cu_3O_{7-\delta}$ 晶体中 Nd^{3+} 占据 Ba^{2+} 离子位置需要的负氧离子浓度，大幅度降低 Nd^{3+} 占据 Ba^{2+} 离子位置的稳定性，从而达到降低 Nd^{3+} 与 Ba^{2+} 离子固溶度 x 的目的.

Yoshizumi 等[25]研究了不同氧分压（$P(O_2)=100\%O_2$，大气，$1\%O_2+Ar$）条件下，温度对 $Nd_{1+x}Ba_{2-x}Cu_3O_{7-\delta}$ 化合物固溶度 x 的影响规律，结果如图 2.22 所示. 由图 2.22 可知，在大气环境和纯氧环境下，$Nd_{1+x}Ba_{2-x}Cu_3O_{7-\delta}$ 化合物的固溶度 x 范围很宽. 当 $x<0.08$ 时，随着 x 的增加，生成 $Nd_{1+x}Ba_{2-x}Cu_3O_{7-\delta}$ 晶体的反应温度很快升高. 当 $x>0.08$ 时，随着 x 增加，生成 $Nd_{1+x}Ba_{2-x}Cu_3O_{7-\delta}$ 晶体的反应温度逐渐下降. 而且，在一个温度下，可能出现固溶度 x 不同的两种固溶体. $Nd_{1+x}Ba_{2-x}Cu_3O_{7-\delta}$ 晶体中固溶度 x 的大小，主要取决于初始成分中 Nd 的含量. 形成同比例 x 的 $Nd_{1+x}Ba_{2-x}Cu_3O_y$ 固溶体时，氧分压越高，需要的温度越高. 当氧分压 $P(O_2)=1\%O_2+Ar$ 时，温度变化对 $Nd_{1+x}Ba_{2-x}Cu_3O_{7-\delta}$ 化合物固溶度 x 的

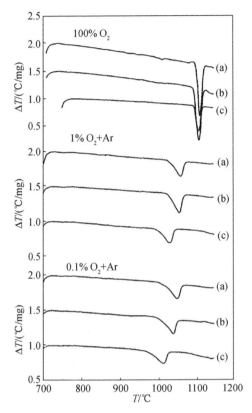

图 2.21　不同氧分压条件下 $Nd_{1+x}Ba_{2-x}Cu_3O_{7-\delta}$ 样品的差热分析曲线, $x=0,0.25,0.5$

影响明显不同于前两种情况, 固溶度 x 被限制在一个很小的范围内, $x<0.06$, 几乎与 $YBa_2Cu_3O_y$ 一样可以忽略. 另外, 在低氧分压条件下, $Nd_{1+x}Ba_{2-x}Cu_3O_{7-\delta}$ 化合物的包晶反应温度明显下降.

Goodilin 等[26] 在制备 $Nd_{1+x}Ba_{2-x}Cu_3O_{7-\delta}$ 超导体的过程中, 也发现了低氧分压有利于降低 Nd^{3+} 与 Ba^{2+} 离子的固溶度 x 的现象. 当氧分压 $P(O_2)<0.01$ bar 时, 固溶度几乎可控制为 $x=0$. 当氧分压 $P(O_2)=0.2$ 和 1 bar 时, 固溶度 $x\neq0$. 温度越高, 固溶度 x 越小, 温度越低, 固溶度 x 越大.

2.3.4.2　富 Ba 相对 LREBCO 超导体 RE^{3+}-Ba^{2+} 固溶度的影响

除了采用低氧分压方法以外, 添加富 Ba 相也可以有效地抑制 LREBCO 超导体中 RE^{3+}-Ba^{2+} 的固溶度. 因为, 在 $RE_{1+x}Ba_{2-x}Cu_3O_y$ 晶体生长的过程中, 如果添加过量 Ba 元素, 就提高了晶体生长前沿液相中 Ba^{2+} 的浓度及其化学势 μ_{Ba}, 从而增强 Ba^{2+} 离子占据其固有晶格位的概率, 降低 RE^{3+} 离子占据二价 Ba^{2+} 离子晶格位的概率, 最终达到抑制三价 RE^{3+} 离子占据二价 Ba^{2+} 离子晶格位的目的.

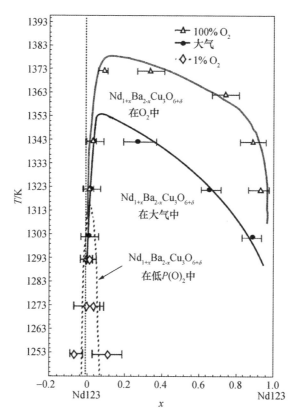

图 2.22   不同氧分压($P(O_2)$＝100％O_2,大气,1％O_2＋Ar)下,温度对 $Nd_{1+x}Ba_{2-x}Cu_3O_{7-\delta}$ 化合物固溶度 x 的影响

Yoshizumi 等[25]研究了过量 Ba 元素掺杂对 $Nd_{1+x}Ba_{2-x}Cu_3O_{7-\delta}$ 化合物固溶度 x 的影响规律,结果如图 2.23 所示.由图 2.23 可知,不论 Ba/Cu 比例和氧分压的大小,温度对 $Nd_{1+x}Ba_{2-x}Cu_3O_{7-\delta}$ 化合物固溶度 x 的影响都不大,但是温度越高,固溶度 x 越小.由图 2.23(a)可知,在低氧分压 $P(O_2)$＝1％O_2＋Ar 条件下,$Nd_{1+x}Ba_{2-x}Cu_3O_{7-\delta}$ 化合物固溶度 x 很小,几乎接近于 0. Ba/Cu 的比例大小对 $Nd_{1+x}Ba_{2-x}Cu_3O_{7-\delta}$ 化合物固溶度 x 影响度不大.只是当 Ba/Cu 的比例太小时,随着 Ba/Cu 比例的减小,RE^{3+}-Ba^{2+} 离子的固溶度 x 有所增加.但是,在大气环境下,$Nd_{1+x}Ba_{2-x}Cu_3O_{7-\delta}$ 化合物固溶度 x 与 Ba/Cu 的比例密切相关,当 Ba/Cu 的比例大于 0.6 时,固溶度 x 较小.当 Ba/Cu 的比例小于 0.6 时,随着 Ba/Cu 比例的减小,RE^{3+}-Ba^{2+} 离子的固溶度 x 增加很快.Ba/Cu 的比例为 0.3 时,固溶度达到 x＝0.7 以上,见图 2.23(b).在纯氧($P(O_2)$＝100％O_2)条件下,$Nd_{1+x}Ba_{2-x}Cu_3O_{7-\delta}$ 化合物固溶度 x 随着 Ba/Cu 比值变化的关系与大气环境的情况相似,只是在相同的

Ba/Cu 值处，$Nd_{1+x}Ba_{2-x}Cu_3O_{7-\delta}$ 化合物固溶度 x 略有增加，如图 2.23(c) 所示. 总之，在 $RE_{1+x}Ba_{2-x}Cu_3O_y$ 晶体生长的过程中，通过添加过量 Ba 元素的方法，可有效地抑制 LREBCO 超导体中 RE^{3+} 对 Ba^{2+} 离子晶格位的占据，降低 RE^{3+}-Ba^{2+} 离子的固溶度. 另外，图 2.23 表明，在其他条件相同的情况下，较低的晶体生长温度也有利于降低 RE^{3+}-Ba^{2+} 离子的固溶度.

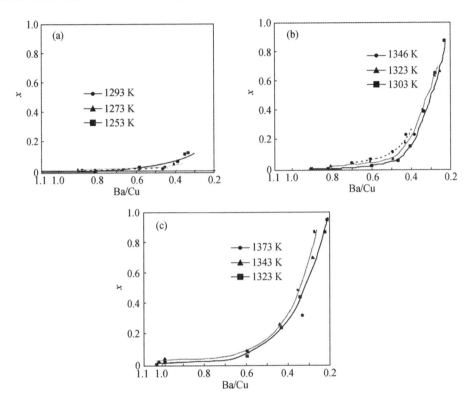

图 2.23　$Nd_{1+x}Ba_{2-x}Cu_3O_{7-\delta}$ 化合物的固溶度 x 与 Ba/Cu 比值变化的关系. (a) $P(O_2)=1\%$ O_2+Ar，(b) $P(O_2)=$ 大气，(c) $P(O_2)=100\%O_2$

由图 2.23 可知，不论助溶剂中 Ba/Cu 比例和氧分压的大小如何，温度对 $Nd_{1+x}Ba_{2-x}Cu_3O_y$ 化合物固溶度 x 的影响都不大. 这只是相对助溶剂中 Ba/Cu 比例而言的，并不能说明 $RE_{1+x}Ba_{2-x}Cu_3O_y$ 化合物中 RE^{3+} 占据 Ba^{2+} 离子晶格位置的比例 x 与温度关系不大. Kuznetsov 等[27] 研究了 $RE_{1+x}Ba_{2-x}Cu_3O_y$ 化合物中 RE^{3+} 占据 Ba^{2+} 离子晶格位置的比例 x 与温度的关系，结果如图 2.24 所示. 由图 2.24 可知，当 $x<0.2$ 时，随着 x 的增加，生成 $RE_{1+x}Ba_{2-x}Cu_3O_{7-\delta}$ 晶体的反应温度很快升高，而当 $x>0.2$ 时，随着 x 的增加，生成 $RE_{1+x}Ba_{2-x}Cu_3O_{7-\delta}$ 晶体的反应温度逐渐下降. 同时，在同一温度下，可能会出现固溶度 x 不同的两种固溶体.

$RE_{1+x}Ba_{2-x}Cu_3O_{7-\delta}$ 晶体中固溶度 x 的大小,主要取决于初始成分中 Nd 的含量.在低温区(对应于 $0.2 \leqslant x < 0.8$), Sm^{3+} 和 Nd^{3+} 离子占据 Ba^{2+} 离子晶格位置的比例 x 随温度变化的趋势相同,只是形成同样比例的固溶度 x 时,$Nd_{1+x}Ba_{2-x}Cu_3O_y$ 化合物需要更高的温度.在高温区(对应于 $x \leqslant 0.2$),Sm^{3+} 离子占据 Ba^{2+} 离子晶格位置的比例 x 比 Nd^{3+} 离子的低,这可能是因为高温时生成的化合物由 RE123ss,RE422(RE211)以及液相组成,$Nd_{4-2x}Ba_{2+2x}Cu_2O_{10}$ 化合物的 Nd^{3+}-Ba^{2+} 离子的固溶度大,而 $Sm_{2-x}Ba_{1+x}CuO_5$ 化合物中的 Sm^{3+}-Ba^{2+} 固溶度很小所致.两者在低温区随温度变化趋势相同,是由于在该温区生成的化合物由 RE123ss,RE201 以及液相组成,而在 RE201 化合物中不存在 RE^{3+}-Ba^{2+} 离子固溶现象.

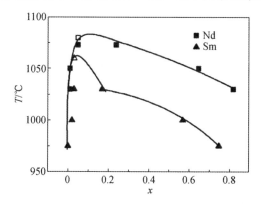

图 2.24 $RE_{1+x}Ba_{2-x}Cu_3O_y$ 化合物中 RE^{3+} 占据 Ba^{2+} 离子晶格位置的比例 x 与温度的关系.空心三角和方块符号分别表示 Sm123 和 Nd123 的包晶反应温度

姚忻等[28]采用顶部籽晶液相生长法,研究了在大气环境下,1055～1070℃之间,液相中 Ba/Cu 的比例对 $Nd_{1+x}Ba_{2-x}Cu_3O_z$ 晶体中固溶度 x 的影响,如图 2.25 所示.由图 2.25 可知,随着 Ba/Cu 比例的增加,RE^{3+}-Ba^{2+} 离子的固溶度 x 逐渐减小,x 从 Ba/Cu 比例为 0.61 的 0.054 逐渐减小到 Ba/Cu 比例为 0.85 的 0.03.该结果也说明,液相中 Ba/Cu 比例越大,$Nd_{1+x}Ba_{2-x}Cu_3O_z$ 晶体中 RE^{3+}-Ba^{2+} 离子的固溶度 x 越小.

在大气环境下使用不同 Ba/Cu 比例(0.61,0.68,0.75,0.78)液相溶剂制备的 $Nd_{1+x}Ba_{2-x}Cu_3O_z$ 晶体的 T_c 和 J_c 结果分别如图 2.26,图 2.27 所示[28].由图 2.26 可知,随着 Ba/Cu 比例的逐渐增加,$Nd_{1+x}Ba_{2-x}Cu_3O_z$ 晶体的 T_c 越来越高,转变宽度 ΔT_c 越来越窄,当 Ba/Cu 比例为 0.78 时,T_c 达到 94.6 K,$\Delta T_c < 1.5$ K.

由图 2.27 可知,液相中 Ba/Cu 比例较高(0.75,0.78)的两个样品的 J_c,远远高于液相中 Ba/Cu 比例较低(0.61,0.68)的两个样品的 J_c.这说明在制备 $Nd_{1+x}Ba_{2-x}Cu_3O_z$ 晶体过程中,液相中 Ba/Cu 的比例越高,样品中的 RE^{3+}-Ba^{2+} 离子固溶度 x 越小,T_c 越高,ΔT_c 越窄,超导性能越好.

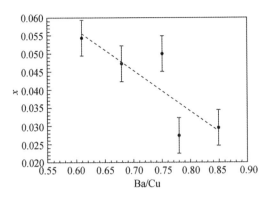

图 2.25 在大气环境下液相中 Ba/Cu 的比例对 $Nd_{1+x}Ba_{2-x}Cu_3O_z$ 晶体中 RE^{3+}-Ba^{2+} 离子固溶度 x 的影响

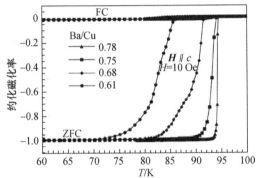

图 2.26 大气环境下不同 Ba/Cu 比例制备的 $Nd_{1+x}Ba_{2-x}Cu_3O_z$ 晶体的约化磁化率随温度的变化曲线

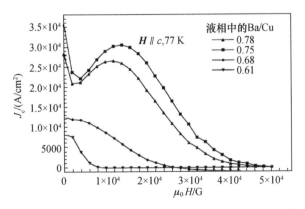

图 2.27 大气环境中不同 Ba/Cu 比例条件下制备的 $Nd_{1+x}Ba_{2-x}Cu_3O_z$ 晶体的临界电流密度 J_c 随磁场的变化曲线

2.3.5 REBCO 晶体生长时液相中 RE^{3+} 的溶解度

在用固态反应法制备 REBCO 超导体的过程中,一般不会出现各组分的熔化现象,样品具有多晶陶瓷材料典型的颗粒形貌,所以不用关注 RE^{3+}, Ba^{2+}, Cu^{2+} 离子溶解度问题. 但是,如果采用熔化生长法制备 REBCO 超导体,就必须先将制备 REBCO 超导体的初始坯体加热到其包晶反应温度(RE123 相的熔化分解温度 T_p)以上,使 RE123 相熔化分解成 RE211 固相和 $Ba_3Cu_5O_8$($3BaCuO_2 + 2CuO$)液相,再降温到包晶反应温度以下,使固相 RE211 与 $Ba_3Cu_5O_8$ 液相发生逆化学反应,再生成 RE123 相,实现 REBCO 晶体的生长. 在该过程中,熔体中 RE^{3+}, Ba^{2+} 和 Cu^{2+} 离子的溶解度对 REBCO 晶体生长速率和品质起着非常重要的作用. 在该熔体中, Ba^{2+} 和 Cu^{2+} 离子是由处于熔化状态的 $Ba_3Cu_5O_8$ 液相提供的,其离子浓度与初始配比浓度基本相同,且这种比例很稳定,也得到了实验证实[29]. 然而, RE^{3+} 离子的溶解度则不同,它是由固相 RE211 粒子在 $Ba_3Cu_5O_8$ 液相溶解后产生的,故 RE^{3+} 离子的浓度很低,远低于其初始配比浓度. 因此,对 REBCO 晶体生长起关键作用的是 RE^{3+} 离子在 $Ba_3Cu_5O_8$ 液相中的溶解度.

2.3.5.1 氧分压对 YBCO 晶体生长时液相中 Y^{3+} 溶解度的影响

YBCO 超导材料的相图表明,其超导相 $YBa_2Cu_3O_y$(Y123)在相图中对应的是一个点 Y : B : Cu = 1 : 2 : 3,是理想的化学配比. 但是,由于 $YBa_2Cu_3O_y$ 晶体是一种缺氧的钙钛矿结构,在晶体生长的过程中,改变其生长环境中的氧分压,将对 YBCO 超导体的生长产生一定的影响.

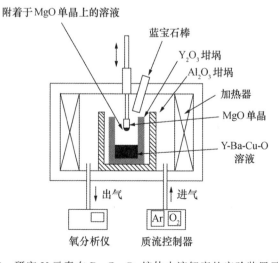

图 2.28 研究 Y 元素在 $Ba_3Cu_5O_8$ 熔体中溶解度的实验装置示意图

Nakamura 等[29]研究了在不同氧分压下 Y123 晶体的熔化分解温度(T_p)和 Y 元素在 $Ba_3Cu_5O_8$ 熔体中的变化规律. 他们采用差热分析(DTA)的方法, 研究了不同氧分压($P(O_2) = 2\% O_2 + Ar$, $P(O_2) = 21\% O_2 + Ar$, $P(O_2) = 100\% O_2$)对 Y123 晶体的熔化分解温度(T_p)的影响. 结果发现, 氧分压越高, Y123 晶体的熔化分解温度 T_p 越高. 当($P(O_2) = 2\% O_2 + Ar$, $P(O_2) = 21\% O_2 + Ar$, $P(O_2) = 100\% O_2$)时, Y123 晶体的熔化分解温度 T_p 分别为 989℃, 1014℃, 1034℃. 他们同时研究了 Y 元素在 $Ba_3Cu_5O_8$ 熔体中液相线的变化规律, 实验装置[29]见图 2.28. 该装置可以控制实验环境中的温度、氧分压 $P(O_2)$, 可随时获取不同条件下的熔体中待研究的样本. 他们以 Y_2O_3 制备的坩埚作为 Y^{3+} 离子源, 以装在 Y_2O_3 坩埚内的 $Ba_3Cu_5O_8$ 液相为熔剂, 通过对 $950\sim1100$℃之间的系列样品采用电感耦合等离子体原子发射光谱 (ICP-AES)分析的方法, 研究了不同氧分压条件下 Y^{3+} 离子在 $Ba_3Cu_5O_8$ 熔体中的溶解度, 如图 2.29 所示. 由图 2.29 可知, 对于每一氧分压条件, Y^{3+} 离子在 $Ba_3Cu_5O_8$ 熔体中的溶解曲线均由两条变化趋势不同的曲线构成, 两条曲线的交叉分界点对应于该条件下 Y123 晶体的熔化分解温度 T_p. 随着氧分压的增加, Y^{3+} 离子在 $Ba_3Cu_5O_8$ 熔体中的溶解度(以温度为 T_p 时的溶解度为例)逐渐增加. 如当 $P(O_2) = 2\% O_2 + Ar$, $P(O_2) = 21\% O_2 + Ar$, $P(O_2) = 100\% O_2$ 时, Y^{3+} 离子的溶解度分别为 0.42%, 0.61%, 0.71%(原子数百分比). 但是, 在不同的氧分压条件下, Y123 相熔化分解的液相线并没有明显变化. 这种微小的变化主要是由于在不同的氧分压条件下, Y123 和 Y211 相熔化分解的热力学焓值比较接近所致, 如 Y123 相在 $P(O_2) = 2\% O_2 + Ar$, $P(O_2) = 21\% O_2 + Ar$, $P(O_2) = 100\% O_2$ 条件下, 溶解时的热力学焓分别为 289 kJ/mol, 239 kJ/mol, 206 kJ/mol. Y211 相在 $P(O_2) = 2\% O_2 + Ar$, $P(O_2) = 21\% O_2 + Ar$, $P(O_2) = 100\% O_2$ 条件下, 溶解时的热力学焓分别为 105 kJ/mol, 88 kJ/mol, 88.4 kJ/mol.

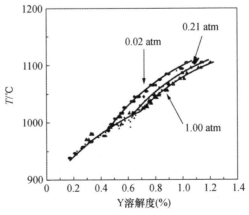

图 2.29 不同氧分压条件下 Y^{3+} 离子在 $Ba_3Cu_5O_8$ 熔体中的溶解度与温度的关系

2.3.5.2   空气环境下 REBCO 晶体生长时不同 RE³⁺ 在液相中的溶解度

大量研究结果表明,在大气环境下通过添加过量 Ba^{2+} 离子的方法,可以制备出高性能 LREBCO 超导材料. 那么,REBCO 超导晶体的生长与 YBCO 超导材料有何差异? 这主要取决于 REBCO 超导晶体的包晶反应温度 T_p,T_p 附近 RE^{3+} 离子的溶解度及其液相线的斜率大小. 因此,要制备高质量的 REBCO 超导晶体或单畴熔融织构样品,就必须掌握 REBCO 晶体的相图、RE^{3+} 在液相中的溶解度及其液相线变化规律.

Nakamura 等[21]研究了在大气环境下 $1223\sim1573$ K 之间 Y^{3+},Sm^{3+},Nd^{3+} 离子在 $Ba_3Cu_5O_8$ 溶体中的液相线变化规律,如图 2.30 所示. 由图 2.30 可知,稀土 RE^{3+} 离子半径越大,离子的溶解度越高,如 Y^{3+},Sm^{3+},Nd^{3+} 离子在其相应的 RE123 包晶反应温度 T_p 处的溶解度分别为 0.6%($T_p = 1278$ K),1.8%($T_p = 1333$ K),3.2%($T_p = 1359$ K)(原子数百分比).

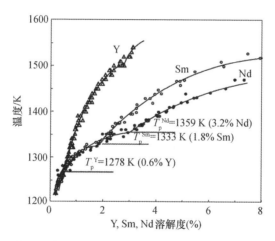

图 2.30   大气环境下 Y^{3+},Sm^{3+},Nd^{3+} 离子在 $Ba_3Cu_5O_8$ 熔体中的液相线变化规律

Krauns 等[30]研究了在大气环境下 $1223\sim1573$ K 之间 Yb^{3+},Y^{3+},Dy^{3+},Gd^{3+},Sm^{3+} 等离子在 $Ba_3Cu_5O_8$ 熔体中溶解的液相线变化规律,结果亦表明,稀土离子半径越大,离子的溶解度越高. Shiohara 和 Endo[31]在大量研究的基础上,将 RE^{3+} 离子在 $Ba_3Cu_5O_8$ 熔体中溶解的液相线变化规律进行了整理,如图 2.31 所示. 由图 2.31 可知:(1)随着 RE^{3+} 离子半径的增大,RE123 相的包晶反应温度 T_p 不断增大.(2)随着 RE^{3+} 离子半径的增大,在 T_p 附近 RE^{3+} 离子的溶解度增大.(3)随着 RE^{3+} 离子半径的增大,在 T_p 附近 RE123 相与液相之间液相线的斜率有所减小. 这种包晶反应温度 T_p,RE^{3+} 离子的溶解度,以及液相线的斜率随着 RE^{3+} 离子半径的增大而变化的规律,是制备 REBCO 超导材料时必须考虑的重要的因素.

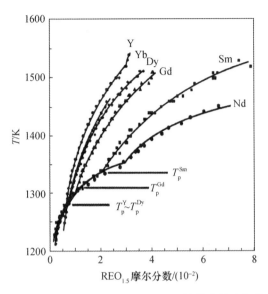

图 2.31　大气环境下 RE^{3+} 离子在 $Ba_3Cu_5O_8$ 熔体中的液相线变化规律

对于一般溶质的溶解, 其液相线可以用 Arrhenius 关系式表示, 用 N_{RE} 表示 RE 元素在熔体中的摩尔溶解度, $\Delta H(RE)$ 表示 RE 元素溶解时的热力学焓, A 是一个与温度无关的常数, 则 N_{RE} 与温度的关系可表示为

$$N_{RE} = Ae^{-\frac{\Delta H(RE)}{RT}}. \tag{2.21}$$

Krauns, Shiohara 和 Endo 等[30,31]利用(2.21)式对大气环境下采用不同化合物(如 RE_2O_3, RE211(或 RE422), RE123)作为溶质时, RE^{3+} 离子在 $Ba_3Cu_5O_8$ 熔体中的液相线进行了拟合, 部分结果如下:

$$N_{Y211} = 1.08 \times 10^2 \exp(-1.26 \times 10^4/T), \tag{2.22}$$

$$N_{Y123} = 4.44 \times 10^7 \exp(-2.90 \times 10^4/T), \tag{2.23}$$

$$N_{Sm211} = 9.03 \times 10^2 \exp(-1.44 \times 10^4/T), \tag{2.24}$$

$$N_{Sm123} = 4.13 \times 10^8 \exp(-3.19 \times 10^4/T), \tag{2.25}$$

$$N_{Nd422} = 1.46 \times 10^5 \exp(-1.48 \times 10^4/T), \tag{2.26}$$

$$N_{Nd123} = 1.43 \times 10^{11} \exp(-3.39 \times 10^4/T). \tag{2.27}$$

(2.22)~(2.27)式中的 N_{RE123} 和 N_{RE211}(N_{RE422})分别表示 RE123 和 RE211(或 RE422)相与液相之间的溶解度.

2.3.5.3　氧分压对 NdBCO 晶体生长时液相中 Nd^{3+} 溶解度的影响

NdBCO 晶体是典型的 LREBCO 超导材料. 由于 Nd^{3+} 离子半径较大, 能够与 Ba^{2+} 离子形成 $Nd_{1+x}Ba_{2-x}Cu_3O_y$ 固溶体, 所以其超导相 Nd123 在相图中对应的不是一个点, 而是一个线段. 另外, 由于 Nd123 晶体也是一种缺氧的钙钛矿结构, 因此如果在晶体生长过程中,改变其生长环境中的氧分压,不仅会影响 Nd123 晶体中 Nd³⁺-Ba²⁺ 离子的固溶度,而且会影响 Nd³⁺ 离子的溶解度和 NdBCO 超导体的生长.

Yoshizumi 等[25]采用如图 2.32 所示的实验装置,研究了在不同氧分压条件下,液相中 BaO/CuO 比例分别为 3/4,3/5,1/5 时 Nd 元素的溶解度及其在熔体中的液相线变化规律.该装置可以控制实验环境中的温度和氧分压 $P(O_2)$,通过用氧化锆固体电解质氧分析仪检测出口处氧含量的方法,确定晶体生长时炉子内的氧分压,通过固定在 Al₂O₃ 杆上的 MgO 单晶获取不同条件下 Nd-Ba-Cu-O 熔体中的样本.他们采用 MgO 坩埚,以不同比例的 BaO/CuO 混合物作为液相溶剂,以 Nd422(或 Nd123)作为提供 Nd³⁺ 离子源的溶质,通过对 1223～1423 K 之间系列样本的分析,获得了不同氧分压条件下 Nd³⁺ 离子在不同 BaO/CuO 比例熔体中的溶解度,结果如图 2.33 所示.

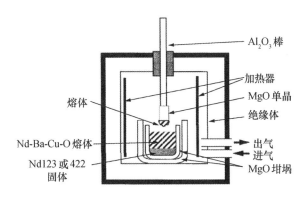

图 2.32　用于研究 Nd 元素溶解度的实验装置示意图

由图 2.33 可知:(1) 氧分压越高,Nd123 晶体的熔化分解温度 T_p 越高,Nd³⁺ 离子的溶解度越大.(2) BaO/CuO 比例越高,Nd123 晶体的熔化分解温度 T_p 越高,Nd³⁺ 离子的溶解度越小.这表明通过提高氧分压以及降低 BaO/CuO 比例的方法,可以提高 Nd³⁺ 离子的溶解度,改善 Nd123 晶体的生长速率.

结合图 2.30 可知,当 BaO/CuO＝3/5 时,Nd123 晶体在氧分压 $P(O_2)$＝1％ O₂＋Ar, 21％ O₂＋Ar 和 100％ O₂ 条件下的包晶反应温度 T_p 分别约为 1307 K,1359 K,1375 K.相应温度 T_p 处的溶解度分别约为 2.2％,3.2％,3.7％(原子数百分比).这明显高于 Y123 晶体在同样条件下 Y³⁺ 离子的溶解度,表明 Nd123 晶体的生长速率明显高于 Y123 晶体.

Nakamura 等[32]以 Nd₂O₃ 坩埚作为提供 Nd³⁺ 离子源的溶质,以装于 Nd₂O₃ 坩埚中的 Ba₃Cu₅O₈ 熔体作为液相,通过对 1000～1200℃ 之间的系列样品的分析,

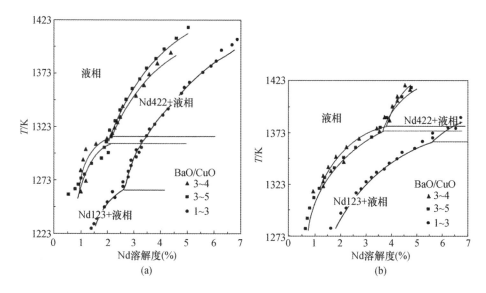

图 2.33　不同氧分压条件下,液相中 BaO/CuO 比例分别为 3/4,3/5,1/3 时 Nd 元素的溶解度及其在熔体中的液相线变化规律. (a) $P(O_2)=1\%\ O_2+Ar$, (b) $P(O_2)=100\%\ O_2$

研究了在不同氧分压($P(O_2)=2\%\ O_2+Ar$, $P(O_2)=21\%\ O_2+Ar$ 和 $100\%\ O_2$)条件下, Nd 元素在 $Ba_3Cu_5O_8$ 液相中的溶解度及其在熔体中的液相线变化规律,如图 2.34 所示.由图 2.34(a)可知:(1) 氧分压越高,Nd123 晶体的熔化分解温度 T_p 越高.(2) 氧分压越高,Nd^{3+} 离子的溶解度越高.

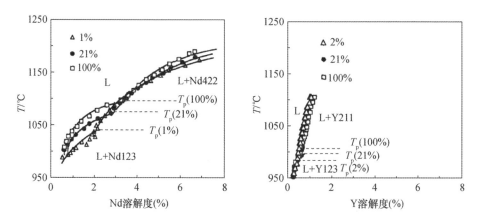

图 2.34　不同氧分压条件下,液相中 BaO/CuO 比例为 3/5 时,Nd 与 Y 元素的溶解度及其在熔体中的液相线变化规律

为了便于比较,图 2.34(b)以与图 2.34(a)同样的坐标,给出了不同氧分压 $(P(O_2)=2\%\ O_2+Ar,\ P(O_2)=21\%\ O_2+Ar$ 和 $100\%\ O_2)$ 条件下,Y 元素在 $Ba_3Cu_5O_8$ 液相中的溶解度及其在熔体中的液相线变化规律.对比图 2.34(a)可知,在同样的条件下,Nd^{3+} 离子在 $Ba_3Cu_5O_8$ 液相中的溶解度明显高于 Y^{3+} 离子的溶解度.这表明 Nd123 晶体的生长速率明显高于 Y123 晶体.

§2.4　REBCO 单晶制备

REBCO 单晶可分为两类,一类是无 RE^{3+}-Ba^{2+} 离子固溶现象的晶体,如 YBCO 单晶.另一类是有 RE^{3+}-Ba^{3+} 离子固溶现象的晶体,如 SmBCO 和 NdBCO 单晶.在 REBCO 单晶制备方面,常用的有助熔剂晶体生长法(flux method)、移动溶剂浮区晶体生长(traveling solvent floating-zone,TSFZ)法和顶部籽晶溶液提拉晶体生长(top-seeded solution growth,TSSG)法三种.

采用助熔剂法制备 REBCO 单晶时,常用的助熔剂为过量的 CuO,BaO 或 BaO 与 CuO 的混合物.这种方法不仅可以获得高质量的单晶,而且简单方便.但是,在 REBCO 晶体生长的过程中,由于 RE^{3+} 离子的溶解度很低,只能制备尺寸较小的单晶样品.如 Wolf 等[33] 通过优化助熔剂浓度的方法,将 Y,Ba,Cu 浓度分别为 4% Y,30% Ba,66% Cu(原子数百分比)的熔体以 $0.1℃/h$ 的速率冷却,制备出了尺寸为 5 mm×5 mm×2 mm 单晶 YBCO 超导体.同样,Liang 等[34] 将组分为 10%Y123＋90%BaO-CuO(BaO：CuO＝28：72)(质量百分比)的混合物装入 $BaZrO_3$ 坩埚,作为高温下制备 YBCO 单晶的 Y_2O_3-BaO-CuO 熔体原料.采用助熔剂晶体生长法,制备出了毫米量级的,临界温度 T_c 为 93.7 K,转变宽度 ΔT_c 为 0.2 K 的 YBCO 单晶样品.

移动溶剂浮区晶体生长法不需要坩埚,可避免熔体和坩埚之间的反应等可能引入的杂质,因此可以获得高质量单晶.这种方法是研究共熔和非共熔材料晶体连续生长动力学的一种有效方法.但这种方法只能制备较细的棒状晶体,无法获得较大尺寸的晶体.Oka 等[35] 采用移动溶剂浮区晶体生长法制备出了系列棒状 REBCO 晶体(RE＝Y,La,Pr,Nd,Sm).初始原料棒包括馈料棒和溶剂两部分,以馈料棒为中心轴、溶剂为包袱层,压制成一个共轴的先驱棒,馈料棒由 RE123 粉末压制而成,组分配比为 RE：Ba：Cu＝1：2：3,溶剂中的组分配比 RE：Ba：Cu 在 1：4：6 到 1：29：66 之间.他们在晶体生长时,在馈料棒起始端放置一 REBCO 籽晶,晶体生长时的提拉速度为 $0.4\sim1.0\,mm/h$,REBCO 晶体生长需要的 RE^{3+} 离子由 RE123 馈料棒熔化分解提供,制备出了 $\phi6$ mm×27 mm 的 REBCO 晶体. YBCO,LaBCO,NdBCO,SmBCO 晶体的最大界面面积分别为 1 mm×1 mm,

$1.5\,\mathrm{mm}\times1.5\,\mathrm{mm}$，$1.5\,\mathrm{mm}\times1.5\,\mathrm{mm}$，$1.5\,\mathrm{mm}\times3\,\mathrm{mm}$. 渗氧后，相应晶体的临界温度 T_c 分别为 $91.5\,\mathrm{K}$，$90\,\mathrm{K}$，$91\,\mathrm{K}$，$94\,\mathrm{K}$.

另外，在这些 REBCO 晶体中存在一定量的 RE211(RE422)粒子，这是因为馈料棒是由 RE123 粉末压制的，在 REBCO 晶体生长的过程中，RE123 相会熔化分解成固相 RE211(RE422)粒子和 Ba-Cu-O 液相，而 RE211(RE422)粒子的溶解度很小，故未溶解的 RE211(422)粒子就会残留在 REBCO 晶体中.

顶部籽晶溶液提拉晶体生长法(TSSG)是一种既能实现晶体连续生长，又能生长大尺寸 REBCO 单晶的方法，用这种方法还能避免在 REBCO 单晶中出现 RE211(RE422)粒子. Yamada 等[36]用 Y_2O_3 坩埚，以装于 Y_2O_3 坩埚中的 BaO-CuO 熔体作为液相，以固相 Y_2BaCuO_5(Y211)粒子作溶质，通过其在液相中的溶解提供 Y^{3+} 离子源，以 SmBCO 晶体为籽晶，在 1000℃ 的大气环境下，通过 TSSG 法，成功地制备出了不含 Y211 粒子的 YBCO 单晶.

在此基础上，Kanamori 等[37]采用改进的 TSSG 法(又称 SRL-CP 法)，研究了温度梯度对 $YBa_2Cu_3O_{7-x}$ 单晶生长速率的影响，并制备出了较大尺寸的单晶体. 他们用 Y_2O_3 坩埚，以装于坩埚中的 $Ba_3Cu_5O_8$ 熔体作为液相，以置于坩埚底部的固相 Y_2BaCuO_5 粒子作溶质，为 YBCO 晶体生长提供需要的 Y^{3+} 离子. 坩埚中 Y，Ba，Cu 的比例为 Y：Ba：Cu＝5：36：59. 通过调节炉子的温度，使坩埚底部的温度 T_b(1005～1015℃)高于 YBCO 晶体的包晶反应温度 T_p，$Ba_3Cu_5O_8$ 熔体表面的温度 T_s(1000℃)低于 T_p，这样的温度梯度有利于溶质离子的传输和晶体生长. 他们以镀有 YBCO 薄膜的 MgO 单晶为籽晶，并将其固定在籽晶杆的下端，籽晶杆的提拉速度为 $0.02\,\mathrm{mm/h}$，旋转角速度在 60～180 rpm 之间，如图 2.35 所示. 通过这种方法，他们在大气环境下制备出了 YBCO 单晶体.

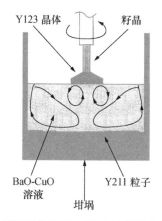

图 2.35　顶部籽晶溶液提拉生长法(TSSG)坩埚内的溶质、溶剂及籽晶

由于只在温度较高的坩埚底部放置有固相 Y_2BaCuO_5 粒子,而其他位置没有,所以坩埚底部的 Y^{3+} 离子溶解度大,浓度高.在温度较低的 $Ba_3Cu_5O_8$ 熔体表面处, Y^{3+} 离子的浓度低,这样,在自然对流和强制对流的作用下, Y^{3+} 离子就会被源源不断地从坩埚底部传输到 $Ba_3Cu_5O_8$ 熔体表面,与熔体中的 Ba^{2+} 离子、Cu^{2+} 离子一起,在镀有 YBCO 薄膜的 MgO 单晶籽晶表面外延生长成 $YBa_2Cu_3O_{7-x}$ 单晶,其溶质 Y^{3+} 离子的传输过程可以用图 2.36 描述.

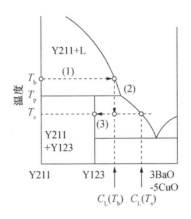

图 2.36 用改进 TSSG 法制备 $YBa_2Cu_3O_{7-x}$ 单晶时,溶质 Y^{3+} 离子的传输过程.(1) Y211→L(高浓度),(2) L(高浓度)→L(过饱和),(3) L(过饱和)→Y123

由图 2.35 和图 2.36 可知,$YBa_2Cu_3O_{7-x}$ 单晶的生长包含以下三个过程:(1) 在温度较高的坩埚底部(T_b),固相 Y_2BaCuO_5 粒子溶解度较大,Y^{3+} 离子的浓度 $C_L(T_b)$ 高,而在 $Ba_3Cu_5O_8$ 熔体表面处的温度(T_s)则较低,Y^{3+} 离子的浓度 $C_L(T_s)$ 亦较低.(2) Y^{3+} 离子会在浓度差 $C_L(T_b)-C_L(T_s)$ 的作用下,被源源不断地从坩埚底部传输到 $Ba_3Cu_5O_8$ 熔体表面.(3) Y^{3+} 离子与熔体中的 Ba^{2+} 离子、Cu^{2+} 离子一起,在镀有 YBCO 薄膜的 MgO 单晶籽晶表面外延生长成 $YBa_2Cu_3O_{7-x}$ 单晶.研究表明,温度梯度越大,$YBa_2Cu_3O_{7-x}$ 晶体生长越快.

Yamada 等[38]分析了用 TSSG 法制备 $YBa_2Cu_3O_{7-x}$ 单晶时,晶体的生长速率与 Y^{3+} 离子的浓度分布,以及由于晶体旋转在液相中形成的均匀浓度层之间的关系,Y^{3+} 离子的浓度分布如图 2.37 所示.由图 2.37 可知,在晶体,特别是层状晶体稳定连续生长的过程中,晶体生长前沿必须具有一定的溶质(Y^{3+} 离子)过饱和浓度(C_i)均匀层. C_i 亦称为界面反应动力学浓度,这种过饱和浓度均匀层的厚度 δ 与 $YBa_2Cu_3O_{7-x}$ 晶体生长时的旋转角速度 ω、晶体生长前沿液相的动态黏度 ν,以及溶质 Y^{3+} 离子的扩散系数 D 有关:

$$\delta = 1.6 \times D^{\frac{1}{3}} \nu^{\frac{1}{6}} \omega^{-\frac{1}{2}}. \tag{2.28}$$

由图 2.37 可知,从 $Ba_3Cu_5O_8$ 熔体传输到晶体生长前沿的溶质(Y^{3+})流量为

$$J = \frac{D[C_L(T_b) - C_i]}{\delta}. \tag{2.29}$$

$YBa_2Cu_3O_{7-x}$ 晶体与 $Ba_3Cu_5O_8$ 熔体之间的溶质(Y^{3+})流量为

$$J = \frac{R_c(C_{123} - C_i)}{\delta}, \tag{2.30}$$

其中,R_c 和 C_{123} 分别为晶体的生长速率和 Y 元素在 Y123 晶体中的浓度. 当 $YBa_2Cu_3O_{7-x}$ 晶体处于稳定连续生长时,(2.29)和(2.30)式必须相等,因此 $YBa_2Cu_3O_{7-x}$ 晶体的生长速率为

$$R_c = \frac{D}{\delta} \frac{[C_L(T_b) - C_i]}{(C_{123} - C_i)}. \tag{2.31}$$

如果传输到晶体生长前沿液相中的 Y^{3+} 离子刚好达到能够满足 $YBa_2Cu_3O_{7-x}$ 晶体生长需要的热力学平衡态,则 C_i 与晶体生长前沿液相中 Y^{3+} 离子的浓度相等,即 $C_i = C_L(T_s)$. 这种情况下,$YBa_2Cu_3O_{7-x}$ 晶体生长的最大速率为

$$R_{max} = \frac{D}{\delta} \frac{[C_L(T_b) - C_L(T_s)]}{(C_{123} - C_L(T_s))}. \tag{2.32}$$

Yamada 等[38]用表 2.1 所示的参数,通过(2.31)式计算出 $YBa_2Cu_3O_{7-x}$ 晶体生长的最大速率为 1.2×10^{-5} cm/s,而实验得到的结果为 3×10^{-6} cm/s. 理论计算与实验结果不同的原因在于,实验中 $Ba_3Cu_5O_8$ 熔体表面的温度不一定刚好能够达到使 $C_i = C_L(T_s)$ 的热力学平衡态. 界面层 δ 厚度内的浓度差 $C_i - C_L(T_s)$ 也是促使 $YBa_2Cu_3O_{7-x}$ 晶体反应和生长的驱动力之一. 因此,影响 $YBa_2Cu_3O_{7-x}$ 晶体的生长速率的因素比较多,如溶质的溶解度、溶质在熔体中的扩散、溶质的界面扩散,以及晶体的生长过程等.

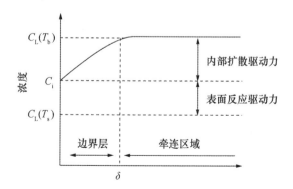

图 2.37   TSSG 法制备 $YBa_2Cu_3O_{7-x}$ 单晶时,晶体生长前沿液相中溶质 Y^{3+} 离子的浓度分布

表 2.1   采用(2.31)式计算 $YBa_2Cu_3O_{7-x}$ 晶体生长最大速率的参数

T_b	1015℃
T_s	1000℃
C_{123}	16.7%
$C_L(T_b)$	0.66%
$C_L(T_s)$	0.56%
D	10^{-5} cm²/s
ν	10^{-2} cm²/s
ω	4π/s
δ	4.5×10^{-3} cm
R_{max}	1×10^{-5} cm/s

姚忻等[39,40] 制备出了大尺寸的 YBCO 和其他 REBCO 单晶材料. 在制备 YBCO 单晶时,他们同样采用直径为 50 mm 的 Y_2O_3 坩埚,以装于坩埚中的 $Ba_3Cu_5O_8$ 熔体作为液相,以置于坩埚底部的固相 Y_2BaCuO_5 粒子为溶质,为生长 YBCO 晶体提供需要的 Y^{3+} 离子. 坩埚中 $Ba_3Cu_5O_8$ 和 Y_2BaCuO_5 粒子的总量为 333 g,Y,Ba,Cu 的比例为 Y:Ba:Cu=5:36:59. 用镀有 YBCO 薄膜的 MgO 单晶为籽晶,籽晶杆的提拉速度在 0.05 mm/h,在纯氧环境下,采用 TSSG 法,他们成功地制备出了 ab 面尺寸为 17.2 mm×16.8 mm,c 轴高度为 12 mm 的 YBCO 单晶,用了 93 h,而在大气环境下制备同样尺寸的单晶则需要 10 天左右. 这说明采用高氧分压能够大大缩短晶体生长时间,使 YBCO 晶体的生长速率提高到大气环境下的 1.5 到 2.5 倍. 在此基础上,他们又成功地制备出了 ab 面尺寸为 19.8 mm× 19.5 mm,c 轴高度为 16.5 mm 的 YBCO 单晶,如图 2.38 所示.

图 2.38   用 TSSG 法制备的 ab 面尺寸为 19.8 mm×19.5 mm,c 轴高度为 16.5 mm 的 YBCO 单晶照片

在实验基础上,姚忻等[40]认为提高 REBCO 单晶生长速率有三种方法:(1) 采用高氧分压环境.(2) 选择在 Ba-Cu-O 熔体中具有高溶解度的稀土 RE 元素.(3) 采用混合稀土元素.这些方法可将 REBCO 单晶的生长速率提高到 Y123 晶体的 2 到 5 倍.他们采用表 2.2 的实验技术参数,分别研究了在不同氧分压环境下制备 YBCO 单晶、在大气环境下制备 YBCO 和 NdBCO 单晶,以及在大气环境下制备 YBCO 和 $Y_{0.881}Sm_{0.119}Ba_2Cu_3O_{7-x}$ 单晶时,晶体沿 c 轴的生长长度(L_c)随时间的变化关系,如图 2.39 所示.

表 2.2　用 TSSG 法制备大尺寸 REBCO 单晶的技术参数

	(i)	(ii)	(iii)
REBCO 系统	YBCO($P(O_2)=1$ atm)	NdBCO	Y(Sm)BCO
生长方法	SRL-CP	TSSG	SRL-CP
坩埚	Y_2O_3	Nd_2O_3	Y_2O_3 or Sm_2O_3
溶液	$Ba_3Cu_5O_8$	Ba_xCu_yO, $x/y=0.55\sim0.85$	$Ba_3Cu_5O_8$
溶质	Y(来自 Y_2BaCuO_5)	Nd(来自 Nd_2O_3 坩埚)	Y, Sm(来自 Y_2BaCuO_5, Sm_2BaCuO_5)
籽晶	YBCO 薄膜	NdBCO 薄膜	YBCO 或 SmBCO 薄膜
转速/(rpm)	$70\sim120$	$70\sim120$	$70\sim120$
气氛	$P(O_2)\approx1$ atm	大气	$21\sim100\% P(O_2)$
表面温度/℃	$1013\sim1018$	$1058\sim1070$	$1000\sim1023$
表面与底部温差 ΔT/℃	≈10	$2\sim5$	≈10

由图 2.39(a)可知,氧分压越高,YBCO 单晶的生长速率越快.由图 2.39(b)可知,在 Ba-Cu-O 熔体中,溶解度越高的稀土 RE 元素,单晶的生长速率越快,如 Nd 的溶解度 3.2% 高于 Y 的溶解度 0.6%(原子数百分比),NdBCO 单晶的生长速率比 YBCO 单晶的高.由图 2.39(c)可知,采用混合稀土元素时,REBCO 单晶的生长速率比采用低熔点单质稀土元素的高,如 Y(Sm)BCO 单晶的生长速率比 YBCO 单晶的高.图 2.40 是他们制备的 ab 面面积为 24 mm×24 mm,c 轴高 21 mm 的 NdBCO 单晶.

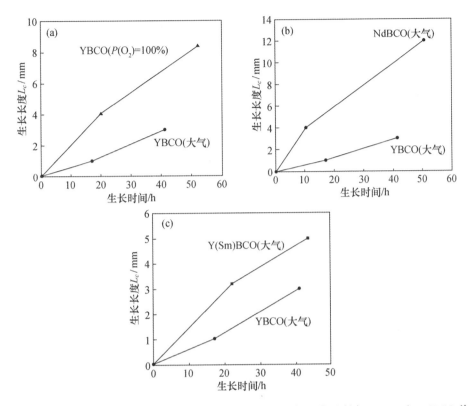

图 2.39 在不同氧分压环境下制备 YBCO 单晶(a)、在大气环境下制备 YBCO 和 NdBCO 单晶(b),以及在大气环境下制备 YBCO 和 $Y_{0.881}Sm_{0.119}Ba_2Cu_3O_{7-x}$ 单晶(c)沿 c 轴的生长长度(L_c)随时间的变化

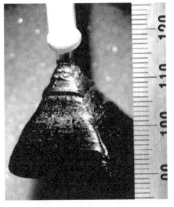

图 2.40 采用 TSSG 法制备的 NdBCO 单晶照片,ab 面尺寸为 $24\,mm \times 24\,mm$,c 轴高度为 $21\,mm$

§2.5 渗氧方法对 REBCO 晶体相变及超导性能的影响

RE123 超导体属于缺氧钙钛矿晶体结构,化学分子式为 $RE_{1+x}Ba_{2-x}Cu_3O_{7-\delta}$. 从 RE^{3+} 离子半径的大小看,在大气环境下,当 RE^{3+} 离子的半径较大时(如 Sm, Nd,Eu),$x \neq 0$,当 RE^{3+} 离子的半径较小时(如 Y,Dy,Ho,Er),$x=0$. 根据氧含量的高低,$RE_{1+x}Ba_{2-x}Cu_3O_{7-\delta}$ 晶体表现为两种晶体结构,一种是氧含量较低的四方相,另一种是氧含量较高的正交相,其中氧含量较高的正交相是一种超导相. 因此,是否渗氧,以及如何渗氧对 REBCO 的晶体结构及超导性能具有重要的影响,渗氧方法对充分发挥 REBCO 超导材料的超导性能起着关键性的作用.

2.5.1 氧含量对 REBCO 晶体结构及临界温度的影响

对于 REBCO 晶体而言,氧含量的高低与样品热处理的温度、环境氧分压高低,以及热处理时间等密切相关. 从晶体结构上看,$RE_{1+x}Ba_{2-x}Cu_3O_{7-\delta}$ 晶体随着 δ 的变化,相应的晶格常数也发生变化,如对 $YBa_2Cu_3O_{7-\delta}$ 晶体而言,其晶格常数随 δ 的变化规律如图 2.41 所示[41]. 由图 2.41 可知,$YBa_2Cu_3O_{7-\delta}$ 晶体从四方相向正交相转变的临界氧含量 δ 约 0.65. 当氧含量较小($\delta > 0.65$)时,$YBa_2Cu_3O_{7-\delta}$ 晶体为氧无序的四方相,在 ab 面内晶格常数为 a_T. 当 $\delta < 0.65$ 时,$YBa_2Cu_3O_{7-\delta}$ 晶体为氧有序的正交相. 当氧含量较大(δ 较小)时,随着氧含量的增加,$YBa_2Cu_3O_{7-\delta}$ 晶体从四方相逐渐转变到正交相,使 ab 面内的晶格常数 a_O 减小,b_O 增加,c 轴方向的晶格常数减小.

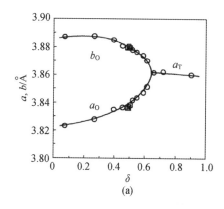
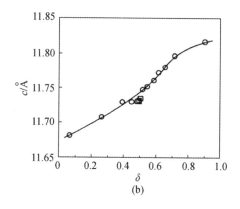

图 2.41 $YBa_2Cu_3O_{7-\delta}$ 晶体的晶格常数随 δ 的变化规律[41]. (a) ab 面内晶格常数的变化,a_O,b_O 表示正交相的晶格常数. a_T 表示四方相的晶格常数,(b) c 轴方向晶格常数的变化

样品中氧含量的高低,不仅影响 $YBa_2Cu_3O_{7-\delta}$ 的晶体结构,而且对其超导性能也有明显影响. Jorgensen 等将在 520℃,不同氧分压环境下热处理的 $YBa_2Cu_3O_{7-\delta}$ 晶体,通过淬火快速冷却到液氮温度的方法,获得了系列具有不同氧含量的样品,并对其临界温度进行测量. 图 2.42 是 $YBa_2Cu_3O_{7-\delta}$ 晶体的临界温度随 δ 的变化规律[41]. 由图 2.42 可知,随着氧含量的增加(δ 减小),$YBa_2Cu_3O_{7-\delta}$ 晶体临界温度 T_c 越来越高. 当 $0<\delta<0.2$ 时,T_c 约为 90 K,当 $0.35<\delta<0.45$ 时,T_c 约为 56 K,当 $\delta>0.5$ 时,T_c 迅速下降,当 $\delta=0.65$ 时,T_c 几乎为零. 其他 REBCO 材料的晶体结构,T_c 随氧含量的变化趋势与 $YBa_2Cu_3O_{7-\delta}$ 晶体类似,只是具体参数因 RE 元素的不同而不同,如 NdBCO 晶体从四方相向正交相转变的临界氧含量 δ 在 0.45 左右[42].

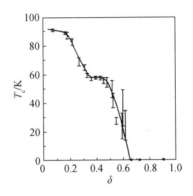

图 2.42　$YBa_2Cu_3O_{7-\delta}$ 晶体的临界转变温度随 δ 的变化规律[41]

2.5.2　氧分压对 YBCO 晶体相变及超导性能的影响

Jorgensen 等[43]采用原位中子衍射测量方法,研究了纯氧环境下 $YBa_2Cu_3O_{7-\delta}$ 材料的晶体结构随温度的变化规律,发现 $YBa_2Cu_3O_{7-\delta}$ 材料在 700℃ 左右会发生相变. 当温度高于 700℃ 时,$YBa_2Cu_3O_{7-\delta}$ 晶体为氧无序的四方相晶体结构,当温度低于 700℃ 时,$YBa_2Cu_3O_{7-\delta}$ 晶体为氧有序的正交相晶体结构. 在此基础上,他们进一步研究了温度与热处理时的氧分压对 $YBa_2Cu_3O_{7-\delta}$ 晶体从四方相转变到正交相的影响,如图 2.43 所示. 由图 2.43 可知,氧分压越低,$YBa_2Cu_3O_{7-\delta}$ 晶体从四方相转变到正交相的温度越低. 当 $P(O_2)=20\% \ O_2+Ar$,$P(O_2)=2\% \ O_2+Ar$ 时,转变温度降为 670℃ 和 620℃,低于纯氧条件下的转变温度. 在低氧分压条件下,当温度低于 400℃ 时,环境中的氧原子无法影响 $YBa_2Cu_3O_{7-\delta}$ 晶体的晶格结构.

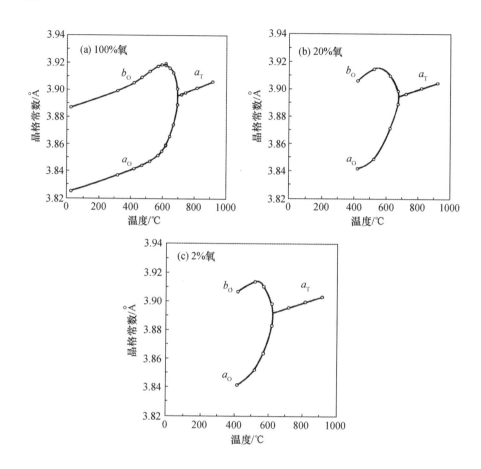

图 2.43   不同氧分压条件下，$YBa_2Cu_3O_{7-\delta}$ 晶体 a,b 轴晶格常数随温度的变化规律. (a) $P(O_2)=100\%\ O_2$，(b) $P(O_2)=20\%\ O_2+Ar$，(c) $P(O_2)=2\%\ O_2+Ar$

图 2.44 给出了不同氧分压条件下 $YBa_2Cu_3O_{7-\delta}$ 晶体单晶胞的总氧含量随温度的变化规律[43]. 在纯氧气环境下，随着温度的增加，$YBa_2Cu_3O_{7-\delta}$ 晶体晶胞的总氧含量从 6.9 下降到 6.28，当温度较低 (<500℃) 时，$YBa_2Cu_3O_{7-\delta}$ 晶体总氧含量逐渐缓慢下降，但当温度超过 500℃ 时，总氧含量的下降趋势明显加快. 在低氧分压 ($P(O_2)=20\%\ O_2+Ar$，$P(O_2)=2\%\ O_2+Ar$) 条件下，只有当温度超过约 400℃ 时，$YBa_2Cu_3O_{7-\delta}$ 晶体才能与环境气氛中的氧原子进行交换，其总氧含量随着温度的变化规律与纯氧气环境下的趋势一致. 不管氧分压高低，从四方相向正交相转变的临界氧含量 δ 都约为 0.5.

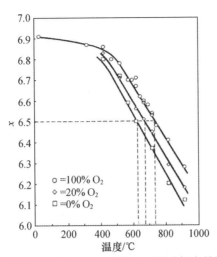

图 2.44 不同氧分压条件下,$YBa_2Cu_3O_{7-\delta}$ 晶体单晶胞的总氧含量随温度的变化规律. 不管氧分压高低,从四方相向正交相转变的临界氧含量 δ 在 0.5 左右.(a) $P(O_2)=100\% \ O_2$,(b) $P(O_2)=20\% \ O_2+Ar$,(c) $P(O_2)=2\% \ O_2+Ar$

2.5.3 渗氧温度对 REBCO 晶体及超导性能的影响

2.5.3.1 渗氧温度对 YBCO 晶体及超导性能的影响

为了研究温度对 $YBa_2Cu_3O_{7-\delta}$ 晶体中氧含量高低的影响,Diko 等[44] 将 TSMG 法制备的单畴 YBCO 超导块材切割成系列截面为 $2\,mm \times 2\,mm$,质量为 $2\,mg$ 的柱状样品,在纯氧环境下,研究了不同温度时样品的质量随时间的变化规律,如图 2.45 所示. 由图 2.45 可知,当温度较高(如 500℃,600℃,700℃和 800℃)时,样品的净增质量在很短的时间就能达到饱和吸氧状态,温度越高,达到饱状态的时间越短. 如在 500℃,600℃,700℃和 800℃时,达到饱状态的时间分别约为 11 h,4 h,2 h 和 1.4 h. 但是,温度越高,达到饱状态时吸氧量越少,如在 500℃,600℃,700℃和 800 ℃时,达到饱状态时的净增吸氧质量分别约为 2.6 mg,2.2 mg,1.6 mg 和 1.2 mg. 当温度较高时,样品的净增质量随时间的变化趋势接近抛物线型扩散曲线,这说明,高温时氧的扩散比体扩散的速度快,几乎没有阻碍,这种情况下,易在样品中产生宏观裂纹(见图 2.46),这些裂纹缩短了氧的体扩散距离,从而节约了渗氧的时间. 当温度较低(如 350℃和 400℃)时,样品的净增质量随时间的增加速度很缓慢,无法在较短的时间内达到饱和吸氧状态. 如在 350℃渗氧 36 h,样品的吸氧仍未达到饱和状态. 温度较低时,样品的净增吸氧质量随时间的变化趋势偏离了抛物线型扩散曲线,可分为两个部分:曲线的起始部分,即刚开始的一段时间内,样品的净增吸氧质量随时间的增加呈现线性增加,对应于氧分子在超导体内的体扩散. 之后,样品净增吸氧量随时间的变化趋势又接近抛物线型扩散曲线,与温度较高时的变化趋势类似.虽然这时氧的扩散比体扩散的速度快,但远低于高温时的氧扩散速度.这与刚开始氧的体扩散在样品内产生的初始微裂纹,以及后续产生的微裂纹网络形成的氧扩散通道有关(见图 2.47).因此低温时,样品需要很长的时间才能达到饱和吸氧状态.

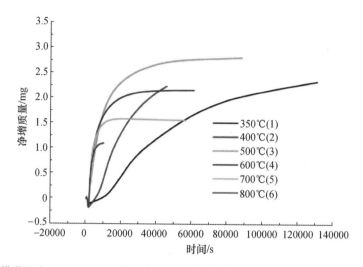

图 2.45　横截面为 2 mm×2 mm,质量为 2 mg 的柱状单畴 YBCO 超导样品在流氧环境中,不同温度下的净增质量随时间的变化

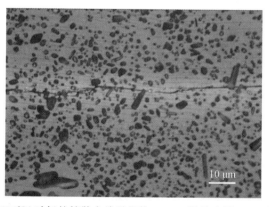

图 2.46　高温(700℃)时氧的扩散在熔融织构 YBCO 样品中沿 ab 面产生的宏观裂纹

在渗氧过程中,YBCO 晶体裂纹产生的原因之一,就是 YBCO 晶体从四方相转变为正交相时其晶格常数的变化所致.对于刚刚熔化生长的 YBCO 样品,其氧含量较少,且氧在晶体中的分布为无序的四方相晶体结构,晶格常数为 a_T,样品中无裂纹,渗氧后,YBCO 晶体从四方相转变为正交相,相对于四方相的晶格常数而言,样品在 ab 面内的晶格常数 a_O 减小,b_O 增加,c 轴方向的晶格常数减小,从而导

致了样品中裂纹的出现,而且温度越高,裂纹越大.

图 2.47 低温(400℃)时氧的扩散在熔融织构 YBCO 样品中沿 ab 和 ac 面产生的宏观裂纹 (较亮的区域为吸氧区域)

由图 2.45 可知,当渗氧温度不同时,单畴 YBCO 超导样品吸收的氧净增质量不同,说明样品中 $YBa_2Cu_3O_{7-\delta}$ 相从四方相转变为正交相的程度不同,故其临界温度也不同. Isfort 等[45]用系列 ab 面截面积为 $2.5\,mm \times 2.5\,mm$ 的单畴 YBCO 超导块材,在纯氧环境不同温度下进行 150 h 渗氧,确保每个样品都达到了相应温度下的饱和吸氧状态.样品的电阻率随温度的变化曲线如图 2.48 所示.由图 2.48 可知,随着渗氧温度的增加,样品的 T_c 逐渐减小.如当温度为 420℃,555℃,565℃,575℃时,T_c 分别为 93 K,85.3 K,79.2 K,77.5 K.

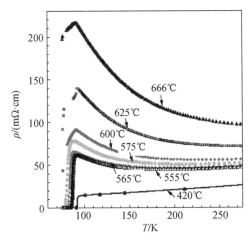

图 2.48 截面为 $2.5\,mm \times 2.5\,mm$ 的单畴 YBCO 超导块材,在不同温度纯氧环境下渗氧 150 h 后,采用四引线法测量获得的样品电阻率随温度的变化

Isfort 等[45]用系列截面积小于 $1\,mm^2$ 的单畴 YBCO 超导块材,在纯氧环境不同温度下进行渗氧,确保每个样品都达到了相应温度下的饱和吸氧状态. 样品在 $77\,K$ 下的 J_c 和其临界温度 T_c 的关系如图 2.49 所示. 由图 2.49 可知,随着样品的临界温度 T_c 增加,样品的 J_c 快速增加. 如当 T_c 为 $79.5\,K$,$84.6\,K$,$93\,K$ 时,样品的 J_c 分别约为 $750\,A/cm^2$,$4500\,A/cm^2$,$8000\,A/cm^2$.

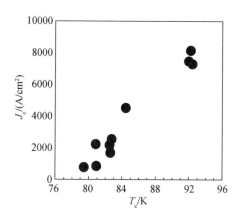

图 2.49 截面面积小于 $1\,mm^2$ 的单畴 YBCO 超导块材在不同温度、纯氧环境下进行渗氧,确保每个样品都达到相应温度下的饱和吸氧状态后,采用四引线法测量获得的样品在 $77\,K$ 的临界电流密度(J_c)和临界温度(T_c)的关系

Nakashima 等[46]采用熔化生长方法制备出了初始组分为 99.5%(0.7Y123+0.3Y211)+0.5%Pt(质量百分比)的单畴 YBCO 超导块材,并切成系列尺寸为 $2\,mm\times1\,mm\times1\,mm$($c$ 轴)的小长方块状样品. 在此基础上,他们研究了渗氧温度对 YBCO 超导体的 T_c 和 J_c 的影响. 图 2.50 是在不同温度流动氧气环境下热处理后,YBCO 超导体在零场冷条件下的交流磁化率随温度的变化曲线. 由图 2.50 可知,对 $450\,℃$ 渗氧的 YBCO 超导体,在零场冷条件下,其沿 ab 面和 c 轴的交流磁化率曲线重合,临界温度是一样的. 但对 $550\,℃$ 渗氧的 YBCO 超导体而言,其沿 ab 面和 c 轴的交流磁化率曲线不重合,而且相差较大,临界温度明显不一样. 在 $450\,℃$ 渗氧的 YBCO 超导体临界温度 $T_c=92\,K$ 高于 $550\,℃$ 渗氧的 YBCO 超导体的最高值 $T_c=90\,K$.

图 2.51 是渗氧温度不同的 YBCO 超导体的不可逆磁感应强度(B_{irr})与其约化温度(T/T_c)之间的关系曲线[46]. 由图 2.51 可知,当渗氧温度在 $400\,℃<T<500\,℃$ 之间时,渗氧温度越高,YBCO 超导体的不可逆磁感应强度 B_{irr} 越低.

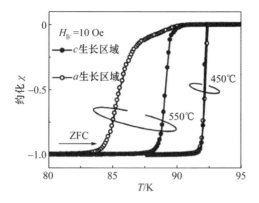

图 2.50 在不同温度流动氧气环境下热处理的 YBCO 超导体,在零场冷条件下的交流磁化率随温度的变化

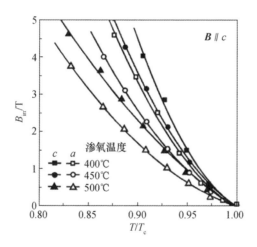

图 2.51 渗氧温度不同的 YBCO 超导体的不可逆磁感应强度与其约化温度之间的关系

2.5.3.2 渗氧温度对 LREBCO(RE＝Sm, Nd)晶体及超导性能的影响

YBCO 超导体具有理想的化学配比,即 $YBa_2Cu_3O_{7-\delta}$,而对于大离子半径的 LREBCO 超导材料,由于其较大的 RE^{3+} 离子半径以及 RE^{3+}-Ba^{2+} 离子的替换,不仅使其晶体结构形成了 $RE_{1+x}Ba_{2-x}Cu_3O_{7-\delta}$ 固溶体,晶格常数有所增大,而且临界温度 T_c 与其晶体中氧含量的关系不同于 YBCO 超导体. Shaked 等[42]通过固相反应法在不同的氧分压条件下,分别制备出了一系列氧含量不同,配比为 $NdBa_2Cu_3O_{7-\delta}$ 的超导体,并测量了其 ab 面内 a,b 轴晶格常数以及其临界温度 T_c,如图 2.52 所示.

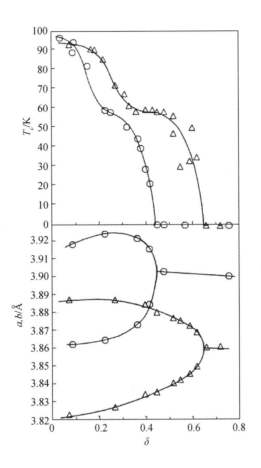

图 2.52 $NdBa_2Cu_3O_{7-\delta}$ 晶体和 $YBa_2Cu_3O_{7-\delta}$ 晶体 ab 面内 a，b 轴晶格常数（下图）以及临界温度 T_c（上图）随氧含量 δ 的变化规律.（○） $NdBa_2Cu_3O_{7-\delta}$，（△） $YBa_2Cu_3O_{7-\delta}$

　　由图 2.52 下图可知，Nd^{3+} 的半径比 Y^{3+} 离子大这一因素不仅导致 $NdBa_2Cu_3O_{7-\delta}$ 晶体晶格常数的增大，而且引起了其从四方相（T）转变为正交相（O）时氧含量的不同，如 $NdBa_2Cu_3O_{7-\delta}$ 晶体和 $YBa_2Cu_3O_{7-\delta}$ 晶体 OT 转变相应的氧含量 δ 分别为 0.45 和 0.65. 同时，由图 2.52 上图可知，$NdBa_2Cu_3O_{7-\delta}$ 晶体和 $YBa_2Cu_3O_{7-\delta}$ 晶体的 T_c 均随氧含量的减少（δ 增加）而降低，$NdBa_2Cu_3O_{7-\delta}$ 晶体的 T_c 下降更快，两者 T_c 降为 0 时的氧含量 δ 分别为 0.45 和 0.65，与其 OT 转变相应的氧含量相同.

　　由此可知，如果忽略 Nd^{3+}-Ba^{2+} 离子的替换，则可以说 $REBa_2Cu_3O_{7-\delta}$ 晶体超导电性的消失，是由 OT 相变导致的.

　　Chikumoto 等[47]采用 OCMG 法，制备了一系列配比为 $RE_{1.8}Ba_{2.4}Cu_3O_{7-\delta}$

(RE＝Nd,Sm)的单畴超导块材,并将 NdBCO 块材切成系列尺寸为 0.25 mm×0.14 mm×0.22 mm 的块状样品,将 SmBCO 块材切成系列尺寸为 0.27 mm×0.22 mm×0.12 mm 的块状样品.在此基础上,他们研究了渗氧温度对 NdBCO 和 SmBCO 超导体的氧含量和 T_c 的影响.图 2.53 是在不同温度流动氧气环境下热处理后 NdBCO 和 SmBCO 超导体的缺氧量变化曲线.由图 2.53 可知,在 275℃＜T＜600℃的温度范围内,随着温度的增加,NdBCO 和 SmBCO 超导体的氧含量均逐渐减少.但是,SmBCO 超导体的氧含量稍高于 NdBCO 超导体.

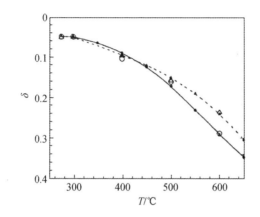

图 2.53 不同温度,流动氧气环境下渗氧后,单畴 $RE_{1.8}Ba_{2.4}Cu_3O_{7-\delta}$(RE＝Nd,Sm)超导体的缺氧量 δ 的变化.(○) NdBCO,(△) SmBCO,(●) 烧结法 $NdBa_2Cu_3O_{7-\delta}$ 晶体[47],(▲) 烧结法 $SmBa_2Cu_3O_{7-\delta}$ 晶体[48]

Chikumoto 等[47]在获得具有不同氧含量的 NdBCO 和 SmBCO 超导体后,测量了其交流磁化率随温度的变化曲线,结果如图 2.54 所示.由图 2.54 可知,不管是对 NdBCO 超导体,还是 SmBCO 超导体而言,在 300℃＜T＜600℃的温度范围内,渗氧温度越高,T_c 越低,渗氧温度为 275℃ 和 300℃,样品的 T_c 基本一致.图 2.55 是在不同温度下渗氧获得的 NdBCO(上图)和 SmBCO(下图)超导体的磁化电流密度 J_c 随温度的变化曲线[47].由图 2.55 可知,不管是对 NdBCO 超导体,还是 SmBCO 超导体而言,在 300℃＜T＜600℃的温度范围内,渗氧温度越高,临界电流密度 J_c 越低.

这些结果表明,渗氧温度是影响 REBCO 超导体氧含量,T_c,J_c,不可逆磁感应强度 B_{irr} 等超导性能的重要因素.一般而言,在能够渗氧的温度范围内,只要能够达到相应温度下的饱和吸氧状态,那么渗氧温度越低,REBCO 超导体氧含量越高,临界温度 T_c 越高,临界电流密度 J_c 越高,不可逆磁感应强度 B_{irr} 越强.

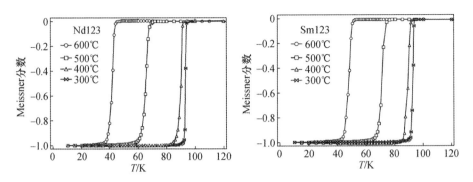

图 2.54 具有不同氧含量的 NdBCO(Nd123)和 SmBCO(Sm123)超导体在 10 Oe 磁场下的交流磁化率随温度的变化

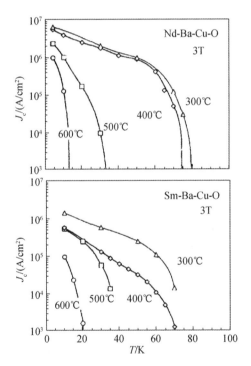

图 2.55 不同温度下渗氧获得的 NdBCO(上图)和 SmBCO(下图)超导体的磁化电流密度随温度的变化

2.5.4 渗氧时间对 REBCO 晶体及超导性能的影响

在对 REBCO 晶体渗氧的过程中,除了选择合适的渗氧温度外,合理的渗氧时间也是确保 REBCO 超导体达到最佳氧含量的关键因素之一. 如果渗氧时间太短,则无法保证 REBCO 样品达到最佳氧含量,这样就会降低超导体的临界温度 T_c 等超导性能. 如果渗氧时间太长,不仅浪费能源,提高成本,而且有可能导致 REBCO 样品超导性能降低.

2.5.4.1 渗氧时间对 YBCO 晶体及超导性能的影响

Shi 等[49]用 TSMG 法制备了初始组分为 $99.63\%(75\%$ Y123＋25% Y211)＋0.37% Pt(质量百分比)的单畴 YBCO 超导块材,并将其切成两组小长方块状样品,第一组包括三个样品,尺寸分别为 9 mm×9 mm×4 mm,9 mm×9 mm×7 mm,9 mm×9 mm×12 mm. 第二组包括两个样品,尺寸分别为 15 mm×14 mm×8 mm,11 mm×12 mm×8 mm. 所有样品的 c 轴均平行于高度方向. 在此基础上,他们研究了在 450℃时渗氧时间对 YBCO 超导体磁悬浮力的影响. 在测量磁悬浮力的过程中,均采用零场冷方法,测量温度为 77 K,所有测量均用同一直径为 13 mm 的永磁体. 图 2.56 是两组 YBCO 超导体在 450℃温度、渗氧不同时间的磁悬浮力曲线(测量时样品的 c 轴均平行于两者间的受力方向,$c \parallel \boldsymbol{F}$). 由图 2.56 可知,当在 450℃

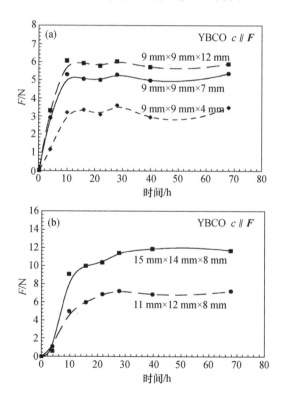

图 2.56 两组 YBCO 超导体在 77 K 的磁悬浮力与渗氧时间(渗氧温度 450℃)的关系(测量时样品的 c 轴均平行于两者间的受力方向,$c \parallel \boldsymbol{F}$). (a) 第一组(较小)样品,(b) 第二组(较大)样品

渗氧时间小于等于 10 h 时,随着时间的增加,两组样品的磁悬浮力均快速增加.在 10 h 后,第一组(较小)样品的磁悬浮力基本达到了饱和状态,不再随时间的增加而增加,见图 2.56(a),但第二组(较大)样品的磁悬浮力仍逐渐增加.当渗氧时间达到 30 h 后,样品的磁悬浮力才达到饱和状态,见图 2.56(b).

　　图 2.57 是两组 YBCO 超导体在 450℃温度渗氧不同时间的磁悬浮力曲线(测量时样品的 ab 面均沿平行于两者间的受力方向,ab∥F,测量温度为 77 K).由图 2.57(a)可知,当在 450℃渗氧时间小于等于 10 h 时,随着时间的增加,第一组(较小)样品的磁悬浮力快速增加,在 10 h 后,样品的磁悬浮力基本达到了饱和状态,不再随渗氧时间的增加而增加.但是,由图 2.57(b)可知,第二组(较大)样品的磁悬浮力随时间的增加速度较慢,直到渗氧 30 h 后,样品的磁悬浮力才达到饱和状态.

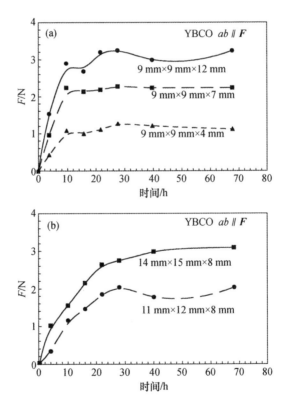

图 2.57　两组 YBCO 超导体在 77 K 的磁悬浮力与渗氧时间(渗氧温度 450℃)的关系(测量时样品的 ab 面均平行于两者间的受力方向,ab∥F).(a) 第一组(较小)样品,(b) 第二组(较大)样品

　　Leblond 等[50]采用 TSMTG 法,制备了配比为 99.5%(0.75(或 0.6)Y123＋0.25(或 0.4)Y211)＋0.5% Pt(质量百分比)的单畴 YBCO 超导块材,样品的直径

为 20 mm,厚度为 10 mm. 在此基础上,他们研究了 430℃渗氧时渗氧时间对 YBCO 超导体磁悬浮力的影响,并测量了其在 77 K,零场冷条件下的磁悬浮力,如图 2.58 所示. 由图 2.58 可知,随着渗氧时间的增加,样品的磁悬浮力逐渐下降,当渗氧时间达到 750 h 时,样品的磁悬浮力已衰减为 100 h 的 70%. 这可能与 Leblond 等在实验时采用的是多次渗氧,每次渗氧时间为 50~100 h 有关,因为,多次冷热循环容易使样品产生裂纹,从而导致其磁悬浮力下降.

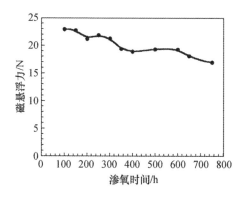

图 2.58 单畴 YBCO 超导块材(直径 20 mm,厚度 10 mm)在 430℃渗氧时渗氧时间对磁悬浮力的影响. 测量条件为 77 K,零场冷

这些结果表明,在确定的温度下,渗氧时间对单畴 REBCO 块材的超导性能具有重要影响,样品尺寸越大,样品达到饱和吸氧状态的时间就越长,当样品达到饱和吸氧状态后,继续增加渗氧时间很难再提高样品的超导性能. 因此,根据样品的具体情况,选择合适的渗氧时间对于提高超导体的性能至关重要.

2.5.4.2 渗氧时间对 REBCO(RE＝Sm)晶体及超导性能的影响

Yamada 等[51]采用 TSMTG 方法,制备出了系列掺 Ag 的单畴 SmBCO 超导块材,并将 SmBCO 块材切成尺寸约为 2 mm×2 mm×1.5 mm 的系列小样品. 在此基础上,他们研究了在不同温度下渗氧时,渗氧时间的长短对 $SmBa_2Cu_3O_{7-y}$ 超导体氧含量的影响,如图 2.59 所示. 由图 2.59 可知,渗氧温度不同时,$SmBa_2Cu_3O_{7-y}$ 超导体的氧含量随渗氧时间的变化趋势不同. 渗氧温度较高时,$SmBa_2Cu_3O_{7-y}$ 超导体的氧含量随渗氧时间的增加速度很快,达到饱和吸氧状态的时间很短,总氧含量较低,见图 2.59 中 500℃对应的渗氧曲线. 渗氧温度较低时,$SmBa_2Cu_3O_{7-y}$ 超导体的氧含量随渗氧时间的增加速度很缓慢,达到饱和吸氧状态的时间很长,总氧含量则较高,见图 2.59 中 300℃对应的渗氧曲线.

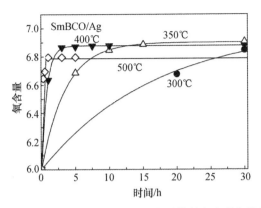

图 2.59　不同温度下渗氧时 $SmBa_2Cu_3O_{7-y}$ 超导体的氧含量与渗氧时间的关系

Yamada 等[51]用尺寸约 2 mm×2 mm×1.5 mm 的单畴 SmBCO 超导块材,研究了在 300℃渗氧的过程中,渗氧时间对 SmBCO 超导块材临界温度的影响. 他们测量了不同渗氧时间 SmBCO 超导块材的磁化率随温度的变化曲线,如图 2.60 所示. 从磁化率曲线的变化趋势可知,渗氧温度不同时,SmBCO 超导体由正常态转变到超导态的临界温度、超导转变宽度明显不同. 渗氧时间越短,超导体的临界温度越低、超导转变宽度越宽,如 10 h,20 h 和 30 h 对应的曲线. 渗氧时间越长,超导体的临界温度越高,超导转变宽度越窄,如 50 h 对应的曲线. 这说明,较短的渗氧时间,无法使氧渗透到样品的中心,导致 SmBCO 超导体的吸氧不足以及氧离子的非均匀分布. 但是,随着渗氧时间延长,SmBCO 超导体的氧含量愈来愈高,氧离子的分布亦愈来愈均匀. 最后,达到均匀分布的饱和状态,相应样品的临界温度高、超导转变宽度窄,如图 2.60 中渗氧 50 h 对应的曲线.

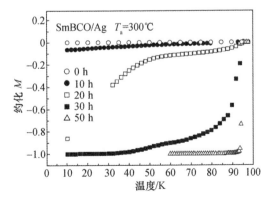

图 2.60　单畴 SmBCO 超导块材(2 mm×2 mm×1.5 mm)在 300℃下,渗氧不同时间样品的磁化率随温度的变化

2.5.5 渗氧温度和固溶度对 LREBCO 晶体相变及超导性能的影响

对于具有较大离子半径的 LREBCO 晶体, 由于 RE^{3+} 与 Ba^{3+} 离子的固溶, 使得渗氧过程中 LREBCO 晶体结构和显微组织变得更复杂. 下面以 NdBCO 晶体为例做一简单分析.

Yoshizumi 等[52]研究了在不同氧分压 ($P(O_2) = 100\%$ O_2, $21\% O_2 + Ar$, $1\% O_2 + Ar$) 条件下, 经过长时间渗氧, 确保相应渗氧条件下的吸氧达到饱和状态后, 渗氧温度和固溶度 x 对 $Nd_{1+x}Ba_{2-x}Cu_3O_{7-\delta}$ 晶体晶相分解的影响, 结果如图 2.61 所示. 图中的圆圈和圆点表示发生旋节分离的区域, 实线表示正交相与四方相转变的分界线. 由图 2.61 可知, $Nd_{1+x}Ba_{2-x}Cu_3O_{7-\delta}$ 晶体固溶度 x 可达 0.7, 在 x 较大和较小的区域, $Nd_{1+x}Ba_{2-x}Cu_3O_{7-\delta}$ 晶体均具有稳定的正交相结构, 随着温度的降低、氧分压的增加, 正交相存在的范围逐渐变宽. 氧分压越高, $Nd_{1+x}Ba_{2-x}Cu_3O_{7-\delta}$ 晶体出现相分离的程度越大. 能够发生相分离的最低温度为 450℃, 具体的温度与热处理时的氧分压有关. $Nd_{1+x}Ba_{2-x}Cu_3O_{7-\delta}$ 晶体的相分离分两步完成, 首先氧原子的扩散使其从四方相转变成正交相. 其次处于正交相 $Nd_{1+x}Ba_{2-x}Cu_3O_{7-\delta}$ 晶体中 x 较小的部分的 Nd^{3+} 和 Ba^{3+} 离子扩散, 最后达到稳定状态. 这种旋节分解, 可在 $NdBa_2Cu_3O_{7-\delta}$ 晶体中产生纳米量级的富 Nd 区低 T_c 超导相, 并能够起到很好的磁通钉扎作用, 有利于提高超导体的物理性能.

为了进一步研究在渗氧的过程中, 由于 Nd^{3+} 和 Ba^{3+} 离子的扩散和迁移导致 $NdBa_2Cu_3O_{7-\delta}$ 晶体中出现旋节相分离现象的原因, Nakamura 等[53]在低氧压条件下, 采用 TSSG (SRL-CP) 法制备了 $Nd_{1+x}Ba_{2-x}Cu_3O_{7-\delta}$ 单晶, Nd : Ba : Cu = 1.01 : 1.97 : 3.00. 之后, 他们在流动氧气条件下, 研究了渗氧方法、温度和渗氧时间对 $Nd_{1+x}Ba_{2-x}Cu_3O_{7-\delta}$ 晶体晶相分解以及临界电流密度的影响(确保每种渗氧方法能够让样品达到饱和吸氧状态). 图 2.62 是他们对 $Nd_{1+x}Ba_{2-x}Cu_3O_{7-\delta}$ 单晶进行渗氧的温度、时间及方法示意图, 包括 4 种方法:

(1) 室温—340℃/200 h—室温;

(2) 室温—600℃—200 h—350℃—室温;

(3) 室温—900℃/200 h—室温;

(4) ① 室温—600℃ (500℃, 400℃)—室温, ② 室温—340℃/200 h—室温.

他们测量了渗氧后的 $Nd_{1+x}Ba_{2-x}Cu_3O_{7-\delta}$ 单晶的磁化电流密度 J_c 随磁场强度 H 的变化规律, 如图 2.63 所示. 由图 2.63 可知, 当 $Nd_{1+x}Ba_{2-x}Cu_3O_{7-\delta}$ 晶体在 340℃渗氧 200 h 后, 不管是外加磁场平行于 c 轴还是 ab 面, 样品的 J_c 均随 H 的增加逐渐衰减, 见图 2.63 (a). 当 $Nd_{1+x}Ba_{2-x}Cu_3O_{7-\delta}$ 晶体在流动的氧气环境下, 以 200 h 的时间从 600℃降到 350℃时, 或在此基础上, 再在 340℃渗氧 200 h 后, 他们

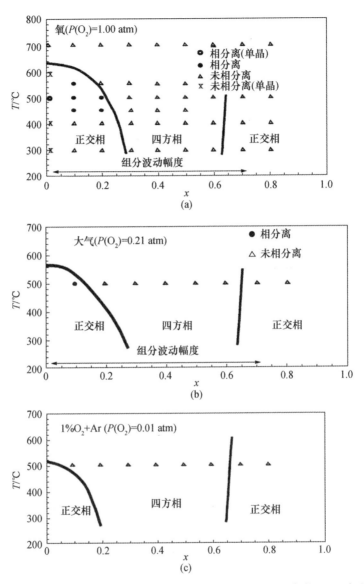

图 2.61　不同氧分压($P(O_2)=100\%\ O_2$,$21\%O_2+Ar$,$1\%O_2+Ar$)条件下,温度和固溶度 x 对 $Nd_{1+x}Ba_{2-x}Cu_3O_{7-\delta}$ 晶体相分解的影响. 图中的圆圈表示发生旋节分离的区域,实线表示正交相和四方相转变的相线

发现在外加磁场平行于 ab 面的情况下,样品的 J_c 均随 H 的增加逐渐衰减,与在 340℃渗氧 200 h 的情况相似. 但是,在外加磁场平行于 c 轴的情况下,样品的 J_c-H 曲线则完全不同于在 340℃渗氧 200 h 的情况,而是在 4T 附近出现了反常的峰值效应(也称为鱼尾效应),见图 2.63(b),(c). 当 $Nd_{1+x}Ba_{2-x}Cu_3O_{7-\delta}$ 晶体在流动的

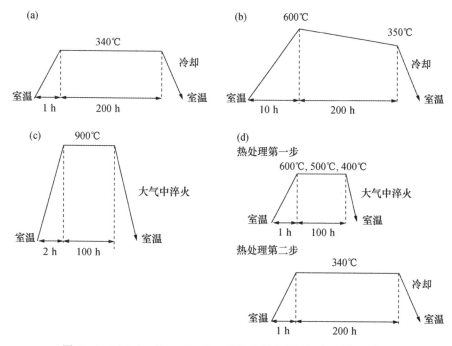

图 2.62　对 $Nd_{1+x}Ba_{2-x}Cu_3O_{7-\delta}$ 单晶进行渗氧的温度、时间及方法

氧气环境下,以 200 h 的时间从 600℃ 降到 350℃ 后,降到 340℃ 再渗氧 200 h,然后降到室温时,他们将该样品重新加热到 900℃ 保温 100 h,再降到室温,接着,再次在 340℃ 对样品渗氧 200 h,然后进行测量.结果发现,在外加磁场平行于 ab 面的情况下,样品的 J_c 随 H 的增加逐渐衰减,与在 340℃ 渗氧 200 h 的情况相似.但是,在外加磁场平行于 c 轴的情况下,样品 J_c-μ_0H 曲线在 1 T 之后变得比较平坦,既不同于图 2.63(a) 的情况,也不同于图 2.63(b) 和 (c) 的情况,其 J_c-μ_0H 曲线整体比图 2.63(a) 的高.特别是在 1 T 到 5 T 之间,其 J_c-μ_0H 曲线并未出现与图 2.63(b) 和 (c) 相似的反常的峰值效应,见图 2.63(d).综合分析图 2.63(a)、(b)、(c) 和 (d) 的情况可以断定,图 2.63(b) 和 (c) 相似的反常峰值效应并不是由样品的各向异性引起的,而是与样品在从 600℃ 降到 350℃ 的过程中发生的某种固相反应有关,因为在没有经历该温区的 2.63(a) 中无反常的峰值效应,而且在对经历了从 600℃ 降到 350℃ 过程的样品,再增加一个在 900℃ 热处理的过程后,样品的反常的峰值效应受到了抑制,但其超导性能又高于仅仅在 340℃ 渗氧 200 h 的样品.

　　为了进一步确定样品在从 600℃ 降到 350℃ 的过程中发生固相反应的温度,Nakamura 等[53] 又设计了三个实验.首先,他们将三个样品分别在 600℃,500℃ 和 400℃ 渗氧 100 h 后降到室温.接着,他们将这三个样品一起再在 340℃ 渗氧 200 h,即可获得一组既在 350℃ 到 600℃ 之间,又经过不同温度热处理的样品.然后,他们

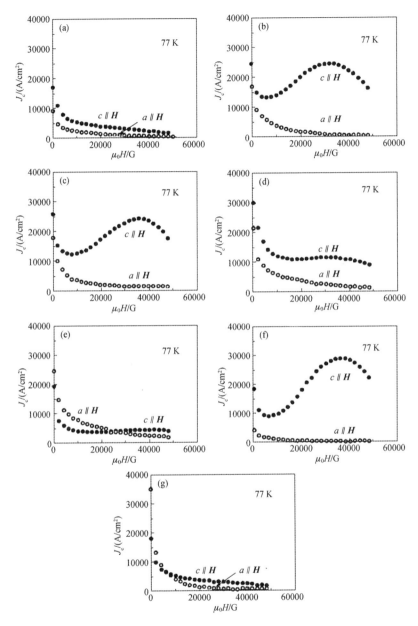

图 2.63　采用不同渗氧方法的 $Nd_{1+x}Ba_{2-x}Cu_3O_{7-\delta}$ 单晶在 77 K 下的磁化电流密度随磁场强度的变化曲线. (a) 室温—340℃/200 h—室温, (b) 室温—600℃—200 h—350℃—室温, (c) 室温—600℃—200 h—350℃—340℃/200 h —室温, (d) 室温—600℃—200 h—350℃—340℃/200 h—室温, 室温—900℃/100 h—室温, 室温—340℃/200 h—室温, (e) 室温—600℃/100 h—室温, 室温—340℃/200 h—室温, (f) 室温—500℃/100 h—室温, 室温—340℃/200 h—室温, (g) 室温—400℃/100 h—室温, 室温—340℃/200 h—室温

对该组样品进行测量,结果如图 2.63 所示.由图 2.63 可知,在外加磁场平行于 ab 面的情况下,三个样品的 J_c 均随 H 的增加逐渐衰减,与在 340℃渗氧 200 h 的情况相似,只是 J_c 的变化幅度有差异.特别经过 500℃热处理后,样品的 J_c 明显下降.但是,在外加磁场平行于 c 轴的情况下,经过 600℃到 400℃热处理的样品,其 J_c-$\mu_0 H$ 曲线与在 340℃渗氧 200 h 的情况相似,只是 J_c 的变化幅度有差异.而经过 500℃热处理的样品,其 J_c-$\mu_0 H$ 曲线却在 4 T 附近出现了非常明显的反常峰值效应,其 J_c 达到了约 $3×10^4$ A/cm^2,甚至高于图 2.60(b)和(c)的 J_c,见图 2.63(f).

这些结果说明,在渗氧的过程中,Nd$_{1+x}$Ba$_{2-x}$Cu$_3$O$_{7-\delta}$ 晶体发生固相反应的温度在 500℃左右.在该温度附近,x 较小的 Nd$_{1+x}$Ba$_{2-x}$Cu$_3$O$_{7-\delta}$ 晶体能够发生旋节分解,使处于正交相的 Nd$_{1+x}$Ba$_{2-x}$Cu$_3$O$_{7-\delta}$ 晶体在 Nd^{3+} 和 Ba^{3+} 离子扩散的过程中,分解或析出具有纳米量级的富 Nd 低 T_c 超导相,形成很好的磁通钉扎中心,从而达到了提高 Nd$_{1+x}$Ba$_{2-x}$Cu$_3$O$_{7-\delta}$ 超导体物理性能的作用.在采用 OCMG 法制备的单畴 NdBCO 超导块材中也存在这种现象.

2.5.6　高压渗氧对 REBCO 晶体相变及超导性能的影响

不论是从晶体结构,还是熔化生长样品的微观结构看,YBa$_2$Cu$_3$O$_{7-\delta}$ 都是一种高度各向异性的晶体材料.因此,在对 YBa$_2$Cu$_3$O$_{7-\delta}$ 晶体渗氧的过程中,氧原子的扩散也具有明显的各向异性.YBa$_2$Cu$_3$O$_{7-\delta}$ 晶体在高温下为四方相晶体结构,氧原子的含量很低,但在 CuO$_2$ 面内的氧原子是占满的.氧原子未占满的晶格位主要在 CuO 链上,如 O(1) 和 O(5) 位,而且氧原子在 O(1) 和 O(5) 是随机分布的,晶格常数为 a_T 和 c_T.当 YBa$_2$Cu$_3$O$_{7-\delta}$ 晶体在低温条件下吸氧后,则转变为正交相晶体结构,氧原子均有序地占据 O(1) 位置,而在 O(5) 位置形成空位,结果使 $a<a_T$,$b>a_T$,$c<c_T$,如图 2.64 所示.Rothmann 等[54]以 YBa$_2$Cu$_3$O$_{7-\delta}$ 单晶为对象,采用氧离子示踪扩散方法,在 330～650℃之间,研究了氧离子的扩散规律.结果表明,在 400℃时氧离子沿 c 轴的扩散系数(D_c)只有多晶材料的 10^6 分之一,在 300℃时氧离子沿 b 轴的扩散系数(D_b)是 a 轴扩散系数(D_a)的 100 倍以上.氧离子的扩散系数具有高度的各向异性,$D_b \gg D_a$,$D_b \gg D_c$,$D_{ab} \approx 10^4 \sim 10^6 D_c$,$D_b \approx D_{ab}$.

前面已经讲过,当对织构化生长的 YBCO 超导晶体渗氧后,样品中会产生明显的宏观和微观裂纹,这些缺陷会导致样品超导性能的明显下降.因此,抑制或减少裂纹对提高 YBCO 超导材料的性能具有非常重要的意义.为此,就必须了解裂纹产生的原因,根据 YBCO 超导晶体的微观结构以及样品在渗氧过程中的相变机制,可将裂纹产生的主要原因归纳为:

(1) 在降温过程中,YBCO 晶体内的 Y211 与 Y123 相的收缩系数不同.在熔融织构 YBCO 晶体中,因 Y211 与 Y123 相在冷却过程中的收缩系数不同,沿 ab 面

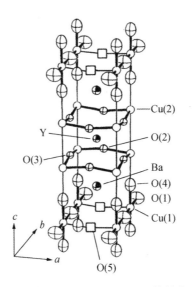

图 2.64　$YBa_2Cu_3O_{7-\delta}$ 晶体结构[54]. 在高温下为四方相晶体结构, 氧原子在 O(1) 和 O(5) 是随机分布的, 晶格常数为 a_T 和 c_T. 在低温吸氧后为正交相晶体结构, 氧原子均有序地占据 O(1) 位置, 而在 O(5) 位置形成空位, 使 $a<a_T, b>a_T, c<c_T$

和 c 轴方向产生的应力导致样品中裂纹的产生.

　　(2) 在渗氧的过程中, YBCO 晶体从四方相转变为正交相时, 其晶格常数的膨胀和收缩产生的应力导致了样品中裂纹的出现.

　　(3) YBCO 晶体生长过程中, 被封闭在样品内部的气体以及化学反应生成的气体, 在膨胀排出时产生的应力也会导致裂纹产生.

　　Isfort 等[45] 以及 Diko 和 Krabbes[55,56] 的结果进一步表明, YBCO 晶体中的裂纹还与渗氧温度的高低、Y211 粒子的大小、氧分压的高低、氧的浓度梯度, 以及降温速率的大小等密切相关. 为了抑制或减少裂纹的产生, Isfort 等[45] 提出了一种渐进式长时间渗氧的方法, 要求在渗氧的过程中, 一直保持氧的浓度梯度低于 $YBa_2Cu_3O_{7-\delta}$ 晶体产生裂纹的梯度, 其热处理参数及气氛变化如表 2.3 所示.

　　他们采用这种方法, 对截面为 $1.5\,mm \times 1.5\,mm$ 的条状样品经过 12 天的渗氧后, 获得了无裂纹的超导样品. 那么, 这种方法是否可以用于对厘米量级样品的渗氧? Klaser 等[57] 对 $REBa_2Cu_3O_{7-\delta}$(RE＝Y, Er, Dy) 单晶渗氧规律的研究结果表明, 在流动氧气环境下渗氧时, 氧离子的扩散系数很小, 如在 420℃ 流动氧气环境下沿 ab 面的扩散系数约为 $D_{ab}=10^{-7}\ cm^2/s$. 这么小的扩散系数, 即使对截面为 $1.5\,mm \times 1.5\,mm$ 的小样品渗氧都需要 12 天的时间. 如果采用这种方法对厘米量级的样品渗氧, 将会需要非常长的时间. 因此, Isfort 等提出的渐进式长时间渗氧方法工作效率很低, 并不适合大尺寸样品的渗氧.

表 2.3 对 YBCO 晶体渐进式长时间渗氧的热处理参数及气氛条件

目标 T/℃	加热速率/(℃/h)	处理时间/h	气氛
900	180	0.3	1 bar N_2→1 bar O_2
850	20	0.5	1 bar O_2
800	10	1	1 bar O_2
750	4	2	1 bar O_2
700	2.5	4	1 bar O_2
650	1.25	8	1 bar O_2
600	0.8	17	1 bar O_2
576	0.4	22	1 bar O_2
20	60		1 bar O_2→1 bar N_2

O'Bryan 等[58]研究了在 400~500℃之间,氧气压强在 10~30 MPa 之间时,不同渗氧时间(1~10 天)对 $YBa_2Cu_3O_y$ 样品氧含量和临界温度的影响. 结果表明,高压渗氧环境可以提高样品的渗氧速度,样品的最高氧含量达 $y=7.03$,但样品的 T_c 约为 91 K,超导转变宽度 ΔT_c 约为 4 K,与常压渗氧情况基本一致. 但是,采用高压渗氧可以大大缩短渗氧时间,提高工作效率.

Zheng 等[59]对比了高压和常压渗氧对熔化生长单畴 YBCO 超导块材超导性能的影响. 他们采用两种方法对直径 11 mm 的单畴 YBCO 超导块材进行渗氧:

(1) 在 470℃,流动氧气环境下对样品进行不同时间(1~10 天)的渗氧.

(2) 在 470℃,1.5 MPa 高压氧气环境下对样品进行不同时间(4~70 h)的渗氧.

结果发现,在流动氧气环境下渗氧 200 h 左右时,样品的 T_c 达到最高(约 91 K),而高压氧气环境下渗氧 40 h 左右时,样品 T_c 就可达到最大值 91 K.

Chaud 与 Diko 等[60,61,62,63]分别研究了高压渗氧对熔化生长单畴 YBCO 超导块材微观结构及其超导性能的影响. 高压渗氧步骤如下:

(1) 在室温时,将样品放入渗氧炉中,并充入 1 个大气压的氮气,再将样品以 60℃/h 的速率升到 900℃. 在升温的过程中,逐渐调整炉子中氮气和氧气的比例,使室温时 100% 的氮气逐步变为 100% 氧气,并确保炉子内的氧分压按照 YBCO 晶体的氧分压与温度相图中带箭头的粗线(见图 2.65)变化,以维持样品氧含量 $y=6.3$ 的热力学平衡态不变(熔化生长后但未渗氧的 $YBa_2Cu_3O_{7-\delta}$ 的氧含量约为 $y=6.3$). 这种情况下,样品不会吸氧、不会产生四方-正交相转变、不会产生裂纹.

(2) 将样品以 10℃/h 的速率降到 800℃,保温 2 h,同时,给炉子通入 20 MPa,100% 的高压氧气. 氧气压力调节分两步:第一步,将氧气压力以 0.04 MPa/h 的速率调到 0.24 MPa. 第二步,将氧气压力以 1~2 MPa/h 的速率调到 16 MPa. 这样的缓慢增压有利于减小样品表面与样品内部氧的浓度梯度,避免高氧浓度梯度导致样品产生裂纹.

（3）将样品以 4℃/h 的速率降到 750℃,保温 24 h,可以认为样品以达到饱和吸氧状态.

（4）将样品以 60～120℃/h 的速率降到室温,保温 24 h,之后将氧气压力调节到常压状态.

（5）渗氧结束.

整个渗氧过程为 3 天.

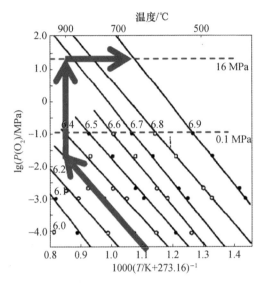

图 2.65　YBa$_2$Cu$_3$O$_y$ 晶体的氧分压与温度相图[60].带箭头粗线为高压渗氧相应的热处理参数及氧分压曲线.升温部分线段代表氧含量 $y=6.3$ 的热力学平衡态

Diko 等[62]发现,相对于常压流动氧环境下渗氧的样品而言,对单畴 YBCO 超导块材进行高压渗氧后,样品中的裂纹明显减少,特别是沿 c 轴的裂纹几乎被完全抑制,如图 2.66 所示.当对单畴 YBCO 超导块材在 400℃常压流动氧环境下渗氧后,样品中除了微裂纹之外,还产生了能够降低超导性能的明显裂纹,既有沿 ab 面的裂纹（图中用 ab-OC 表示）,也有沿 ac 面的裂纹（图中用 ac-OC 表示）.

但是,在经过 16 MPa 高压氧环境下渗氧样品中,只有沿 ab 面的微裂纹（图中用 ab-MIC 表示）,而看不到其他类似于 ab-OC 和 ac-OC 的裂纹,说明高压渗氧有利于抑制样品中裂纹的产生,从而可以提高样品的超导性能.图 2.67 是采用高压渗氧（HPO）和常压流氧（SO）渗氧单畴 YBCO 超导块材沿 ab 面的 J_c-$\mu_0 H$ 曲线.由图 2.67 可知,高压渗氧样品的 J_c 明显高于常压流氧渗氧样品的 J_c,达到 SO 样品的 2 倍以上.这与样品的微观结构有关.从图 2.67 可看出,常压流氧渗氧 YBCO 超导块材沿 ab 面 J_c 低的原因在于样品中出现了垂直于 ab 面的 ac-OC 裂纹,而在高压渗氧的样品中则没有这种裂纹, 正是这些裂纹降低了其 J_c.

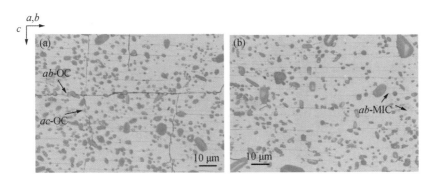

图 2.66 单畴 YBCO 超导块材在不同渗氧条件下的显微组织形貌. (a) 400℃ 常压流动氧环境下渗氧样品的形貌, ab-OC 和 ac-OC 分别表示沿 ab 面和 ac 面的裂纹, (b) 在 16 MPa 高压氧环境下渗氧样品的形貌, ab-MIC 表示沿 ab 面的微裂纹

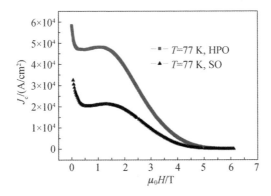

图 2.67 采用高压渗氧 (HPO) 和常压流氧 (SO) 渗氧单畴 YBCO 超导块材沿 ab 面的 J_c-$\mu_0 H$ 曲线[62]. (a) 在 400℃ 常压流动氧环境下渗氧样品, (b) 在 16 MPa 高压氧环境下渗氧样品. HPO 样品的 J_c 达到 SO 样品的 2 倍以上

Diko 等[63] 通过对高压渗氧单畴 YBCO 超导块材微观结构的深入研究发现, 高压渗氧除了能够抑制或减少裂纹之外, 还在样品中产生了高密度的孪晶, 如图 2.68 所示. 高压渗氧后单畴 YBCO 超导块材中的孪晶密度达到 $20 \sim 30/\mu m$, 几乎是常压流动氧环境下渗氧样品孪晶密度 ($12 \sim 16/\mu m$) 的 2 倍. 孪晶是一种良好的磁通钉扎中心, 可有效提高单畴 YBCO 超导块材的磁通钉扎能力和超导性能. 他们通过对比样品的捕获磁通密度发现, 高压渗氧样品的捕获磁通密度明显高于常压流氧渗氧样品, 达到常压流氧渗氧样品的 2 倍以上[63].

Iwasaki 等[64] 研究了不同氧分压条件下渗氧对单畴 SmBCO 超导块材超导性能的影响. 他们采用尺寸约为 $2\,mm \times 2\,mm \times 2\,mm$ 的单畴 SmBCO 超导块, 研究了

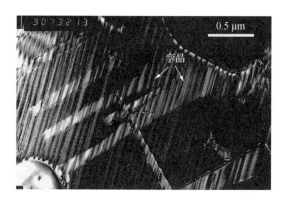

图 2.68　高压渗氧单畴 YBCO 超导块材 TEM 显微结构,样品中的孪晶密度达到 $20\sim30/\mu m$

不同氧分压和温度条件下渗氧 100 h 样品的 T_c 变化规律. 结果表明,当在 $300\sim$ 500℃之间渗氧时,样品的 T_c 随着氧分压的增加而增加,但在 300℃渗氧时,样品的 T_c 稍低,如图 2.69 所示.

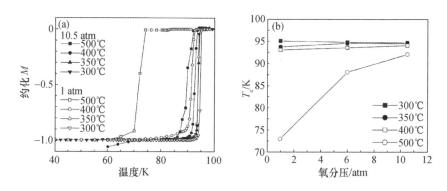

图 2.69　单畴 SmBCO 超导块材在不同温度和氧分压条件下渗氧样品的约化磁化强度与温度的关系(a),以及在不同温度下渗氧样品的 T_c 随氧分压的变化曲线(b)

在此基础上,他们对直径 30 mm 单畴 SmBCO 超导块材渗氧研究的结果表明,先将样品在 400℃,10.5 个大气压的高压氧气环境中渗氧 50 h,再降到在 350℃渗氧 100 h,即可使样品达到饱和吸氧状态. 这与将样品在 $400\sim300$℃之间渗氧 350 h 的效果一样,但是将样品的渗氧时间缩短了一半以上. 这些结果表明,通过高压渗氧,不仅能够大大缩短单畴 REBCO 超导块材的渗氧时间,提高工作效率,还能有效地抑制或减少样品中的裂纹,同时还可以在样品中引入高密度的孪晶,达到提高样品磁通钉扎能力和超导性能的效果.

参 考 文 献

[1] Bednorz J G and Müller K A. Possible high T_c superconductivity in the Ba-La-Cu-O system. Z. Phys. B. Condens. Matter，1986，64(2)：189.

[2] Chu C W，Hor P H，Meng R L，Gao L，Huang Z J，and Wang Y Q. Evidence for superconductivity above 40 K in the La-Ba-Cu-O compound system. Phys. Rev. Lett. ，1987，58：405.

Wu M K，Ashburn J R，Torng C J，Hor P H，and Chu C W. Superconductivity at 93 K in a new mixed-phase Y-Ba-Cu-O compound system at ambient pressure. Phys. Rev. Lett. ，1987，58(9)：908.

[3] 赵忠贤，陈立泉，杨乾声，黄玉珍，陈赓华，唐汝明，刘贵荣，崔长庚，陈烈，王连忠,郭树权，李山林，毕建清. Ba-Y-Cu 氧化物液氮温区的超导电性. 科学通报,1987，32(6)：412.

[4] 汪志诚. 热力学・统计物理. 北京：高等教育出版社，1985.

[5] Lee B J and Lee D N. Thermodynamic evaluation for the Y_2O_3-BaO-CuO_x system. J. Am. Ceram. Soc. ，1991，74(1)：78.

[6] Lee B J and Lee D N. Calculation of phase diagrams for the $YO_{1.5}$-BaO-CuO_x system. J. Am. Ceram. Soc. ，1989，72(2)：314.

[7] Zhang W，Osamura K，and Ochiai S. Phase diagram of the BaO-CuO binary system. J. Am. Ceram. Soc. ，1990，73：1958.

[8] De Leeuw D M，Mutsarts C，Langereis C，Smoorenburg H C A，and Rommers P J. Compounds and phase compatibilities in the system Y_2O_3-BaO-CuO at 950°C. Physica C，1988，152 (1)：39.

[9] Aselage T and Keefer K. Liquidus relationsin Y-Ba-Cu oxides. J. Mater. Res. ，1988，3 (6)：1279.

[10] Lindemer T B，Hunley J F，Gates J E，Sutton A L，Brynestad J，and Hubbard C R. Experimental and thermodynamic study of nonstoichiometry in 〈$YBa_2Cu_3O_{7-x}$〉. J. Am. Ceram. Soc. ，1989，72(10)：1775.

[11] Jorgensen J D，Veal B W，Paulikas A P，Nowicki L J，Crabtree G W，and Claus H. Structural properties of oxygen-deficient $YBa_2Cu_3O_{7-\delta}$. Phys. Rew. B，1990，41(4)：1863.

[12] Murakami M. Melt Processed High Temperature Superconductors. World Scientific，1992.

[13] Krabbes G，Schitzle P，Bieger W，Wiesner U，Stver G，Wu M，Strasser T，Kthler A，Litzkendorf D，Fische K，and Gtrnert P. Modified melt texturing process for YBCO based on the polythermic section $YO_{1.5}$-"$Ba_{0.4}Cu_{0.6}O$" in the Y-Ba-Cu-O phase diagram at 0. 21 bar oxygen pressure. Physica C，1995，244：145.

[14] Yoo S I and McCallum R W. Phase diagram in the Nd-Ba-Cu-O system. Physica C，1993，210：147.

[15] Wong-Ng W，Cook L P，Paretzkin B，Hill M D，and Stalick J K. Crystal chemistry and

phase equilibrium studies of the $BaO(BaCO_3)$-$\frac{1}{2}R_2O_3$-CuO_x systems in Air: Vi, R=neodymium. J. Am. Ceram. Soc. , 1994, 77(9): 2354.

[16] Wende C, Schüpp B, and Krabbes G. Phase equilibria and primary crystallisation field for $Sm_{1+y}Ba_{2-y}Cu_3O_7$ at various p(O_2). J. Alloy. Compd. , 2004, 381: 320.

[17] Schüpp B and Wende C. Synthesis and crystal structure of $Sm_2Ba_4Cu_2O_9$. J. Alloy. Compd. , 2004, 361(1): 71.

[18] Karen P, Braaten O, and Kjekshus A. Chemical phase diagrams for the $YBa_2Cu_3O_7$ family. Acta Chemica Scandinavica, 1992, 46: 805.

[19] Osamura K and Zhang W. Phase diagrams of Ln-Ba-Cu-O system (Ln = lanthanide). Zeitschrift Für Metallkunde, 1993, 84(8): 522.

[20] Murakami M, Sakai M, Higuchi T, and Yoo S I. Melt-processed light rare earth element-Ba-Cu-O. Supercond. Sci. Tech. , 1996, 9: 1015.

[21] Kambara M, Nakamura M, Shiohara Y, and Umeda T. Quasi-binary phase diagram of $Nd_4Ba_2Cu_2O_{10}$-$Ba_3Cu_5O_8$ system. Physica C, 1997, 275: 127.

[22] Drozd V A, Baginski I L, Nedilko S A, and Mel'nikov V S. Oxygen stoichiometry and structural parameters of $Sm_{1+x}Ba_{2-x}Cu_3O_y$ solid solutions versus composition and temperature. J. Alloy. Compd. , 2004, 384: 44.

[23] Sano M, Hayakawa Y, and Kunagawa M. The effect of the substitution of Sm for Ba on the superconductor $SmBa_2Cu_3O_y$. Supercond. Sci. Tech. , 1996, 9: 478.

[24] Shimizu H, Tomimatsu T, and Motoya K. Electrical and magnetic properties of $Gd(Ba_{2-x}Gd_x)Cu_3O_{6-\delta}$. Physica C, 2000, 341-348: 621.

[25] Yoshizumi M, Kambara M, Shiohara Y, and Umeda T. Effect of oxygen partial pressure on quasi-ternary phase diagram of NdO-BaO-CuO system. Physica C, 2000, 334: 77.

[26] Goodilin E A, Kambara M, Umeda T, and Shiohara Y. Effect of oxygen partial pressure on the lower solubility limit of $Nd_{1+x}Ba_{2-x}Cu_3O_7$. Physica C, 1997, 289: 251.

[27] Kuznetsov M, Krauns C, Nakamura Y, Izumi T, and Shiohara Y. Ternary phase diagram of $SmO_{1.5}$-BaO-CuO_y system for melt processing. Physica C, 2001, 357-360: 1068.

[28] Yao X, Kambara M, Umeda T, and Shiohara Y. $NdBa_2Cu_3O_{7-\delta}$ stoichiometry control (at pO_2=0.21 atm) and enhancement of superconductivity. Physica C, 1998, 296(1-2): 69.

[29] Nakamura M, Krauns M, and Shiohara Y. Oxygen partial pressure dependence of the yttrium solubility in Y-Ba-Cu-O solution. J. Mater. Res. , 1996, 11(5): 1076.

[30] Krauns C, Sumida M, Tagami M, Yamada Y, and Shiohara Y. Solubility of RE elements into Ba-Cu-O melts and the enthalpy of dissolution. Z. Phys. B. Condens. Matter, 1994, 96: 207.

[31] Shiohara Y and Endo A. Crystal growth of bulk high-T_c superconducting oxide materials. Mat. Sci. Eng. R, 1997, R19: 1.

[32] Nakamura M, Kambara M, Umeda T, and Shiohara Y. Effect of oxygen partial pressure on the neodymium solubility in Ba-Cu-O solvent. Physica C, 1996, 266: 178.

[33] Wolf T, Goldacker W, and Obst B. Growth of thick $YBa_2Cu_3O_{7-x}$ single crystals from Al_2O_3 crucibles. J. Cryst. Growth, 1989, 96: 1010.

[34] Liang R X, Bon D A, and Hardy W N. Growth of high quality YBCO single crystals using $BaZrO_3$ crucibles. Physica C, 1998, 304: 105.

[35] Oka K and Ito T. Crystal growth of $REBa_2Cu_3O_{7-y}$ (RE=Y, La, Pr, Nd and Sm) by the travelling-solvent floating-zone method. Physica C, 1994, 227: 77.

[36] Yamada Y and Shiohara Y. Continuous crystal growth of $YBa_2Cu_3O_{7-x}$ by the modified top-seeded crystal pulling method. Physica C, 1993, 217: 182.

[37] Kanamori Y and Shiohara Y. Effect of temperature gradient in the solution on the growth rate of $YBa_2Cu_3O_{7-x}$ bulk single crystals. Physica C, 1996, 264: 305.

[38] Yamada Y, Krauns C, Nakamura M, Tagami M, and Shiohara Y. Growth rate estimation of $YBa_2Cu_3O_x$ single crystal grown by crystal pullin. J. Mater. Res., 1995, 10: 1601.

[39] Yao X, Egami M, Namikawa Y, Mizukoshi T, Shiohara Y, and Tanaka S. Improved growth of large YBCO single crystals. J. Cryst. Growth, 1996, 165: 198.

[40] Yao X and Shiohara Y. Large REBCO single crystals: growth processes and superconducting Properties. Supercond. Sci. Tech., 1997, 10: 249.

[41] Jorgensen J D, Veal B W, Paulikas A P, Nowicki L J, Crabtree Q W, Claus H, and Kwok W K. Structural properties of oxygen-deficient $YBa_2Cu_3O_{7-\delta}$. Phys. Rev. B, 1990, 41: 1863.

[42] Shaked H, Veal B W, Faber J Jr, Hitterman R L, Balachandran U, Tomlins, G, Shi H, Morss L, and Paulikas A P. Structural and superconducting properties of oxygen-deficient $NdBa_2Cu_3O_{7-\delta}$. Phys. Rev. B, 1990, 41: 4173.

[43] Jorgensen J D, Beno M A, Hinks D G, Soderholm L, Volin K J, Hitterman R L, Grace J D, Schuller I K, Segre C U, Zhang K, and Kleefisch M S. Oxygen ordering and the ortho-rhombic-to-tetragonal phase transition in $YBa_2Cu_3O_{7-x}$. Phys. Rev. B, 1987, 36: 3608.

[44] Diko P, Kaňuchová M, Chaud X, Odier P, Granados X, and Obradors X. Oxygenation mechanism of TSMG YBCO bulk superconductor. Journal of Physics: Conference Series, 2008, 97: 012160.

[45] Isfort D, Chaud X, Tournier R, and Kapelski G. Cracking and oxygenation of YBaCuO bulk superconductors: application to c-axis elements for current limitation. Physica C, 2003, 390: 341.

[46] Nakashima T, Shimoyama J, Ishii Y, Yamazaki Y, Ogino H, Horii H, and Kishio K. True effects of microstructure and oxygen contents on flux-pinning properties of Y123 melt-solidified bulks. Physica C, 2008, 468: 1404.

[47] Chikumoto N, Ozawa S, Yoo S I, Hayashi N, and Murakami M. Effects of oxygen content on the superconducting properties of melt-textured LRE123 superconductors. Physica C, 1997, 278(3-4): 187.

[48] Hasegawa T, Kishio K, Kitazawa K, and Fueki K. High temperature superconductivity—

the first two years. Met Gordon and Breach, London, 1988.

[49] Shi D, Qu D, and Tent B A. Effect of oxygenation on levitation force in seeded melt grown single-domain $YBa_2Cu_3O_x$. Physica C, 1997, 291: 181.

[50] Leblond C, Monot I, Bourgault D, and Desgardin G. Effect of the oxygenation time and of the sample thickness on the levitation force of top seeding melt-processed YBCO. Supercond. Sci. Tech. , 1999, 12: 405.

[51] Yamada T, Ikuta H, Yoshikawa M, Yanagi Y, Itoh Y, Oka T, and Mizutani U. Oxygen diffusivity in melt-processed SmBCO and YBCO bulk-superconductors. Physica C, 2002, 378-381: 713.

[52] Yoshizumi M, Nakamura Y, Izumi T, Shiohara Y, Ikuhara Y, and Sakuma T. Phase separation of $Nd_{1+x}Ba_{2-x}Cu_3O_{6+\delta}$ during annealing processing. Physica C, 2001, 357-360: 354.

[53] Nakamura M, Yamada Y, Hirayama T, Ikuhara Y, Shiohara Y, and Tanaka S. Heat treatment and anomalous peak effect in J_c-H curve at 77 K for $NdBa_2Cu_3O_{7-\delta}$ single-crystal superconductor. Physica C, 1996, 259(3-4): 295.

[54] Rothmann J, Routbort J L, Welp U, and Baker J E. Anisotropy of oxygen tracer diffusion in single-crystal $YBa_2Cu_3O_{7-\delta}$. Phys. Rev. B, 1991, 44(5): 2326.

[55] Diko P and Krabbes G. Formation of c-macrocracks during oxygenation of TSMG $YBa_2Cu_3O_7$/Y_2BaCuO_5 single-grain superconductors. Physica. C, 2003, 399: 151.

[56] Diko P and Krabbes G. Macro-cracking in melt-grown YBaCuO superconductor induced by surface oxygenation. Supercond. Sci. Tech. , 2003, 16: 90.

[57] Klaser M, Kaiser J, Stock F, Muller-Vogt G, and Erb A. Comparative study of oxygen diffusion in rare earth $REBa_2Cu_3O_{7-\delta}$ single crystals(RE= Y, Er, Dy)with different impurity levels. Physica C, 1998, 306: 188.

[58] O'Bryan H M, Gallagher P K, Laudis R A, Caporaso A J, and Sherwood R C. Oxidation of $Ba_2YCu_3O_x$ at high pO_2. J. Am. Ceram. Soc. , 1989, 72(7): 1298.

[59] Zheng M H, Xiao L, Ren H T, Jiao Y L, and Chen Y X. Study of oxygenation process during the preparation of single domain YBCO bulk superconductors. Physica C, 2003, 386: 258.

[60] Chaud X, Prikhna T, Savchuk Y, Joulain A, Haanappel E, Diko P, Laureline P, and Mahmoud S. Improved magnetic trapped field in thin-wall YBCO single-domain samples by high-pressure oxygen annealing. Materials Science & Engineering: B, 2008, 151(1): 53.

[61] Chaud X, Savchuk Y, Sergienko N, Prikhna T, and Diko P. High-pressure oxygenation of thin-wall YBCO single-domain samples. Journal of Physics: Conference Series, 2008, 97: 012043.

[62] Diko P, Chaud X, Antal V, Kaňuchová M, Šefčková M, and Kováč J. Elimination of oxygenation cracks in top-seeded melt-growth YBCO superconductors by high pressure oxygenation. Supercond. Sci. Tech. , 2008, 21: 115008.

[63] Chaud X, Noudem J, Prikhna T, Savchuk Y, Haanappe E, Diko P, and Zhang C P. Flux mapping at 77 K and local measurement at lower temperature of thin-wall YBaCuO single-domain samples oxygenated under high pressure. Physica C, 2009, 469: 1200.

[64] Iwasaki T, Ikuta H, Yoshikawa M, Yanagi Y, Itoh Y, and Mizutani U. Annealing melt-processed Sm-Ba-Cu-O bulk superconductors under 10 atm oxygen. Physica C, 2004, 412-414: 580.

第3章　单畴REBCO超导块材的制备方法和生长机制

单畴REBCO超导块材是一种具有高度各向异性的层状晶体材料. 在该类晶体的生长过程中,均包含沿ab面的连续生长(粗糙面生长)和沿c轴方向的不连续生长(光滑面生长,亦称层状生长). 为了克服单畴REBCO超导块材生长过程中的随机成核现象,一般均采用籽晶引导的生长方法. 然而,仅仅引入籽晶还远远不够,因为籽晶很小,为毫米量级,而需要制备的样品均为厘米量级,甚至超过10 cm,很难保证在籽晶之外不出现随机成核现象. 因此,在制备高质量单畴REBCO超导块材的过程中,必须考虑和优化晶体生长的温场分布、热处理参数、生长晶体的初始组分配比、溶质离子的溶解度及在生长前沿的浓度分布等因素. 这些因素都很重要,但每一参数对单畴REBCO超导块材生长动力学规律影响的方式和程度不同,若要调控相关的技术参数,保证在单畴REBCO超导块材生长的过程中不出现随机成核现象,就必须在掌握单畴REBCO超导晶体生长机制的基础上,进一步研究相关技术参数对该类晶体生长规律的影响机制.

§3.1　熔体系统晶体生长热力学机制简介

REBCO超导块材的晶体生长,一般是将$REBa_2Cu_3O_{7-\delta}$的多晶粉体在高于其熔点温度(T_m)熔化分解后,再在降温的过程中进行晶体生长,要么生长成单晶,要么生长成织构化的REBCO晶体,与晶体的生长方法和样品的初始成分有关. 由于$REBa_2Cu_3O_{7-\delta}$晶体熔化后,分解成了固相的RE_2BaCuO_5粒子和Ba-Cu-O液相,在降温的过程中,再反应生成REBCO晶体,因而把$REBa_2Cu_3O_{7-\delta}$晶体熔化分解的温度称为包晶反应温度,记为T_p.

3.1.1　熔体系统晶体生长的驱动力

在熔体生长系统中,当熔体系统温度$T>T_m$时,系统处于稳定的熔化状态,其中的正负离子均处于活化状态,熔体的Gibbs自由能G_L低,晶体的Gibbs自由能G_C高,即$G_C>G_L$,不会出现晶体生长情况. 当$T<T_m$时,系统为过冷熔体. 过冷熔体是一种不稳定的亚稳相,系统中的晶体为稳定相,即$G_C<G_L$,有利于促进熔体生长系统中晶体的生长,如图3.1所示. 当系统由高温准静态经T_m降到低温时,系统的Gibbs自由能G会沿液相线G_L的AB段,以及固相线G_C的BC段逐渐降低. 温度越

低,系统的过冷度($\Delta T = T_m - T$, $T < T_m$)越大,熔体和晶体的 Gibbs 自由能差($\Delta G = G_L - G_C$)就越大,使晶体生长的相变驱动力也越大,有利于晶体的成核和生长.

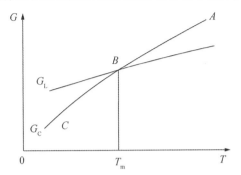

图 3.1 熔体生长系统由高温准静态经熔化温度 T_m 降到低温时,系统的液相 Gibbs 自由能 G_L 和晶相 Gibbs 自由能 G_C 的变化

3.1.2 熔体系统晶体生长速率与温度的关系

当熔体生长系统以准静态的方式,由高温缓慢降到熔化温度 T_m 以下后,晶体就会在熔体中开始成核和生长. 成核和生长的速率大小与过冷度的大小、熔体中溶质离子(原子或分子)的浓度有关,过冷度和熔体中溶质离子的过饱和度越大,晶体的成核和生长速率就越快. 一旦熔体中出现了晶核,就会在晶核的基础上长成小晶体. 之后,晶体的生长速率则由晶体与熔体之间正在生长的界面层(厚度为一个分子层的尺度,a_0)上离子(原子或分子)的净吸附率确定.

根据反应速率理论,只有当熔体中离子(原子或分子)的能量大于其活化能($\Delta G'$)时,才能够克服熔体和晶体之间的势垒,被吸附到晶体的表面,成为晶体中的离子(原子或分子),使晶体向熔体中推进一个分子层的厚度. 如此循环往复,即可实现晶体生长,如图 3.2 所示. 由图 3.2 可知,熔体离子(原子或分子)的活化能为 $\Delta G'$,熔体与晶体之间离子(原子或分子)的 Gibbs 自由能差能为 ΔG_C.

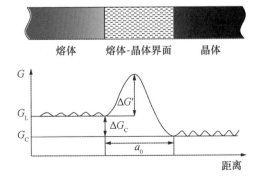

图 3.2 熔体-晶体界面的 Gibbs 自由能变化

由文献[1]可知,晶体表面离子(原子或分子)的吸附率 r_a 可表示为

$$r_a = v\exp\left(-\frac{\Delta G'}{RT}\right),\tag{3.1}$$

其中 v 是熔体中离子(原子或分子)的跃迁频率,R 为热力学常数,T 是温度,单位为 K. 晶体表面离子(原子或分子)的脱附率(溶解率)r_d 可表示为

$$r_d = v\exp\left(-\frac{\Delta G' + \Delta G_C}{RT}\right).\tag{3.2}$$

晶体的生长速率则可由晶体表面离子(原子或分子)的净吸附率($r_a - r_d$)、吸附分子层的厚度 a_0,以及晶体表面可供离子(原子或分子)吸附的位置分数 f 等确定,可表示为

$$Y = fa_0 v\exp\left(-\frac{\Delta G'}{RT}\right)\left[1 - \exp\left(-\frac{\Delta G_C}{RT}\right)\right].\tag{3.3}$$

当熔体生长系统处在熔化温度 T_m 时,熔体与晶体之间离子(原子或分子)的 Gibbs 自由能差能约为 $\Delta G_C = 0, Y = 0$. 随着过冷度的增加,ΔG_C 不断增加,Y 也不断增加,并达到一个最大值. 当过冷度过大时,ΔG_C 与 RT 的比值很大,生长速率 Y 可简化为

$$Y = fa_0 v\exp\left(-\frac{\Delta G'}{RT}\right).\tag{3.4}$$

因此,在系统过冷度大时,生长速率是 $-\frac{1}{T}$ 的指数函数. 生长速率 Y 随温度的变化情况如图 3.3 所示.

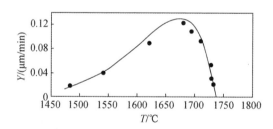

图 3.3　熔体系统中晶体生长速率随温度的变化. 小黑点是生长石英晶体的实验数据[1]

3.1.3　熔体系统的晶体生长特性与溶质浓度的关系

在熔体系统晶体生长的过程中,晶体生长前沿液相中溶质离子(原子或分子)的浓度和分布,能够直接影响溶质的分配系数 k_0 和晶体的生长速率,甚至会导致晶体生长前沿附近富溶质液相层的出现和组分过冷现象. 分配系数,又称分凝系数 k_0,是指在熔体晶体生长的过程中,当固、液两相在恒定的温度 T 下达到热力学平衡态时,固相中溶质的浓度 C_S 与液相中溶质的浓度 C_L 的比值:

$$k_0 = \frac{C_S}{C_L}. \tag{3.5}$$

当 $k_0 < 1$ 时,晶体生长前沿附近会出现富溶质液相层,导致组分过冷现象.当 $k_0 = 1$ 时,有利于晶体生长.当 $k_0 > 1$ 时,会出现晶体溶解的现象. $k_0 < 1$ 与 $k_0 > 1$ 不利于晶体的生长,这种情况下,必须严格地控制晶体的生长技术参数.

在 $k_0 < 1$ 的情况下,在熔体系统晶体生长的过程中,如果只考虑液相中溶质离子(原子或分子)的扩散情况,晶体生长前沿附近就可能出现富溶质液相层.一维情况下,溶质的浓度可表示为

$$C_x = C_0 \left(1 + \frac{1-k_0}{k_0} \mathrm{e}^{-\frac{R}{D_L}x} \right), \tag{3.6}$$

其中, C_0, C_x, R, D_L 分别为晶体生长前溶质原始成分的浓度、晶体生长前沿附近 x 处溶质的浓度、晶体的生长速率、溶质在液相中的扩散系数.由(3.6)式可知, R 越大, k_0 或 D_L 越小,晶体生长前沿附近溶质离子(原子或分子)的富集程度就越严重,并在晶体与液相之间形成一个扩散边界层,在扩散边界层厚度内, C_x 就越陡,晶体的稳定生长区就越长[2].

在 $k_0 < 1$ 的情况下,晶体生长前沿附近出现的富溶质液相层提高了该区域的溶质过饱和度,使得晶体在较高的温度下仍可凝固生长,说明该区域的富溶质组分降低了平衡凝固的温度,形成了一种特殊的过冷区域,称为组分过冷或成分过冷区.如果组分过冷区内的富溶质液相层厚度、成分分布均匀稳定,那么晶体就会稳定生长,否则会出现波动现象.

3.1.4　光滑界面晶体的层状生长机制简介

晶体的生长主要包括连续生长和层状生长两种方式.连续生长时,晶体生长前沿晶面上各处的能量基本相等,溶质离子(原子或分子)进入晶体晶面各处的概率相同.但是,层状生长不同于连续生长.层状生长主要包括 Kossel-Stranski 层生长模型、Ahgenec 提出的阶梯状晶体生长理论,以及晶面的螺旋状生长理论(BCF 理论).

层生长理论模型是 1927 年由 Kossel 首先提出的,经过 Stranski 的发展,形成了 Kossel-Stranski 理论,如图 3.4 所示.假设以一个小立方块表示溶质离子(原子或分子),它在晶体和液相中的形状基本一样,只是在晶体中的排列比较规则而已.正在生长的晶体表面并不是一个完整的平面,而是在已生长完整的光滑晶体表面又生长出具有两面凹角的阶梯面 S 位置、三面凹角的曲折面 k 位置、单面吸附的 A 位置,以及生长过程中形成的缺陷孔 h 位置的平面,并在此基础上继续生长.

从能量最小的角度看,对于晶体生长前沿液相中的某一溶质离子(原子或分子)而言,在图 3.4 所示的层状晶体生长示意图中,曲折面 k 位置的能量最小,阶梯

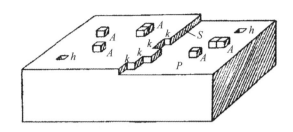

图 3.4   晶体层状生长过程. P 为平坦面, S 为台阶, k 为曲折面, A 为吸附分子, h 为孔

面 S 位置次之, 平面 A 位置和孔 h 位置的能量最高, 因此, k 位置是最易于吸纳溶质离子(原子或分子), 有利于晶体生长的位置, 而 A 和 h 位置则不利于晶体生长. 基于这种情况, Kossel 和 Stranski 认为: 在理想情况下, 如果光滑晶体表面存在三面凹角 k 位置, 晶体生长时, 溶质离子(原子或分子)则会优先沿着三面凹角 k 位进行生长, 最终长成一条行列. 当这一行列长满后, 溶质离子(原子或分子)就会进入二面凹角 S 位置, 这时自然就产生了三面凹角 k 位, 然后再开始生长成相邻的行列. 如此反复, 等这一层晶面长满后, 溶质离子(原子或分子)就会在这一新光滑晶面的某一 A 位置上吸附, 逐渐形成一个二维核, 同时生成三面凹角 k 和二面凹角 S 等位置, 并开始另一新晶面层生长. 每生长完一新晶面层, 晶体最外的晶面就平行向外生长一个离子(原子或分子)的尺度. 这样, 随着时间的延长, 晶体就会逐渐长大.

事实上, 晶体生长的实际情况是很复杂的, 并非严格按 Kossel-Stranski 层生长模型生长. 有时一次吸附或沉淀在一个晶面上的溶质离子(原子或分子)可达几千、几万, 甚至几十万个, 这些溶质离子(原子或分子)并不一定是一行一行、一层一层地依次生长的, 而可能是在一层没有长完的情况下又开始了另一个新层的生长. 如此循环生长下去, 晶体外表面就会变成阶梯状形貌, 这就是 Ahgenec 提出阶梯状晶体生长理论的根据.

在实际晶体在生长过程中, 很难得到没有任何缺陷的完美晶体. 如果由于某种原因, 使正在生长的光滑晶体晶面上产生了螺旋位错露头点, 就会和已长成的晶面形成一个能量最小的台阶源, 溶质离子(原子或分子)会沿着台阶源的径向和垂向生长. 依照 Kossel-Stranski 层生长模型可知, 在晶体稳定生长的条件下, 螺旋位错沿径向生长的速率是不变的, 但随着台阶生长长度的增加, 螺旋位错沿垂向生长速率(角速度)逐渐减小, 这样, 晶体就生长成了螺旋线状的台阶花纹. 这就是晶面螺旋状生长理论描述的情况.

§3.2 单畴 REBCO 超导块材的生长机制

前面介绍过(见 §1.4),单畴 REBCO 超导块材制备主要包括两种方法,一种是传统的顶部籽晶熔融织构生长(TSMTG)法,另一种是较晚发展起来的顶部籽晶熔渗生长(TSIG)法.它们的共同点就是都必须经过一个高于其包晶反应温度(T_p)的高温保温和慢冷降温过程:

(1) 在高温保温的过程中,$REBa_2Cu_3O_{7-\delta}$ 会分解成固相的 RE_2BaCuO_5($RE211$)或 $RE_4Ba_2Cu_2O_{10}$($RE422$)粒子,和 $Ba_3Cu_5O_8$($3BaCuO_2$ 与 $2CuO$)液相.

(2) 在包晶反应温度(T_p)以下的慢冷降温过程中,固相的 RE_2BaCuO_5($RE211$)或 $RE4Ba_2Cu_2O_{10}$($RE422$)粒子与 $Ba_3Cu_5O_8$($3BaCuO_2$ 与 $2CuO$)液相反应生成固相的 $REBa_2Cu_3O_{7-\delta}$ 晶体.

在这一晶体生长的过程中,$REBa_2Cu_3O_{7-\delta}$ 晶体是由固相 $RE211$(或 $RE422$)粒子与 $Ba_3Cu_5O_8$ 液相反应生成的.从这种形式上看,这好像是一种包晶反应.但是,$REBa_2Cu_3O_{7-\delta}$ 晶体的生长并不同于传统的包晶反应机制.

3.2.1 包晶反应生长机制

包晶反应是指有些合金或化合物在冷却凝固的过程中,当温度降低到初生相 α 的液相线以下时,液相中开始生成 α 固相,当继续冷却到一定温度时,已生成的 α 固相与剩余的液相 L 发生反应,并在其表面异质成核生成另一种固相 β,反应方程为 $\alpha+L=\beta$,当生成的 β 相把 α 相完全包围且与液相隔离后,反应即停止.把 α 固相与剩余液相 L 反应在 α 相表面异质成核生成 β 相的起始温度称为包晶反应温度.

由包晶反应的定义可知,初生的 α 相必然被 β 相包裹着,把 α 相与液相隔离,阻止了液相 L 和 α 相中溶质离子(原子或分子)之间的直接相互扩散,两者只能通过固相 β 进行间接扩散.因此,包晶反应的速度很慢.当温度降低到包晶温度 T_p 以下时,β 相即开始在 α 固相表面成核,并通过包晶反应开始生长,包晶相 β 生长的程度和形状则取决于 α 固相与剩余液相 L 中能够用于生成 β 相的成分的比例.包晶反应(见图 3.5)的方程[3] 为

$$\alpha + L = \beta. \tag{3.7}$$

对于 REBCO 超导晶体而言,当体系的温度高于其包晶温度 T_p 时,熔体中只有 $RE211$(或 $RE422$)固相粒子与液相 $Ba_3Cu_5O_8$,其中,固相的 $RE211$(或 $RE422$)粒子相当于 α 相,而 $Ba_3Cu_5O_8$ 相当于液相 L.当温度降至低于 T_p 时,则可生成相当于 β 相的 $REBa_2Cu_3O_{7-\delta}$ 晶体.反应的方程为

$$RE_2BaCuO_5 + L(3BaCuO_2 + 2CuO) = 2REBa_2Cu_3O_{7-\delta} \tag{3.8}$$

或

$$RE_4Ba_2Cu_2O_{10} + L(6BaCuO_2 + 4CuO) = 4REBa_2Cu_3O_{7-\delta}. \qquad (3.9)$$

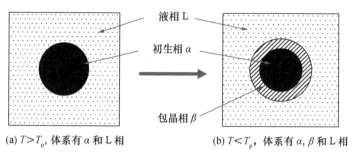

液相 L

初生相 α

包晶相 β

(a) $T > T_p$, 体系有 α 和 L 相　　　　(b) $T < T_p$, 体系有 α, β 和 L 相

图 3.5　包晶反应

反应方程(3.8)和(3.9)都是对的,也都是由一种固相与液相反应生成另一种固相,那么,由 RE211(或 RE422)固相粒子与液相 $Ba_3Cu_5O_8$ 熔化生长成 $REBa_2Cu_3O_{7-\delta}$ 晶体的方式,是否遵循如图 3.5 所示的传统包晶反应机制呢?

3.2.2　REBCO 超导晶体的熔化生长机制

在 $REBa_2Cu_3O_{7-\delta}$ 晶体熔化生长的过程中,当体系的温度高于 T_p 时,熔体中主要有 RE211(或 RE422)粒子与液相 $Ba_3Cu_5O_8$. 当体系温度降至低于 T_p 时,按照传统包晶反应机制,$REBa_2Cu_3O_{7-\delta}$ 晶体会首先在 RE211(或 RE422)粒子表面异质成核,依反应方程(3.8)或(3.9)长大. 但是,实验结果表明,$REBa_2Cu_3O_{7-\delta}$ 晶体的熔化生长方式并不遵循如图 3.5 所示的传统包晶反应机制.

在熔化生长的过程中,$REBa_2Cu_3O_{7-\delta}$ 晶体并不是在 RE211(或 RE422)粒子表面异质成核,而是在 Ba-Cu-O 液相中成核的. 如 Rodriguez 等[4] 为了研究熔融织构生长法(MTG)$YBa_2Cu_3O_{7-\delta}$ 晶体的生长机制,采用高温 X 射线衍射方法和高温光学显微镜观察方法,实时原位观察和分析了 $YBa_2Cu_3O_{7-\delta}$ 晶体的成核、生长过程和物相变化规律,并通过环境扫描电镜(ESEM)分析了不同阶段样品微观形貌的变化规律. 结果发现,当体系的温度高于 T_p 时:

(1) 在由 Y211 粒子和 Ba-Cu-O 液相反应生成 $YBa_2Cu_3O_{7-\delta}$ 晶体的过程中,$YBa_2Cu_3O_{7-\delta}$ 晶体并不是在 Y211 粒子表面成核生长的,而是在离开 Y211 粒子的 Ba-Cu-O 液相中成核长大.

(2) 在该过程中,Y211 粒子会缓慢溶解,并向液相中提供 Y^{3+} 离子,是 $YBa_2Cu_3O_{7-\delta}$ 晶体生长的 Y^{3+} 离子源.

由于 Y211 粒子在 Ba-Cu-O 液相中的溶解度很小,相对于液相中的 Ba^{2+}, Cu^{2+} 离子而言,液相中 Y^{3+} 离子的浓度很小,故 $YBa_2Cu_3O_{7-\delta}$ 晶体生长主要受 Y^{3+}

离子浓度和扩散控制. 这说明 $YBa_2Cu_3O_{7-\delta}$(Y123)晶体与 Y211 粒子之间的界面能 $\Delta\sigma_0 > 0$.

3.2.3 温度梯度和生长速率对 $YBa_2Cu_3O_{7-\delta}$晶体生长前沿形貌的影响

Izumi 等[5]为揭示熔融织构生长 $YBa_2Cu_3O_{7-\delta}$晶体的生长机制,采用如图 3.6 所示的区熔提拉晶体生长装置,研究了初始组分为 Y∶Ba∶Cu=1.2∶2.1∶3.1 的样品,在熔区温度为 1040℃,1000℃处温度梯度为 180℃/cm 的情况下,获得了不同提拉速度($R=1\ mm/h, 2\ mm/h, 3\ mm/h, 6\ mm/h, 10\ mm/h$)条件下生长的 $YBa_2Cu_3O_{7-\delta}$晶体,以及其生长前沿形貌和成分分布.

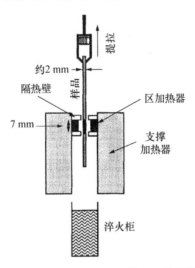

图 3.6 区熔法生长 YBCO 晶体的区熔提拉装置

对在不同提拉速度生长的样品的纵断面微观组织的分析发现,当提拉速度 $R=10\ mm/h$ 时,样品中并没有 $YBa_2Cu_3O_{7-\delta}$晶体与液相形成的明确固液界面. 当提拉速度 $R=3\ mm/h$ 和 $6\ mm/h$ 时,样品中的 $YBa_2Cu_3O_{7-\delta}$晶体接近于连续生长,同时发现 $YBa_2Cu_3O_{7-\delta}$晶体中存在着富 Ba,Cu 的液相区域. 当提拉速度 $R=1\ mm/h$ 和 $2\ mm/h$ 时,$YBa_2Cu_3O_{7-\delta}$晶体中并没有富 Ba,Cu 的液相区域. $YBa_2Cu_3O_{7-\delta}$晶体与液相形成了明确的固液界面,$R=1\ mm/h$ 时,$YBa_2Cu_3O_{7-\delta}$晶体晶面大于 $R=2\ mm/h$ 时的样品晶面. 图 3.7 是在 $R=1\ mm/h$ 条件下 $YBa_2Cu_3O_{7-\delta}$晶体的生长前沿形貌和成分分布,其中灰白色的是 $YBa_2Cu_3O_{7-\delta}$晶体,白色的是 Y211 粒子,黑色的是富 Ba,Cu 的液相. 由图 3.7 可知:

(1) $YBa_2Cu_3O_{7-\delta}$晶体生长前沿的固液界面具有明显的平面状形貌.

(2) $YBa_2Cu_3O_{7-\delta}$晶体中的 Y211 粒子,明显小于液相中的 Y211 粒子.

由此可知,$YBa_2Cu_3O_{7-\delta}$晶体的生长并不同于传统的包晶反应,而是通过液相

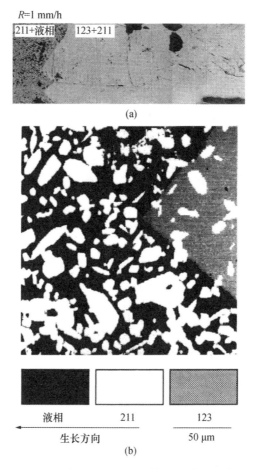

图 3.7   提拉速度为 $R=1\,\mathrm{mm/h}$ 时 $\mathrm{YBa_2Cu_3O_{7-\delta}}$ 晶体生长前沿形貌和成分分布图. 灰白色的是 $\mathrm{YBa_2Cu_3O_{7-\delta}}$ 晶体, 白色的是 Y211 粒子, 黑色的是富 Ba, Cu 的液相

扩散的方式直接将溶质离子 $(\mathrm{Y^{3+}}, \mathrm{Ba^{2+}}, \mathrm{Cu^{3+}})$ 传输到晶体生长前沿. 由于 Y211 粒子的溶解度很小, 液相中 $\mathrm{Y^{3+}}$ 离子的浓度很低, 故 $\mathrm{YBa_2Cu_3O_{7-\delta}}$ 晶体生长主要受 $\mathrm{Y^{3+}}$ 离子浓度和扩散控制.

在此基础上, Izumi 和 Shiohara 等[5,6]进一步研究了温度梯度和生长速率对 $\mathrm{YBa_2Cu_3O_{7-\delta}}$ 晶体生长前沿形貌的影响, 并根据晶体生长的形貌将其归纳成如图 3.8 所示的规律. 由图 3.8 可知, 温度梯度越大, 生长速率越小, 越有利于 $\mathrm{YBa_2Cu_3O_{7-\delta}}$ 晶体生长成平面状晶体相貌, 也即高 G/R 比值, 有利于 Y123 晶体的连续生长. 这对制备具有定向生长的 $\mathrm{YBa_2Cu_3O_{7-\delta}}$ 晶体有重要的指导意义.

另外, 在制备铜氧化物超导晶体的区熔法中, 还有一种重要的光学浮区生长法. 光学浮区法晶体生长炉是一种非常重要的制备单晶的设备, 包括单面、双面和

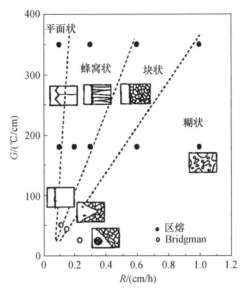

图 3.8 温度梯度和生长速率对 $YBa_2Cu_3O_{7-\delta}$ 晶体生长前沿形貌的影响

四面反射镜晶体生长炉等. 它是通过光源加热来熔化多晶料棒的. 当处于光源聚焦中心的上下杆上固定的多晶料棒被加热到一定温度时, 就会形成一定的熔区. 熔区由其表面张力维持, 且相对于光源聚焦中心不动, 但通过转动杆自上而下或者自下而上的移动实现多晶料棒的熔区相对于光源聚焦中心的移动, 使熔体部分形成温度差, 从而实现晶体的成核和生长. 该类设备也被广泛用于铜氧化物超导晶体生长[7], 但一般用于直径较小(如直径小于 10 mm)的单晶晶体的生长, 目前尚未见到用于大尺寸单畴 REBCO 超导块材制备方面的报道.

3.2.4 REBCO 超导晶体的熔化生长模型

3.2.4.1 REBCO 晶体熔化生长的基本思想

以 YBCO 晶体为例. Izumi 等[5,6]在对 $YBa_2Cu_3O_{7-\delta}$ 晶体生长前沿形貌、成分分布研究的基础上, 建立了 $YBa_2Cu_3O_{7-\delta}$ 晶体的生长模型, 如图 3.9 所示. 如果按照传统的包晶反应理论, 在由 Y211 相与 Ba-Cu-O 液相发生包晶反应生成 Y123 相的过程中, $YBa_2Cu_3O_{7-\delta}$ 晶体生长必需的 Y^{3+} 离子, 只能通过 Y123 相扩散的方式从 Y211 粒子传输到晶体生长前沿, 实现 Y123 的生长. 在这种生长机制的主导下, 将会导致图 3.9(a) 所示的结果:(1) Y123 晶体中的 Y211 粒子含量越来越少, 粒径越来越小, 甚至最后消失.(2) Y123 晶体生长前沿的固液界面不会出现非常清晰的平面状形貌. 以这种方式生长的晶体形貌与图 3.7 所示的实验结果不符合.

如果假设 Y123 晶体生长必需的 Y^{3+} 离子是通过液相扩散的方式直接传输到晶体生长前沿的, 那么溶质 Y^{3+} 离子的扩散和传输区域为 Y123 晶体生长前沿的液

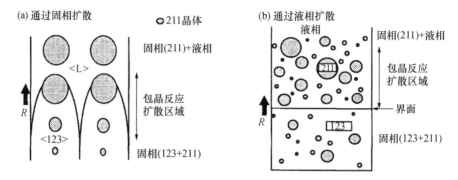

图 3.9　两种不同包晶反应模型相应的 $YBa_2Cu_3O_{7-\delta}$ 晶体生长前沿的固液界面形貌.(a) 传统的包晶反应模型,Y^{3+} 离子通过已生长的 Y123 晶体扩散至晶体生长前沿,(b) Y^{3+} 离子通过 Y123 晶体生长前沿的液相扩散至晶体生长前沿

相,在这种生长机制下,结合适当的晶体生长技术参数,晶体生长形貌将会出现如图 3.9(b)所示的结果:(1) Y123 晶体中的 Y211 粒子粒径比液相中的 Y211 粒子小.(2) Y123 晶体生长前沿的固液界面能够保持非常清晰的平面状形貌.这样的晶体生长形貌与图 3.7 的实验结果吻合.在这种情况下,Y123 晶体生长前沿的固液界面将呈现非常清晰的平面状形貌.这也进一步说明了 $YBa_2Cu_3O_{7-\delta}$ 晶体的生长不同于传统的包晶反应,主要受 Y123 晶体生长前沿液相中 Y^{3+} 离子的浓度和扩散控制.

3.2.4.2　YBCO 晶体的熔化生长的驱动力

在了解 YBCO 超导晶体的熔化生长机制的基础上,Izumi 和 Shiohara 等[5,6]建立了分析 $YBa_2Cu_3O_{7-\delta}$ 晶体生长驱动力的模型,如图 3.10 所示.其基本假设为:

（1）Y123 晶体的生长速率由其生长前沿液相中的 Y^{3+} 离子浓度控制.

（2）在 Y123 晶体的生长过程中,其生长前沿的固液界面始终保持平面状生长形貌.

（3）视 Y211 为球形粒子.

（4）Y211 粒子之间无相互作用.

（5）Y123 晶体的生长在等温条件下进行.

（6）在 Y123 晶体的生长过程中,相应的热力学参数和物理化学参数均为常数.

在图 3.10 中,C_L^{Y211},C_L^{Y123} 分别为 Y211 粒子与 Ba-Cu-O 液相界面处、Y123 晶体与 Ba-Cu-O 液相界面处液相中的 Y^{3+} 离子浓度,C_S^{Y211} 和 C_S^{Y123} 分别为 Y211 粒子与 Y123 晶体本身的 Y^{3+} 离子浓度.$\Delta C_{SL}^{211} = C_S^{211} - C_L^{Y211}$,$\Delta C^{123} = C_S^{Y123} - C_L^{Y123}$.Y123 晶体生长时 Y^{3+} 离子的扩散驱动力,主要由 Y211 粒子到 Y123 晶体的生长前沿液

相中的 Y^{3+} 离子浓度差 $\Delta C_L = C_L^{Y211} - C_L^{Y123}$ 决定.

另外,由于 Y211 粒子在液相中的溶解度和化学势与其离子半径的大小密切相关,因此,不同粒径的 Y211 粒子将导致不同的过冷度(ΔT_r),可用 Gibbs-Thomson 公式计算:

$$\Delta T_r = \frac{2\Gamma}{r}, \tag{3.10}$$

$$\Gamma = \frac{\sigma}{\Delta s}, \tag{3.11}$$

其中 Γ 为 Gibbs-Thomson 系数,σ 为 Y211 粒子与 Ba-Cu-O 液相之间的界面能,Δs 为 Y211 粒子的体积溶解熵,r 为 Y211 粒子的半径.

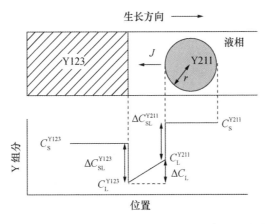

图 3.10　$YBa_2Cu_3O_{7-\delta}$ 晶体生长的原理模型及相应的局域 Y^{3+} 离子浓度分布. C_L^{Y211} 和 C_L^{Y123} 分别为 Y211 粒子与 Ba-Cu-O 液相界面处、Y123 晶体与 Ba-Cu-O 液相界面处液相中的 Y^{3+} 离子浓度,C_S^{Y211} 和 C_S^{Y123} 分别为 Y211 粒子与 Y123 晶体本身的 Y^{3+} 离子浓度

在 Y123 晶体生长的过程中,Y^{3+} 离子的总浓度差 ΔC 主要由三部分构成: (1) 由不同粒径的 Y211 粒子在液相中的溶解度和化学势不同而引起的 Y^{3+} 离子浓度差 ΔC_1. (2) 由过冷度变化而引起的 Y^{3+} 离子浓度差 ΔC_2,这最早是由 Cima 等[8] 提出的.(3) 由温度梯度而引起的 Y^{3+} 离子浓度差 ΔC_3,它是 Y123 晶体的生长前沿到每个 Y211 粒子之间距离 z 的函数,当距离 z 很小时,这一项即可忽略.

根据 Y123 晶体的二元相图可知,在熔化生长的过程中,Y^{3+} 离子浓度差 ΔC_1,ΔC_2,ΔC_3 可用图 3.11 近似表示.由图 3.11 可知,

$$\Delta C = \Delta C_1 + \Delta C_2 + \Delta C_3$$
$$= \frac{1}{m_L^{Y211}}\left(\frac{2\Gamma^{Y211}}{r} + Gz\right) + \left(\frac{1}{m_L^{Y123}} - \frac{1}{m_L^{Y211}}\right)\Delta T, \tag{3.12}$$

其中,m_L^{Y211} 是二元相图中 Y211 相液相线的斜率,$\Gamma^{Y211} = \sigma_{Y211}/\Delta S_f$ 是 Gibbs-

Thomson 系数,σ_{Y211} 是 Y211 粒子与液相之间的界面能,ΔS_f 是 Y211 粒子的体积溶解熵,r 为 Y211 粒子的半径,m_L^{Y123} 是二元相图中 Y123 相液相线的斜率,G 是温度梯度,z 是液相中 Y123 晶体生长前沿与 Y211 粒子之间的距离,ΔT 是 Y123 晶体生长前沿与液相界面处的过冷度.

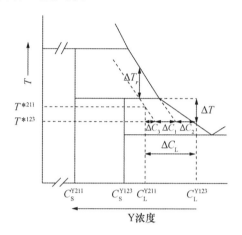

图 3.11　Y123 晶体生长前沿的 Y^{3+} 离子浓度分布示意图. T^{*211} 和 T^{*123} 分别为 Y211 粒子和 Y123 晶体与液相界面处的温度. ΔC_1 为因 Y211 粒子粒径不同而引起的 Y^{3+} 离子浓度差

3.2.4.3　Y123 晶体的稳定生长速率的计算模型

(1) Y211 粒子溶解提供的 Y^{3+} 离子扩散通量密度.

在 Y123 晶体生长的过程中,所需要的 Y^{3+} 离子是由液相中 Y211 粒子溶解后,在形成的浓度梯度的作用下扩散传递提供的.按照 Fick 扩散定律可知,一个距离 Y123 晶体生长前沿 z,半径 r 的 Y211 粒子可以提供的 Y^{3+} 离子通量密度 $j_{r,z}$ 为

$$j_{r,z} = D_L \frac{\Delta C_L}{z},$$

$$j_{r,z} = \frac{D_L}{z}\left[\frac{1}{m_L^{Y211}}\left(\frac{2\Gamma^{Y211}}{r} + Gz\right) + \left(\frac{1}{m_L^{Y123}} - \frac{1}{m_L^{Y211}}\right)\Delta T\right],$$

(3.13)

其中 D_L 是 Y^{3+} 离子在相液中的扩散系数.在 Y123 晶体生长过程中,实际参与晶体生长的有效扩散层厚度为 δ_c,即离开 Y123 晶体生长前沿并指向液相的距离,由维持晶体平面生长的生长速率 R 和扩散系数比值 D_L/R 确定.(3.13)式说明,随着距离 z 的减小,Y211 粒子提供的 Y^{3+} 离子通量密度增加.

如果知道样品中的 Y211 粒子分布及其粒径大小,即可由(3.13)式计算出参与反应的 Y211 粒子提供 Y^{3+} 离子的通量密度 j_{Y211}.

（2）Y123 晶体生长需要的 Y^{3+} 离子通量密度.

由图 3.10 与图 3.11 可知,Y123 晶体的生长由 Y123 晶体与液相界面处 Y123 晶体的 Y^{3+} 离子浓度 C_S^{Y123} 与界面处液相中的 Y^{3+} 离子浓度 C_L^{Y123} 之差 $\Delta C_{SL}^{Y123} = C_S^{Y123} - C_L^{Y123}$ 确定:

$$\Delta C_{SL}^{Y123} = C_S^{Y123} - C_L^{Y123} = C_S^{Y123} - C_L^{PY123} + \frac{\Delta T}{m_L^{Y123}}, \tag{3.14}$$

其中 C_L^{PY123} 是包晶反应温度时液相中的 Y^{3+} 离子浓度,m_L^{Y123} 是二元相图中 Y123 相液相线的斜率.这样,维持 Y123 晶体生长需要的 Y^{3+} 离子通量密度

$$j_{Y123} = \left(C_S^{Y123} - C_L^{PY123} + \frac{\Delta T}{m_L^{Y123}} \right) R, \tag{3.15}$$

其中 R 为 Y123 晶体的生长速率.

（3）Y123 晶体的稳定生长速率.

如果要使 Y123 晶体以稳定的速率生长,那么,Y211 粒子溶解提供的 Y^{3+} 离子扩散通量密度应该刚好满足 Y123 晶体生长的需要,即 $j_{Y123}=j_{Y211}$.在此基础上,结合样品中的 Y211 粒子分布及其大小,即可由（3.13）和（3.15）式计算出 Y123 晶体的稳定生长速率.

3.2.5 单畴 YBCO 超导块材的生长机制

前面介绍过（见 §1.4）,制备具有定向织构生长的 YBCO 超导材料的方法主要有由 Jin 等发明的熔化织构生长（MTG）法[9]、Salama 等发明的液相生长（LPP）法[10]、Murakami 等[11] 发明的淬火熔化生长（QMG）法和熔化粉末熔化生长（MPMG）法[12]、周廉等[13] 发明的粉末熔化生长（PMP）法,以及时东陆等[14] 发明的固液熔化生长（SLMG）法等多种技术方案.这些方法最初目的都是为了制备具有大临界电流密度的棒状或条状（横截面为毫米量级、长度为毫米到厘米量级）YBCO 超导材料.为了进一步简化制备具有定向织构生长的 YBCO 超导块材,杨万民[15] 等发明了金属氧化物熔化生长（MOMG）法和金属氧化物熔渗生长（MOIG）法[16].

如果将这些方法的热处理参数做适当调整,即可直接用于制备直径为厘米量级的 YBCO 超导块材.图 3.12 是在无籽晶的情况下,采用 MTG 方法制备的直径为 25 mm 的 YBCO 超导块.由图 3.12 可知,样品呈现多畴,而且各晶畴的形貌不同,晶粒取向也不同,如表面形貌有长方形、三角形,有黑色的,也有近白色的等,各晶畴之间的畴界不利于提高整个样品的超导性能.在图 3.12 中可以看到,长方形的晶畴内有一些白色的线条,线条平行于短边（a 或 b 轴）方向,而垂直于 c 轴方向.这是在渗氧的过程中,非超导的四方相向超导的正交相转变时,因晶格常数的变化（见表 3.1）而产生裂纹.

表 3.1 YBCO 晶体渗氧前后晶格常数的变化

晶格常数	四方相 YBCO（渗氧前）	正交相 YBCO（渗氧后）	绝对收缩量	相对收缩量
a	0.3857 nm	0.3885 nm	0.0028 nm	$+0.73\%$
b	0.3857 nm	0.3818 nm	-0.0039 nm	-1.01%
c	1.1839 nm	1.168 nm	-0.0159 nm	-1.34%

从表中可知,渗氧后 YBCO 晶体的 a 轴伸长,b 轴收缩,c 轴收缩量最大. 在 ab 面内,由于 a,b 轴相互交错生长,一个收缩,一个伸长,相互补偿,所以产生裂纹的可能性较小. 在 c 轴方向,不仅相对收缩量大,而且绝对收缩量更大,故在 c 轴方向易出现裂纹,发生断裂的可能性就比沿 a 轴及 b 轴方向高. 这是 YBCO 超导体中存在平行于 ab 面裂纹的一个主要原因. 这些裂纹会严重阻碍样品 J_c 及磁悬浮力的提高.

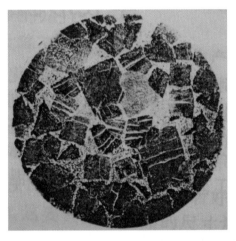

图 3.12 在无籽晶条件下采用 MTG 方法制备的直径为 25 mm 的 YBCO 超导块材

3.2.5.1 单畴 YBCO 超导块材的宏观形貌及生长规律

通过对多个样品的分析,杨万民等[17]发现,在无籽晶熔化生长的 YBCO 超导块材中,随机成核生长的 YBCO 晶体为长方体形貌,其对角线上有生长的交叉花纹,如图 3.13 所示. 经对许多类似晶畴的分析和测量发现,对角线花纹将一个单畴区分为四部分:在对角线夹角为锐角的两个区域内,YBCO 晶体的生长方式相同,在对角线夹角为钝角的两个区域内,YBCO 晶体的生长方式也相同,但不同于对角线夹角为锐角的区域.

表 3.2 给出了几个长方形晶畴对角线夹角的测量值,其锐角平均值约为 $78°$,长边为 c 轴方向,短边为 a(或 b)轴方向,这说明从自然成核的晶畴生长角度看,在熔化生长的过程中,YBCO 晶体的生长是各向异性的,c 轴方向的生长速度快,a(或 b)轴方向的生长速度慢.

图 3.13　自然成核生长的 YBCO 晶畴形貌

表 3.2　自然成核生长 YBCO 晶体的晶畴的对角线夹角

长方形晶畴	对角线夹角（锐角）	对角线夹角（钝角）
1	78.5°	101.5°
2	78°	102°
3	77.8°	102.2°
4	78.1°	101.9°

　　Endo 等[18]采用 TSMTG 方法,研究了过冷度($\Delta T = T_p - T_g$)对 YBCO 超导块材生长形貌和生长速率的影响,T_p 和 T_g 分别为 Y123 晶体的包晶反应温度和晶体生长温度. 将 SmBCO 籽晶置于圆柱状 YBCO 先驱块上表面中心位置,使籽晶 ab 面与样品上表面平行. 熔化生长后,获得如图 3.14 所示的单畴 YBCO 样品.

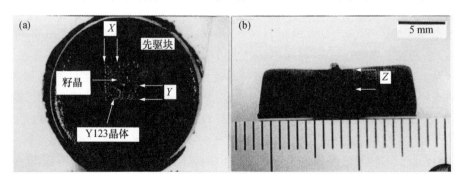

图 3.14　用淬火法获得的在某一过冷度($\Delta T = T_p - T_g$)下,正在生长的 YBCO 超导块材形貌.（a）样品的上表面形貌,（b）样品的纵断面形貌. X, Y, Z 分别表示 YBCO 晶体沿 a, b, c 轴的生长长度

由图 3.14(a)可知,从样品的上表面看,YBCO 晶体在 SmBCO 籽晶的引导下,外延生长成了一个单畴区域,并没有出现多畴现象,而且单畴区为一个正方形. 由图 3.14(b)可知,从样品的纵断面形貌看,YBCO 晶体在 SmBCO 籽晶的引导下,外延生长成了一个长方形的单畴区域,也无多畴现象. Endo 等[18] 根据不同过冷度下单畴 YBCO 晶体在 X, Y, Z 方向的生长长度和时间,计算出了 YBCO 晶体沿 a(或 b)轴和 c 轴的生长速率,如图 3.15 所示.

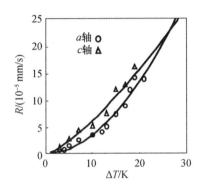

图 3.15　单畴 YBCO 晶体沿 a(或 b)轴和 c 轴的生长速率

在采用 TSMTG 法制备单畴 YBCO 晶体的过程中,至少在过冷度 $\Delta T < 20℃$ 时,a 轴的生长速率 R_a 小于 c 轴的生长速率 R_c. 其生长速率与过冷度 ΔT 的关系为:

$$R_a = 4.5 \times 10^{-7} \Delta T^{1.9} (\text{mm/s}), \tag{3.16}$$

$$R_c = 2.8 \times 10^{-6} \Delta T^{1.3} (\text{mm/s}). \tag{3.17}$$

这与文献[17]的结果一致. 这些结果说明,YBCO 晶体沿 a 轴和 c 轴生长速率的差异与其沿 a 轴和 c 轴的生长机制不同有关.

3.2.5.2　单畴 YBCO 超导块材的生长方式及显微组织形貌

刘兆梅等[19] 以 Y211 为固相源,以 $YBa_2Cu_3O_{7-\delta} + Ba_3Cu_5O_8$ 为液相源,采用 TSIG 法研究了单畴 YBCO 超导块材的生长形貌,结果如图 3.16 所示.

从上表面形貌图 3.16(a)可知,该样品在 NdBCO 籽晶(籽晶的 ab 面与样品的上表面平行)的引导下,以籽晶为中心直接向相邻夹角为 $90°$ 的方向外延生长,最终长成了一个有四个区域(从上表面看)的单畴 YBCO 超导块材,图中的十字线就是这四个区域生长时形成的分界线. 从侧面形貌图 3.16(b),及纵断面形貌图 3.16(c)可知,该样品已从上面长到了底部. 图 3.16(c)的纵断面形貌表明,单畴 YBCO 超导块材除了从上表面看存在四个区域外,还有一个独立的区域,该区域是从籽晶的正下方开始向下生长的,而其他的四个区域则是从籽晶开始向侧面生长的.

因此,单畴 YBCO 超导块材由 5 个区域组成,如图 3.17 所示[20]. 从上表面能

图 3.16 采用顶部籽晶熔渗生长(TSIG)法制备的单畴 YBCO 超导块材形貌.(a) 上表面生长形貌,(b) 侧面生长形貌,(c) 纵断面生长形貌

够看到的四个区域均属于 a 生长区域(a-GS). 相邻 a 生长区域形成的分界线为 a/a-GSB. 只有从纵断面才能看到的中间区域为 c 生长区域(c-GS). c 生长区域与相邻 a 生长区域形成的分界线为 a/c-GSB. 总之,一个单畴 YBCO 超导块材包含四个 a-GS 生长区域,一个 c-GS 生长区域,四个 a/a-GSB 分界线,四个 a/c-GSB 分界面,还有四个 $a/a/c$-GSB 分界线,四个 $a/a/c$-GSP 分界点(两个相邻的 a-GS 生长区域和 c-GS 生长区域在样品表面的交点).

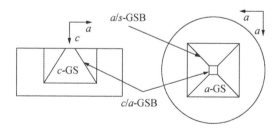

图 3.17 单畴 YBCO 超导块材的生长区域示意图. a 生长区域(a-GS). 相邻 a 生长区域形成的分界线(a/a-GSB). 只有从纵断面才能看到的中间区域为 c 生长区域(c-GS). 由 c 生长区域与相邻 a 生长区域形成的分界线(a/c-GSB)

　　图 3.18 是单畴 YBCO 超导块材纵断面不同部位的光学显微结构照片. 从图 3.18 中可以看出, 不论是沿 a 轴方向生长区域(a-GS)还是沿 c 轴方向生长区域(c-GS), 样品主要由片层状的 Y123 晶体和弥散分布在其中的 Y211 粒子组成. Y123 晶体的片层状结构说明其晶体生长具有高度的各向异性, 其中弥散分布的 Y211 粒子说明在 Y123 晶体生长的过程中, 当 Y123 晶体的生长前沿遇到 Y211 粒子时会将其捕获. 另外, 由图 3.18 亦可看出, Y123 晶体中的 Y211 粒子分布并不均匀, 离籽晶越远, Y211 粒子密度越高. 通过对该样品 a/c-GSB 分界线附近结构的观察发现, 在沿 a 轴方向生长的 a-GS 区域, Y211 粒子的密度高于沿 c 轴方向生长的 c-GS 区域, 如图 3.19 所示. 这些结果与文献[20]一致.

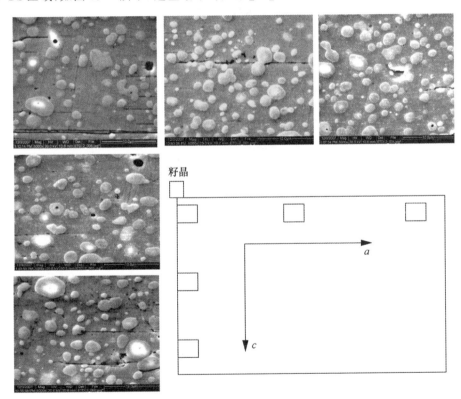

图 3.18　单畴 YBCO 超导块材纵断面不同部位的光学显微结构照片, 片层状基体为 Y123 晶体, 颗粒状的是 Y211 粒子

3.2.5.3　Y211 粒子的捕获及粗化机制

　　在单畴 YBCO 超导块材中, 不仅普遍存在 Y211 粒子, 而且在远离籽晶的部位, 样品中的 Y211 粒子密度逐渐增大. 这主要有样品中 Y123 相分解产生的 Y211 粒子和添加 Y211 粒子两部分. 不管是前面提到的哪种熔化生长方法, 当样品经过

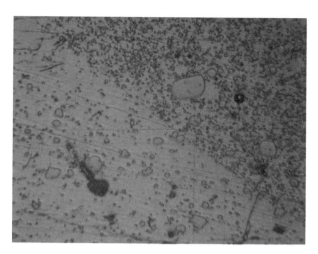

图 3.19　单畴 YBCO 超导块材 a/c-GSB 分界线附近的结构. 右上部为沿 a 轴方向生长的 a-GS 区域,左下部为沿 c 轴方向生长的 c-GS 区域. a-GS 区域的 Y211 粒子的密度高

高温(高于 T_p)保温之后,其主要成分就都变成了 Y211 粒子和液相,只是在额外添加 Y_2O_3 和 Y211 粒子的样品中 Y211 粒子含量较高而已.关于在远离籽晶的部位 Y211 粒子密度逐渐增大的情况,与晶体生长过程中的过冷度、熔体的黏度系数、粒子的大小、界面能的大小等有关.

根据 Uhlmann-Chamers-Jackson(UCJ)理论[21],当正在生长的固液界面向前推移时,处于其前沿液相中的惰性粒子是被其捕获还是推出,取决于固相晶体、惰性粒子,以及液相之间的界面能大小.在此基础上,Shiohara,Kim,Endo 和 Cloots 等[22,23,24,25]均将这一理论推广,并用来解释 Y211 粒子的这种变化趋势,提出了 Y123 晶体生长前沿液相中 Y211 粒子的捕获/外推理论(trapping/pushing theory).

图 3.20 是 Y123 晶体以一定的速率 R 生长时与其生长前沿液相中的 Y211 粒子之间的相互作用示意图[22],主要包括在晶体生长时因黏性流动而产生的将 Y211 粒子拉向 Y123 晶体力 F_d 和因 Y123 晶体、Y211 粒子,以及液相之间界面能 ($\Delta\sigma_0$) 的变化而产生的力 F_i.

界面能 $\Delta\sigma_0$ 可表示为

$$\Delta\sigma_0 = \Delta\sigma_{SP} - \sigma_{LP} - \sigma_{SL}, \tag{3.18}$$

其中 $\Delta\sigma_{SP}$, $\Delta\sigma_{SL}$, $\Delta\sigma_{PL}$ 分别代表 Y123 晶体和 Y211 粒子、Y123 晶体和液相,以及 Y211 粒子和液相之间的界面能.如果 $\Delta\sigma_0 > 0$, F_i 将有助于将 Y211 粒子推离 Y123 晶体生长前沿. Rodriguez 等[4]的研究结果表明,在由 Y211 粒子和 Ba-Cu-O 液相反应生成 $YBa_2Cu_3O_{7-\delta}$ 晶体的过程中,$YBa_2Cu_3O_{7-\delta}$ 晶体是在离开 Y211 粒子的 Ba-Cu-O 液相中成核长大的,这就说明 $\Delta\sigma_0 > 0$.

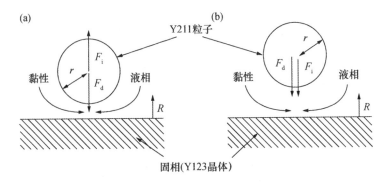

图 3.20   Y123 晶体以一定的速率 R 生长时与其生长前沿液相中的 Y211 粒子之间的相互作用示意图[22]. F_d 是因黏性流动而产生的将 Y211 粒子拉向 Y123 晶体的力,F_i 则是与 Y123 晶体、Y211 粒子,以及液相之间界面能($\Delta\sigma_0$)有关的力. (a) $\Delta\sigma_0 > 0$ 时,F_i 有助于将 Y211 粒子推离 Y123 晶体生长前沿;(b) $\Delta\sigma_0 < 0$ 时,F_i 有助于 Y123 晶体捕获 Y211 粒子

但是,关于 Y211 粒子的捕获/外推理论认为,当 Y123 晶体以一定的速率 R 生长时,对于处于其生长前沿液相中的 Y211 粒子而言,是被 Y123 晶体捕获还是被向前推出,取决于 Y123 晶体生长前沿液相中的 Y211 粒子的大小与其临界半径 r^* 的关系. 与临界半径 r^* 有关的公式为

$$R \propto \frac{\Delta\sigma_0}{\eta r^{*n}}, \tag{3.19}$$

其中 $\Delta\sigma_0$ 为 RE123/RE211 系统的净余界面能,η 为液相的黏滞系数,n 为常数,在 1～2 之间. 当液相中 Y211 粒子的半径 r 大于 r^* 时,就会被 Y123 生长前沿捕获,保留在晶体内. 如果 Y211 粒子的半径 r 小于 r^*,则会被生长前沿推出,堆积于 Y123 生长前沿的液相中. 对文献[19,20]中报道的在远离籽晶的部位,样品中的 Y211 粒子密度和粒度逐渐增大的情况可以这样解释:由于在单畴 Y123 晶体生长的过程中均采用熔化慢冷生长方法,所以离籽晶较近的部位对应于生长过程中过冷度 ΔT 较小、生长速率 R 较慢的情况,由(3.19)式可知,这时 Y123 晶体只能捕获临界半径 r^* 较大的 Y211 粒子. 反之,离籽晶较远的部位对应于过冷度 ΔT 较大、生长速率 R 较快的情况,由(3.19)式可知,这时 Y123 晶体就能够捕获临界半径 r^* 较小的 Y211 粒子了.

为了进一步说明 Y123 晶体能够捕获 211 粒子的临界半径 r^* 大小与过冷度 ΔT 之间的关系,Endo 等[24]用图 3.21 进行了分析. 他们在考虑沿 a 轴生长时,Y123 晶体与 Y211 粒子之间的界面能 σ_0^a,不同于沿 c 轴生长时 Y123 晶体与 Y211 粒子之间的界面能 σ_0^c 的情况下,假设 $R \times r^{*n} = C$(C 是一个常数,$n=1$),结合不同过冷度 ΔT 下获得的 Y123 晶体生长速率 R 实验数据,根据(3.19)式,分别画出了沿 a 轴和 c 轴生长情况下 R-r^* 的变化规律,如图 3.21(a)所示.

根据这一理论,可定性地分析 Y123 晶体生长速率与 Y211 粒子偏析的各向异性问题.图 3.22 是用初始成分为 93.5%Y123+6%Y211+0.5%Pt(质量百分比)的样品,获得的单畴 YBCO 晶体沿 a(或 b)轴和 c 轴的生长速率与过冷度 ΔT 的关系.由图 3.22 可知,当过冷度 $\Delta T < 17$ K 时,$R_c > R_a$.当过冷度 $\Delta T > 17$ K 时,$R_c < R_a$.当过冷度 $\Delta T = 10$ K 时,由于 YBCO 晶体生长速率和界面能($\Delta \sigma_0$)的各向异性,样品中沿 a(或 b)轴生长方向的 Y211 粒子的临界半径 r_a^* 小于沿 c 轴生长方向的 r_c^*,因此,YBCO 晶体沿 a(或 b)轴生长方向捕获的 Y211 粒子密度大于沿 c 轴生长方向捕获的 Y211 粒子.

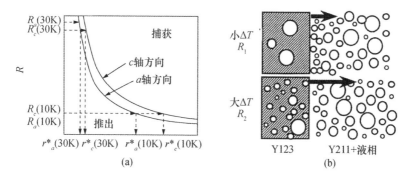

图 3.21　Y123 晶体的生长速率 R,捕获 211 粒子的临界半径 r^* 与过冷度 ΔT 之间的关系[24].(a)沿 a 轴和 c 轴生长的 R-r^* 关系,(b)在 $\Delta T = 10$ K 和 $\Delta T = 30$ K 时 Y123 的生长速率 R,211 粒子的 r^* 与过冷度 ΔT 之间的关系

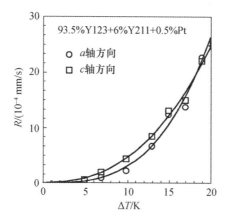

图 3.22　初始成分为 93.5%Y123+6%Y211+0.5% Pt 的单畴 YBCO 晶体沿 a(或 b)轴和 c 轴的生长速率与过冷度 ΔT 的关系.当 $\Delta T < 17$ K 时,$R_c > R_a$,当 $\Delta T > 17$ K 时,$R_c < R_a$

当过冷度 ΔT 从 10 K 增加到 30 K 时,不论是沿 a(或 b)轴还是沿 c 轴方向的生长速率均明显增加,同时,r_a^* 和 r_c^* 也明显减小,这样就会导致在 $\Delta T = 10$ K 时

无法被 YBCO 晶体捕获的小粒子,在 $\Delta T = 30$ K 时即可被捕获,如图 3.21(b)所示.

由图 3.18 和图 3.19 可知,样品中 Y211 粒子除了密度的分布不均匀外,大小也不一致,这可以用 Ostwald 熟化理论进行解释[26]. 根据 Izumi 等[5,6]的结果可知,Y211 粒子自由能的高低与其粒径的大小密切相关,大粒子的自由能较低,小粒子的自由能较高,这就导致了自由能较高的小粒子逐渐溶解减小,而自由能较低的大粒子则逐渐长大. 最终的结果就是单畴 YBCO 晶体中 Y211 粒子的大小不同.

3.2.5.4　单畴 YBCO 超导块材生长机制简介

由图 3.17 可知,单畴 YBCO 超导块材由 5 个区域组成[20],可分为两类:一类是 a 生长区域(a-GS),共有四个. 在 a-GS 区域,Y123 晶体的生长方向平行于样品表面,在籽晶的引导下以连续生长模式由中心向边缘生长. 另一类是 c 生长区域(c-GS),只有一个. 在 c-GS 区域,Y123 晶体的生长方向垂直于样品表面,在籽晶的引导下以层状(二维成核生长)生长模式由中心向外生长,同时在已生长层的引导下一层一层地向下生长.

当 YBCO 样品从熔融态降温到包晶反应温度以下时,由于在籽晶处成核所需的能量最低,所以在籽晶下表面首先出现 Y123 晶核并沿着 ab 面外延生长(籽晶的 ab 面平行于 YBCO 样品表面). 由于 Y123 晶体生长具有高度的各向异性,ab 面方向的生长速率远远大于 c 方向的生长速率,因此 Y123 在 ab 方向上迅速长大,而在 c 方向的生长厚度很薄,形成具有片层状显微形貌的晶片. 这种片层状的晶片结构,为 c 轴方向的 Y123 晶体的生长提供了很好的二维晶层状生长条件. 由于二维成核生长需要的能量低,使新的 Y123 晶核又在已生长片层晶粒的下表面形成,并沿 ab 面快速长大. 通过这种成核、生长过程的不断重复,最终形成沿 c 轴方向 Y123 晶层堆叠的单畴 YBCO 块材形貌. 要注意的是,通常用实验方法确定的生长速率 R_a 和 R_c 是指单畴 YBCO 块材的生长速率,而不是单个晶片的生长速率.

另外,在单畴 YBCO 块材的 5 个生长区中,a-GS 区域与 c-GS 区域的结构如何? 究竟是 a-GS 区域占的体积分数高,还是 c-GS 区域体积分数高? 这要看初始样品的形状、径高比、籽晶的大小、炉子的温度梯度等多种因素,感兴趣的读者可参阅文献[27,28].

对更细节性的 Y123 晶体生长模型,如 Y211 粒子是如何被正在生长的 Y123 晶体捕获的,沿 ab 面生长方向的捕获方法与沿 c 轴生长方向的捕获方法有何不同等感兴趣的读者可参阅文献[29].

§3.3 单畴 REBCO 超导块材的制备方法

3.3.1 先驱坯块的制备方法

3.3.1.1 先驱粉体的制备方法

制备单畴 REBCO 超导块材要用的先驱粉体主要包括 $REBa_2Cu_3O_{7-\delta}$(RE123)，RE_2BaCuO_5(RE211)，$RE_4Ba_2Cu_2O_{10}$(RE422)，$Ba_3Cu_5O_8$($Ba_3Cu_5O_8 = 3BaCuO_2 + 2CuO$)，$RE_2Ba_4CuMO_y$(REM2411，M＝Bi，Nb，Zr，W…)等.

制备先驱粉体的方法很多，最常用的主要有固态反应法、化学合成法，以及等离子合成法等，如图 3.23 所示. 在这几种方法中，等离子合成法设备昂贵，制备成本较高. 化学合成法可以制备出纯度高、粒径小的超细粉体，但工艺较复杂、周期较长、污染严重、成本较高. 相对而言，固态反应法操作简便，对设备的要求不高，也可制备高质量的粉体. 因此，这里主要介绍用固态反应法制备先驱粉体的方法.

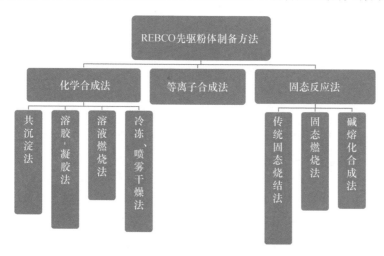

图 3.23 REBCO 超导块材先驱粉体的制备方法

实验所用原材料包括 Y_2O_3(99.99％)，Gd_2O_3(99.9％)，Sm_2O_3(99.9％)，BaO(97％)，$BaCO_3$(99.0％)，CuO(99.0％)，Nd_2O_3(99.99％)，CeO_2，PtO_2，WO_3，Bi_2O_3，Nb_2O_5，ZrO_2，SnO_2，ZnO 等原始粉体.

(1) $REBa_2Cu_3O_y$ 粉体制备方法.

以 $YBa_2Cu_3O_y$ 的制备为例. 用 Y_2O_3，$BaCO_3$ 及 CuO 粉体按 Y：Ba：Cu＝1：2：3 的原子比配料，混合研磨均匀混合后，在 880～920℃ 之间烧结，经过三次烧结、四次研磨后即可获得 XRD 纯的 $YBa_2Cu_3O_y$ 粉体. 如果在流 O_2 条件下烧结，两次烧结、三次研磨即可.

在空气气氛下烧结时,烧结温度在 910～920℃之间,每次烧结 24～48 h,经过三次烧结、四次研磨后,同样可获得 XRD 纯的 Y123 粉体,如图 3.24 所示.其反应方程为

$$Y_2O_3 + 4BaCO_3 + 6CuO \longrightarrow YBa_2Cu_3O_{7-\delta} + CO_2 \uparrow. \tag{3.20}$$

其他的 $REBa_2Cu_3O_y$ 粉体制备方法相同,只是烧结温度不同而已.如在 910～940℃之间烧结可获得 Gd123 粉体,在 920～950℃之间烧结可获得 Nd123 粉体.

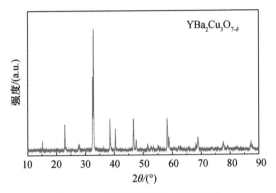

图 3.24　Y123 粉体的 XRD 图谱

（2）RE_2BaCuO_5 粉体的制备方法.

以 $YBa_2Cu_3O_y$ 粉体的制备为例.将 Y_2O_3,$BaCO_3$ 和 CuO 粉体按 Y∶Ba∶Cu＝2∶1∶1 的原子比配料,经球磨混合均匀后,在空气气氛下 900～920℃之间烧结,每次烧结 24～48 h,经过三次烧结、四次研磨后,即可获得 XRD 纯的绿色 Y211 粉体,如图 3.25 所示.其反应方程为

$$Y_2O_3 + BaCO_3 + CuO \longrightarrow Y_2BaCuO_5 + CO_2 \uparrow. \tag{3.21}$$

其他的 RE_2BaCuO_5 粉体制备方法相同,也只是烧结温度不同而已.如在 900～930℃之间烧结可获得 Gd211 粉体,在 920～940℃之间烧结可获得 Sm211 粉体.

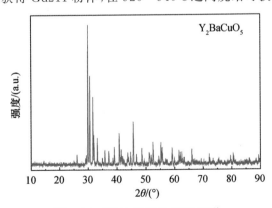

图 3.25　Y211 粉体的 XRD 图谱

（3）$BaCuO_2$ 粉体的制备方法.

将分析纯的 $BaCO_3$,CuO 按照 Ba：Cu ＝1：1 的化学剂量配料,经球磨混合均匀后,在空气气氛中 890～910℃之间烧结,每次烧结 24～48 h,经过三次烧结、四次研磨后,即可获得 XRD 纯的 $BaCuO_2$ 粉体,如图 3.26 所示.其反应方程为

$$BaCO_3 + CuO \longrightarrow BaCuO_2 + CO_2 \uparrow. \tag{3.22}$$

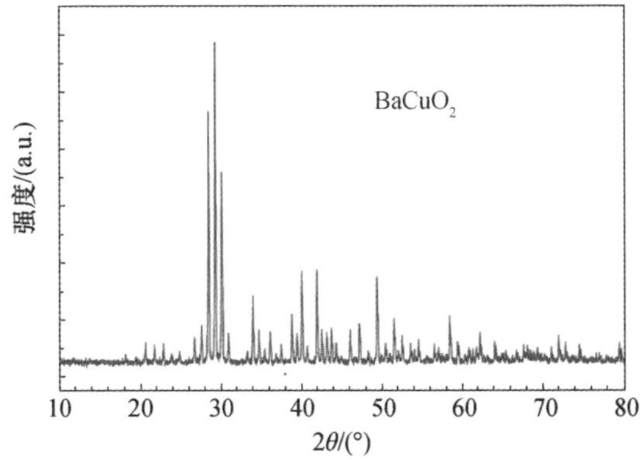

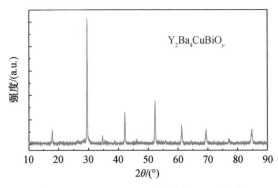

图 3.26 $BaCuO_2$ 粉体的 XRD 图谱

（4）$RE_2Ba_4CuMO_y$ 粉体的制备方法.

以 YBi2411 为例.将分析纯的 Y_2O_3,$BaCO_3$,CuO,Bi_2O_3 按照 Y：Ba：Cu：Bi＝2：4：1：1 配料,经球磨混合均匀后,在空气气氛中 940～960℃之下烧结,每次烧结 24～48 h,经过三次烧结、四次研磨后,即可获得 XRD 纯的深褐色 YBi2411 粉体,如图 3.27 所示.其反应过程为

$$Y_2O_3 + 4BaCO_3 + CuO + BiO_3 \longrightarrow Y_2Ba_4CuBiO_y + CO_2 \uparrow. \tag{3.23}$$

其他 $RE_2Ba_4CuMO_y$ 的制备方法类似,只是烧结温度不同而已.如在 1060～1080℃之间烧结可获得 $Gd_2Ba_4CuWO_y$ 粉体,在 1120～1150℃之间烧结可获得 $Y_2Ba_4CuZrO_y$ 粉体,在 1130～1150℃之间烧结可获得 $Gd_2Ba_4CuNbO_y$ 粉体.

图 3.27 $Y_2Ba_4CuBiO_y$ 粉体的 XRD 图谱

3.3.1.2　先驱坯块的压制

在制备好各种先驱粉体材料后,即可开始制备单畴 REBCO 超导块材.首先要确定采用什么方法、制备哪种 REBCO 超导块材,这样才能确定如何配料,因为不同的方法、不同种类 REBCO 超导块材,所用的先驱粉体不同,需要压制的坯块数目也不同.在配好料后,压坯之前又必须知道要制备什么形状的超导块材,如圆柱形、圆环形、六棱柱形或多孔型,才能选择相应的模具.一般实验用的都是圆柱形坯块,下面以圆柱形单畴 REBCO 超导块材的研究为例进行分析.

对于 TSMTG 法单畴 REBCO 超导块材先驱坯块的制备,先驱块主要包括三类粉体:(1) RE123 粉体,(2) RE211 或 RE_2O_3 粉体,(3) 细化 RE211 粒子的化合物,或其他可提高 REBCO 超导块材磁通钉扎能力和超导性能的化合物粉体.将这三类粉体按设计的比例称料,一起混合均匀后,压制成圆柱形坯块备用即可.

对于 TSIG 法单畴 REBCO 超导块材先驱坯块的制备,先驱块主要包括四类:(1) RE123 粉体,(2) RE211 或 RE_2O_3 粉体,(3) $BaCuO_2$ 粉体,(4) 细化 RE211 粒子的化合物,或其他可提高 REBCO 超导块材磁通钉扎能力和超导性能的化合物粉体.与 TSMTG 法不同,采用 TSIG 法时,需要压制两个成分不同的圆柱形先驱坯块,一个为固相先驱块,另一个为液相先驱块,两个先驱块直径可以相等,也可以不同.固相先驱块的成分为 RE_2BaCuO_5(或 $RE_4Ba_2Cu_2O_{10}$),液相先驱块的成分为 $REBa_2Cu_3O_{7-y}$ 和 $Ba_3Cu_5O_8$($Ba_3Cu_5O_8 = 3BaCuO_2 + 2CuO$).以轴对称的方式将固相先驱块叠放在液相先驱块之上,即可完成先驱块的制备.

坯块的压制可采用单轴压片机压制,亦可采用等静压机压制,只要能够保持坯块形状的完整性,压制时压力越大越好.在同样的压力条件下,等静压机压制的坯块均匀性更好.坯块的直径可根据需要自定,一般在 $20 \sim 50 \, mm$ 之间.

3.3.2　籽晶的选择和制备方法

(1) 籽晶的选择要求.

不论是采用 TSMTG,还是 TSIG 法制备 REBCO 超导块材,都必须选择良好的籽晶,只有这样,才可能制备出高质量的单畴 REBCO 超导块材.用于制备低熔点或包晶反应温度较低的 REBCO 超导块材的籽晶较多,如对 YBCO 超导块材而言,MgO 单晶,$LaAlO_3$ 单晶,$NdBa_2Cu_3O_y$ 以及 $SmBa_2Cu_3O_y$ 单晶或织构样品等等均可作籽晶.但对于高熔点或包晶反应温度较高的 REBCO 超导块材,其可选用的籽晶很少.但是,MgO 单晶和 $LaAlO_3$ 单晶类材料与 REBCO 晶体晶格的匹配度较低,不易达到理想的效果.选择籽晶时最好满足以下基本要求:

① 籽晶的晶格常数与 REBCO 超导体的晶格常数接近,如果相同则更好,可有效引导 REBCO 晶体外延生长.

② 籽晶的熔点要高于 REBCO 超导体的包晶反应温度,保证在晶体熔化生长的过程中不会熔化分解.

③ 籽晶要有良好的化学稳定性,不能与 REBCO 超导体发生化学反应,以免导致籽晶失效或引入杂质.

④ 籽晶的成本不能太高. 例如,在制备单畴 YBCO 和 GdBCO 超导块材时,一般选取 SmBCO 或 NdBCO 晶体作籽晶. 因为它们属于 REBCO 同一体系,与 YBCO 的晶格匹配度很高. 其次它们具有更高的熔点(分别约为 1060℃ 和 1080℃),在 YBCO 和 GdBCO 熔化生长的过程中能保持自身的稳定性. 这种籽晶可以从单晶、单畴或多畴的大块 SmBCO 或 NdBCO 织构体上切割或解理获得.

在制备 $NdBa_2Cu_3O_x$ 和 $SmBa_2Cu_3O_x$ 晶体时,就很难直接选用该系列 REBCO 晶体作籽晶了,而必须要选用具有更高熔点的籽晶. 如 MgO 掺杂的 NdBCO 籽晶[30,31,32],其熔点可达到 1100℃ 左右. 还可选用过热薄膜籽晶[33,34]. 这类籽晶可用于制备与薄膜材质一样的晶体,如镀有 YBCO 薄膜的 MgO 晶体可用作制备单畴 YBCO 超导块材的籽晶,镀有 NdBCO 薄膜的 MgO 晶体可用作制备单畴 NdBCO 超导块材的籽晶.

(2) 籽晶的使用原则.

选择好籽晶之后,要科学地选择使用籽晶的方法,使用时要注意的原则有:

① 确定籽晶的使用方法. 如果有高熔点的籽晶,可采用冷籽晶方法. 如果只有低熔点的籽晶,则可采用热籽晶方法,但这种方法比较复杂、危险.

② 科学利用籽晶的各向异性,根据设计需要,可制备具有不同晶粒取向的单畴 REBCO 超导块材.

③ 确保籽晶的使用使晶粒取向织构度高、晶面平整、光亮、干净.

④ 多籽晶的运用. 如果需要制备具有多个晶畴、各畴之间晶粒夹角不同的样品,或者更大的样品,则可选用多籽晶的方法,但要注意确认各籽晶的晶粒取向以及在样品中的放置方式.

(3) 籽晶制备方法.

采用制备单晶的方法[35,36]、制备单畴 REBCO 超导块材的方法[30,3,32,37]、制备薄膜的方法[33,34,35,38],均可制备籽晶,具体方法参见相关文献,不再详述. 如果制备的样品较大,则可通过切割、打磨的方法,获得尺寸合适的籽晶. 一般籽晶的大小为毫米量级,如果要制备比较大的单畴 REBCO 超导块材,则可选用较大尺寸的籽晶. 大籽晶可能有利于制备大尺寸的样品[39,40].

3.3.3 炉子温场设计

炉子是熔化生长 REBCO 超导块材必不可少的关键设备,在热处理技术参数确定的条件下,炉子的温场分布,特别是温度梯度对样品的生长形貌起着非常重要的作用.下面以 YBCO 超导块材为例来阐述温度梯度对晶体生长形貌的影响,并总结有利于制备单畴 YBCO 超导块材的温场分布规律.

为了研究温场分布对 YBCO 样品生长的影响,杨万民等制作了三台内径均为 60 mm 的立式管状炉:1♯炉,径向温度分布均匀,但具有轴向温度梯度,其轴向温度分布如图 3.28 所示. 2♯炉,既具有轴向温度梯度,又具有径向温度梯度,径向温度梯度大于 0,为正径向温度梯度,其温度分布如图 3.29 所示. 3♯炉,既具有轴向温度梯度,又具有径向温度梯度,但径向温度梯度小于 0,为负径向温度梯度,其温度分布如图 3.30 所示.1♯炉用来研究轴向温度梯度对熔化生长 YBCO 超导块材形貌的影响.2♯炉和 3♯炉用来研究径向温度梯度对熔化生长 YBCO 超导块材形貌的影响. 由这后两个图可知,2♯炉子炉壁的温度比炉子中心的温度高,平均梯度为 2℃/cm,而 3♯炉子的轴心温度比炉壁温度高,平均梯度为 -2℃/cm.

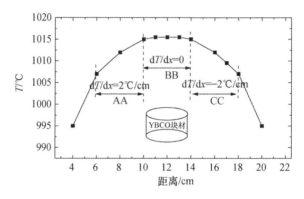

图 3.28　1♯立式管状炉的轴向温度分布,以及样品在各个炉子中的位置

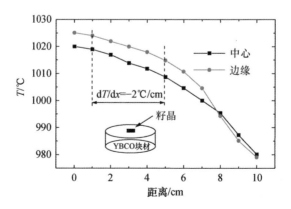

图 3.29　2♯炉的炉温沿轴线及炉壁的分布,以及样品在炉子中的位置

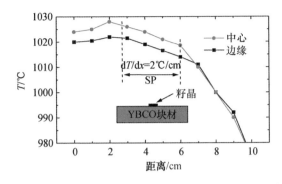

图 3.30   3♯ 炉的炉温沿轴线及炉壁的分布,以及样品在炉子中的位置

3.3.3.1   轴向温度梯度对熔化生长 YBCO 块材液相损失的影响

杨万民等[41]以组分为 $0.75Y123+0.25Y211$ 样品为先驱块,研究了轴向温度梯度对 MTG 法 YBCO 液相损失的影响. 在 1♯ 炉中的 AA(正温度梯度),BB(均温区),CC(负温度梯度)三个温区分别进行熔化生长,获得的 YBCO 样品分别称为 SA,SB,SC. 每个样品的热处理参数相同. 将样品快速加热到 $1100℃$,保温 1 h. 待 Y123 相完全分解为 Y211+液相后,快降温到 $1020℃$,再以 $0.5\sim2℃/h$ 慢降温到 $920℃$,最后以 $100℃/h$ 降至室温即可. 表 3.3 给出了在 AA,BB,CC 三个温区熔融生长前后样品的直径和质量变化情况,从中可以看出,在 AA 温区制备的 SA 样品,液相流失量最多,达到 18.2%,而在 CC 温区制备的 SC 样品,液相流失量最少,只有 8.5%. 由此可知,采用负的轴向温度梯度有利于抑制熔化生长 YBCO 块材过程中的液相流失.

表 3.3   熔融生长过程中液相流失量与温度梯度的关系

样品	炉子中的位置	先驱块直径/mm	生长后直径/mm	先驱块质量/g	生长后质量/g	失重率(%)	理论失重
SA	正温度梯度(AA 区)	30	26.7	30.2	24.7	18.2	多
SB	恒温区(BB 区)	30	26.7	30.7	27.8	9.5	较多
SC	负温度梯度(CC 区)	30	26.7	30.5	27.9	8.5	少

在熔化生长 YBCO 块材过程中,轴向温度梯度为何会影响液相流失? 主要是因为处于半熔状态的 YBCO 块材,由于温度分布的非均匀性,导致各处热膨胀程度不同. 在重力场中,这种差异使得密度较小(温度较高)处的流体在浮力的作用下向上流动,流动的程度与温度梯度的大小有关.

用 ρ_0, T_0 分别表示样品中流体(液相)的参考密度和参考温度,假设样品中的化学成分(浓度)均匀分布,可只考虑温度对流体密度的影响,则在温度为 T 时的流体密度可以表示为

$$\rho(T) = \rho_0 \left[1 - \beta_T(T - T_0)\right], \tag{3.24}$$

$$\beta_T(T) = \frac{1}{V}\frac{\mathrm{d}V}{\mathrm{d}T} = -\frac{1}{\rho}\frac{\mathrm{d}\rho}{\mathrm{d}T}, \tag{3.25}$$

其中,β_T 表示液相的膨胀系数,V 表示液相的体积. 于是单位体积内流体密度的变化所引起的浮力为

$$F = \rho(T)g - \rho_0 g = -\beta_T(T - T_0)\rho_0 g, \tag{3.26}$$

其中 g 为重力加速度.

在 YBCO 块材熔化生长过程中,假设样品内任意一点 A 和样品底部 B 的温度分别为 T_A 和 T_B,如图 3.31 所示. 选竖直向上方向为 z 轴方向,即 $z_A > z_B$,则相对 B 处而言,A 处单位体积液相所受的浮力为

$$F_{BA} = -\beta_T(T_A - T_B)\rho_0 g. \tag{3.27}$$

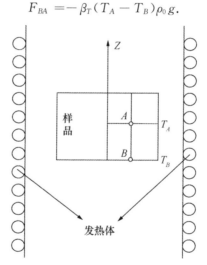

图 3.31   圆柱状 YBCO 块材熔化生长在炉子中的放置状态

(1) 当 $T_A > T_B$ 时,为正温度梯度,$F_{BA} < 0$,由温度梯度引起的浮力与重力方向一致,再加上重力的作用,A 处的液相将由上向下流动,从样品底部流出,造成严重的液相流失.这与正温度梯度 AA 区间,液相流失最严重(18.2%)的样品 SA 一致.

(2) 当 $T_A = T_B$ 时,为恒温区,$F_{BA} = 0$,这时虽然没有温差作用,但 A 处的液相在重力作用下仍会向下流动,只不过液相流失较第一种情况弱.这与恒温 BB 区间制备的样品 SB 一致,液相流失较严重(9.5%).

(3) 当 $T_A < T_B$ 时,为负温度梯度,$F_{BA} > 0$,说明由温度梯度引起的浮力与重

力方向相反,能够减少液相的流失.这与负温度梯度 CC 区间制备的样品 SC 一致,液相流失最少(8.5%).

由此可知,在熔化生长 YBCO 块材的过程中,负的轴向温度梯度有利于抑制和阻止样品的液相流失,只要温度梯度足够大,则不仅可以控制液相的流失,而且能够使液相向上流动.

3.3.3.2 径向温度梯度对熔化生长 YBCO 块材形貌的影响

负的轴向温度梯度有利于抑制熔化生长过程中 YBCO 样品的液相流失,并促进 YBCO 晶体继续生长.为了抑制 YBCO 大块样品在熔化生长过程中的随机成核现象,杨万民等[42,43]研究了不同的径向温度梯度对 YBCO 超导块材生长形貌的影响.实验所用炉子的炉温分布分别见图 3.29 和图 3.30.从图 3.29 看,在放置样品的区域,2#炉炉壁处的温度比炉子轴线上的温度高.考虑到炉管半径为 3 cm,可知在放置样品的区间,炉子的轴向温度梯度约−2℃/cm,径向温度梯度约+2.5℃/cm.从图 3.30 看,在 3#炉中放置样品的区间,轴向温度梯度−2℃/cm,径向温度梯度为−2.5℃/cm(该区域炉子炉壁的温度比轴线处的低).

为了弄清径向温度梯度是如何影响 YBCO 块材成核生长的,同时了解在样品中引入成核中心能起到多大的作用,他们在样品中间钻了一个小孔,孔内填满 Sm_2O_3 粉体作为成核中心.因为 $SmBa_2Cu_3O_y$ 晶体的包晶反应温度约 1061℃,比 YBCO 的包晶反应温度(1015℃)高 46℃,可以优先成核生长,接着 YBCO 晶体便会在 $SmBa_2Cu_3O_y$ 晶体的基础上外延生长.将准备好的两个 YBCO 先驱块分别放在 2#炉和 3#炉进行熔化生长,熔化慢冷速率 1℃/h.图 3.32 是用这两台炉子熔化生长 YBCO 超导块材的宏观形貌.从图中可看出,在具有正径向温度梯度的 2#炉中生长的样品晶畴大、对称性好,整个样品只有四个畴,每个畴区都是从样品中心的籽晶处成核长大,一直生长到样品边缘,形成具有扇形晶畴形貌的样品(图 3.32(a)).

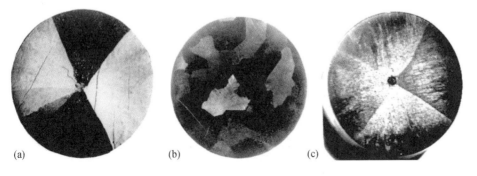

图 3.32 在 2#,3#炉中熔化生长的样品形貌(样品直径均为 30 mm).(a) 2#炉中的样品(正径向温度梯度),(b) 3#炉中的样品(负径向温度梯度),(c) 用 NdBCO 单晶作籽晶的在 2#炉中的样品(正径向温度梯度)

在具有负径向温度梯度 3♯炉中熔化生长的样品形貌如图 3.32(b)所示,该样品呈明显的多晶畴形貌,晶畴小而且无规则形状.虽然在该样品中引入了完全相同的籽晶(Sm_2O_3 粉体),籽晶也起了一些作用,但在籽晶基础上外延生长的 YBCO晶体小且无规则形状,这是由于 3♯炉子的轴心温度比炉壁高,样品边缘的过冷度比中心部大,导致了边缘优先成核.在边缘部位随机成核生长的 YBCO 晶体和在籽晶基础上外延生长的 YBCO 晶体相互碰撞,最终导致了晶畴多且小的晶体形貌.

在具有正径向的温度梯度的 2♯炉中生长的样品则完全不同.由于该炉子的边缘部分温度比炉子轴心温度高,在熔化慢冷生长过程中,样品中心部的过冷度大而边缘部位的过冷度小,故而 Y123 晶体很难在样品边缘部成核,而极易在样品中心部成核(即使没有中心部的籽晶也有可能在中心成核),再加上籽晶的作用,最终导致了 Y123 晶体在 Sm_2O_3 籽晶的基础上成核长大,生成具有扇形貌的 YBCO 块材.当用 NdBCO 单晶替代 Sm_2O_3 粉体作籽晶后,在 2♯炉中熔化生长的样品则具有很好的单畴 YBCO 块材形貌,如图 3.32(c)所示.

另外,正的径向温度梯度有利于促进 Y 离子从样品的边缘向中心传输和扩散,保证 Y123 晶体生长前沿有合适的 Y,Ba,Cu 原子比例,促进 Y123 晶体的稳定生长.负的径向温度梯度则会导致中心部的 Y 离子向边缘传输扩散,不利于在籽晶基础长大的 Y123 晶体稳定生长.

图 3.33 是用 Sm_2O_3 粉体作籽晶在 2♯及 3♯炉中熔化生长的 YBCO 块材在77.3 K 零场冷轴对称情况下与永磁体之间的磁悬浮力曲线.测量时均用直径30 mm,表面磁感应强度为 0.5 T 的永磁体.从图中可知,2♯炉中生长的样品的最大磁悬浮力达 52 N,是 3♯炉中熔化生长样品的 21 N 的 2 倍多.在同样条件下,用NdBCO 单晶作籽晶在 2♯炉中熔化生长样品的最大磁悬浮力达 94 N.

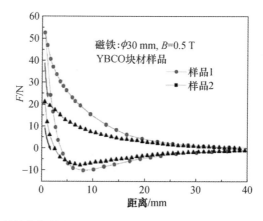

图 3.33 用 Sm_2O_3 粉体作籽晶在 2♯炉(样品 1)及 3♯炉(样品 2)中熔化生长的 YBCO 块材的磁悬浮力

这些结果说明,负的径向温度梯度无法抑制熔化生长过程中 YBCO 晶体的随机成核现象.正的径向温度梯度不仅能够抑制 YBCO 样品中随机成核现象,促进 YBCO 晶体长大,而且有利于提高 YBCO 大块超导体的性能.

3.3.4 REBCO 晶体生长温度窗口的确定方法

在 REBCO 超导块材熔化生长的过程中,REBCO 样品都必须先升到最高温(高于包晶反应温度 T_p),使 RE123 熔化分解成 RE211(或 RE422)和 Ba-Cu-O 液相,RE123 相的熔化分解温度对应于固相线上的一点(成分确定的情况下),然后再降温到 T_p 以下,进行 RE123 晶体生长,固相线和液相线并不重合.RE123 晶体的慢冷生长过程,实际就发生在固相线和液相线之间的温区.在传统的 TSMTG 和 TSIG 方法中,先驱块材中均包含 RE123 相材料,RE123 晶体生长过程包括 RE123 相的熔化分解,以及由 RE211(或 RE422)相和 Ba-Cu-O 液相再次反应生成 RE123 晶体两个过程.在单畴 REBCO 超导块材熔化生长过程中,即使采用籽晶引导的方法,也很难保证在籽晶之外不出现随机成核现象.在 REBCO 先驱块材达到完全熔化分解的情况下,最关键的因素就是确定 REBCO 晶体生长温区,因为,温度高了 REBCO 超导晶体无法生长或生长很慢,温度低了则易出现随机成核现象,无法制备单畴 REBCO 超导晶体.因此,最关键的就是确定 RE123 晶体生长的合理温度区间,即 RE123 晶体的起始生长和停止生长之间的温度,亦称为 RE123 晶体的生长温度窗口.一般情况下,只要在该温度窗口内以合适的冷却速率进行晶体生长,即可制备出需要的 REBCO 超导块材.确定其生长的温度窗口,常用的方法主要有以下几种.

(1) 利用差热分析法或示差扫描量热法确定.

差热分析法(differential thermal analysis,DTA)是一种测量待测物质和参比物的温度差与温度或者时间的关系的测试技术,可广泛应用于测定物质在热反应时的特征温度及吸收或放出的热量,包括物质的相变、分解、化合、凝固、脱水、蒸发等物理或化学反应.示差扫描量热法(differential scanning calorimetry,DSC)是另一种热分析法,是测量输给待测物质和参比物的功率(如以热的形式)差与温度关系的一种技术.DSC 和 DTA 的原理相同,功能也基本相同,只是具体细节不同,DSC 的准确性、分辨率和稳定性稍优于 DTA.

Iida 等[44]测量了 Y123 和 Y211 相的 DTA 曲线,如图 3.34 所示.由此图可知,Y123 和 Y211 相的熔化分解温度(包晶反应温度)分别在 1015℃和 1270℃左右.在整个测量温区范围内,Y123 和 Y211 相都只有一个吸热峰,表明 Y123 和 Y211 相的纯度很高.因为,如果样品中存在其他的杂相如 CuO,BaCuO$_2$ 等,则会在 800~1000℃之间发生其他的化合反应[45].

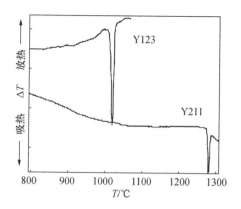

图 3.34   Y123 和 Y211 相的 DTA 曲线, Y123 和 Y211 相的熔化分解温度分别在 1015℃ 和 1270℃左右

裴佳良等[46]测量了 Gd123+xGd211(x=0.3, 0.4, 0.5, 0.6)混合物的 DTA 曲线, 如图 3.35 所示. 由此图可知, Gd123+xGd211 相的熔化分解温度, 对应于图中的吸热峰, 温度约为 1050℃, 实际是 Gd123 相的包晶反应温度, 而图中的放热峰, 温度约为 990℃, 实际是 Gd123 相的固化温度. 同时可以看到, 在整个测量温区范围内, Gd123+xGd211 相的吸热峰和放热峰温度基本不变, 并不随 Gd211 含量的增加而变化. 这说明 RE211 相在 RE123 晶体生长的温度区间是很稳定的, 并不会影响 RE123 晶体生长的温度窗口. 从图 3.35 中升温过程中的吸热峰和降温过程中的放热峰看, 可以确定 Gd123 晶体生长的温度窗口在 1040℃ 和 1005℃ 之间. 这里取的是升温过程中吸热峰的起始温度和降温过程中的放热峰起始温度.

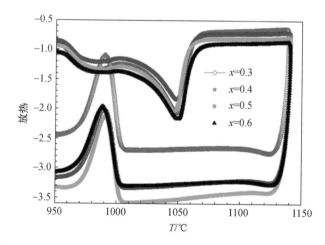

图 3.35   Gd123+xGd211(x=0.3, 0.4, 0.5, 0.6)混合物的 DTA 曲线

（2）利用淬火方法确定 RE123 晶体生长的温度窗口.

DTA 或 DSC 测量法所用样品的量很少，升降温速率较快，故可以粗略确定 RE123 晶体生长的温度窗口. 在制备单畴 REBCO 超导块材时，所用的样品质量一般都在十几克到几十克，有些大样品甚至用到几百克粉体. 因此，用 DSC 或 DTA 方法确定的温度窗口不能直接用于大尺寸单畴 RE123 晶体生长，只能作为参考.

在先驱坯块的组分配比和其他技术参数确定的情况下，可采用等温生长与淬火方法相结合的方案研究 REBCO 样品在不同温度下的生长情况，进而确定最适合 REBCO 单畴样品生长的温度窗口. 如李国政等[47] 采用淬火方法确定了顶部籽晶熔渗过程中 Gd123 晶体生长的温度窗口. 以 Gd211 为固相源，Gd123 ＋ $Ba_3Cu_5O_8$ 为液相源，分别将其压制成直径 20 mm 的圆柱形坯块，再按轴对称的方式将固相源先驱块置于液相源先驱块之上，并在固相源先驱块上表面中心位置放置一 NdBCO 籽晶，使其 ab 面平行于样品表面. 将装配好样品放入高温炉中升温至 1060℃，保温 2 h，然后快冷至温度 T_g，保温 20 h，最后直接炉冷至室温. T_g 在 1040 ～1005℃ 内均匀选择，分别为 1040℃，1035℃，1030℃，1025℃，1020℃，1015℃，1010℃，1005℃. 图 3.36 为在不同温度点 T_g 等温生长后淬火样品的表面形貌.

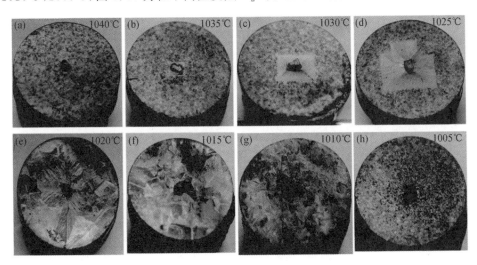

图 3.36　在不同温度点 T_g 等温生长 20 h 后淬火获得的 GdBCO 样品的表面形貌

由图 3.36 可知，在 1040℃保温 20 h 的样品中，并没有出现籽晶诱导成核及生长的迹象. 这是由 1040℃ 非常接近 GdBCO 的包晶反应温度，因而样品的过冷度（$\Delta T = T_p - T_g$）很小所致. 当 T_g 降为 1035℃ 时，样品在籽晶处成核并外延生长成一规则的正方区域. 随着生长温度进一步下降，在籽晶基础上外延生长的 GdBCO 单畴区越来越大，说明过冷度越大，GdBCO 晶体的生长速率越快. 但是，当温度降到 1020℃ 时，样品边缘开始出现大量随机成核，单畴区的生长受到阻碍. 在 1015℃

时,随机成核越来越多,并向样品中间位置竞争生长,导致籽晶引导的生长区开始缩小.直到 1010℃,籽晶引导生长区与随机成核生长区大小几乎相当,籽晶的作用变得不明显,说明在此过冷度下籽晶诱导下的成核生长与随机成核生长是同时开始的.最后在 1005℃时,样品表面布满大量小晶粒,更无法进行晶体生长.这些结果表明:(1) 过冷度越大,样品的生长速率越快,但出现随机成核的概率也越来越高.(2) 在 1040～1020℃的温度范围内,可有效地抑制随机成核现象,保证单畴 GdBCO 晶体的生长.

事实上,在制备单畴 REBCO 超导块材的过程中,人们常常采用的是慢降温生长过程,而很少采用等温生长过程.因为,当以较快的降温速率(如 1℃/min)将样品降到其生长温度 T_g 时,样品中出现随机成核的概率明显高于缓慢降温(<1℃/h)的情况[48].其原因在于,在快降温的过程中,当温度降到 T_g 时,炉子的实际温度会冲到 T_g 以下,经过几次波动后才能趋于稳定,这种温度波动会使样品内部出现严重的热涨落,从而导致 Gd123 成核的概率增加.在 T_g 较低、过冷度较大时,这种影响会更严重.

(3) 利用高温摄像的方法确定 RE123 晶体生长的温度窗口.

一般情况下,晶体材料生长基本都是在封闭的高温炉内进行,人们根本看不见炉内的样品,更无法看到高温下晶体生长的过程.因此,要了解热处理过程对样品形貌、晶体生长规律和性能的影响,只能等样品出炉以后,再进行观察和分析.这种常用的"黑箱实验"方法,每一次最多只能获得一个独立变量在某一特定值时对该样品产生的影响.如确定 RE123 晶体生长温度窗口采用的淬火方法就是如此.如果要采用"黑箱实验"方法优化一个物理参量,就必须做多次类似的实验,方能了解该参数对样品形貌、生长规律和性能的影响.在这种情况下,仅仅研究一个独立变量对其晶体生长规律的影响就需要多个样品、多次实验,会造成材料、能源、设备和时间的巨大浪费,既不环保也不节能.如果要弄清楚多个热处理参量对该晶体材料生长规律的影响,不仅这种浪费和污染会更加严重,而且工作效率也很低.

为了克服"黑箱实验"方法的不足,提高工作效率,人们通过高温视频监控系统对单畴 REBCO 晶体的生长过程进行观察.结果发现,在 800℃以下,样品图像的质量还比较清晰,但当温度高于 800℃时,图像开始逐渐模糊,特别是当温度升到 1000℃以上时,图像变得更模糊,只能看到晶体生长过程中样品的轮廓形貌,根本看不清晶体的细节和生长变化过程.

为了解决常规工业用高温视频监控系统无法看清晶体生长的细节、无法获得能够满足研究晶体生长需要的图像质量等技术难题,杨万民等[49,50]通过向高温炉内投光和对摄像装置滤光的方法,提高了高温摄像的图像质量.他们发明的高温摄像装置如图 3.37 所示.利用该装置可以直接观察晶体生长的全过程,了解晶体在各个温区和时间段的生长规律,通过对样品形貌在不同温度下随时间变化的观察和分析,确定样品的熔化温度、熔化时间、在籽晶引导下的外延生长温度、随机成核出现温度和晶体终止生长温度等,可高效优化晶体生长的技术参数,因而是一种能够大幅度提高工作效率的晶体生长实验研究装置.相对一般的晶体生长实验,该装置可以大量节约制样材料,大幅减少实验次数,节约能源和时间,同时可显著提高工作效率.

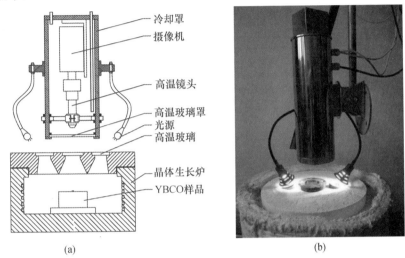

图 3.37　高温摄像装置示意图(a)和实际装置照片(b)

杨万民等[49]利用高温摄像的方法,以 Y211 为固相源,以 Y123＋$Ba_3Cu_5O_8$ 为液相源,对直径 20 mm 的单畴 YBCO 超导块材的 TSIG 生长过程进行了原位实时观察,并记录了晶体生长的全过程,样品的慢冷温区为 1015～985℃,降温时间为 72 h. 图 3.38 是部分不同温度下 YBCO 超导块材生长的视频截图.根据图 3.38 中每一照片对应的温度和时间,他们发现 YBCO 超导块材在 NdBCO 籽晶基础上外延成核生长的温度为 1008℃,样品长满时的温度为 993℃,这说明在 1008～993℃的温度区间制备 YBCO 超导块材,可有效抑制样品的随机成核现象.实际上,制备单畴 YBCO 超导块材的温度窗口下限可能低于 993℃,因为直径 20 mm 的样品已经长满.

Picard 和 Cao 等[51,52]采用原位观察的方法研究了 TSMTG 单畴 $YBa_2Cu_3O_x$ 晶体的生长速率和 TSIG 单畴 $YBa_2Cu_3O_x$ 晶体的磁化率变化规律,此处不再赘述.总之,高温摄像方法可直接用于研究不同元素或化合物掺杂对样品的熔化温度、熔化时间、样品在籽晶引导下的晶体外延生长温度、各个温度段的晶体生长速率、样品中晶体随机成核出现的温度、晶体终止生长的温度等的影响规律,优化晶体生长过程中的各种参数,能大幅度提高工作效率.

图 3.38 单畴 YBCO 超导块材生长过程中不同温度情况下的部分视频截图

3.3.5 顶部籽晶熔融织构生长(TSMTG)法

制备大尺寸单畴 REBCO 超导块材的两种方法分别是顶部籽晶熔融织构生长方(TSMTG)法和顶部籽晶熔渗生长(TSIG)法. 本节将对 TSMTG 法做比较详细的阐述.

TSMTG 法是将以 $REBa_2Cu_3O_y$ 和 RE_2BaCuO_5 为主的混合粉体压制成坯块后,再进行熔融织构生长. 但是,为了改进和提高单畴 YBCO 超导块材的物理性能,人们也经常给其中掺杂不同的元素或化合物. 图 3.39 是 TSMTG 法制备单畴 REBCO 超导块材的技术流程图.

Wang 和 Chaud 等[53]以 99.5%(Y123 $+x$Y211)$+$0.5% PtO_2(质量百分比)为先驱粉体($x=0.2,0.3,0.4,0.5,0.6$),以织构取向的 SmBCO 晶体为籽晶,采用 TSMTG 方法,研究了 Y211 粒子的含量对 YBCO 超导块材性能的影响. 结果表明,采用这样的组分配比,均可制备出单畴 YBCO 超导块材,如图 3.40 所示. 通过对样品磁化电流的分析发现,样品的 J_c 与 Y211 粒子的含量有密切关系. 当 $x=$ 0.2,0.3,0.4,0.5,0.6 时,样品在 77 K,0.4 T 条件下的 J_c 分别为 $1.6\times10^4 A/cm^2$, $3.6\times10^4 A/cm^2$, $3.5\times10^4 A/cm^2$, $2.4\times10^4 A/cm^2$, $1.6\times10^4 A/cm^2$. 这说明,当 x 在 0.3~0.4 之间时,样品的超导性能较好.

Li 和 Salama 等[54]以 0.7Y123$+$0.3Y211$+$0.05Pt 为先驱粉体,以织构取向的 SmBCO 晶体为籽晶,采用 TSMTG 方法,研究了 Y211 粒子的粒径大小对单畴 YBCO 超导块材性能的影响. 初始粉体中所用 Y211 粒子的粒径有两种,一种粒径在 50~110 nm,另一种为微米量级 Y211 粒子. 结果表明,在添加纳米 Y211 粒子的样品中,Y211 粒子的平均粒径在 0.5~1 μm,而在添加微米量级 Y211 粒子的样品中,Y211 粒子的平均粒径则大于 1.2 μm,如图 3.41 所示. 这说明,太小的 Y211 粒

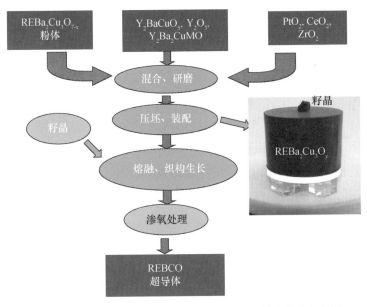

图 3.39 TSMTG 法制备单畴 REBCO 超导块材的技术流程图

子在 YBCO 超导块材熔化生长的过程中会长大.这种现象可以用 Y211 粒子捕获/外推理论和 Oswald 熟化理论解释.

图 3.40 组分为 99.5%(Y123+xY211)+0.5% PtO(质量百分比)的单畴 YBCO 超导块材

纳米 Y211 粒子的粗化长大说明,添加太小的 Y211 粒子,并不能大幅度地提高 YBCO 超导块材的超导性能,这与图 3.42 所示的结果一致.由图 3.42 可知,添加纳米和微米量级 Y211 粒子样品的 J_c-H 曲线变化趋势一致,虽然添加纳米量级 Y211 粒子样品的 J_c 还是高于添加微米量级 Y211 粒子的样品,但相差并不太大.

另外,还有许多关于 Y211 粒子添加对 YBCO 块材超导性能的影响的工作[55-60].所有的结果均表明,适量的 Y211 粒子添加有利于提高单畴 YBCO 超导

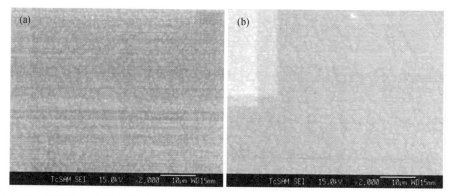

图 3.41　单畴 YBCO 超导块材中 Y211 粒子分布的 SEM 照片.(a) 添加纳米 Y211 粒子的样品,(b) 添加微米量级 Y211 粒子的样品

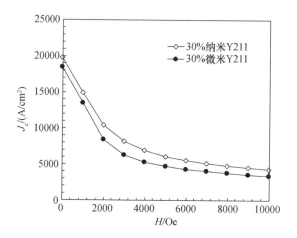

图 3.42　添加不同粒径 Y211 粒子单畴 YBCO 超导块材的 J_c-H 曲线

块材性能,样品中的 Y211 粒子粒径越小、分布越均匀,样品的性能越高.目前,采用 TSMTG 方法可以制备出直径达 10 cm 量级的单畴 REBCO 超导块材[61—63].

在制备 YBCO 超导块材的过程中,制备 Y211 粉体会使单畴 YBCO 超导块材的制备过程变得复杂和低效.因此,人们就提出了以 Y_2O_3 替代 Y211 的方法[64—66]以提高样品的制备效率和质量.

如杨万民等[66]以 Y_2O_3 替代 Y211,采用 TSMTG 法研究了 Y_2O_3 的含量对单畴 YBCO 超导块材生长及性能的影响.实验所用样品的组分为 $(99-x)$‰Y123 + x‰Y_2O_3 + 1‰PtO_2(质量百分比),$x=5,8.5,10,20,30$.图 3.43 是具有不同 Y_2O_3 含量样品的差热分析曲线.从图中可知,样品的熔化反应温度随着 Y_2O_3 添加量 x 的增加不断降低,从添加 5‰ Y_2O_3 的 1018℃降低到添加 30‰ Y_2O_3 的 963℃,但固态反应温度略有增加.

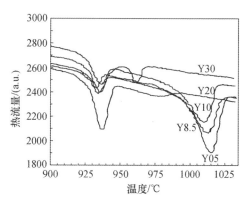

图 3.43 具有不同 Y_2O_3 含量样品的差热分析曲线. 图中 Y05,Y8.5,Y10,Y20,Y30 分别对应于 $x=5,8.5,10,20,30$ 的样品

图 3.44 是 YBCO 样品的包晶反应温度及固态反应温度随 Y_2O_3 含量的变化曲线. 从图中可知, 包晶反应温度随 Y_2O_3 含量 x 的增加而单调递减, 而其固态反应温度却随着 Y_2O_3 含量的增加而增加. 这说明在 $900 \sim 1020℃$ 的温区范围内, Y_2O_3 的添加使得 Y123 相和 Y_2O_3 不稳定, 这是因 Y123 相在 $950℃$ 附近与 Y_2O_3 反应生成稳定的 Y211 相所致. Y_2O_3 与 Y123 在 $950℃$ 附近的反应如下:

$$2YB_2Cu_3O_y + 3Y_2O_3 \longrightarrow Y_2BaCuO_5 + 3CuO.$$

在反应生成物中多出了部分液相 CuO, 其含量的多少与添加的 Y_2O_3 含量有关, 添加的 Y_2O_3 越多, 生成的 CuO 液相也就越多, 最终样品的熔化温度就越低. 熔化温度降低的原因在于, 在低于 Y123 相包晶反应温度 T_p 的情况下, CuO 液相能够与 Y123 相互作用, 发生如下的分解反应:

$$YBa_2Cu_3O_y + CuO \longrightarrow Y_2BaCuO_5 + 液相,$$

从而降低了 YBCO 样品的熔化温度. 由此可知, 用 Y_2O_3 替代 Y211 粒子的添加, 不仅能降低 YBCO 晶体的熔化温度, 而且可以拓宽 123 晶体的生长温区.

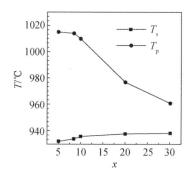

图 3.44 Y_2O_3 含量对 Y123 样品包晶反应温度及固态反应温度的影响. 包晶反应温度随 Y_2O_3 含量 x 的增加而单调递减, 固态反应温度随 Y_2O_3 含量的增加而稍有增加

杨万民等将组分为 $(99-x)$% Y123＋x% Y_2O_3＋1% PtO_2（质量百分比），$x=$ 5，8.5，10，20，30 的粉体压制 ϕ20 mm×12 mm 的 YBCO 样品，并在每一样品的顶部中心部放置一 MgO 单晶作为籽晶，进行熔化生长（慢冷生长速率为 1℃/h），获得了 5 个 Y211 粒子含量不同的单畴 YBCO 样品，样品尺寸均为 ϕ18 mm×10 mm. 图3.45 是抛光后该种单畴 YBCO 块材的典型宏观形貌. 图 3.46 是这 5 个样品的磁悬浮力曲线. 由图 3.46 可知，这五个样品的磁悬浮力差别很大. 添加 10% Y_2O_3 的样品对应的磁悬浮力最大约 12.4 N，而添加 30% Y_2O_3 的样品的磁悬浮力最小，为 0，可以说该样品至少在 77 K 几乎是没有超导电性的.

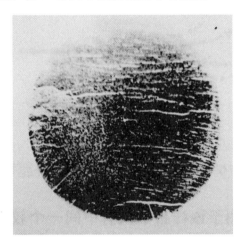

图 3.45　掺杂 Y_2O_3 的单畴 YBCO 块材（直径 18 mm）抛光后的宏观形貌

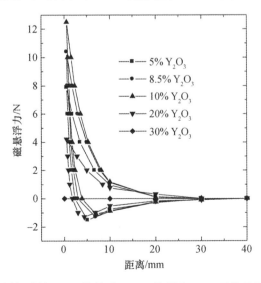

图 3.46　添加过量 Y_2O_3 的单畴 YBCO 块材在 77 K 下的磁悬浮力曲线

图 3.47 是样品的最大磁悬浮力随 Y_2O_3 添加量的变化曲线. 从图中可知, 随着 Y_2O_3 添加量的增加, 样品的磁悬浮力不断增加, 当 Y_2O_3 的添加量从 5% 增加到 10% 时, 样品的磁悬浮力从 7.2 N 增加到 12.4 N. 之后, 随着 Y_2O_3 添加量的增加, 样品的磁悬浮力却不断下降. 当 Y_2O_3 的添加量从 10% 增到 20% 时, 样品的最大磁悬浮力从 12.4 N 下降到 4.2 N. 当 Y_2O_3 的添加量达到 30% 时, 样品的磁悬浮力降为 0. 这说明, 添加 10% 左右的 Y_2O_3 有利于提高 YBCO 大块超导体的性能.

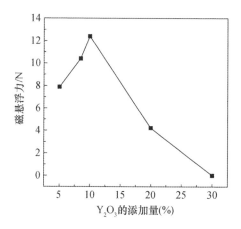

图 3.47 Y_2O_3 的添加量与 YBCO 大块超导体磁悬浮力的关系

图 3.48 是添加不同含量 Y_2O_3 的 YBCO 样品的纵断面光学显微组织. 从图中可知, 除了 Y_2O_3 添加量为 30% 的样品外, 其余每个样品中的 Y123 晶粒均呈片层状, 且在 Y123 晶体中均匀分布着许多 Y211 粒子, 随着 Y_2O_3 添加量的增加, 样品中的 Y211 粒子密度越来越高. 当 $x=5$ 时, Y211 密度小, Y123 晶片较厚, 样品中的 Y211 粒子与 Y123 晶体形成的 Y123/Y211 界面面积较小, 磁通钉扎力较弱, 故而样品的磁悬浮力较小. 当 Y_2O_3 的添加量从 5% 增加到 8.5% 和 10% 时, 样品中的 Y123 晶片厚度略有减小, 但 Y211 粒子密度却逐渐增加. 在这些样品中形成的 Y123/Y211 界面面积也增加, 同时, 样品的磁通钉扎力也明显提高, 这与图 3.47 所示的磁悬浮力结果一致. 当样品中的 Y_2O_3 添加到 20% 时, 样品中的 Y211 粒子密度进一步增大, Y123/Y211 界面面积变得更大. 按一般推理, 样品的磁悬浮力也应更大, 而事实是该样品的磁悬浮力反而明显下降. 这主要是因为在该样品中 Y211 的含量太大, 相应的 Y123 含量却减少了, 从而导致了样品磁悬浮力的减小. 当 Y_2O_3 添加量为 30% 时, 样品中看不到任何 Y123 晶片, 只能看到许多的 Y211 粒子相互团聚的现象. 这是因为 Y_2O_3 的添加量过多, Y_2O_3 与 Y123 相反应生成大量的 Y211 粒子, 使 Y123 相的比例大幅度下降, 甚至在该样品中看不到任何 Y123 晶片, 可以说该样品在 77 K 下是非超导的, 故该样品对应的磁悬浮力为 0.

这些事实充分说明,适量的 Y_2O_3 添加不仅能在样品中形成有效的磁通钉扎中心,同时又能促进 YBCO 晶体的生长,提高样品的磁悬浮力.

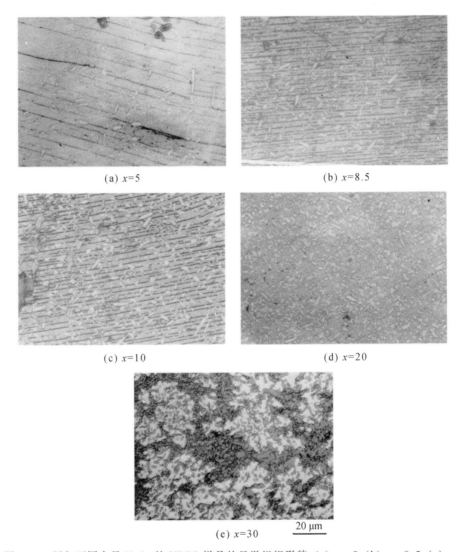

图 3.48　添加不同含量 Y_2O_3 的 YBCO 样品的显微组织形貌. (a) $x=5$,(b) $x=8.5$,(c) $x=10$,(d) $x=20$,(e) $x=30$

3.3.6　顶部籽晶熔渗生长(TSIG)法

在传统的 TSMTG 法中,由于 Y123 相在包晶反应温度以上会发生异质熔化,易出现 Ba-Cu-O 液相的扩散流失,从而导致样品的变形和收缩,不易保持规则形状和尺寸.同时,液相的流失也会造成样品内部的成分偏析,使 REBCO 块材的生长质量和超导性能受到一定的影响. 为了克服这些问题, 人们发明了顶部籽晶熔渗生长(TSIG)法, 并在此基础上做了大量的工作[67—82]. 结果发现, 相对于 TSMTG 法, TSIG 法不仅有利于制备具有确定形状和尺寸的 REBCO 块材, 而且能够克服样品在熔化生长过程中的液相流失、RE_2BaCuO_5 粒子偏析等问题. 但是, TSIG 法是一种比较复杂和费时的方法, 因为在制备 REBCO 块材的过程中, 需要制备 RE211 和 RE123 和 $Ba_3Cu_5O_8$($3BaCuO_2 + 2CuO$)三种粉体.

TSIG 法比 TSMTG 法出现晚, 其特点是将固相源块和液源相块分开, 固相源块由 RE_2BaCuO_5 粉体压制而成, 液相源块由 $REBa_2Cu_3O_y$ 和 $Ba_3Cu_5O_8$(或 $3BaCuO_2 + 2CuO$)的混合粉体压制而成. 一般情况下, 固相源块放置在液相源块的正上方, 具体的装配方法与图 2.18 相同. 以 YBCO 超导块材为例, 在升温的过程中液相源块熔化, 其中的液相就在毛细力的作用下, 渗入 Y_2BaCuO_5 固相块中. 在慢冷降温的过程中, 渗入的液相与 Y_2BaCuO_5 相反应生成 $YBa_2Cu_3O_y$, 并在 NdBCO 籽晶的基础上外延生长成单畴织构 YBCO 超导晶体. TSIG 法制备单畴 REBCO 块材的技术流程如图 3.49 所示.

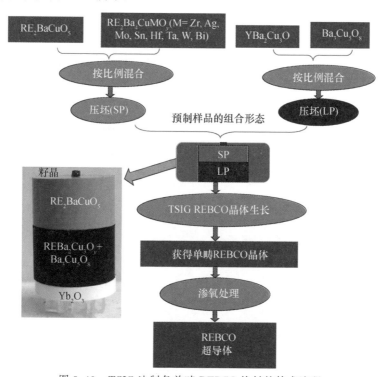

图 3.49 TSIG 法制备单畴 REBCO 块材的技术流程

Iida 等[72]以 Gd_2BaCuO_5(Gd211)为固相源, ($GdBa_2Cu_3O_{7-x} + Ba_3Cu_5O_8$)为液相源(并掺杂不同含量的 BaO_2), 掺 Mg 的 NdBCO 熔融织构样品为籽晶, 采用

TSIG 法,在不同氧分压条件下,制备了系列单畴 GdBCO 超导块材.结果表明,随着 BaO$_2$ 含量的增加,样品中 Gd211 的体积分数减少.在大气环境条件下,适量 BaO$_2$ 掺杂样品的超导转变宽度逐渐变窄,临界电流密度也逐渐增加,最高达 88000 A/cm^2(77.3 K,0T).在 1%O$_2$+N$_2$ 氧分压条件下,样品的临界电流密度更高,达 115000 A/cm^2(77.3 K,0T).Umakoshi 等[83]以 Y211 为固相源、Ba$_3$Cu$_5$O$_8$ 为液相源,SmBCO 熔融织构样品为籽晶,采用 TSIG 法,在大气环境条件下,制备了单畴 YBCO 超导块材.结果表明,样品中的 Y211 粒子的粒径比较大,不同部位的平均粒径在 3.22~6.45 μm 之间,直径为 20 mm 样品的捕获磁通密度为 0.142 T. Iida 等[72]以 Y211 为固相源、(YBa$_2$Cu$_3$O$_{7-x}$+Ba$_3$Cu$_5$O$_8$)为液相源,采用 TSIG 法,研究了 Ag 的掺杂量对单畴 YBCO 超导块材性能的影响.结果表明,适量掺 Ag 的单畴 YBCO 超导块材在液氮温度下的捕获磁通密度约为 0.5 T. Chen 等[85]以 Y211 为固相源、Ba$_3$Cu$_5$O$_8$ 为液相源,采用 TSIG 法,研究了 CeO$_2$ 掺杂对单畴 YBCO 超导块材性能的影响,并与 TSMTG 法制备的单畴 YBCO 超导块材进行了比较,两种样品的直径均为 25 mm.结果表明,不论是 TSIG 法还是 TSMTG 法,CeO$_2$ 的掺杂都有利于提高单畴 YBCO 超导块材的临界电流密度.掺 CeO$_2$ 的 TSIG 法样品的临界电流密度 J_c 达到 10^5 A/cm^2(3 T,65 K),是同样条件下 TSMTG 法样品的 2 倍以上.掺 CeO$_2$ 的 TSIG 法样品的最大捕获磁通密度达 0.23 T(77 K),高于同样条件下 TSMTG 法样品的 0.13 T(77 K),如图 3.50 所示.

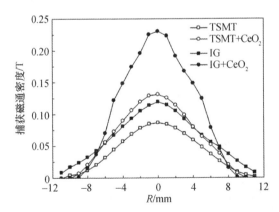

图 3.50 掺杂和未掺杂 CeO$_2$ 的 TSIG 法和 TSMTG 法制备样品的捕获磁通密度分布

为了减少单畴 YBCO 超导块材的气孔率,提高其致密度及超导性能,Mahmood 等[86]以不同温度预烧的 Y211 烧结块为固相源、Ba$_3$Cu$_5$O$_8$ 为液相源,采用 TSIG 法,研究了 Y211 固相块的预烧温度和密度对单畴 YBCO 超导块材性能的影响.结果表明,随着烧结温度的升高,Y211 固相块的密度逐渐升高,单畴 YBCO 超导块材的气孔越来越小,密度越来越高,如图 3.51 所示.Y211 固相块的烧结温度越高,单畴 YBCO 超导块材的临界电流密度亦越高,如图 3.52 所示.通过对不同烧结温度 Y211 固相块制备的单畴 YBCO 超导块材捕获磁通密度的测量发现,Y211 固相块的烧结温度越高,单畴 YBCO 超导块材的捕获磁通密度亦越高,如未烧结,烧结温度为 900℃,1000℃,1100℃,1200℃ 得到的捕获磁通密度分别为 0.1075 T,0.1435 T,0.2011 T,0.2516 T,0.3101 T.

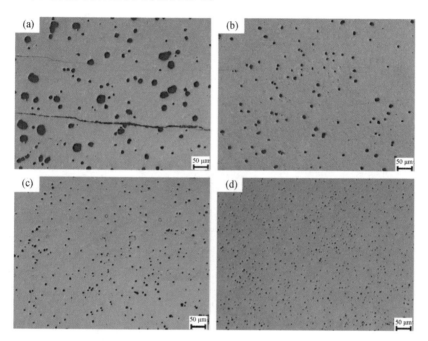

图 3.51 用不同烧结温度 Y211 固相块制备的单畴 YBCO 超导块材的微观结构.(a) 未烧结,(b) 烧结温度为 1000℃,(c) 烧结温度为 1100℃,(d) 烧结温度为 1200℃

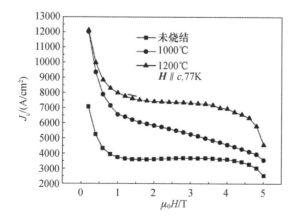

图 3.52 用不同烧结温度 Y211 固相块制备单畴 YBCO 超导块材的临界电流密度

李国政等[77,79,87—91] 以 Gd211 为固相,($RE_2BaCuO_5 + 9BaCuO_2 + 6CuO$) 或 ($RE_2O_3 + 10BaCuO_2 + 6CuO$)($RE = Gd, Y, Yb$) 混合粉体为液相源,采用 TSIG 法,将样品以 160℃/h 的速率升温至 800℃,保温 10 h,再以 60℃/h 的速率升温至 1065℃,保温 1 h,然后以 60℃/h 的速率降温至 1035℃,再以 0.2~0.4℃/h 的速率慢冷至 1015℃,最后随炉冷却至室温,制备出了单畴 GdBCO 超导块材. 用这种方法制备的直径 20 mm 的单畴 GdBCO 超导块材的磁悬浮力在 22~27 N(77 K,磁体直径 25 mm,表面中心磁场 0.5 T) 之间. 图 3.53 是用该方法,以 RE 基($RE_2O_3 + 10BaCuO_2 + 6CuO, RE = Gd, Y, Yb$) 粉体为新液相源制备的直径 30 mm 的单畴 GdBCO 超导块材照片. 从图 3.53(a),(b),(c) 可知,采用 Gd,Y,Yb 基新液相源,制备的 GdBCO 块材均具有典型的单畴形貌. 图 3.53(d) 为这种样品表面的典型 XRD 图谱,图中的衍射峰均为 $00l$ 峰,表明样品具有很好的 c 轴晶粒取向,是很好的单畴样品.

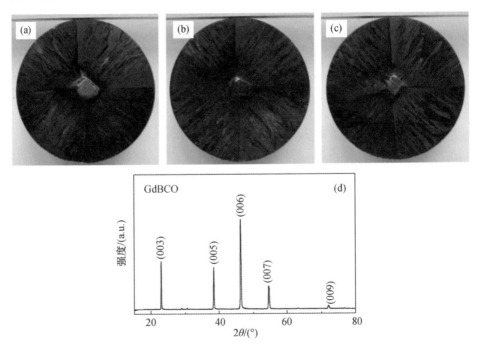

图 3.53 以 RE 基($RE_2O_3 + 10BaCuO_2 + 6CuO, RE = Gd, Y, Yb$) 混合粉体为新液相源制备的单畴 GdBCO 超导块材(直径 30 mm)的照片[77]. (a) Gd 基新液相源,(b) Y 基新液相源,(c) Yb 基新液相源,(d) 样品表面的 XRD 图谱

采用三种 RE_2O_3 基液相源均可制备出单畴 GdBCO 超导块材,证明采用 RE 基($RE_2O_3 + 10BaCuO_2 + 6CuO, RE = Gd, Y, Yb$) 液相源,均可以起到与传统的($GdBa_2Cu_3O_{7-\delta} + Ba_3Cu_5O_8$) 液相源相同的作用. 但是,采用这种新方法,可使整个

过程仅需制备两种先驱粉体,无须再制备 RE123 粉体,从而简化了实验环节,缩短了制样时间,提高了工作效率.

图 3.54 中是三个 RE 基($RE_2O_3 + 10BaCuO_2 + 6CuO$,RE＝Gd,Y,Yb)单畴 GdBCO 超导块材抛光后的上表面 SEM 照片. 由图 3.54 可以看出,三个样品内的 Gd211 粒子均匀分布在 Gd123 基体中,粒子总数和密度比较高. 采用图像处理软件对 Gd211 粒子进行定量分析后,得到三个样品中 Gd211 粒子的平均粒径分别为 $d_{Gd211}(Gd) = 1.899 \mu m$,$d_{Gd211}(Y) = 1.646 \mu m$,$d_{Gd211}(Yb) = 1.675 \mu m$.

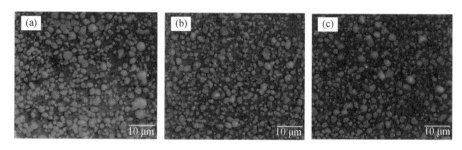

图 3.54 以 RE 基($RE_2O_3 + 10BaCuO_2 + 6CuO$,RE＝Gd,Y,Yb)混合粉体为新液相源制备的单畴 GdBCO 超导块材抛光后的上表面 SEM 照片. (a) Gd 基液相源,(b) Y 基液相源,(c) Yb 基液相源

由图 3.54 可知,与 Gd_2O_3 基液相源相比,Y_2O_3 基液相源和 Yb_2O_3 基液相源制备的样品中 Gd211 粒子的平均粒径更小一些. 但是,这三个样品是由同样的 Gd211 先驱粉经过相同的熔化生长技术参数制备的,因此可以推知,Gd211 粒子粒径的差异应该是由所用液相源的不同造成的. 由文献[92—94]可知,当在 REBCO 块材中掺杂有其他稀土元素时,亦能够减小 REBCO 块材中的 RE211 粒子的尺寸,如冯勇等[94]发现,相对于未掺杂 Gd 的样品而言,掺杂 Gd 不仅可使 PMP 法制备的织构 YBCO 超导块材中的 Gd211 粒子粒径显著减小,从 $3.2 \mu m$ 降至 $0.96 \mu m$,而且,Gd^{3+} 占据 Y^{3+} 位造成的微小晶格畸变可能会起到磁通钉扎中心的作用,从而显著提高样品临界电流密度. 由此可知,Y_2O_3 基液相源和 Yb_2O_3 基液相源样品中 Gd211 粒子粒径较小的原因,可能与微量 Y 和 Yb 渗入 Gd211 固相源有关.

图 3.55 是以 RE 基($RE_2O_3 + 10BaCuO_2 + 6CuO$,RE＝Gd,Y,Yb)粉体为液相源制备的单畴 GdBCO 超导块材在零场冷,77 K 温度条件下的磁悬浮力曲线. 测量所用的 NdFeB 磁体直径 25 mm,表面中心磁场约 0.5 T. 用 Y_2O_3 基液相源制备样品的磁悬浮力最大,约 67.8 N,力密度约 $9.6 N/cm^2$. 这可能与微量 Y^{3+} 的渗入导致 Gd211 粒子减小,以及 Y^{3+} 占据 Gd^{3+} 位造成的微小晶格畸变对样品磁通钉扎能力的贡献有关,与文献[93—94]的结果一致.

对于 Yb_2O_3 基液相源的样品而言,其磁悬浮力性能最低,可能与该样品的形变有关系, 也有可能是 Yb^{3+} 与 Gd^{3+} 的离子半径相差较大导致的. 由此可知, Y_2O_3 基液相源有利于提高熔渗生长 GdBCO 超导块材的质量和性能.

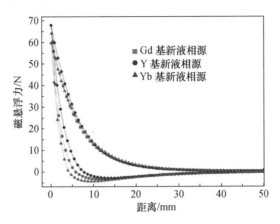

图 3.55　以 RE 基 $(RE_2O_3 + 10BaCuO_2 + 6CuO, RE=Gd, Y, Yb)$ 混合粉体为新液相源制备的单畴 GdBCO 超导块材在零场冷, 77 K 温度条件下的磁悬浮力曲线

在 TSIG 法制备单畴 REBCO 超导块材的过程中, 通常采用等直径的 RE211 固相先驱块和液相源先驱块. 以制备 GdBCO 超导块材为例, 其装配方式如图 3.56(a) 所示. 在熔渗生长过程中, 由于液相的减少, 液相源先驱块会明显收缩变形, 特别是大幅度的径向收缩, 降低了其对固相先驱块的支撑能力, 这样会导致样品的倾斜和倒塌的现象. 另外, 由于固相先驱块和液相源先驱块的热膨胀和收缩系数不同, 甚至会导致样品开裂(这种情况在 SmBCO 样品中最严重). 因此, 这样的装配方式对提高实验的可靠性和成功率是一个严重障碍. 除此之外, Iida 等[72] 发现, 在 TSIG 法中, 由于液相源块的收缩, 会导致固相先驱块底部的边缘部分无法再与液相源先驱块直接接触, 使液相难以向样品边缘渗透, 导致样品边缘部分液相的不足. 这种情况下, 在样品边缘位置, 被 RE123 晶体生长前沿推出的 RE211 粒子就只能被堆积在生长前沿, 致使 RE123 晶体后期的生长速率降低, 甚至会停滞, 无法获得完整单畴样品, 如图 3.57 所示.

为了克服由于液相源块收缩带来的样品倾斜、倒塌、开裂和生长不完整等问题, 李国政等[95] 提出了一种新的坯块装配方式, 如图 3.56(b) 所示. 该装配方式采用直径较大 (30 mm) 的液相源块和直径较小 (20 mm) 的 Gd211 固相源先驱块. 采用这种方式制备的 GdBCO 样品形貌如图 3.58 所示. 由图 3.58 可知, 这种坯块装配方式明显地提高了固相源先驱块与液相源块的接触面积, 不仅避免了样品可能出现的倾斜或倒塌现象, 而且能为样品的完整生长提供充足的液相条件. 该单畴 GdBCO 超导块材 (直径 20 mm) 在 77 K, 零场冷条件下的最大磁悬浮力为 26.4 N (77 K, 磁体直径 30 mm, 表面中心磁场 0.5 T), 如图 3.59 所示.

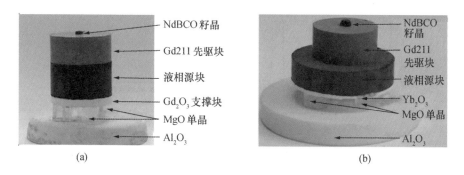

(a) (b)

图 3.56 TSIG 法制备单畴 GdBCO 超导块材时固相先驱块和液相源先驱块的装配方式.
(a) 等直径的 Gd211 固相先驱块和液相源先驱块,(b) 新装配方式,液相源先驱块的直径大于固相先驱块

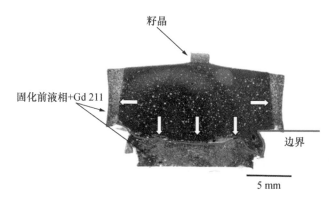

3.57 GdBCO 样品的剖面图,白色箭头表示 RE123 晶体生长前沿 Gd211 粒子朝液相的推进方向[72]

(a) 上表面形貌 (b) 侧面形貌

图 3.58 用新的装配方式(图 3.56(b))制备的直径 20 mm 的 GdBCO 超导块材形貌

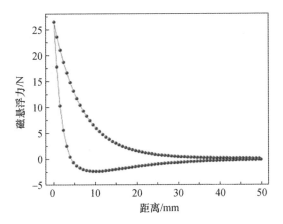

图 3.59　用新的装配方式制备的直径 20 mm 的 GdBCO 超导块材在 77 K，零场冷条件下的磁悬浮力曲线，测量用磁体直径 30 mm，表面中心磁场 0.5 T

在前面讲述 TSMTG 法和 TSIG 法的时候，我们主要讲了晶体生长的方法，并没有讲渗氧的过程，但提到超导性能的样品都是渗过氧的。虽然 TSMTG 法和 TSIG 法均可制备出高质量的单畴 REBCO 超导块材，但两种方法各有优缺点，从样品形状的稳定性、样品尺寸的控制精度、微观结构和超导性能看，TSIG 法在某种程度上优于 TSMTG 法[70]，各人可根据自己的条件和需要选择合适的方法。

3.3.7　单畴 REBCO 块材熔化生长的热处理方法

不论是 TSMTG 法还是 TSIG 法，制备过程都比较复杂，涉及许多关键的热处理技术参数，如炉子的温度梯度、最高熔化温度、保温时间、降温速率、起始生长温度、慢冷却速率、出现随机成核的温度等，这些参数的优化对于制备高质量的单畴 REBCO 超导块材起着非常重要的作用。但必须注意是，对于不同的初始粉体、不同的炉子，相应的热处理技术参数则有可能不同。

从图 3.39 和图 3.49 以及上述实验可知，TSMTG 法和 TSIG 法的技术流程具有明显的差异，但是它们都有熔化生长过程。图 3.60 是采用这两种方法制备单畴 REBCO 超导块材常用的热处理技术程序示意图。

图 3.60 中标出了几个关键的热处理技术温度、温度区间和时间间隔，如 T_p，预烧结温度 T_S，预烧结保温时间 Δt_S，从 T_S 升至 T_{max} 的时间 Δt_{SM}，最高熔化温度 T_{max}，最高熔化温度保温时间 Δt_{max}，起始慢冷温度 T_{SSC}，从 T_{max} 降至 T_{SSC} 的时间 Δt_{MCR}，REBCO 晶体的起始外延生长温度 T_{SG}，REBCO 晶体停止生长的温度 T_{EG}，从 T_{SSC} 降至 T_{EG} 的时间 Δt_{SLC}，从 T_{SSC} 降至 T_{SG} 的时间 Δt_{SLC1}，从 T_{SG} 降至 T_{EG} 的时间 Δt_{SLC2}，REBCO 晶体的生长时间 Δt_{SG-EG} 等，简要介绍如下：

（1）将装配好的样品放入炉子中，以较快的速率（60～200℃/h）升温至预烧结

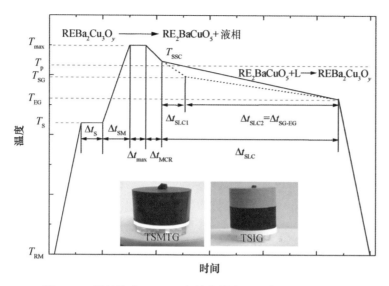

图 3.60　制备单畴 REBCO 超导块材常用的热处理技术程序

温度 T_S(700~950℃),保温 Δt_S 时间(5~24 h).

(2) 再以较快的速率(30~160℃/h)从温度 T_S 升温至最高熔化温度 T_{max}(温度的高低与 REBCO 超导块材的种类和籽晶有关,如 NdBCO 作籽晶时,YBCO 超导块材的 T_{max} 在 1040~1060℃,GdBCO 超导块材的 T_{max} 在 1050~1070℃,保温 Δt_{max} 时间(0.5~6 h,时间的长短与温度和样品的大小有关).

(3) 然后,以较快的速率(30~160℃/h)降温至起始慢冷温度 T_{SSC}(温度的高低在包晶反应温度 T_p 附近,在无法确定起始外延生长温度 T_{SG} 时,一般选取 T_{SSC} 稍高于 T_p 温度,如图 3.60 所示).

(4) 再以较慢的速率(0.1~2℃/h)从温度 T_{SSC} 冷却到 REBCO 超导块材的出现随机成核的温度 T_{EG}(即单畴样品停止生长的温度,如 YBCO 超导块材的 T_{EG} 在 970~980℃,GdBCO 超导块材的 T_{EG} 在 1010~1020℃).如果已经确定了样品起始外延生长温度 T_{SG}(即 T_{SG} 略小于 T_P),则可从 T_{max} 直接降温至 T_{SG},再慢冷至温度 T_{EG}.也可以分两步(如图中的虚线所示的慢冷过程)或多步慢冷至温度 T_{EG},完成晶体生长过程(具体采用哪种方法,要考虑样品的大小).

(5) 然后,以较快的速率(60~180℃/h)降温至室温,即可获得单畴 REBCO 块材.

(6) 对样品渗氧后,即可获得单畴 REBCO 超导块材.

最高熔化温度 T_{max} 不能太高,保温时间 Δt_{max} 也不能太长,否则会造成籽晶的部分熔化,影响 REBCO 超导块材的质量,很难保证其单畴性.如果起始慢冷温度 T_{SSC} 太低,则可能导致样品表面出现随机成核生长,很难保证 REBCO 块材的单畴性. 如果选取的样品停止生长的温度 T_{EG} 较高,有可能会导致单畴 REBCO 块材无法长满整个样品. 如果 T_{EG} 太低,虽然有利于制备良好的单畴 REBCO 块材,但会浪费很长的时间. 如果慢冷冷却速率太高(Δt_{SLC} 时间太短),则会导致样品出现随机成核现象. 如果慢冷冷却速率太小(Δt_{SLC} 时间太长),又会浪费很长的时间. 具体的温度和时间需要根据材料的种类、粉体的质量、炉子的情况仔细调节和优化.

3.3.8 提高单畴 REBCO 超导块材质量的新方法

在第 2 章已经讲了通过 RE,Ba,Cu 位元素替换,RE211 粒子掺杂,$RE_2Ba_4CuMO_y$(REM2411,M=Bi,Nb⋯)粒子掺杂,金属氧化物掺杂,粒子辐照等方法引入缺陷,改善 REBCO 超导块材的显微组织、提高磁通钉扎能力和超导性能的方法,这里不再重述. 本节着重介绍通过引入新型纳米 REM2411 第二相粒子提高超导性能的方法,以及通过采用新先驱粉体制备单畴 REBCO 超导块材的新方法、微结构及性能.

3.3.8.1 用新固相源和液相源制备单畴 REBCO 超导块材的新方法

在 TSIG 法制备单畴 REBCO 超导块材方面,传统的 TSIG 法均用 RE211 粉体压制固相先驱块,用($RE123 + xBa_3Cu_5O_8$)粉体压制液相源先驱块[19,47,49,72]. 采用这种方法,必须先制备 RE211,RE123 和 $BaCuO_2$ 三种先驱粉体,而每一种粉体都需要通过多次烧结和研磨,才能得到 XRD 纯的先驱粉体. 相对于 TSMTG 法需要的 RE123 和 RE211 两种先驱粉体而言,TSIG 法的工作效率明显偏低. 为克服这一弱点,在压制液相源先驱块时,有人只用 $Ba_3Cu_5O_8$ 一种先驱粉体[85,96],有人用($RE_2BaCuO_5 + 9BaCuO_2 + 6CuO$)或($RE_2O_3 + 10BaCuO_2 + 6CuO$)作为液相源[87−91,95],使 TSIG 法只需制备 RE211 和 $BaCuO_2$ 两种先驱粉体,明显简化了制备环节和流程,提高了工作效率.

虽然上述的几种方法简化了原来的液相源,但并没有对固相先驱块做任何改进,很有必要认真分析一下纯 RE211 是否是最佳的固相源. 用纯 RE_2BaCuO_5 粉体作固相源,其存在的关键问题是:(1) 传统 TSIG 法无法控制最终残留在 REBCO 超导晶体中的 RE_2BaCuO_5 粒子含量,不利于优化提高最终样品的超导性能. (2) 如果 RE211 固相先驱块的密度太高,最终样品中的 211 相含量就必然偏高,这可能对提高样品的磁通钉扎能力有一定的贡献,但会导致 RE123 超导相含量的减少. 如果 RE211 固相先驱块的密度不太高或者太低,最终样品中的 211 相含量可能比较合适,但会导致 RE123 超导体中出现大量的气孔甚至出现较大的空洞,样品的均匀性明显变差. 这两种情况均不利于制备高质量的单畴 REBCO 超导块材,因此必须寻找能够控制 REBCO 超导晶体中 RE_2BaCuO_5 粒子含量的新方法.

要探索一种既能控制 RE_2BaCuO_5 粒子的含量,又能简化样品制备环节,还能提高样品超导性能的方法,其原则就是寻找在固相源中能够独立控制 RE 粒子含量的方法.基于此,人们发明了用 $RE_2O_3+xBaCuO_2$ 混合物作为新固相源的思想.通过调节新固相源中 $BaCuO_2$(简称 RE011)的含量 x,可很好地控制样品中 RE_2BaCuO_5 粒子的含量.如果再采用新发明的液相源($RE_2O_3+10BaCuO_2+6CuO$)[75,79,80],整个制备过程就只需制备 RE011 一种先驱粉,不仅能显著简化样品的制备环节和技术流程,而且能大幅度提高工作效率.同时,采用这种新方法,只要制备好 RE011 先驱粉即可制备任何一种单畴 REBCO 超导块材,具有广泛的普适性,为该系列超导材料的发展起到了积极的推动作用.大量的实验结果表明,采用这种新方法,能够制备出性能优异的高质量单畴 REBCO 超导块材.

(1) 用新固相源和传统液相源制备单畴 YBCO 超导块材[96,97].

单畴 YBCO 超导块材制备方法如下:将 Y_2O_3 和 Y011 粉体按照 Y_2O_3:$Y011=1:x$ 进行配料(其中 $x=0,0.5,1.0,1.2,1.5,1.8,2.0,2.5,3.0$),混合均匀后,即可作为新固相源粉体.再将具有不同 Y011 含量 x 的新固相源粉体,用合金钢模具分别单轴压制成直径为 20 mm 圆柱形坯块,作为固相先驱块.然后用配比为 Y123+3Y011+2CuO 的均匀混合粉体作为液相源先驱粉,按照上述方法压制直径为 30 mm 的液相源先驱块.之后取少量 Y_2O_3 或 Yb_2O_3 压制成直径为 30 mm 的支撑块,并按照图 3.56(b) 所示的装配方式将固相先驱块、液相先驱块、支撑块、NdBCO 籽晶、MgO 及 Al_2O_3 基片装配好,放入炉子中进行晶体生长.热处理程序为先升温至 910℃,保温 20 h,使固相先驱块反应生成 Y211 相,然后再升温到 1045℃,保温 1 h,使先驱块体在高温下完全生成 Y211 和液相,并完成液相向固相先驱块中的熔渗,之后,以 60℃/h 的速率快速降温至 1020℃,随后以 0.5℃/h 降温至 1000℃,接着以 0.2℃/h 速率降温至 990℃,最后,随炉冷到室温,完成晶体生长.将制备 YBCO 块材放入石英管渗氧炉中,在 470~400℃温区内、流氧条件下慢冷 200 h,完成 YBCO 块材从四方相到正交相的转变,使之成为 YBCO 超导块材.图 3.61 是初始组分为 $Y_2O_3+xY011$ 的 YBCO 超导块材上表面的宏观形貌.

由图 3.61 可知,可以看出当 Y011 的含量较少,即 $x<1$ 时,由于 Y_2O_3 的含量较高,液相不足,样品很难生长成为单畴 YBCO 超导块材,如图 3.61(a)、(b) 所示,特别是当 $x=0$ 时,样品几乎没有生长.当 $1\leqslant x\leqslant 2$ 时,Y_2O_3 与 Y011 的比例处于适合 YBCO 晶体生长的范围,均可制备出单畴 YBCO 超导块材,样品表面有明显的十字花纹生长特征,且每个扇区光滑,具有金属光泽,如图 3.61(c)~(g) 所示.但是,当 $x>2$ 时,由于 Y011 含量过高,Y_2O_3 的含量太低,致使样品中的 Y^{3+} 离子不足,结果导致样品在生长到一定尺寸时,无法再进行持续生长,因此单畴 YBCO 超导块材的面积不能长满整个样品,且样品的单畴面积随 x 的增大逐渐减小,如图 3.61(h)、(i) 所示.

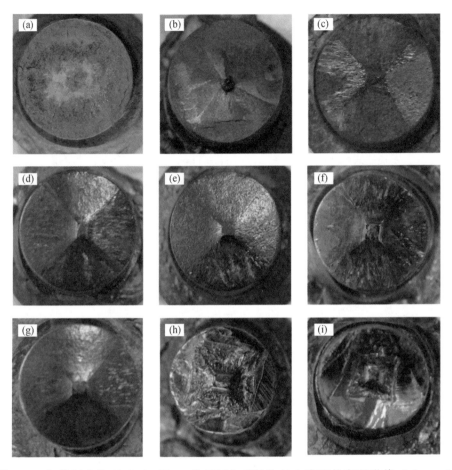

图 3.61　初始组分为 $Y_2O_3 + x Y011$ 的 YBCO 超导块材上表面的宏观形貌. (a) $x=0$, (b) $x=0.5$, (c)$x=1.0$, (d)$x=1.2$, (e)$x=1.5$, (f)$x=1.8$, (g)$x=2.0$, (h)$x=2.5$, (i)$x=3.0$

　　为研究 Y_2O_3 与 Y011 的比例对 YBCO 超导块材磁悬浮力的影响, 杨万民等[98,99]用三维磁场磁力测试系统测量了该系列样品在 77 K, 零场冷条件下的磁悬浮力, 所用永磁体为直径 20 mm 的圆柱形钕铁硼, 表面磁场为 0.5 T, YBCO 超导块材与钕铁硼永磁体两者间的最小距离约 0.5 mm, 结果如图 3.62 所示. 由此图可知, 当 $x=0.5, 1.0, 1.2, 1.5, 1.8, 2.0, 2.5, 3.0$ 时, 相应样品的最大磁悬浮力分别为 3.0 N, 35.0 N, 49.2 N, 39.0 N, 37.0 N, 34.4 N, 14.8 N, 9.4 N. 当 Y011 含量较低, 即 $x<1$ 时, 其磁悬浮力最小, 只有 3.0 N, 这与 YBCO 超导块材的生长区域小, 超导相较少有关. 当 $x \geqslant 1$ 时, 随着 Y011 含量的增加, 样品的磁悬浮力先增大后减小, 最大值出现在 $x=1.2$ 时. 当 $x>2$ 时, 样品的磁悬浮力明显减小, 这与样品单畴区域的减少有关. 这说明当 Y011 与 Y_2O_3 的比例为 1:1.2 时, 制备的超导块材质量最好,其磁悬浮力也最大,相应的力面密度约为 16 N/cm². 在 $1 \leqslant x \leqslant 2$ 时样品的磁悬浮力变化可能与其显微组织形貌有关.

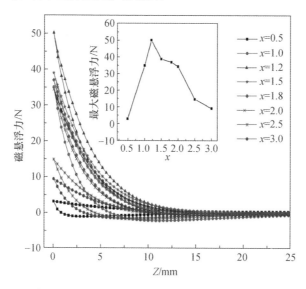

图 3.62 Y_2O_3 与 Y011 的不同比例 x 对单畴 YBCO 超导块材磁悬浮力的影响

(2) 用新固相源和新液相源制备单畴 YBCO 超导块材[96,100].

该方法的单畴 YBCO 超导块材制备与(1)相同,只是所用液相源不同,这里用的新液相源配比为(Y_2O_3 或 Yb_2O_3)$+6CuO+10Y011$. 用该初始组分制备 YBCO 超导块材的宏观形貌与图 3.61 相似. 当 $x=0.5$ 时,由于 Y_2O_3 的含量较高,液相不足,样品未生长成单畴 YBCO 超导块材. 当 $1 \leqslant x \leqslant 2$ 时,Y_2O_3 与 Y011 相的比例处于适合 YBCO 晶体生长的范围,也均可生长成良好的单畴 YBCO 超导块材,样品表面有明显的十字花纹生长特征,且每个扇区光滑,具有金属光泽,但是,当 $x>2$ 时,由于 Y011 含量过高,Y_2O_3 的含量太低,致使样品中的 Y^{3+} 离子不足,结果导致样品的单畴 YBCO 区域无法长满整个样品,且样品的单畴面积随 x 的增大逐渐减小.

Y_2O_3 与 Y011 的比例对 YBCO 超导块材磁悬浮力的影响如何?用与(1)同样的方法测量该系列 YBCO 超导块材在 77 K,零场冷条件下的磁悬浮力,结果如图 3.63 所示. 由此图可知,当 $x=0.5,1.0,1.2,1.5,1.8,2.0,2.5,3.0$ 时,相应样品的最大磁悬浮力分别为 3.6 N,44.1 N,46.9 N,44.3 N,34.3 N,29.5 N,34.4 N,22.2 N,10.2 N. 当 Y011 含量较低,即 $x<1$ 时,其磁悬浮力最小,只有 3.6 N,这与 YBCO 超导块材的生长区域小,超导相较少有关. 当 $x \geqslant 1$ 时,随着 Y011 含量的增加,样品的磁悬浮力先增大后减小,最大值出现在 $x=1.2$ 时. 当 $x>2$ 时,样品的磁悬浮力明显减小,这与样品单畴区域的减少有关. 这说明当 Y011 与 Y_2O_3 的比例为1：1.2 时,制备的超导块材质量最好,磁悬浮力也最大,相应的力面密度约为 15.2 N/cm^2. 在 $1{\leqslant}x{\leqslant}2$ 之间的样品的磁悬浮力变化与其显微组织形貌有关.

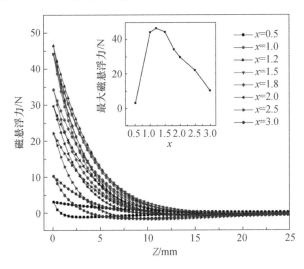

图 3.63 Y$_2$O$_3$ 与 Y011 的不同比例 x 对单畴 YBCO 超导块材磁悬浮力的影响

(3) Y$_2$O$_3$ 与 Y011 的比例对 YBCO 超导块材微观形貌的影响.

经过对(1),(2)两组样品微观形貌的 SEM 观察和分析发现,两组样品具有基本相同的特征. 为了说明在 $1{\leqslant}x{\leqslant}2$ 之间的样品的磁悬浮力变化规律,取第(1)组样品显微组织的 SEM 照片(见图 3.64)进行分析,图中(a),(b),(c)为样品 ab 面的微观形貌,(d)为 $x=1.5$ 样品沿 c 轴的微观形貌.

由图 3.64 可知,在这几个样品中,Y211 粒子的分布都比较均匀,粒子的粒径在亚微米到微米量级. 但是随着 Y011 含量 x 的增加,Y$_2$O$_3$ 含量的减少,Y211 粒子的数目逐渐减少,结果导致 Y211 粒子与 Y123 基体间的界面面积减小,YBCO 超导块材的磁通钉扎能力减弱,这与图 3.62 和 3.63 样品磁悬浮力相应的变化规律相吻合.

从图 3.62 和图 3.63 可知,采用这种新固相源后,制备的样品磁悬浮力达 46.9 N 和 49.2 N,明显高于采用传统 TSIG 法样品约 23 N 的磁悬浮力[101],分别是传统 TSIG 法样品磁悬浮力的 204% 和 214%. 这些结果表明,新 TSIG 法不仅大大简化了实验步骤、缩短了制备周期、提高了工作效率、降低了成本,而且可以大幅度提高单畴 REBCO 超导块材的性能.

3.3.8.2 用新固相源和新液相源制备单畴 GdBCO 超导块材

渊小春等[102]以 Gd$_2$O$_3$＋xBaCuO$_2$ 混合粉体作为固相源,以 Y$_2$O$_3$＋6CuO＋10BaCuO$_2$ 混合粉体作为液相源,采用顶部籽晶熔渗生长方法研究了 Gd$_2$O$_3$ 和 BaCuO$_2$ 的比例对单畴 GdBCO 块材性能的影响($x=1.0,1.2,1.4,1.6,1.8,2.0,$

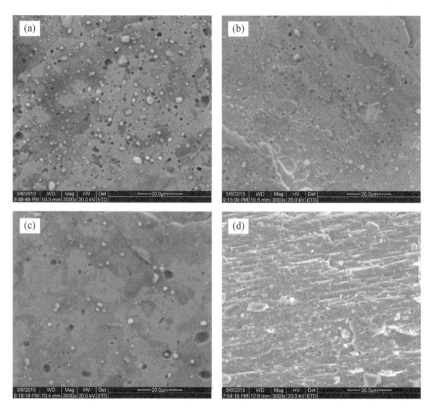

图 3.64 Y_2O_3 与 Y011 不同比例的单畴 YBCO 超导块材的 SEM 微观形貌. (a)$x=1.2$, (b)$x=1.5$, (c)$x=2.0$, (d)$x=1.5$

2.2, 2.5, 相应的样品简记为 S1, S2, S3, S4, S5, S6, S7, S8). 样品的先驱块压制和装配方式与 3.3.8.1 小节相同, 固相先驱块为直径 20 mm 的圆柱形坯体, 液相先驱块为直径 30 mm 的圆柱形坯体, 支撑块是直径为 30 mm 的圆柱形 Y_2O_3 或 Yb_2O_3 坯体. 按照图 3.56(b) 所示的新装配方式将固相先驱块、液相先驱块、支撑块、NdBCO 籽晶、MgO 及 Al_2O_3 基片放入炉子中进行晶体生长. 晶体生长的热处理程序为以 $80\sim120$℃/h 的升温速率升至 920℃, 保温 10 h, 再以 $40\sim60$℃/h 的升温速率升温至 $1060\sim1065$℃, 保温 1 h, 以 60℃/h 的降温速率降温至 $1040\sim1035$℃/h, 以 $0.2\sim0.5$℃/h 的降温速率慢冷至 1015℃, 随炉自然冷却至室温, 即可获得单畴 GdBCO 块材. 再将这些样品置入渗氧炉中, 在 $450\sim350$℃的温区、流氧气氛中慢冷 200 h, 获得单畴 GdBCO 超导块材.

虽然这些样品的形貌稍有差异, 但均具有明显的十字花纹, 并以籽晶为中心生成四个对称的扇区且无自发成核现象, 呈现典型的单畴形貌. 这说明在 $1\leqslant x\leqslant 2.5$ 之间均可制备出单畴 GdBCO 块材. 但是, 对 Gd011 含量 x 不同的样品形状稍有不同,如样品 S1 表面稍微有些上凸,S2～S6 样品表面逐渐变趋于平整,S8 表面则出现了凹陷现象.同时他们发现,随着 Gd011 含量 x 的增大,样品有逐渐缩小的趋势,如 S1～S8 样品的直径依次为 19.90 mm,19.70 mm,19.60 mm,19.46 mm,19.20 mm,19.02 mm,18.90 mm 和 18.20 mm.这与固相源块中 Gd_2O_3 与 $BaCuO_2$ 的比例不同有关.因为,在制备样品的过程中,所有样品的固相源块和液相源块质量都是一样的,只是固相源块中 Gd_2O_3 与 $BaCuO_2$ 的比例不同,故随着 Gd011 相 x 的增加,固相源中 Gd_2O_3 与 Gd011 反应生成的 Gd211 粒子含量逐渐减少,固相 Gd211 组分的减少,导致最终单畴 GdBCO 块材的逐渐收缩.当 Gd011 相含量 x 过高时,样品会出现严重的液相流失,如 $x=2.5$ 时,由于液相的大量流失,导致了样品直径的明显缩小和中心凹陷.因此,选取合适的 Gd011 相比例 x 是制备高质量单畴 GdBCO 块材的关键因素之一.

下面看新固相源中 Gd_2O_3 与 Gd011 的比例 x 对单畴 GdBCO 超导块材性能的影响.图 3.65 是不同配比 $Gd_2O_3+xBaCuO_2$ 新固相源制备的 GdBCO 样品在 77 K,零冷场条件下的磁悬浮力曲线,内插图是样品的最大磁悬浮力与 x 的关系图.测量用的 NdFeB 磁体直径为 20 mm,表面最大磁感应强度约 0.5 T,永磁体与超导块材之间的最小距离约为 0.5 mm.

由图 3.65 可知,随着固相源中 Gd011 的比例 x 的不断增大,样品的磁悬浮力呈现出先增大后减小的变化规律.当 Gd011 的比例达到 $x=1.8$ 时,相应样品 S5 的磁悬浮力最大,约 33 N.随着 x 的进一步增大,样品的磁悬浮力呈现下降趋势.在固相源与液相源的质量比确定为 12/16 的情况下,当 Gd011 的比例在 $1.4<x<2.0$ 之间时,样品的形貌和磁悬浮力比较接近,但磁悬浮力均优于用 Gd211 固相源制备的 GdBCO 块材的 22～27 N[95,103].

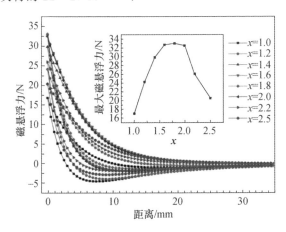

图 3.65　不同配比 $Gd_2O_3+xBaCuO_2$ 新固相源制备的 GdBCO 样品在 77 K,零冷场条件下的磁悬浮力曲线

为了研究新固相源 $Gd_2O_3 + xBaCuO_2$ 中 x 对样品磁悬浮力的影响,他们通过扫描电镜观察了样品的显微组织形貌. 图 3.66 是该组单畴 GdBCO 超导块材的 SEM 照片,其中灰白色大粒子为 Gd211 粒子,粒径均在微米量级.

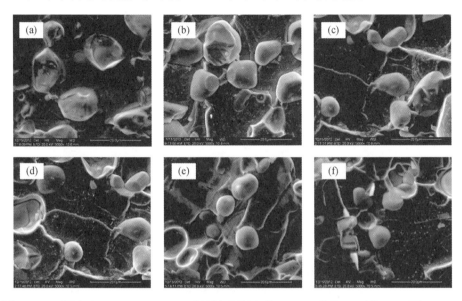

图 3.66 不同配比 $Gd_2O_3 + xBaCuO_2$ 新固相源制备的 GdBCO 样品 ab 面的 SEM 图. (a) S1, (b) S2,(c) S4,(d) S5,(e) S6,(f) S8

由图 3.66 可知,随着 011 掺杂量 x 的增加,样品中 Gd211 粒子的粒径逐渐减小,如 $x = 1.0, 1.2, 1.6, 1.8, 2.0, 2.5$ 样品的 Gd211 粒子平均粒径分别为 $14\,\mu m$, $12.9\,\mu m$, $11.6\,\mu m$, $10.2\,\mu m$, $8.8\,\mu m$, $7.3\,\mu m$.

由图 3.65 和图 3.66 可知,当新固相源中 Gd011 掺杂量 x 较小时,样品中的 Gd_2O_3 的含量则较高,因此,最终生成单畴 GdBCO 超导块材中的 Gd211 的含量亦较高. 但是,由于 Gd211 含量太高,导致了样品超导相的减少,再加上样品中 Gd211 粒子的粒径太大(见图 3.66(a)),导致样品的磁通钉扎能力较弱. 因此,当 $x(x = 1)$ 较小时,样品的磁悬浮力较小,为 16.5 N,这与图 3.65 所示的磁悬浮力相吻合. 随着 x 的增加,样品中的 Gd_2O_3(或 Gd211)的含量逐渐减少,因此,最终生成单畴 GdBCO 超导块材中的 Gd211 的含量亦逐渐减少,使样品中的超导相和 Gd211 相比例逐渐趋于最佳比例. 再加上样品中 Gd211 粒子的粒径的逐渐减小,有利于提高样品的磁通钉扎能力,因此,随着 Gd011 掺杂量 x 的增加,样品的磁悬浮力也随之增大. 如当 x 从 1.0 增加到 1.8 时,样品的磁悬浮力从 16.5 N 逐渐增大到 33 N,这与图 3.65 所示的磁悬浮力结果一致. 当 Gd011 的掺杂量 x 较大时,样品中的 Gd_2O_3 的含量明显减少,因此,最终生成单畴 GdBCO 超导块材中的 Gd123 超导相和 Gd211 相都很少. 这种情况下,虽然样品中 Gd211 粒子的尺寸相对较小,但无法消除样品中 Gd123 超导相的减少对样品性能的影响,因此,当 Gd011 掺杂量 x 较大时,样品的磁悬浮力较小. 如当 $x=2.5$ 时,样品 S8 的最大磁悬浮力只有 20 N.

另外,在 $1.6 \leqslant x \leqslant 2.0$ 之间样品的磁悬浮力在 $31 \sim 33$ N 之间,其中 $x=1.8$ 时,达到最大磁悬浮力 33 N,这些样品中的 Gd211 粒子的最小平均粒径为 7.3 μm,远远大于文献[80,95]报道的 Gd211 粒子(≈ 2 μm). 从磁通钉扎能力方面看,Gd211 粒子越小,磁通钉扎能力越强,超导性能越好. 那么,为什么这些样品的磁悬浮力明显高于文献[80,95]的结果? 经过对样品显微组织的进一步观察分析发现,用这种新方法制备的样品中存在着大量纳米量级且分布比较均匀的小粒子,粒径约在 $150 \sim 450$ nm 之间,如图 3.66 所示. 这种纳米量级新粒子是在单畴 GdBCO 晶体生长的过程中产生的,尚未见到类似的报道,其物相成分尚未确定. 但这也有可能是由于 Ostwald 熟化导致的第二相 Gd211 粒子粗化引起的:由于小尺寸粒子的溶解度高于大粒子(小尺寸粒子的 Gibbs 自由能高于大粒子),致使小尺寸粒子周围的母相组元浓度高于大粒子,在浓度梯度的驱动下,使从小尺寸粒子的溶解组元向低浓度的大粒子扩散,从而为大粒子的继续长大提供物质供给,结果致使小粒子越来越小,甚至溶解消失,而大粒子越长越大,出现 Gd211 粒子两极分化现象.

王妙等[81]以 $Gd_2O_3 + BaCuO_2$ 混合粉体为固相源、$Y_2O_3 + 6CuO + 10BaCuO_2$ 混合粉体为液相源,采用 TSIG 法研究了用这种新方法制备的单畴 GdBCO 块材的性能. 样品的先驱块压制和装配方式与 3.3.8.1 小节相同,固相先驱块为直径 30 mm 的圆柱形坯体,液相先驱块为直径 40 mm 的圆柱形坯体,支撑块是直径为 40 mm 的圆柱形 Y_2O_3 或 Yb_2O_3 坯体. 他们按照图 3.56(b)所示的新装配方式将固相先驱块、液相先驱块、支撑块、NdBCO 籽晶、MgO 及 Al_2O_3 基片装配好后,放入炉子中进行晶体生长,制备的单畴 GdBCO 超导块材(直径 30 mm)在 77 K,零冷场条件下的最大磁悬浮力为 62 N. 测量用的 NdFeB 磁体直径为 30 mm,表面最大磁感应强度约 0.5 T,永磁体与超导块材之间的最小距离为 0.5 mm. 这与文献[77]制备样品的磁悬浮力结果基本一致. 杨万民等[82]用同样的方法对比分析和研究了采用这种新方法的优势和问题,并为进一步深入研究提出了方向.

3.3.8.3　用新固相源和液相源制备单畴 SmBCO 超导块材

李强等[104]用类似的方法,以 $Sm_2O_3 + xBaCuO_2$ 混合粉体($x=0.9, 1.0, 1.1,$ $1.2, 1.3, 1.4$)作为固相源,Y_2O_3,CuO 和 $BaCuO_2$ 混合粉体作为液相源,采用 TSIG 法研究了在空气气氛中 $BaCuO_2$ 的含量对单畴 SmBCO 超导块材超导性能的影响. 他们将 $Sm_2O_3 + xBaCuO_2$ 混合粉体压制成直径 20 mm 的固相先驱块,液相是以 $Y_2O_3 + 10BaCuO_2 + 6CuO$ 混合粉体压制成的直径 30 mm 的液相先驱块. 之后,他们按照图 3.56(b)所示的新装配方式将固相先驱块、液相先驱块、支撑块、

NdBCO 籽晶、MgO 及 Al$_2$O$_3$ 基片装配好后,放入炉子中进行晶体生长.晶体生长的热处理程序为:用 5 h 将样品加热到 800℃,保温 10 h,然后升高到 1070℃,保温 1.5 h,接着,用 15 min 降温至 1055℃,之后,以 0.3℃/h 缓慢降温到 1028℃,再炉冷至室温,完成单畴生长.将制备的单畴 SmBCO 块材在氧环境下 270℃ 渗氧 200 h,即可获得单畴 SmBCO 超导块材.所制备样品表面均具有明显的十字花纹,并以籽晶为中心生成四个对称的扇区,且无自发成核现象,呈现典型的单畴形貌. 这说明在 0.9≤x≤1.4 之间均可制备出单畴 SmBCO 块材.

图 3.67 是不同配比 Sm$_2$O$_3$ + xBaCuO$_2$ 固相源制备的 SmBCO 样品在 77 K,零场冷条件下的磁悬浮力曲线,内插图是样品的最大磁悬浮力与 x 的关系图.测量用的 NdFeB 磁体直径为 20 mm,表面最大磁感应强度约为 0.5 T,永磁体与超导块材之间的最小距离约为 0.5 mm.

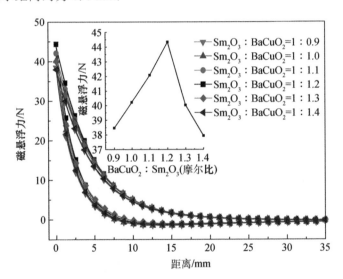

图 3.67 不同配比 Sm$_2$O$_3$ + xBaCuO$_2$ 新固相源制备的 SmBCO 样品在 77 K,零冷场条件下的磁悬浮力曲线

由图 3.67 可知,随着固相源中 Sm011 的比例 x 的不断增大,样品的磁悬浮力呈现出先增大后减小的变化规律.x = 0.9,1.0,1.1,1.2,1.3,1.4 时,对应的最大磁悬浮力分别为 38.47 N,40.23 N,42.08 N,44.34 N,40.02 N,37.94 N.当 x = 1.2 时,样品的磁悬浮力最大.

这些样品磁悬浮力的差异应与其显微组织和临界温度有关.图 3.68 是将样品 ab 面抛光后的扫描电镜照片.由图 3.68 可知,随着 BaCuO$_2$ 相添加量的增多,Sm211 粒子的粒径逐渐减小,这与 Watanabe 等的研究结果[105]一致.这种现象可能是由于以下两方面的原因:一是熔体中 Ba 含量的增加,降低了 Sm211 粒子和

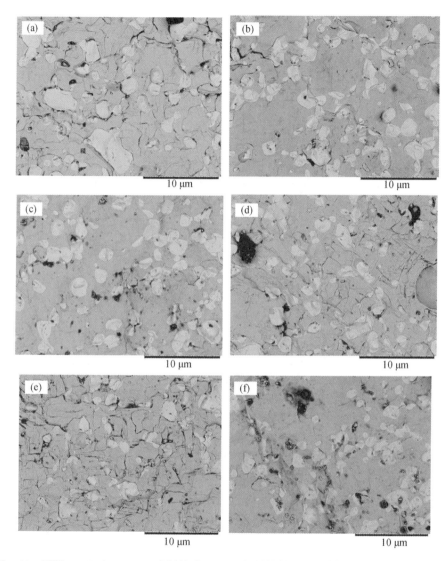

图 3.68　不同 $Sm_2O_3 + xBaCuO_2$ 比例单畴 SmBCO 超导块材的微观结构.(a) $x=0.9$,(b) $x=1.0$,(c) $x=1.1$,(d) $x=1.2$,(e) $x=1.3$,(f) $x=1.4$

熔体之间的界面能,从而抑制了 Sm211 粒子的粗化现象.另一原因是随着 $BaCuO_2$ 相添加量的增加,Sm211 粒子之间的平均间距越来越大,致使 Sm211 粒子粗化需要的时间越来越长.故在其他条件相同的情况下,$BaCuO_2$ 的含量越高,Sm211 粒子的粗化愈慢,粒径自然减小.当 $BaCuO_2$ 的含量 x 较小,如 $x=0.9$ 时,Sm211 粒子的含量高、粒径大,Sm123 超导相的含量较低,Sm211 粒子与 Sm123 基体的界面亦较小,样品的磁通钉扎力亦较小,故其磁悬浮力较小,约为 38.47 N.随着

BaCuO$_2$ 的含量 x 的增加,样品中的 Sm211 粒子的含量逐渐减小,粒径亦逐渐减小,Sm123 超导相的含量逐渐增加,Sm211 粒子与 Sm123 基体的界面则逐渐增加,样品的磁通钉扎力和磁悬浮力亦逐渐增加. $x=1.2$ 时,样品的磁悬浮力达到最大值 44.34 N. 当 BaCuO$_2$ 的含量 x 太大时,如 $x=1.3,1.4$ 时,样品中的 Sm211 粒子和 Sm123 超导相的含量均较低,虽然 Sm211 粒子的粒径较小,但 Sm211 粒子的含量较少,导致样品的磁通钉扎力较小,再加上样品的凹陷变形,因此,其磁悬浮力较小,约为 37.94 N.

　　图 3.69 是 Sm$_2$O$_3$＋xBaCuO$_2$ 单畴 SmBCO 超导块材在 77 K 下通过单次脉冲充磁的捕获磁通密度分布图,脉冲磁感应强度峰值为 5.24 T. 由图 3.69 可知,随着 x 的增加,样品的最大捕获磁通密度呈现先增大后减小的趋势,这种变化趋势与磁悬浮力的情况一致. 当 $x=1.2$ 时,捕获磁通密度最高,约为 0.268 T.

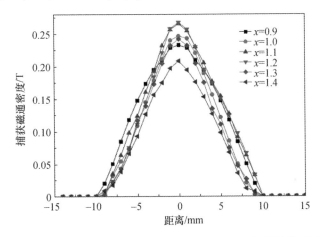

图 3.69　不同 Sm$_2$O$_3$＋xBaCuO$_2$ 比例单畴 SmBCO 超导块材的捕获磁通密度分布

　　图 3.70 是不同 Sm$_2$O$_3$＋xBaCuO$_2$ 比例单畴 SmBCO 超导块材的磁化曲线. 从图中可知,随着 BaCuO$_2$ 含量 x 的增加,样品的起始转变温度 T_{con} 呈现逐渐增长的趋势. 如当 $x=0.9$ 时, $T_{con}=94.3$ K,当 $x=1.4$ 时, $T_{con}=96$ K. 但是,随着 BaCuO$_2$ 含量 x 的增加,样品的转变宽度 ΔT_c 先由宽变窄,再由窄变宽,这与样品中 Sm 与 Ba 原子的替换程度有关. 其中,当 $x=1.2$ 时,样品的转变宽度最窄,约 3 K,这与样品的最大磁悬浮力和捕获磁通密度变化情况一致. 必须注意的是,样品的最大磁悬浮力和捕获磁通密度与众多因素有关,如样品的形状、显微组织、T_c、J_c 等.

　　这些结果表明,采用上述发明的新固相源(RE$_2$O$_3$＋xBaCuO$_2$)和新液相源(RE$_2$O$_3$＋10BaCuO$_2$＋6CuO)[75,79,80],可使整个过程只需制备 RE011 一种先驱粉体,不仅大大简化了样品的制备环节和技术流程,提高了工作效率,而且能够改善样品的微结构,提高样品的超导性能. 这种新方法,可用于制备任何一种单畴

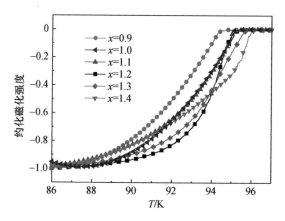

图 3.70 不同 $Sm_2O_3 + xBaCuO_2$ 比例单畴 SmBCO 超导块材的磁化曲线

REBCO 超导块材,具有广泛的应用范围,对该系列超导材料的发展具有重要意义.

3.3.8.4 新固相源和新液相源对单畴 REBCO 超导块材生长规律的影响

利用淬火方法既能确定 RE123 晶体生长的温度窗口,同时也可以研究 RE123 晶体的生长速率.当改变初始组分后,晶体生长的温度窗口和生长速率均有可能改变.为了研究这种新 TSIG 方法对这些关键技术参数的影响,我们以 GdBCO 超导块材为例,介绍采用新固相源和新液相源后,过冷度对单畴 GdBCO 超导块材生长速率的影响.

智鑫等[47]以 $Gd_2O_3 + Gd011$ 为新固相源,以 $Gd_2O_3 + 10BaCuO_2 + 6CuO$ 为新液相源,分别将其压制成直径 20 mm 和 30 mm 的圆柱形坯块,按照图 3.56(b)的装配方式放入炉子中,采用等温生长与淬火相结合的方法研究了 Gd123 晶体生长的温度窗口和生长速率.样品的热处理程序如图 3.71 所示:将样品升温至 920℃保温 8~10 h,然后,升至 1058℃保温 1~2 h,完成液相的熔渗及与固相源的反应.之后,快速冷却至温度 T_g(过冷度为 $\Delta T = T_p - T_g$),保温 20 h,使 Gd123 晶体进行等温生长.然后,淬火至室温,获得过冷度为 ΔT 的单畴 GdBCO 超导样品.实验中过冷度为 $\Delta T = 0℃$,$\Delta T = 5℃$,$\Delta T = 7℃$,$\Delta T = 10℃$,$\Delta T = 13℃$,$\Delta T = 16℃$,$\Delta T = 19℃$,$\Delta T = 21℃$.图 3.72 是在不同温度点 T_g 等温生长 20 h 后淬火样品的表面形貌.

由图 3.72 可知,当 $\Delta T = 5℃$ 时,在样品表面籽晶周围外延生长的 Gd123 晶体非常小,生长长度约 0.5 mm.随着温度 T_g 的降低,过冷度增大,单畴 GdBCO 块材的生长速率逐渐增加.当过冷度 $10℃ < \Delta T < 19℃$ 时,生长的 GdBCO 块材均呈现良好的单畴形貌.当 $\Delta T = 13℃$ 和 $\Delta T = 16℃$ 时,单畴区域几乎长满整个样品,生长速率较快.当 $\Delta T = 19℃$ 时,样品仍有明显的单畴 GdBCO 生长区,但边缘出现大量随机成核,会严重影响超导块材的性能.当 $\Delta T = 21℃$ 时,样品表面出现鳞片状的均匀随机成核,看不到单畴 GdBCO 生长区.由此可以确定,单畴 GdBCO 晶体的生长

窗口在 1035～1019℃ 之间.

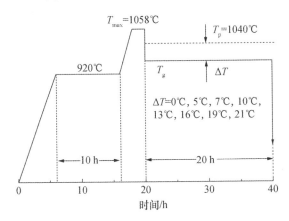

图 3.71 GdBCO 超导块材的淬火热处理程序

图 3.72 在不同温度点 T_g 等温生长 20 h 后淬火的 GdBCO 超导块材的表面形貌,相应的过冷度分别为(a)$\Delta T = 5$ ℃,(b)$\Delta T = 7$℃,(c)$\Delta T = 10$℃,(d)$\Delta T = 13$℃,(e)$\Delta T = 16$℃,(f)$\Delta T = 19$℃,(g)$\Delta T = 21$℃

通过测量图 3.72 中单畴 GdBCO 块材生长区的尺寸,可计算出不同过冷度下 GdBCO 块材生长速率,结果如图 3.73 所示. 为了进行比较,图中也给出了以 Gd211 为固相源的 GdBCO 超导块材的生长数据[78]. 由图 3.73 可知,不论是采用新固相源($Gd_2O_3 + Gd011$),还是传统的 Gd211 固相源,GdBCO 超导块材的生长速率变化趋势相同,即过冷度愈大,Gd123 晶体生长愈快.但是,相对传统的 Gd211 固相源而言,采用新固相源($Gd_2O_3 + Gd011$)后,单畴 GdBCO 超导块材的生长速率明显提高,且过冷度愈大,Gd123 晶体的生长速率差异亦愈大. 如当过冷度 $\Delta T \approx$ 15℃时,采用新固相源(Gd_2O_3＋Gd011)样品的生长速率是采用传统的 Gd211 固相源样品的 1.7 倍. 这是在新固相源(Gd_2O_3＋Gd011)和传统的 Gd211 固相源具有相同原子配比情况下的实验结果. 如果优化新固相源中 Gd_2O_3 和 Gd011 的比例,GdBCO 超导块材的生长速率可能还会出现一些变化.

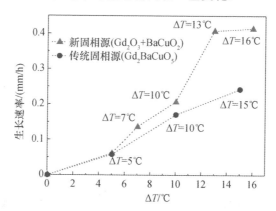

图 3.73　采用新固相源(Gd_2O_3＋Gd011)和传统 Gd211 固相源时,单畴 GdBCO 超导块材的生长速率与过冷度的关系

　　现在来讨论过冷度对单畴 GdBCO 超导块材中 Gd211 尺寸的影响. 通过对图 3.72 中不同温度点 T_g 等温生长 GdBCO 超导块材的微观形貌的观察发现,随着过冷度的增加,Gd211 粒子平均粒径逐渐减小,如图 3.74 所示. 由图 3.74 的扫描电镜照片可知,当 $\Delta T < 10℃$ 时,单畴 GdBCO 超导块材中 Gd211 粒子的平均粒径大于 $10\,\mu m$,如图 3.74(a)中的 Gd211 粒子明显大于其样品中的粒子,这对提高超导块材的性能不利. 随着过冷度的增加,样品中 Gd211 粒子的平均粒径逐渐减小,见图 3.74(b),(c),(d),(e). 他们采用 Nano Measure 粒径分析软件对图 3.74 中的 Gd211 粒子进行统计分析,并计算出了样品中 Gd211 粒子的平均粒径,如图 3.75 所示. 由图 3.75 可知,过冷度越大,GdBCO 超导块材中 Gd211 粒子的粒径越小. 这种 Gd211 粒子粒径的变化趋势,可以用前面讲过的捕获/外推理论进行解释.

　　根据过冷度越大,GdBCO 超导块材中 Gd211 粒子越小的情况可以推知,在 REBCO 超导块材熔化生长的过程中,降温速率的快慢也会影响 REBCO 超导块材中 RE211 粒子的粒径,因为慢降温的过程实际上相当于过冷度缓慢增大的过程. 因此,为了减少样品中大尺寸 RE211 粒子的出现,应尽量避免在高温(小过冷度)条件下长时间滞留.

3.3.8.5　温度梯度对单畴 REBCO 超导块材 a-GS 和 c-GS 区的影响

　　在熔化生长 YBCO 块材的过程中,3.3.3 小节的实验结果表明,负轴向温度梯

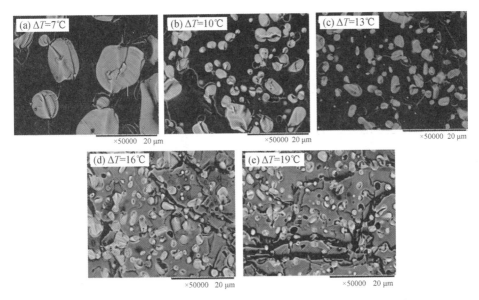

图 3.74 不同温度点 T_g 等温生长的 GdBCO 超导块材的微观形貌

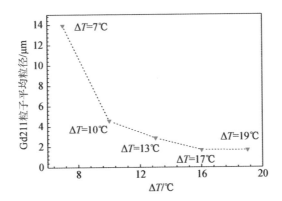

图 3.75 不同过冷度下等温生长的 GdBCO 超导块材中 Gd211 粒子的平均粒径变化规律

度有利于抑制样品的液相流失. 而正的径向温度梯度不仅能够抑制 YBCO 样品中随机成核现象, 而且能够促进 YBCO 晶体生长, 提高 YBCO 大块超导体的性能. 这从克服样品的液相流失、抑制样品随机成核的角度, 为制备单畴 REBCO 超导块材提供了可靠的技术支持, 但并不能说明温度梯度对该类晶体生长过程中各分区的形状和比例大小的影响, 如 a-GS 和 c-GS 区的晶体形貌和体积分数等. 本小节主要介绍温度梯度对单畴 REBCO 超导块材的 a-GS 区、c-GS 区及其超导性能的影响.

郭玉霞等[106]以 $(Y_2O_3 + 1.2BaCuO_2)$ 为新固相源、$(Y_2O_3 + 6CuO + 10BaCuO_2)$

为新液相源,分别将其压制成直径 20 mm 和 30 mm 的圆柱形坯块,按照图 3.56 (b)的装配方式放入具有轴向温度梯度(ATG)的立式炉子中,采用 TSIG 方法在不同的温度梯度下分别制备出了单畴 YBCO 超导块材.炉子的轴向温度分布如图 3.76 所示,根据炉子的温度分布曲线,可将炉子分为三个温区,第一个是正 ATG 温区(1.0℃/cm),第二个是均温区(0℃/cm),第三个是负 ATG 温区(−1.0℃/cm).在三个温区制备的样品分别简称为 S1,S2 和 S3.晶体生长的热处理程序为:以 150℃/h 的升温速率升至 800℃,保温 10 h,再以 120℃/h 的速率升温至 1045℃,保温 2 h,以 60℃/h 的降温速率降温至 1012℃,以 0.5℃/h 的降温速率慢冷至 1002℃,之后以 0.2℃/h 的降温速率慢冷至 990℃,再随炉冷却至室温,即可获得单畴 YBCO 块材.将这些样品置入渗氧炉中,在 470～400℃ 的温区、流氧气氛中慢冷 200 h,获得单畴 YBCO 超导块材.图 3.77 是该组样品的表面形貌照片.

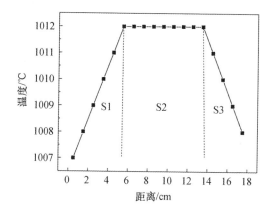

图 3.76 用于制备单畴 YBCO 超导块材的炉子在 1012℃ 时的轴向温度分布,图中的三个温区分别是正 ATG 温区、均温区、负 ATG 温区,相应的样品分别记为 S1,S2 和 S3

由图 3.77 可知,在不同的轴向温度梯度条件下(至少在 ATG 绝对值较小时),均可制备出单畴 YBCO 超导块材.但是,样品单畴区域的大小、侧面未生长晶体区域的面积不同.从上表面形貌看,在正 ATG 条件下生长的样品 S1 表面,YBCO 晶体的单畴区最小,边缘尚有未长满的部分,如图 3.77(a)所示.而在均温区和负 ATG 条件下生长的样品 S2 和 S3,YBCO 晶体的单畴区则长满了整个样品,如图 3.77(b),(c)所示.但从侧面形貌看,S2 样品未生长 YBCO 晶体的区域面积比 S3 样品大,S1 样品则更大.由此可说明,负 ATG 温区有利于制备单畴性很好的 YBCO 超导块材,正 ATG 温区无法制备完整的单畴 YBCO 超导块材,而均温区制备的单畴 YBCO 超导块材则介于两者之间.

图 3.77   不同轴向温度梯度条件下制备的单畴 YBCO 超导块材的形貌照片.(a),(b),(c)分别为 S1,S2 和 S3 样品的上表面形貌,(d),(e),(f)分别为其侧面形貌

在 3.2.5.2 小节已经讲过,单畴 YBCO 超导块材由 5 个区域组成,包括四个 a-GS 生长区域,一个 c-GS 生长区域,四个 a/a-GSB 分界线,四个 a/c-GSB 分界线,如图 3.17 所示[20].另外,还有四个 $a/a/c$-GSB 分界线,四个 $a/a/c$-GSP 分界点(两个相邻的 a-GS 生长区域和 c-GS 生长区域在样品表面的交点)[27].由图 3.17 可知,只有从纵断面才能看到的中间区域为 c 生长区域(c-GS),由 c-GS 区域与相邻 a-GS 区域形成了一个的分界面(a/c-GSB).a/c-GSB 分界面与上表面的夹角由 $\tan\alpha = R_c/R_a$ 确定,R_c 和 R_a 分别为 YBCO 超导块材沿 a 和 c 轴方向的生长速率.所以,为了研究温度梯度对单畴 YBCO 超导块材 a-GS 和 c-GS 区的影响,他们将样品沿直径切开,抛光后的纵断面形貌如图 3.78 所示.由图 3.78 可知,不同 ATG 条件下制备单畴 YBCO 超导块材的 α 角有明显的差异,S1 样品的 α_1 最大,S3 样品的 α_3 最小,S2 样品的 α_2 居中.由于炉子具有均匀的径向温度分布,所以根据 $\tan\alpha = R_c/R_a$ 可知,负 ATG 温区有利于抑制 YBCO 超导块材沿 c 轴方向的生长速率 R_c,正 ATG 温区能够提高单畴 YBCO 超导块材沿 c 轴方向的生长速率,而均温区则维持其正常的生长速率 R_c,S1,S2,S3 三个样品的生长速率大小为 $R_{c1} > R_{c2} > R_{c3}$.

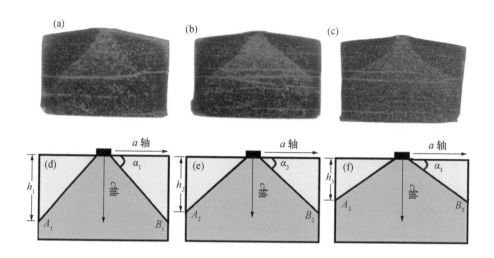

图 3.78　不同轴向温度梯度条件下制备的单畴 YBCO 超导块材的纵断面形貌照片和生长区域示意图. (a), (b), (c) 分别为 S1, S2 和 S3 样品的纵断面形貌, (d), (e), (f) 分别为其生长区域示意图

　　每一个 a/c-GSB 界面都会与样品的侧面相交, 并形成一条交界线, 这条交界线在剖面图中只对应于一个点, 如 S1 样品中的 A_1 和 B_1, S2 样品中的 A_2 和 B_2, S3 样品中的 A_3 和 B_3. 该条交界线将样品分成了上下两部分, 分界面对应于过 AB 线且平行于样品上表面的一个水平面, 在剖面图中对应于 AB 线. 用 H 和 h 分别表示样品的厚度和 AB 线距离样品顶部的高度. 在该条交界线的上部 (体积分数 $V_{f5\text{-}GS}$) 样品由四个 a-GS 生长区域和一个 c-GS 生长区域构成, 而在该条交界线的下部 (体积分数 $V_{f1\text{-}GS}$) 样品只有一个 c-GS 生长区域. 该区域属于无 a/a-GSB 和 a/c-GSB 区域. 该区域离样品底部的高度为 $H-h$. 由图 3.78 可知, 不同 ATG 条件下制备单畴 YBCO 超导块材的 $H-h$ 明显不同, S1, S2, S3 三个样品 $V_{f1\text{-}GS}$ 部分的高度为 $H-h_1<H-h_2<H-h_3$, 相应 AB 线以下的单一 c-GS 生长区域的体积分数 $V_{f1\text{-}GS}$ 依次为 $V_{f1\text{-}GS1}<V_{f1\text{-}GS2}<V_{f1\text{-}GS3}$. 这说明, 负 ATG 温区有利于提高 $V_{f1\text{-}GS}$ 区域的厚度, 抑制 $V_{f5\text{-}GS}$ 区域的厚度, 而正 ATG 温区能够提高 $V_{f5\text{-}GS}$ 区域的厚度, 抑制 $V_{f1\text{-}GS}$ 区域的厚度, 均温区则维持其正常的 $V_{f1\text{-}GS}$ 和 $V_{f5\text{-}GS}$ 区域的厚度.

　　由此可推知, 如果控制好炉子的温度梯度, 则可以根据需要调整样品中 $V_{f1\text{-}GS}$ 和 $V_{f5\text{-}GS}$ 区域的厚度, 甚至可以使 $V_{f1\text{-}GS}$ 区域消失. 在 $V_{f1\text{-}GS}$ 区域消失的情况下, 通过温度梯度设计, 可以控制 $V_{f5\text{-}GS}$ 区域 a-GS 生长区和 c-GS 生长区的形状和体积分数. 这与李国政等[27]提出的通过改变样品的直径或厚度, 以及王妙等[107]提出的通过改变辅助籽晶大小和厚度来控制 $V_{f5\text{-}GS}$ 区域 a-GS 生长区和 c-GS 生长区的形状和体积分数的方法具有同样的效果. 这些方法各有优缺点, 如在样品形状和尺寸确定的情况下,改变样品的直径或厚度的方法不可行,大尺寸的籽晶不易获得,如果辅助籽晶太大或太厚都会增加晶体的生长的时间,甚至导致样品出现随机成核现象.所以,可根据具体实验条件选择合适的方法.

在 $V_{f5\text{-}GS}$ 区域,由于有四个 a-GS 生长区和一个 c-GS 生长区,这些生长区形成的界面和界线会降低样品的 J_c 等超导性能,而在 $V_{f1\text{-}GS}$ 区域,只有一个 c-GS 生长区,不存在任何界面或界线,因此,从整体上看,在厚度相同的条件下,$V_{f1\text{-}GS}$ 区域的超导性能应高于 $V_{f5\text{-}GS}$ 区域.这一点可以通过测量该组样品的磁悬浮力和捕获磁通密度分布进行验证.图 3.79 是不同轴向温度梯度条件下制备的单畴 YBCO 超导块材在 77 K,零场冷条件下的磁悬浮力曲线.测量用的 NdFeB 磁体直径为 20 mm,表面最大磁感应强度约为 0.5 T,永磁体与超导块材之间的最小距离约为 0.5 mm.

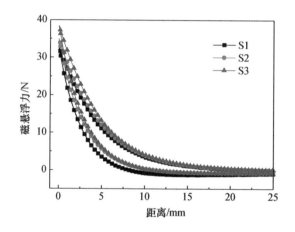

图 3.79 不同轴向温度梯度条件下制备的单畴 YBCO 超导块材在 77 K,零冷场条件下的磁悬浮力曲线

由图 3.79 可知,S1,S2 和 S3 样品的最大磁悬浮力分别为 32.4 N,35.5 N、38.3 N.负 ATG 温区生长的 S3 样品磁悬浮力最高,正 ATG 温区生长的 S1 样品磁悬浮力最小,均温区生长的 S2 样品则介于两者之间.这一结果与上述分析以及图 3.78 中 $V_{f1\text{-}GS}$ 区域的厚度吻合,即 $V_{f1\text{-}GS}$ 区域的厚度越高,样品的磁悬浮力越大.

图 3.80 是不同轴向温度梯度条件下制备单畴 YBCO 超导块材在 77 K 下通过单次脉冲充磁的捕获磁通密度分布图.由图 3.80(a),(b),(c)可知,S1,S2 和 S3 样品的捕获磁通分布均为轴对称的单峰形貌,这说明不论是在正 ATG 温区、均温区,还是负 ATG 温区生长样品都具有很好的磁单畴性.由三个样品在其直径上的捕获磁通密度分布图 3.80(d)可知,S3 样品的捕获磁通密度最高为 0.378 T,S1 样品的捕获磁通密度最小为 0.304 T,S2 样品的则介于两者之间,为 0.322 T.这一结果与图 3.79 的磁悬浮力以及图 3.78 中 $V_{f1\text{-}GS}$ 区域的厚度吻合,即 $V_{f1\text{-}GS}$ 区域的厚度

越高,样品的磁悬浮力和捕获磁通密度越高.因此,通过设计合理温度梯度的方法,可以达到控制 $V_{f1\text{-}GS}$ 和 $V_{f5\text{-}GS}$ 区域的厚度,改善单畴 REBCO 超导块材超导性能的目的.

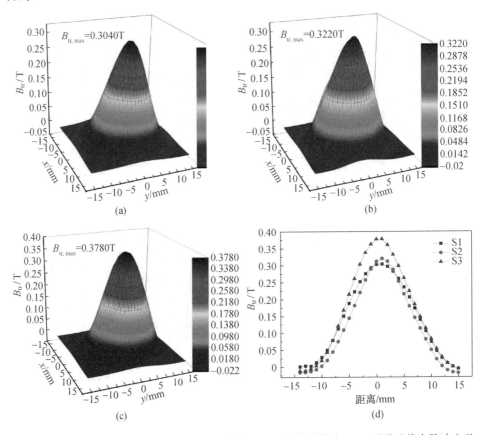

图 3.80   不同轴向温度梯度条件下制备的单畴 YBCO 超导块材在 77 K 下通过单次脉冲充磁的捕获磁通密度分布.(a) 样品 S1,(b) 样品 S2,(c) 样品 S3,(d) 三个样品在其直径上的捕获磁通密度分布

3.3.8.6 $RE_2Ba_4CuMO_y$ 掺杂对单畴 REBCO 超导块材性能的影响

第 2 章已简单介绍了 $RE_2Ba_4CuMO_y$(REM2411,M=Bi,Nb…)粒子的掺杂对改善 REBCO 超导块材的显微组织,提高磁通钉扎能力和超导性能的作用,本节着重介绍两种引入纳米 REM2411 粒子提高超导性能的方法和结果.

1. 直接掺杂 $RE_2Ba_4CuMO_y$ 对单畴 REBCO 超导块材性能的影响

在进行直接掺杂纳米 REM2411 粒子的实验前,必须通过固态反应法制备出 XRD 纯的 REM2411 粉体,具体制备方法见先驱粉体的制备部分.王妙等[108]采用传统的 TSIG 法研究了 YNb2411 的含量对单畴 YBCO 超导块材性能的影响.他们将 YNb2411 和 Y211 粉体按照质量比 YNb2411：Y211＝x：$(100-x)$配料(其中 $x=0,1,2,3,3,4,5$)混合均匀后,压制成直径为 20 mm 的圆柱形坯块作为固相先驱块. 液相部分是由 Y123 粉体和 Y035 粉体按照摩尔比 1：1 均匀混合而成,同样压制成直径为 20 mm 的圆柱形坯块,作为液相先驱块. 最后,用 Y_2O_3 粉体压制成厚度约为 2 mm,直径为 20 mm 的圆柱形坯块作支撑块. 将以上坯料装配后置于高温炉内进行晶体生长:将炉子温度升至 1045℃,保温 2 h,使液相源充分地分解为 Y211 固相和 Y035 液相,并完成 Y035 相向 Y211 坯料中的渗入,然后快速降温至 1020℃,之后以 0.2～1℃/h 的速率慢降温至 970℃,最后,以 120℃/h 冷却至室温,完成 YBCO 块材生长过程. 再将这组样品放入渗氧炉中,以 200 ml/min 的流量通入氧气,加热到 500℃,再在 200 h 内缓慢降温至 400℃,然后炉冷至室温,获得单畴的 YBCO 超导块材. 样品形貌如图 3.81 所示.

由图 3.81 可知,掺杂 YNb2411 的 YBCO 样品基本都有生长的十字花纹,但 YNb2411 的掺入引起了超导块材形貌的变化. 当 $x\leqslant2$ 时,样品形貌的变化不大,只在中间籽晶附近处形成很小的凸起,但整个样品是单畴的,如图 3.81(a),(b),(c)所示. 当 $x>2$ 时,样品出现明显的形变,表面显著凸起,出现了台阶状的四棱锥形凸起,同时可以看出,这些样品的单畴区域并未长满整个样品. 当 $x>4$ 时,样品出现了随机成核而长大的 YBCO 晶粒,如图 3.81(e),(f)所示.

图 3.81 YNb2411 的掺杂量 x 对 YBCO 超导块材表面形貌的影响. (a) $x=0$,(b) $x=1$,(c) $x=2$,(d) $x=3$,(e) $x=4$,(f) $x=5$

图 3.82 是不同 YNb2411 掺杂样品在 77 K,零场冷下(永磁体直径 25 mm,表面磁感应强度约 0.5 T)的磁悬浮力与距离关系曲线.从图 3.82 可知,随着掺杂比例 x 的增加,磁悬浮力逐渐增大,当达到 2 时,磁悬浮力达到最大值.之后,随着 x 的增加,磁悬浮力呈下降趋势,$x=2$ 时最大.

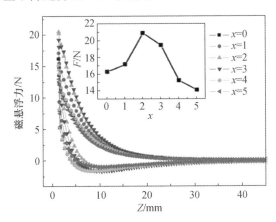

图 3.82   不同 YNb2411 掺杂比例样品在 77 K,零场冷下磁悬浮力与距离的关系

图 3.83 是掺杂不同 YNb2411 粒子 YBCO 块材的 ab 面的微观结构 SEM 照片.图中较大的球状粒子为 Y211 粒子,粒径在 $2\sim5\,\mu m$,较小的米粒状粒子为 YNb2411 粒子,粒径在 $200\sim500$ nm,黑色背景为 Y123 相基体.当 $x\leqslant2$ 时,YNb2411 粒子的平均粒径约为 240 nm,如图 3.83(a),(b),(c)所示.随着掺杂量 x 的增加,YNb2411 粒子密度逐渐增加,样品中形成的 YNb2411/Y123 界面缺陷密度亦随之增加,提高了样品磁通钉扎能力和磁悬浮力,这与图 3.82 样品的磁悬浮力结果一致.当 $x\geqslant3$ 时,YNb2411 粒子的平均粒径约为 500 nm.同时可以看出,随着掺杂量 x 的增加,样品中的 YNb2411 粒子密度逐渐越来越高,但是,YNb2411 粒子的团聚集现象却越来越明显,如图 3.83(e),(f)所示.这种团聚现象会导致 YNb2411/Y123 界面缺陷密度的降低,从而导致样品磁通钉扎能力和磁悬浮力逐渐减小,这与图 3.82 中样品的最大磁悬浮力从 $x=2$ 的 20.9 N 逐渐减小到 $x=5$ 的 14 N 的结果一致.必须注意的是,$x=4,5$ 的两个样品有随机成核现象,并非单畴 YBCO 块材.

王孝江等[96]研究了不同 GdNb2411 掺杂量对 YBCO 块材超导性能的影响.将 Y211 和 GdNb2411 粉体按 GdNb2411:Y211$=x:(100-x)$ 的质量比配料,并混合均匀(其中 $x=0,2,4,6,8,10,15,20$),分别压制成直径为 20 mm 圆柱形坯体作为固相先驱块.按 Y123:Y011:CuO$=1:3:2$ 的摩尔比配制液相先驱粉体,混合均匀后,压制直径为 20 mm 的液相先驱块.最后,取少量的 Y_2O_3 或 Yb_2O_3 压制成直径为 20 mm 的支撑块.将固相先驱块、液相先驱块、支撑块、NdBCO 籽晶、

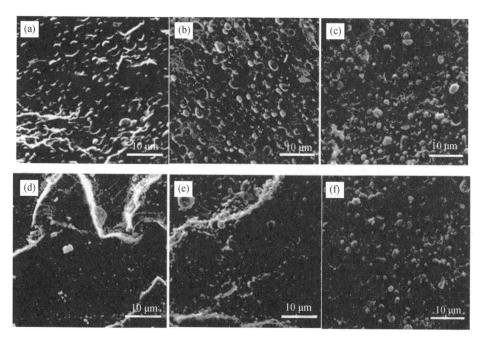

图 3.83 掺杂不同 YNb2411 粒子含量 YBCO 块材的 SEM 照片. 图中较大的球状粒子为 Y211 粒子, 较小的米粒状粒子为 YNb2411 粒子. (a) $x=0$, (b) $x=1$, (c) $x=2$, (d) $x=3$, (e) $x=4$, (f) $x=5$

MgO 及 Al_2O_3 基片装配好, 并放入样品生长炉中. 首先将温度升到 1045℃, 保温 1 h, 使得先驱块在高温下完全分解为 Y211 和液相, 而后以 1℃/min 的速率降温至 1020℃, 随后以 0.5℃/h 降至 1000℃, 然后以 0.2℃/h 降至 990℃, 最后随炉冷到室温. 将这些样品渗氧后, 即可得到掺杂 GdNb2411 的 YBCO 块材超导样品. 掺杂不同比例 GdNb2411 的单畴 YBCO 超导块材的宏观形貌有一定的影响, 当 $0 \leqslant x \leqslant 4$ 时, 单畴区已长满整个样品. 当 $4 \leqslant x \leqslant 10$ 时, 虽然样品仍然具有单畴性, 但单畴区域的面积逐渐减小. 当 $x \geqslant 15$ 时, 样品中出现了随机成核现象, 且单畴区域变得更小. 当 $10 \leqslant x \leqslant 20$ 时, 在样品表面籽晶附近出现了台阶状的四棱锥形凸起. 图 3.84 为该组样品在 77 K, 零场冷条件下的磁悬浮力曲线. 测量所用永磁体为直径为 20 mm、表面磁感应强度约 0.5 T, YBCO 超导块材与永磁体间的最小距离约为 0.5 mm.

从图 3.84 可知, YBCO 超导块材与永磁体之间的磁悬浮力与 GdNb2411 的掺杂量 x 密切相关, 当 $x=0, 2, 4, 6, 8, 10, 15, 20$ 时, 样品最大磁悬浮力分别为 22.1 N, 36.9 N, 37.7 N, 22.9 N, 17.5 N, 11.2 N, 7.5 N, 6.4 N. 当 $0 \leqslant x \leqslant 4$ 时, YBCO 超导块材的最大磁悬浮力逐渐增大. 当 $4 < x \leqslant 20$ 时, YBCO 超导块材的最大磁悬浮力

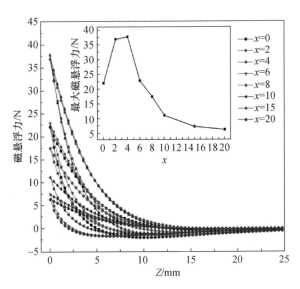

图 3.84   不同 GdNb2411 掺杂量的单畴 YBCO 超导块材的磁悬浮力曲线

逐渐减小. 当 $x=4$ 时, YBCO 超导块材的磁悬浮力最大为 37.7 N. 因此适量的添加 GdNb2411 有助于 YBCO 超导块材性能的提高. 必须注意的是, 当 $10<x\leqslant20$ 时, YBCO 晶体的单畴区域变得更小, 这也是使其磁悬浮力减小的一个重要因素. 而在 $0\leqslant x\leqslant10$ 之间样品的磁悬浮力变化规律则与其显微组织有关. 图 3.85 是不同 GdNb2411 掺杂量单畴 YBCO 超导块材的扫描电镜照片.

从图 3.85 可知, 样品中有两种粒子, 一种是较大的椭球状 Y211 粒子, 粒径在微米量级. 另一种为较小的米粒状 GdNb2411 粒子, 粒径在纳米量级. 该粒子的尺度更小, 能够有效提高 YBCO 超导块材的磁通钉扎能力和磁悬浮力. 随着 GdNb2411 掺杂量 x 的增加, Y211 粒子的密度逐渐减少, GdNb2411 粒子的密度则逐渐增加. 当 $0\leqslant x<4$ 时, YBCO 超导块材中的 Y211 粒子较多, 而 GdNb2411 粒子较少. 当 $x>4$ 时, GdNb2411 粒子量较多, 而 Y211 粒子较少. 特别是当掺杂量 x 太大时, 样品中的 GdNb2411 粒子出现了团聚现象, 从而导致了 YBCO 超导块材的磁通钉扎能力和磁悬浮力的下降. 当 $x=4$ 时, YBCO 超导块材中存在着适量的 Y211 粒子和 GdNb2411 粒子, 故该样品的磁悬浮力最大. 这与图 3.84 所示的磁悬浮力测量结果一致.

王妙等[109] 制备出了三种粒径不同的 YBi2411 初始粉体. 图 3.86 是利用激光粒度分析仪对其粒径分布进行测量的结果, 平均粒径分别为 283.0 nm, 170.4 nm 以及 82.5 nm (相应的样品分别简记为 S1, S2, S3). 然后, 他们以 98% Y211＋ 2% YBi2411 为固相源, 以 Y123＋Y035 为液相源, 采用 TSIG 法研究了 YBi2411 粒径大小对单畴 YBCO 超导块材磁悬浮力的影响. 在 2% 的 YBi2411 掺杂条件下,采用不同的 YBi2411 粒子粒径均可制备出单畴 YBCO 超导块材.

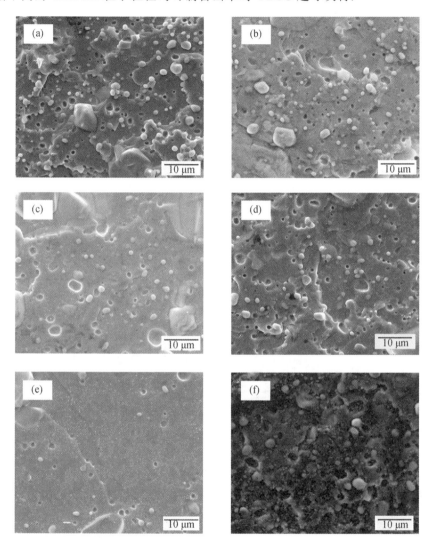

图 3.85　不同 GdNb2411 掺杂量的单畴 YBCO 超导块材的 SEM 照片.(a) $x=0$,(b) $x=2$,
(c) $x=4$,(d) $x=6$,(e) $x=8$,(f) $x=10$

　　图 3.87 为掺有不同粒径 YBi2411 粒子的样品在 77 K,零冷场条件下与永磁体之间的磁悬浮力曲线.由此图可知,随着掺杂 YBi2411 粒子粒径的减小,样品的磁悬浮力呈现出增大的趋势.掺杂 YBi2411 粒子粒径为 283.0 nm,170.4 nm,82.5 nm 的 S1,S2,S3 的最大磁悬浮力分别为 10 N,14 N,19 N.由此可见,随着掺杂 YBi2411 粒径减小,样品的磁悬浮力逐渐增大.

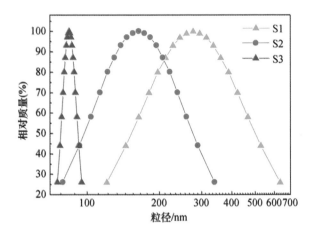

图 3.86　三种不同粒径的 YBi2411 粉体的粒度分布图

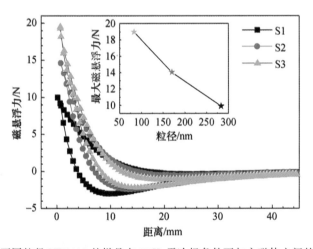

图 3.87　掺有不同粒径 YBi2411 的样品在 77 K,零冷场条件下与永磁体之间的磁悬浮力曲线

图 3.88 为掺有不同粒径 YBi2411 粒子的样品的扫描电镜图. 从图中可以看到,在 YBCO 基体中分布有两种粒子,其中较大的灰白色粒子为 Y211,粒径约为 1.0 μm 到 3.0 μm. 较小的点状的粒子是 YBi2411. 从图 3.88 中可知,随着纳米 YBi2411 初始粉体平均粒径的减小,样品中纳米 YBi2411 相的分布变得越来越均匀,粒子数密度亦逐渐增大. 同时可以看到,初始粉体中 YBi2411 的粒径愈小,YBCO 超导块材中的 YBi2411 的粒径亦愈小,如掺杂 YBi2411 粒子粒径为 283.0 nm,170.4 nm,82.5 nm 的样品 S1,S2,S3 中 YBi2411 的平均粒径分别为 270 nm,150 nm,50 nm. 这说明 YBi2411 粒子在熔化生长的过程中会出现微小的变化. 这与图 3.87 的磁悬浮力结果一致,YBi2411 粒子越小,单畴 YBCO 超导块材的磁通钉扎能力和超导性能越好.

图 3.88 不同粒径 YBi2411 掺杂样品的 SEM 照片. (a) S1, (b) S2, (c) S3

万凤等[110,101]以 $(1-x\%)$Y211$+x\%$ YW2411(质量百分比)为固相源(其中 x $=0,1,3,5,7,9$),以 Y123$+$Y035 为液相源,采用 TSIG 法研究了 YW2411 的含量对单畴 YBCO 超导块材磁悬浮力的影响. 掺杂不同 YW2411 含量的样品表面均生长成了完整的单畴形貌. 图 3.89 是这些 YBCO 超导块材在 77 K,零场冷条件下的超导磁悬浮力. 由此图可知,样品的最大磁悬浮力随着掺杂量的增加是先增大后减小. 当掺杂为 $x=5$ 左右时,磁悬浮力为最大值约 33.6 N.

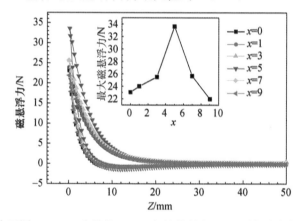

图 3.89 掺杂不同 YW2411 含量的 YBCO 超导块材在 77 K,零场冷条件下的磁悬浮力

图 3.90 为掺杂不同 YW2411 含量 YBCO 超导块材 ab 面的 SEM 照片. 图 3.90(a)为未掺杂 YW2411 样品的微观形貌,在黑色 Y123 基体上均匀分布着白色的 Y211 粒子,约 $1\sim2\,\mu m$. 图 3.90(b)~(f)中有许多白色的 YW2411 小粒子,平均尺寸在 $100\sim200$ nm,比 Y211 粒子的尺寸小一个数量级,当掺杂量 $x<5$ 时,YW2411 粒子呈现为点状,其平均尺寸在 100 nm 左右. 当掺杂量 $x>7$ 时,YW2411 粒子呈现出针状,这可能是由点状的 YW2411 粒子聚集而成. 在 $x<5$ 时,随着掺杂量的增加,样品中的 YW2411 粒子密度逐渐增加,与 Y123 相形成的 YW2411/ Y123 界面面积逐渐增大,从而使超导块材的磁通钉扎能力增强,磁悬浮力增大. 这与

图 3.90 中样品的磁悬浮力由 22.3 N 增加到 33.6 N 相一致. 但当 $x>7$ 时,由于掺杂量 x 的增大使得 YW2411 粒子密度增大,YW2411 粒子由点状变成了针状,从而导致样品的磁悬浮力下降,与图 3.90 中样品的磁悬浮力由 33.6 N 下降到 16.2 N 相一致. 当 $x\approx5$ 时,YW2411 粒子的分布则处于比较合适的状态,因此磁悬浮力最大.

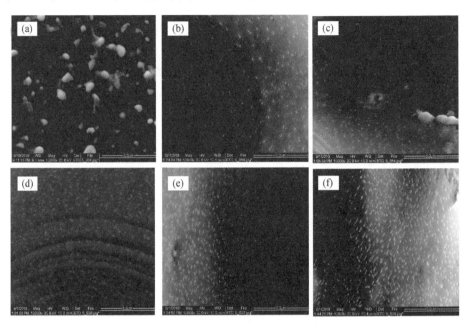

图 3.90   掺杂不同含量 YW2411 的 YBCO 超导块材 ab 面的 SEM 照片. (a) $x=0$,(b) $x=1$,(c) $x=3$,(d) $x=5$,(e) $x=7$,(f) $x=9$

另外,宋芳等[111]研究了 GdW2411 掺杂对单畴 YBCO 块材微观结构及超导性能的影响. 唐艳妮等[112]研究了 GdW2411 掺杂对 GdBaCuO 超导块材的磁悬浮力的影响. 高平和王高峰等[113, 114]研究了 YBi2411 掺杂对单畴 YBCO 块材微观结构及超导性能的影响. 梁伟等[115]研究了 GdNb2411 掺杂对单畴 GdBCO 超导块材性能的影响. 这里不详述. 所有的结果均表明,适量 REM2411 纳米粒子的掺杂能够有效提高单畴 REBCO 超导块材的磁通钉扎能力和超导性能.

最近,李佳伟等[116]采用改进的新 TSIG 法,以 $(100-x)$Y211$+x$YNb2411(x 为质量比)为固相源($x=3,5,7,10,12$),(Y211$+9$BaCuO$_2$+6CuO)为液相源,研究了 YNb2411 的含量对单畴 YBCO 超导块材磁悬浮力的影响. 图 3.91 是掺杂不同含量 YNb2411 的单畴 YBCO 超导块材在 77 K,零场冷条件下的超导磁悬浮力. 由图 3.91 可知,样品的最大磁悬浮力随着 YNb2411 掺杂量 x 的增加呈先增大后减小的规律. 当掺杂量为 $x=7$ 左右时,磁悬浮力为最大值,约 42.5 N,更具体内容见文献[116].

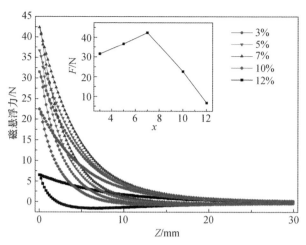

图 3.91 掺杂不同含量 YNb2411 的单畴 YBCO 超导块材在 77 K,零场冷条件下的磁悬浮力 (样品直径 20 mm)

2. 通过氧化物掺杂间接引入 $RE_2Ba_4CuMO_y$ 的方法

直接掺杂纳米 $RE_2Ba_4CuMO_y$ 粒子,是提高单畴 REBCO 超导块材性能的一种非常有效的方法.但不足之处在于必须先制备 REM2411 粉体.为了避免这一过程,节约能源、时间,并提高工作效率,基于 REBCO 超导块材本身就有 Y,Ba,Cu 三种元素,故人们希望通过添加 MO_x 的方法,使之在制备 REBCO 超导块材的过程中生成纳米 REM2411 粒子.如果这种方法可行,则可显著提高引入纳米 REM2411 粒子的工作效率.

王妙等[117,118]采用传统的 TSIG 法研究了 Bi_2O_3 的含量对单畴 YBCO 超导块材性能的影响.他们将 Bi_2O_3 和 Y211 粉体按 Bi_2O_3:Y211$=x$:$(100-x)$ 的配料 ($x=0.1,0.3,0.5,0.7,0.9,2$)混合均匀后,压制成直径为 20 mm 的圆柱形坯料,作为固相先驱块.液相源是由 Y123 粉体和 Y035 粉体按照摩尔比 1:1 均匀混合而成,同样压制成直径为 20 mm 的液相先驱块.最后,用 Y_2O_3 粉体压制成厚度约为 2 mm,直径为 20 mm 的支撑块,装配后置于高温炉内进行晶体生长:将炉子温度升至 1045℃,保温 2 h,使液相源分解为 Y211 固相和 Y011 液相,并完成液相向 Y211 坯料中的渗入,然后以 60℃/h 降至 1020℃,之后以 0.3℃/h 降至 970℃,最后,以 120℃/h 冷却至室温,完成 YBCO 块材的生长过程.之后,将这组样品放入渗氧炉中,以 200 ml/min 的流量通入氧气,加热到 500℃,保温 30 h 后,以 0.2℃/h 降至 470℃,再以 2℃/h 降至 400℃,然后随炉冷却至室温,最终获得单畴的 YBCO 超导块材.实验结果表明,所有的样品表面基本都形成了单畴形貌.但当 $x\geqslant0.9$ 时,虽然样品仍以单畴形貌为主,但四个扇区中有个别没长满,且样品边缘出现了随机成核现象.这说明当 Bi_2O_3 的掺杂量 $x<0.9$ 时,均可制备出单畴 YBCO 超导块材.图 3.92 是掺杂不同比例 Bi_2O_3 样品在 77 K,零场冷条件下与永磁体(直径 25 mm,B

=0.5 T)之间的磁悬浮力曲线. 由图 3.92 可知,随着掺杂量 x 的不断增加,样品的磁悬浮力呈现出先增大后减小的趋势. 当样品的掺杂量 $x=0.7$ 时,相应样品的磁悬浮力最大,为 25 N. 随着 Bi_2O_3 粒子掺杂量的进一步增加,样品的磁悬浮力逐渐开始减小. 当 $x=0.9$ 时,其磁悬浮力为 12.5 N. 当 $x=2$ 时,磁悬浮力最小,为 6 N.

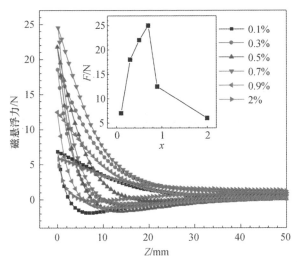

图 3.92　掺杂不同比例 Bi_2O_3 的样品在 77 K,零场冷条件下的磁悬浮力与距离的关系

图 3.93 是掺杂不同比例 Bi_2O_3 样品的扫描电镜图. 从图中可看出,在 YBCO 基体中有两种粒子,其中较大的灰白色粒子为 Y211,其粒径为 $1.0\sim5.0\ \mu m$. 另外一种较小的点状的粒子是由 Bi_2O_3 与样品中的 Y,Ba,Cu 生成的 YBi2411 粒子.

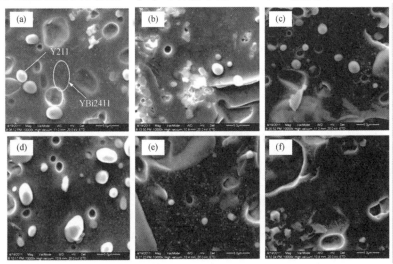

图 3.93　掺杂不同比例 Bi_2O_3 的样品的扫描电镜(SEM)图片. (a) $x=0.1$,(b) $x=0.3$,(c) $x=0.5$,(d) $x=0.7$,(e) $x=0.9$,(f) $x=2$

　　图 3.94 是样品中小粒子的能谱分析(EDX)结果,从图中可知,该类粒子的原子数的比例接近 Y：Ba：Cu：Bi＝2：4：1：1,证明这些小粒子为 YBi2411.
Bi_2O_3 与 Y211 和液相反应生成 YBi2411 粒子的反应方程为

$$Bi_2O_3 + Y2BaCuO_5 + BaCuO_2 \longrightarrow Y_2Ba_4CuBiO_y.$$

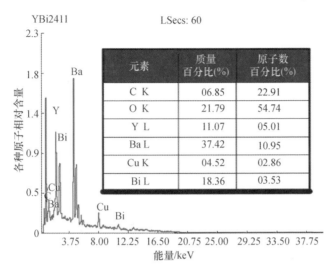

元素	质量 百分比(%)	原子数 百分比(%)
C K	06.85	22.91
O K	21.79	54.74
Y L	11.07	05.01
Ba L	37.42	10.95
Cu K	04.52	02.86
Bi L	18.36	03.53

图 3.94　样品中小粒子的能谱分析(EDX)图

　　由图 3.93 可知,随着 Bi_2O_3 掺杂量 x 的增加,YBi2411 粒子的密度逐渐增大,其粒径在 80～160 nm 之间,比 Y211 粒子小了一到两个数量级,但是 Y211 粒子的大小基本未发生变化.这说明,相对于微米级 Y211 粒子而言,纳米量级的 YBi2411 粒子能够有效地提高超导块材的磁通钉扎能力和磁悬浮力.当 x 从 0.1 增加到0.7 时,纳米 YBi2411 粒子的密度亦逐渐增加,而且 YBi2411 粒子与 YBCO 基体形成的 YBi2411/Y123 界面面积也不断地增加,从而使样品的磁通钉扎能力和磁悬浮力也随之增加,这和图 3.92 的结果一致.当 x 从 0.7 增加到 2 时,样品中 YBi2411 粒子的密度进一步增加,同时发现样品中的 YBi2411 有长大的现象,粒径达到 150 ～160 nm 左右,使得整个样品中的 YBi2411/Y123 界面面积减少,从而导致了样品磁悬浮力降低,与图 3.92 中的磁悬浮力结果一致.

　　张龙娟等[119]采用 TSMTG 法研究了掺杂不同比例 WO_3 对单畴 GdBCO 超导块材超导性能的影响.他们以 $(100-x)\% (Gd_2O_3 + 0.9BaCuO_2 + 2.4CuO) + x\%$ WO_3 为初始粉体($x=0.2,0.4,0.6,0.8,1,2$),混合均匀后,分别压制成直径 20 mm 圆柱状先驱块.压制粉体前,在其底部加入 Y_2O_3 粉体 2 g 作为垫片,装配后置于高温炉内,进行熔融织构生长:先以 200℃/h 将样品加热到 900℃,保温 10 h,尽可能多地排出样品中残留的气体,减少样品中的气孔率,增加其致密度.再以

80℃/h 加热到 1065℃,保温 1.5 h,使先驱粉体充分熔化分解,然后以 60 ℃/h 的速率降到 1045℃.接着以 0.5℃/h 降温至 1035℃,再以 0.3℃/h 的速率降温至 1015℃,最后随炉冷却到室温,完成 GdBCO 块材的晶体生长.将这些样品渗氧后,即可得到掺杂不同比例 WO_3 的单畴 GdBCO 超导块材.所有掺杂 WO_3 的 GdBCO 样品均具有良好的单畴形貌.样品的直径均从原来的 20 mm 收缩到 17 mm,收缩率约 15%.

　　图 3.95 是不同比例 WO_3 掺杂 GdBCO 块材在 77 K,零场冷的条件下的磁悬浮力随距离的变化曲线,测量所用永磁体直径为 18 mm,表面磁感应强度 0.5 T.由图 3.95 可看出,随着 WO_3 掺杂量 x 不断增加,样品的磁悬浮力呈现先增大后减小的变化趋势.当 WO_3 掺杂量从 $x=0.2$ 增加到 $x=0.6$ 时,样品的磁悬浮力从 20.55 N 缓慢地增加到 27.52 N.当掺杂量 x 从 0.6 增加到 1 时,样品的磁悬浮力迅速地减少到 19.49 N.当 $x=2.0$ 时,样品的磁悬浮力减少为 17.35 N.这表明适量的 WO_3 掺杂可有效提高超导块材的磁悬浮力.

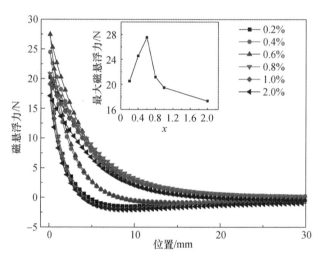

图 3.95　不同比例 WO_3 掺杂 GdBCO 块材在 77 K,零场冷条件下的磁悬浮力变化曲线

　　图 3.96 是不同比例 WO_3 掺杂的 GdBCO 块材的 ab 面的微观结构照片.图中除了较大的微米量级 Gd211 粒子外,每个样品中都有灰白色的 GdW2411 纳米粒子,尺度在 50～200 nm 之间.GdW2411 粒子是在 GdBCO 晶体生长的过程中,由 WO_3 粒子与 Gd211 和液相反应生成的.

　　由图 3.96(a)～(f)可以看出,随着 WO_3 掺杂量 x 的增加,样品中 GdW2411 粒子的粒径和分布也发生着变化.当 WO_3 的掺杂量 $x \leqslant 0.6$ 时,图中 GdW2411 的粒子分布均匀且清晰可见.同时,样品中 GdW2411 粒子的密度也随着 WO_3 掺杂量 x 的增加而增大,从而增加了 GdW2411 粒子与基体 Gd123 的界面面积,提高了

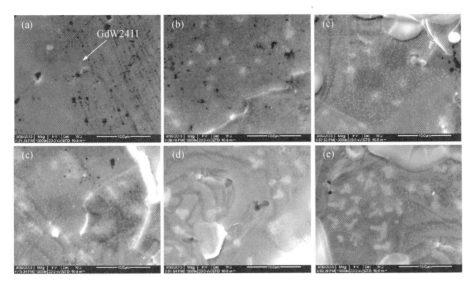

图 3.96 不同比例 WO_3 掺杂的 GdBCO 块材的 ab 面的微观结构照片,(a)～(f)对应的 WO_3 掺杂量分别为 0.2%,0.4%,0.6%,0.8%,1.0%,2.0%

样品的磁通钉扎能力和磁悬浮力,这与图 3.95 中样品的磁悬浮力变化趋势一致. 当 WO_3 的掺杂量 $x \geqslant 0.8$ 时,GdW2411 的粒子密度明显增加,但是 GdW2411 的粒子却出现了明显的团聚和粗化现象,从而减小了 GdW2411 粒子与基体 Gd123 的界面面积,导致了样品的磁通钉扎能力和磁悬浮力的下降,这与图 3.95 中样品的磁悬浮力变化趋势一致.

必须注意的是,如果用直接掺杂方法,可在单畴 REBCO 超导块材中引入纳米量级的 $RE_2Ba_4CuMO_y$ 粒子,但如果希望通过氧化物掺杂间接引入 $RE_2Ba_4CuMO_y$,在单畴 REBCO 超导块材中引入纳米量级的 $RE_2Ba_4CuMO_y$ 粒子就不一定可行. 因为,在单畴 REBCO 超导块材熔化生长的过程中,MO_y 可能会与样品中的 Y,Ba,Cu 反应生成 REM2411 粒子,也很有可能生成其他化合物. 如添加 SnO_2 后,样品中会生成 $BaSnO_3$,但在样品中很难找到纳米 RESn2411 粒子.

3.3.9 大尺寸 REBCO 超导块材的制备方法

目前的研究工作主要基于直径 10～50 mm 之间的 REBCO 超导块材,而关于直径 50 mm 以上的样品研究很少,这主要是因为:(1) 大尺寸单畴 REBCO 超导块材的制备不仅费时费力,成本太高,而且成功率很低.(2) 从超导性能上看,大尺寸单畴 REBCO 块材的均匀性和超导性能相对较差. 如直径 140 mm 的单畴 GdBCO 超导块材在 77 K 下的最大捕获磁通密度为 2.3 T[120, 121],比直径 60 mm 样品的 3T 还小[122],说明要提高单畴 REBCO 块材的超导性能,只增加样品的 R 是不行的. 因为,样品的整体性能主要取决于其临界电流密度 J_c、超导环流半径 R 以及样品的厚度. 但是,实际应用仍需要高质量的大尺寸样品. 因此,研制大尺寸单畴 REBCO 超导块材对于促进该类材料的应用具有重要意义.

大尺寸单畴 REBCO 块材的制备方法与前面讲的相同,只是晶体生长的热处理参数需要根据实际情况做一些调整,因此这里只简单介绍一些实验研究结果. Nariki 等[122]采用 TSMTG 法在低氧分压(1% O_2 和 Ar)条件下制备出了直径 65 mm 的单畴 GdBCO 超导块材. 他们以 79.5%(2Gd123+Gd211)+0.5% Pt+ 20% Ag_2O(质量百分比)为初始粉体,混合均匀后,单轴压制成直径 80 mm 圆柱状先驱块,再用等静压的方法在 200 MPa 下使其均匀致密化后,置于高温炉内进行熔融织构生长:先将样品加热到 1100℃,保温 0.5 h,在 1 h 内降到 1020℃,在样品表面放上 Nd123 籽晶,接着在 1 h 内降到 975℃,再以 0.1～0.5℃/h 的速率降温至 955℃,最后以 20～50℃/h 的速率冷却到室温,完成 GdBCO 块材的晶体生长. 炉子的轴向温度梯度为 0.2℃/mm. 然后,将该样品在 400～450℃流氧条件下渗氧 600 h,即可得到直径 65 mm 的单畴 GdBCO 超导块材. 样品的形貌如图 3.97 所示.

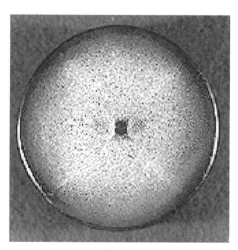

图 3.97　直径 65 mm 的单畴 GdBCO 超导块材形貌[122]

Sakai 等[120]采用 TSMTG 法在低氧分压(1% O_2 和 Ar)条件下制备出了直径 140 mm 的单畴 GdBCO 超导块材. 他们按 69.5%(Gd：Ba：Cu=1.8：2.4：3.4)+0.5% Pt+ 30% Ag_2O(质量百分比)组分配料,混合均匀后,单轴压制成直径 175 mm 圆柱状先驱块,再用等静压的方法在 200 MPa 下使其致密化后,置于高温炉内,进行熔融织构生长:先将样品加热到 1373 K,保温 1.5 h,再降到 1292 K,在样品表面放上 Nd123 籽晶,再以 0.05～1 K/h 的速率降至 1253 K,最后炉冷到室温,完成 GdBCO 块材的晶体生长. 在晶体生长的过程中,样品底部的温度比顶部高 10 K. 将该样品渗氧后,得到直径 140 mm 的单畴 GdBCO 超导块材. 如图 3.98 所示.

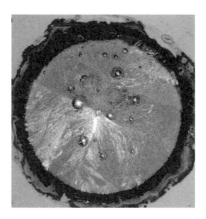

图 3.98 直径 140 mm 的单畴 GdBCO 超导块材形貌[120]

Chaud 等[123]采用 TSMTG 法在均温场炉子中制备出了直径 93 mm 的单畴 YBCO 超导块材. 他们将组分为 99.85% (70%Y123+30% Y211)+0.15% PtO₂ (质量百分比)粉体,在 100 MPa 下单轴压制成直径 100 mm 圆柱状柱状先驱块,在 930℃烧结 24 h 后,作为柱状先驱块. 在样品上表面中心处放好 Sm123 籽晶后,将 先驱块置于高温炉内,进行熔融织构生长:先将样品以 60℃/h 加热到 1055℃,保 温 1.5 h,再以 120℃/h 降温到 1004℃,在样品表面放上 Sm123 籽晶,再以 0.16℃/h 的速率降至 994℃,保温 1.5 h,继续以 0.16℃/h 降至 975℃,最后以 60℃/h 冷却到室温,完成 YBCO 块材的晶体生长. 将该样品渗氧后,即得到直径 93 mm 的单畴 YBCO 超导块材.

Inouea 等[124]采用 TSMTG 法在具有温度梯度的圆柱形炉子中制备出了直径 约 100 mm 的单畴 GdBCO 超导块材. 炉子内放置样品的位置的温度分布如图 3.99 所示. 由图 3.99 可知,样品处在具有负轴向的温度梯度和正径向的温度梯度的区 域,与文献[41—43]提出的温场一致. 在样品顶部和底部的径向的温度梯度分别为 3℃/cm 和 1℃/cm,在样品中心和边缘的轴向的温度梯度分别为 7.5℃/cm 和 2.5℃/cm.

他们将组分为 79.5% (10Gd123+4Gd211)+20% Ag₂O+0.5% PtO₂(质量 百分比)的粉体单轴压制成圆柱状先驱块,再用等静压的方法使其致密化. 在样品 上表面中心处放好 Nd123 籽晶后,将先驱块置于高温炉内,再在低氧分压(1% O₂ +Ar)条件下进行熔融织构生长,具体热处理参数见图 3.100. 经过长时间的热处 理后,完成 GdBCO 块材的晶体生长. 将该样品渗氧后,即得到直径约 100 mm 的单 畴 GdBCO 超导块材. 样品的形貌如图 3.101 所示.

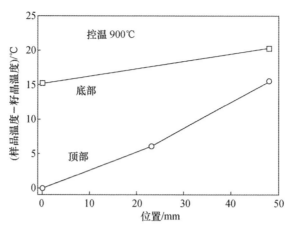

图 3.99   制备直径 100 mm 单畴 GdBCO 块材所用炉子在放置样品位置的温度分布

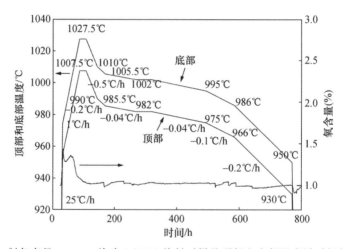

图 3.100   制备直径 100 mm 单畴 GdBCO 块材时样品顶部和底部温度随时间的变化曲线

　　由于高质量大尺寸 REBCO 超导块材的制备难度很大,费时费力,成功率低,因此,人们希望采用多籽晶大尺寸 REBCO 超导块材,或者通过焊接的方法将多个单畴 REBCO 超导块材合成一个大尺寸的 REBCO 超导块材. Harnois 等[125] 以均匀混合的 99.5% (0.75Y123+0.25 Y211)+0.5% CeO_2 (质量百分比)为先驱粉体,压制成表面尺寸约 40 mm×40 mm 的先驱块,并在其上表面中心附近放置两个晶粒取向相同的 Sm123 籽晶,采用 TSMTG 法制备出了由双籽晶引导生长的 YBCO 超导块材,样品形貌如图 3.102 所示. 在两个籽晶的引导下,样品生长成了两个畴区,两个畴界之间会出现裂纹和非超导相的偏析团聚现象.另外,通过对该样品捕获磁通密度分布的测量发现,该样品明显有两个磁畴,而非磁单畴.这说明,要采用多籽晶制备出具有单畴特性的 REBCO 超导块材还需要做进一步深入工作.

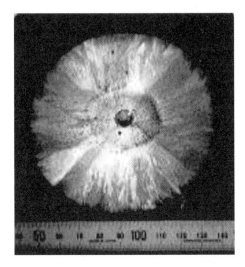

图 3.101 直径约 100 mm 的单畴 GdBCO 超导块材形貌

图 3.102 用双籽晶引导生长的表面尺寸约 40 mm×40 mm 的 YBCO 超导块材形貌

Choi 等[126]以 $Y_{1.8}Ba_{2.4}Cu_{3.4}O_x$ 为先驱粉体,压制成 30 mm×30 mm×20 mm 的先驱块,并在其上表面放置不同数目、晶粒取向相同的 Sm123 籽晶,采用 TSMTG 法制备出了由不同数目籽晶引导生长的 YBCO 超导块材,样品形貌如图 3.103 所示.由图 3.103 可知,采用单籽晶、双籽晶、四籽晶、五籽晶的样品分别呈现单畴、双畴、四畴和五畴区.通过对该组样品捕获磁通密度分布的测量发现,除了采用单籽晶的样品基本为磁单畴特性以外,其他样品均呈现多个磁畴,如图 3.104 所示.如采用单籽晶、双籽晶、四籽晶、五籽晶样品的捕获磁通密度分布分别呈现单峰、双峰、四峰和五峰,各个峰之间的捕获磁通密度均低于峰值处的捕获磁通密度.这表明这些样品分别为单磁畴、双磁畴、四磁畴和五磁畴.另外,可以明显看出,单畴 YBCO 超导块材的捕获磁通密度最大. 这说明, 采用多籽晶制备的 YBCO 超导块材既不易形成晶体学上的单畴, 也不易形成磁学上的单畴, 这是采用多籽晶难以制备单畴 YBCO 超导块材的一个重要技术难题.

图 3.103 采用不同数目晶粒取向相同的 Sm123 籽晶制备的 YBCO 超导块材形貌. (a) 单籽晶, (b) 双籽晶, (c) 四籽晶, (d) 五籽晶

为了克服采用多籽晶制备 REBCO 超导块材呈现多畴特性以及畴与畴之间存在各种缺陷和弱连接的问题, Sawamura 等[127] 以多籽晶、双层混合稀土元素浓度先驱块的装配方式 (如图 3.105), 采用 TSMTG 法制备出了直径 28 mm, 46 mm, 65 mm 和 100 mm 的单畴 REBCO 超导块材. 其中, 直径 46 mm 样品的 A 层和 B 层的化学组分分别为包晶反应温度为 1017℃ 的 $Dy_{0.75}Gd_{0.25}$-Ba-Cu-O (99.5% $(3Dy_{0.75}Gd_{0.25}Ba_2Cu_3O_x + Dy_{1.5}Gd_{0.5}BaCuO_5) + 0.5\%$ Pt) (质量百分比) 和包晶反应温度为 1010℃ 的 Dy-Ba-Cu-O (99.5% $(3DyBa_2Cu_3O_x + Dy_2BaCuO_5) + 0.5\%$ Pt), 直径 65 mm 样品 A 层和 B 层的化学组分分别为包晶反应温度为 1010℃ 的 Dy-Ba-Cu-O (99.5% $(3DyBa_2Cu_3O_x + Dy_2BaCuO_5) + 0.5\%$ Pt) 和包晶反应温度为 1000℃ 的 99.5% $(3Dy_{0.5}Ho_{0.5}Ba_2Cu_3O_x + DyHoBaCuO_5) + 0.5\%$ Pt); 直径 28 mm, 100 mm 样品 A 层和 B 层的化学组分分别为包晶反应温度为 1010℃ 的 Dy-Ba-Cu-O (99.5% $(3DyBa_2Cu_3O_x + Dy_2BaCuO_5) + 0.5\%$ Pt) 和包晶反应温度为

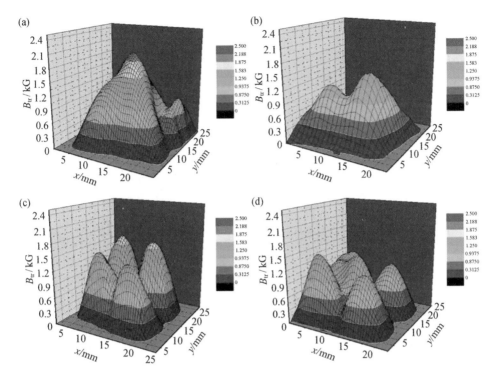

图 3.104 采用单籽晶、双籽晶、四籽晶、五籽晶制备样品的捕获磁通密度分布图.(a) 单籽晶,(b) 双籽晶,(c) 四籽晶,(d) 五籽晶

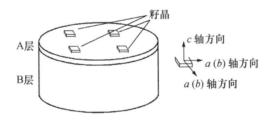

图 3.105 多籽晶、双层混合稀土元素浓度先驱块装配方式.A 层较薄,B 层厚,A 层和 B 层先驱块的化学组分不同

990℃的 Ho-Ba-Cu-O (99.5% (3HoBa$_2$Cu$_3$O$_x$＋Ho$_2$BaCuO$_5$)＋0.5% Pt).他们将这些初始粉体充分混合均匀后,压制成圆柱状先驱块,再在先驱块上表面规则地放置不同数目的(Nd,Sm)BCO 籽晶后,置于高温炉内进行熔融织构生长:先将样品加热到 1060℃,保温 4 h,再降温到 1020℃,再以 0.1～2℃/h 的速率降至 970℃,最后冷却到室温,完成 REBCO 超导块材的晶体生长.将这些 REBCO 块材沿 A 层和 B 层的界面切开,渗氧后即可得到不同直径的单畴 REBCO 超导块材(B 层).样品

的形貌如图 3.106 所示.

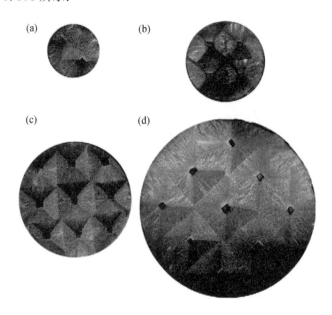

图 3.106   用多籽晶、双层不同混合稀土元素浓度先驱块装配方式制备出的单畴 REBCO 超
导块材. (a) 直径 28 mm, (b) 直径 46 mm, (c) 直径 65 mm, (d) 直径 100 mm

图 3.107 是用多籽晶制备的直径 28 mm, 46 mm, 65 mm 和 100 mm 的单畴
REBCO 超导块材的捕获磁通密度分布图. 从图 3.107 中可看出, 每一样品均为磁
单畴, 样品内无弱连接, 直径 46 mm 的捕获磁通密度约为 0.85 T. 该结果表明, 通
过在样品与籽晶之间添加过渡层的方法, 可以将多籽晶外延生长的多畴区逐渐过
滤掉, 因为过渡层先在籽晶的基础上外延生长, 当其引导底部的样品时已长大, 相
当于多个较大的籽晶排在一起, 形成了一个更大的籽晶面, 从而使其下部的样品生
长成单畴 REBCO 超导块材.

Reddy 等[128]以 99.9% (0.72Y123 + 0.28Y211) + 0.1% Pt(质量百分比)为
先驱粉体, 压制成直径 25 ~ 50 mm 的先驱块, 并在其上表面放置不同大小的
Sm123 籽晶, 采用 TSMTG 法研究了籽晶大小对 YBCO 超导块材单畴生长尺寸的
影响. 他们样品的直径为 25 mm. 样品的热处理程序为: 先将样品加热到 1050℃, 保
温 45 min, 再降温到 1010℃, 再以 0.3℃/h 的速率降至 990℃, 最后冷却到室温, 完
成 YBCO 块材的晶体生长. 结果表明, 在相同条件下, 籽晶的面积越大, YBCO 块
材生长的单畴区面积越大, 具体数据如图 3.108 所示.

由图 3.108 可知, 随着籽晶面积的增加, 在相同条件下 YBCO 块材生长的总单
畴区面积和外延生长面积均逐渐增大. 这表明, 采用大尺寸的籽晶有利于提高生长

速度和制备大尺寸的单畴 YBCO 块材. 如徐克西等采用尺寸约为 $20\,mm \times 20\,mm$ 的籽晶制备出了直径 $75\,mm$ 的单畴 YBCO 超导块材[129].

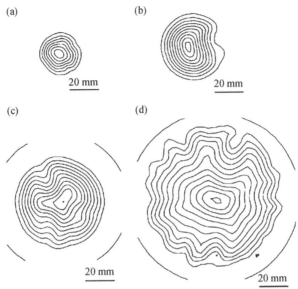

图 3.107 用多籽晶、双层不同混合稀土元素浓度先驱块装配方式制备的单畴 REBCO 超导块材的捕获磁通密度分布. (a) 直径 28 mm, (b) 直径 46 mm, (c) 直径 65 mm, (d) 直径 100 mm

图 3.108 样品中 YBCO 块材的单畴区面积与籽晶面积的关系

在采用多籽晶方法制备单畴 REBCO 超导块材时, 也必须注意籽晶的排列方式和籽晶的晶面取向等因素, 因为这些因素会影响晶畴与晶畴之间的畴界形貌、晶粒之间的对接方式、晶粒之间的夹角等, 从而影响样品的质量和超导性能. 相关情况可参阅文献[130].

除了多籽晶方法外, 人们也常常采用焊接的方法, 通过将多个小尺寸单畴 REBCO 超导块材对接在一起, 形成一个大尺寸的样品. 采用焊接方法必须注意以下几点:

(1) 焊接所用焊料的熔化温度必须低于待焊接单畴 REBCO 超导块材的熔化温度.

(2) 焊料必须与待焊接单畴 REBCO 超导块材具有相同的晶体结构.

(3) 优化热处理技术方案,使焊料能够在待焊接单畴 REBCO 超导块材的基础上外延生长成具有相同晶粒取向的过渡区.

(4) 优化焊料的化学组分,避免在焊接区及其与单畴 REBCO 超导块材的界面处形成弱连接区域,导致样品性能在焊接区下降.

实际上,目前关于焊接的方法主要是进行基础研究,很少见到用焊接方法制备大尺寸单畴 REBCO 超导块材的报道,所以这里只介绍几个实例. Harnois 等[125]将两个组分为 $(0.75Y123 + 0.25\ Y211) + 0.5\% \ CeO_2 + 0.25\% \ SnO_2$ 的单畴 YBCO 超导块材,用厚 1 mm 组分为 $(Y123 + 0.05\ Y211) + 0.5\% \ CeO_2 + 5\% \ Ag$、熔化温度为 990℃ 的焊料焊接,形成了一个较大的单畴样品(样品边长 40 mm). 样品形貌如图 3.109 所示.通过对样品焊接区显微组织和捕获磁通密度分布的测量发现,焊接区与被焊接的单畴 YBCO 超导块材界面干净,晶粒取向一致性良好,被焊接的两个单畴 YBCO 超导块材的捕获磁通密度分布呈现较好的单畴性,比采用双籽晶方法制备的样品好.

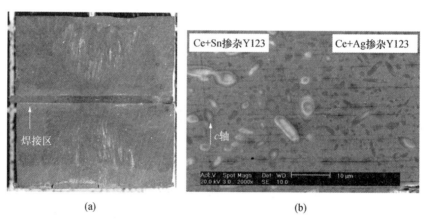

(a)   (b)

图 3.109 被焊接的单畴 YBCO 超导块材形貌(a),焊接区与被焊接样品界面附近的 SEM 照片(b)

Iliescu 等[131]以 Ag 箔为焊料,将两个组分为 $99\% \ Y_{1.5}Ba_2Cu_3O_{7-x} + 1\% \ CeO_2$ 的单畴 YBCO 超导块材通过 YBCO/Ag/YBCO 三明治的排列方式进行了焊接,并研究了 Ag 箔的厚度对焊接效果的影响.结果表明,采用 50 μm 的厚 Ag 箔时,焊接区存在严重的液态银的迁移和偏析现象.采用 25 μm 的厚 Ag 箔时,两个单畴 YBCO 超导块材的焊接区接口则不明显,在较大的面积范围(约 1 cm^2)内实现了无缝焊接,从而使较小的两个样品合成了一个较大的单畴 YBCO 超导块材.他们对焊接在一起的两个单畴 YBCO 超导块材的捕获磁通密度分布进行了测量,发现样品的捕获磁通密度分布只呈现一个对称的单峰形貌,如图 3.110 所示.

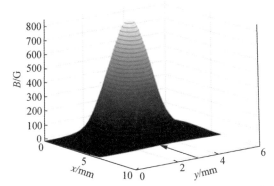

图 3.110 焊接在一起的两个单畴 YBCO 超导块材的捕获磁通密度分布.分布呈现一个对称的单峰形貌.箭头所指的是焊接界面位置

另外,Hopfinger 等[132]通过在焊料中掺银(YBCO/Ag)的方法,Chai 等[133]通过在焊料中掺氧化银(Y123 +0.25Y211)+10% Ag_2O +0.25% $BaCeO_3$)的方法,分别研究了单畴 YBCO 块材焊接技术,并取得了良好的效果.图 3.111 是 Hopfinger 等[132]通过在 YBCO 粉体中掺 Ag 的焊料将两个单畴 YBCO 超导块材焊接后焊接区域的显微形貌.由图 3.111 可知,两个单畴 YBCO 超导块材被很好地焊接在一起,并且焊接区域与原单畴 YBCO 超导块材的晶粒取向基本一致,说明焊接后的样品基本上就是一个单畴样品.这一点已被其捕获磁通密度分布证实,如图 3.112 所示.

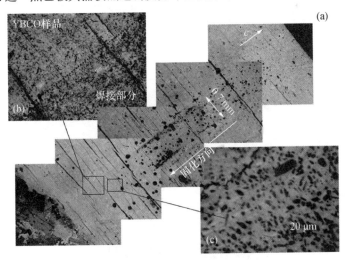

图 3.111 用掺 Ag 的 YBCO 焊料将两个单畴 YBCO 超导块材焊接后焊接区域的显微形貌.
(a) 焊接区域的断面形貌及其放大形貌照片;(b) 焊接区域与单畴 YBCO 超导块材之间的界面(用虚线标志);(c) 焊接区域样品中的 Y211 粒子分布

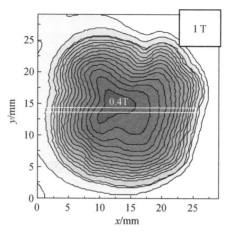

图 3.112 用掺 Ag 的 YBCO 焊料将两个单畴 YBCO 超导块材焊接后,样品在 77 K 时的捕获磁通密度分布.两条白色线框之间的区域为焊接区

这些结果表明,通过焊接方法可将较小的单畴 REBCO 超导块材合成一个较大尺寸的样品.但是,目前关于用焊接方法制备大尺寸的单畴 REBCO 超导块材的报道很少.必须注意的是,焊接大尺寸样品与小尺寸样品还是有一定差异的,具体的技术方案必须因实验的实际情况而定.

从国内现有的报道来看,在大尺寸样品制备方面,徐克西等[129]研制的直径为 75 mm 的单畴 YBCO 超导块材最大,尚未见到国内有关于直径大于 75 mm 的单畴 YBCO 超导块材的报道.陈丽平、苏晓晴、杨芃焘、王雅图等[134,139,140,141,142]采用杨万民等发明的新 TSIG 法,不仅制备出了高质量的小尺寸单畴 YBCO,GdBCO 和 SmBCO 超导块材,且成功地制备出了直径分别为 60 mm 和 93 mm 的单畴 YBCO 超导块材,其宏观形貌如图 3.113 所示.

图 3.113 用新 TSIG 法制备的直径为 93 mm 的单畴 YBCO 超导块材的宏观形貌

为满足实际应用需要,除了改进制备大尺寸高质量单畴 REBCO 超导块材的方法和技术外,还需要降低成本,实现批量化生产. 但是,关于大尺寸样品,如直径为 70～150 mm 的单畴 YBCO 超导块材的批量化生产[121,123,129,134,135,139]尚未见报道. 目前小批量化生产的一般都是直径小于 50 mm 的单畴 YBCO 超导块材[136,137,138],而样品质量、成品率和工作效率的提高仍需进一步研究和开发.

参 考 文 献

[1] Knrpnrnrcr R J. Crystal growth from the melt: a review. American Mineralogist, 1975, 60: 798.

[2] 邢建东,张云鹏. 晶体定向生长. 西安:西安交通大学出版社, 2008.

[3] 闵乃本. 晶体生长的物理基础. 上海:上海科学技术出版社, 1982.

[4] Rodriguez M A, Chen B J, and Snyder R L. The formation mechanism of textured $YBa_2Cu_3O_{7-\delta}$. Physica C, 1992, 195: 185.

[5] Izumi T, Nakamura Y, and Shiohara Y. Diffusion solidification model on Y-system super-conductors. J. Mater. Res., 1992, 7(7): 1621.

[6] Izumi T, Nakamura Y, and Shiohara Y. Crystal growth mechanism of $YBa_2Cu_3O_y$ super-conductors with peritectic reaction. J. Crys. Growth, 1993, 128: 757.

[7] Ohtsu K and Shiohara Y. Solidification processing of YBCO superconductive oxide. ISI. J. International, 1995, 35 (6): 744.

[8] Cima M J, Flemings M C, Figueredo A M, Nakade M, Ishii H, Brady H D, and Haggerty J S. Semisolid solidification of high temperature superconducting oxides. J. Appt. Phys., 1992, 72 (1): 179.

[9] Jin S, Tiefel T H, Sherwood R C, Davis M E, Dover P B, Kammlott G W, Fastnacht R A, and Keith H D. High critical currents in Y-Ba-Cu-O superconductors. Appl. Phys. Lett., 1988, 52: 2074.

[10] Salama K, Selvamanickam V, Gao L, and Sun K. High current density in bulk $YBa_2Cu_3O_x$ superconductor. Appl. Phys. Lett., 1989, 54: 2352.

[11] Murakami M, Gotoh S, Koshieuka N, Tanaka S, Matsushita T, Kambe S, and Kitazawa K. Critical currents and flux creep in melt processed high T_c oxide superconductors. Cryo-genics, 1990, 30: 390.

[12] Murakami M, Oyama T, Fujimoto H, Taguchi T, Gotoh S, Shiohara Y, Koshizuka N, and Tanaka S. Large levitation force due to flux pinning in YBaCuO superconductors fabri-cated by melt-powder-melt-growth process. Jpn. J. Appl. Phys., 1990, 29: L1991.

[13] Zhou L, Zhang P X, Ji P, Wang K G, Wang J G, and Wu X Z. The properties of YBCO superconductors prepared by a new approach: the "powder melting process". Supercond. Sci. Tech., 1990, 3(10): 490.

[14] Shi D, Sengupta S, Lou J S, Varanasi C, and McGinn P J. Extremely fine precipitates and

flux pinning in melt-processed YBa$_2$Cu$_3$O$_x$. Physica C, 1993, 213: 179.

[15] 杨万民，李佳伟，蒲茹，杨志娟，王妙，马斌，李哲. 简化制备单畴 YBCO 超导块材的方法：201310303997. 3. 2010-07-18.

[16] 杨万民，杨志娟，李佳伟，车晓燕. 提高单畴钇钡铜氧超导块材制备效率的方法：201310304004. 4. 2010-07-18.

[17] 杨万民，汪京荣，张翠萍，李建平，王天成，周廉. 熔融慢冷生长 YBCO 超导体中方晶的晶粒生长取向的观察. 低温与超导，1994，22(4): 19.

[18] Endo A, Chauhan H S, Nakamura Y, Furuya K, and Shiohara Y. Relationship between growth rate and undercooling in Pt-added Y$_1$Ba$_2$Cu$_3$O$_{7-x}$. J. Mater. Res., 1996, 11(5): 1114-1119.

[19] 刘兆梅，杨万民，裴佳良，席少波，刘艳凤. 顶部籽晶熔渗法单畴 YBCO 的制备及其显微结构分析. 稀有金属材料与工程，2008，37(4): 12127.

[20] Diko P. Microstructural limits of TSMG REBCO bulk superconductors. Physica C, 2006, 445-448: 32329.

[21] Uhlmann D R, Chalmers B, and Jackson K A. Interaction between particles and a solid-liquid interface. J. Appl. Phys., 1964, 35: 2986-2993.

[22] Shiohara Y and Endo A. Crystal growth of bulk high-T_c superconducting oxide materials. Mat. Sci. Eeg., 1997, R19: 1.

[23] Kim C J, Kim K B, and Hong G W. Nonuniform distribution of second phase particles in melt-textured Y-Ba-Cu-O oxide with metal oxide (CeO$_2$, SnO$_2$, and ZrO$_2$) addition. J. Mater. Res., 1995, 10: 1605.

[24] Endo A, Chauhan H S, Egi T, and Shiohara Y. Macrosegregation of Y$_2$Ba$_1$Cu$_1$O$_5$ particles in Y$_1$Ba$_2$Cu$_3$O$_{7-\delta}$ crystals grown by an undercooling method. J. Mater. Res., 1996, 11: 795.

[25] Cloots R, Koutzarova T, Mathieu J P, and Ausloos M. From RE-211 to RE-123. How to control the final microstructure of superconducting single-domains. Supercond. Sci. Tech., 2005, 18: R9.

[26] Endo A, Chauhan H S, and Shiohara Y. Y211 distribution in Y123 crystals grown by undercooling solidification method. Solidification Science and Processing, 1996: 28292.

[27] Li G Z, Li D J, and Deng X Y. Infiltration growth and crystallization characterization of single-grain Y-Ba-Cu-O Bulk superconductors. Cryst. Growth. Des., 2013, 13: 1246.

[28] 王妙，杨万民，杨芃涛，冯忠岭，李佳伟，王明梓，张龙娟. 采用顶部籽晶熔融辅助熔渗法制备高性能单畴 GdBCO 超导块材. 中国科学：物理学 力学 天文学，2014，9: 907.

[29] Schmitz G J, Laakmann J, Wolters C, and Rex S. Influence of Y$_2$BaCuO$_5$ particles on the growth morphology of peritectically solidified YBa$_2$Cu$_3$O$_{7-x}$. J. Mater. Res., 1993, 8 (11): 2774.

[30] Shi Y, Babu N H, and Cardwell D A. Development of a generic seed crystal for the fabrication of large grain (RE)-Ba-Cu-O bulk superconductors. Supercond. Sci. Tech., 2005,

18：L1.

[31] Shi Y，Babu N H，Iida K，and Cardwell D A. Mg-doped Nd-Ba-Cu-O generic seed crystals for the top-seeded melt growth of large-grain (rare earth)-Ba-Cu-O bulk superconductors. J. Mater. Res.，2006，21：1355-1362.

[32] Li G Z，Li D J，Deng X Y，Deng J H，and Yang W M. Infiltration growth of Mg-doped Nd-Ba-Cu-O seed crystals for the fabrication of large grain RE-Ba-Cu-O bulk superconductors. Supercond. Sci. Tech.，2013，26：055019.

[33] Hu J and Yao X. A comparative study on liquid phase epitaxy initial stage of REBCO on MgO substrate. J. Cryst. Growth，2005，275：e1843.

[34] Zeng X H，Yao X，and Zhang Y L. YBCO melt-textured growth seeded by NdBCO liquid phase epitaxy thick film. Supercond. Sci. Tech.，2004，17：L6.

[35] Yao X，Zeng X H，and Xu S. Crystal growth and phase relation of $Sm_{1+x}Ba_{2-x}Cu_3O_y$. Physica C，2004，412-414：90.

[36] Yang W M，Zhou L，Feng Y，and Zhang P X. The effect of excess Ba additions on the properties of $Nd_{1+x}Ba_{2-x}Cu_3O_y$ by melt-growth process. Physica C，2000，337：15.

[37] Yang W M，Zhi X，Chen S L，Wang M，Ma J，and Chao X X. Fabrication of single domain GdBCO bulk superconductors by a new modified TSIG technique. Physica C，2014，496：1.

[38] Sun L J，Tang C Y，Yao X，and Jiang Y. Melt-textured growth of NdBCO bulk seeded by superheating NdBCO thin film. Physica C，2007，460-462：1339.

[39] Reddy E S，Babu N H，Shi Y，and Cardwell D A. Effect of size，morphology and crystallinity of seed crystal on the nucleation and growth of single grain Y-Ba-Cu-O. Journal of the European Ceramic Society，2005，25：2935.

[40] Reddy E S，Babu N H，Iida K，Withnell T D，Shi Y，and Cardwell D A. The effect of size，morphology and crystallinity of seed crystals on the nucleation and growth of Y-Ba-Cu-O single-grain superconductors. Supercond. Sci. Tech.，2005，18：64.

[41] 杨万民，汪京荣，张翠萍，李建平，王天成，吴晓祖，周廉. 轴向温度梯度对熔融法 YBCO 液相损失的影响. 稀有金属材料与工程，1995，24(4)：37.

[42] 杨万民，汪京荣，张翠萍，李建平，王天成，张平祥，吴晓祖，周廉. 径向温度梯度对熔化生长大块 YBCO 超导体形貌及性能的影响. 稀有金属材料与工程，1996，25(4)：30.

[43] Yang W M. The effect of temperature gradient on the morphology of YBCO bulk superconductors by melt texture growth processing. J. Alloy. Compd.，2006，415：276.

[44] Iida K，Kono T，Kaneko T，Katagiri K，Sakai N，Murakami M，and Koshizuka N. Joining of different Y-Ba-Cu-O blocks. Physica C，2004，402：119.

[45] Aselage T and Keefer K. Liquidus relations in Y-Ba-Cu oxides. J. Mater. Res.，1988，3：1279.

[46] 裴佳良. 单畴 GdBCO 超导体的制备及物理性能. 西安：陕西师范大学，2008.

[47] Li G Z，Yang W M，Cheng X F，Fan J，and Guo X D. Fabrication of single-grain GdBCO

bulk superconductors with a new kind of liquid source by the TSIG technique. Pramana-Journal of Physics, 2010, 74: 827.

[48] Yang W M, Zhou L, Feng Y, Zhang P X, Wu M Z, Wu X Z, and Gawalek W. Effects of processing parameters on the grain growth and levitation force of large bulk YBCO super-conductors. Rare. Metal. Mater. Eng., 1999, 28: 231.

[49] Yang W M, Guo X D, Wan F, and Li G Z. Real time observation and analysis of single do-main YBCO bulk superconductor by TSIG process. Cryst. Growth. Des., 2011, 11: 3056.

[50] 杨万民, 郭晓丹, 李国政, 钞曦旭, 李佳伟. 高清晰度高温摄像装置: 201010291393.8. 2012-07-04.

[51] Gautier P P, Beaugnon E, and Tournier R. In-situ $YBa_2Cu_3O_x$ growth rate analysis. Phys-ica C, 1997, 276: 35.

[52] Cao H, Chaud X, Noudem J G, Zhang C P, Hu R, Li J S, and Zhou L. Mechanism of seeded infiltration growth process analysed by magnetic susceptibility measurements and in situ observation. Ceram. Int., 2010, 36: 1381388.

[53] Wang J, Monot I, Chaud X, Erraud A, Marinel S, Provost J, and Desgardin G. Fabrica-tion and characterisation of large-grain $YBa_2Cu_3O_7$ superconductors by seeded melt textu-ring. Physica C, 1998, 304: 191.

[54] Li F, Vipulanandan C, Zhou X, and Salama K. Nanoscale Y_2BaCuO_5 particles for produc-ing melt-textured YBCO large grains. Supercond. Sci. Tech., 2006, 19: 589.

[55] Feng Y, Pradhan A K, Zhao Y, Chen S K, Wu Y, Zhang C P, Yan G, Yau J K F, Zhou L, and Koshizuka N. Improved flux pinning in PMP $YBa_2Cu_3O_y$ superconductors by sub-micron Y_2BaCuO_5 addition. Physica C, 2003, 385: 36367.

[56] Murakami M, Gotoh S, Fujimoto H, Yamaguchi K, Koshizuka N, and Tanaka S. Flux pinning and critical currents in melt processed YBaCuO superconductors. Supercond. Sci. Tech., 1991, 4: S450.

[57] Murakami M. Melt-processing of high temperature superconductors progress in materials. Science, 1994, 38: 311.

[58] Murakami M. Processing and applications of bulk RE-Ba-Cu-O superconductors. Int. J. Appl. Ceram. Technol., 2007, 4(3): 225.

[59] Wu X D, Xu K X, Qiu J H, Pan P J, and Zhou K R. Effects of Y_2BaCuO_5 content and the initial temperature of slow-cooling on the growth of YBCO bulk. Physica C, 2008, 468, 435.

[60] Chaud X, Isfort D, and Beaugnon E. Isothermal growth of large $YBa_2Cu_3O_{7-x}$ single do-mains up to 93 mm. Physica C, 2000, 341-348: 2412416.

[61] Inouea K, Sakaia N, and Murakamia M. Fabrication of Gd-Ba-Cu-O bulk superconductors with a cold seeding method. Physica C, 2005, 426-431: 54549.

[62] Murakami A, Teshima H, Morita M, and Iwamoto A. Distribution of mechanical proper-

ties in large single-grained RE-Ba-Cu-O bulk 150 mm in diameter fabricated using RE compositional gradient technique. Physica C, 2014, 496: 44.

[63] Volochova D, Diko P, Antal V, Radusovska M, and Piovarci S. Influence of Y_2O_3 and CeO_2 additions on growth of YBCO bulk superconductors. J. Cryst. Growth, 2012, 356: 75.

[64] Krabbes G, Schitzle P, Bieger W, Wiesner U, Sttver G, Wu M, Strasser T, Kthler A, Litzkendorf D, Fische K, and Gtrnert P. Modified melt texturing process for YBCO based on the polythermic section $YO_{1.5}$-"Ba0. 4Cu0. 6" in the Y-Ba-Cu-O phase diagram at 0.21 bar oxygen pressure. Physica C, 1995, 244: 145.

[65] Yang W M, Zhou L, Feng Y, Zhang P X, Wu M Z, Gawalek W, and Gornert P. The effect of excess Y_2O_3 addition on the levitation force of melt processed YBCO bulk superconductors. Physica C, 1998, 305: 269.

[66] Chen Y L, Chan H M, Harmer M P, Todt V R, Sengupta S, and Shi D. A new method for net-shape forming of large, single-domain $YBa_2Cu_3O_{6+x}$. Physica C, 1994, 234: 232.

[67] Babu N H, Kambara M, Smith P J, Cardwell D A, and Shi Y. Fabrication of large single-grain Y-Ba-Cu-O through infiltration and seeded growth processing. J. Mater. Res., 2000, 15: 1235.

[68] Meslin S and Noudem J. Infiltration and top seeded grown mono-domain $YBa_2Cu_3O_{7-x}$ bulk superconductor. Supercond. Sci. Tech., 2004, 17: 1324.

[69] Babu N H, Iida K, Shi Y, and Cardwell D. Fabrication of high performance light rare earth based single-grain superconductors in air. Appl. Phys. Lett., 2005, 87: 202506.

[70] Meslin S, Harnois C, Chubilleau C, Horvath D, Grossin D, Suddhakar E R, and Noudem J G. Shaping and reinforcement of melt textured $YBa_2Cu_3O_{7-\delta}$ superconductors. Supercond. Sci. Tech., 2006, 19: S585.

[71] Iida K, Babu N H, Shi Y, and Cardwell D. Seeded infiltration and growth of single-domain Gd-Ba-Cu-O bulk superconductors using a generic seed crystal. Supercond. Sci. Tech., 2006, 19: S478.

[72] Meslin S, Iida K, Babu N H, Cardwell D, and Noudem J. The effect of Y-211 precursor particle size on the microstructure and properties of Y-Ba-Cu-O bulk superconductors fabricated by seeded infiltration and growth. Supercond. Sci. Tech., 2006, 19: 711.

[73] Noudem J, Meslin S, Horvath D, Harnois C, Chateigner D, Eve S, Gomina M, Chaud X, and Murakami M. Fabrication of textured YBCO bulks with artificial holes. Physica C, 2007, 463: 301.

[74] Yang W M, Li G Z, Chao X X, Li J W, Guo F X, Chen S L, and Ma J. Fabrication of single domain GdBCO bulks with different new kind of liquid sources by TSIG technique. Physica C, 2011, 471: 850-853.

[75] Yang W M, Guo X D, Wan F, and Li G Z. Real time observation, and analysis of single domain YBCO bulk superconductor by TSIG process. Cryst. Growth. Des., 2011,

11：3056.

[76] Li G Z and Yang W M. Fabrication of large Gd-Ba-Cu-O single domains with different liquid sources. J. Am. Ceram. Soc., 2010, 93：3168.

[77] Li G Z, Yang W M, Tang Y L, and Ma J. Growth of single-grain GdBa$_2$Cu$_3$O$_{7-x}$ superconductors by top seeded infiltration and growth technique. Cryst. Res. Technol., 2010, 45：219.

[78] Li G Z, Yang W M, Liang W, and Li J W. Fabrication of large single-domain GdBaCuO bulks using Y-based liquid source. Mater. Lett., 2011, 65：304.

[79] Li G Z and Yang W M. Improvements of liquid source for infiltration and growth of GdBa$_2$Cu$_3$O$_{7-x}$ superconducting single grains. Mater. Chem. Phys., 2011, 129：288.

[80] Wang M, Yang W M, Li J W, Feng Z L, and Chen S L. Fabrication method of large size single domain GdBCO bulk superconductor using a new solid source. Physica C, 2013, 492：129.

[81] Yang W M, Zhi X, Chen S L, Wang M, Ma J, and Chao X X. Fabrication of single domain GdBCO bulk superconductors by a new modified TSIG technique. Physica C, 2014, 496：1.

[82] Umakoshi S, Ikeda Y, Wongsatanawarid A, Kim C J, and Murakami M. Top-seeded infiltration growth of Y-Ba-Cu-O bulk superconductors. Physica C, 2011, 471：84845.

[83] Iida K, Babu N H, Shi Y, Pathak S K, Yeoh W K, Miyazaki T, Sakai N, Murakami M, and Cardwell D A. The microstructure and properties of single grain bulk Ag-doped Y-Ba-Cu-O fabricated by seeded infiltration and growth. Physica C, 2008, 468：1387.

[84] Chen P W, Chen I G, Chen S Y, and Wu M K. The peak effect in bulk Y-Ba-Cu-O superconductor with CeO$_2$ doping by the infiltration growth method. Supercond. Sci. Tech., 2011, 24：085021.

[85] Mahmood A, Jun B H, Park H W, and Kim C J. Pre-sintering effects on the critical current density of YBCO bulk prepared by infiltration method. Physica C, 2008, 468：1350.

[86] Li G Z and Yang W M. A modified TSIG technique for simplifying the fabrication process of single-domain GdBCO bulks with a new kind of liquid source. J. Mater. Sci., 2009, 44：6426426.

[87] 杨万民，李国政. 单畴钆钡铜氧超导块材的制备方法：200910024036.2. 2012-01-11.

[88] 杨万民，李国政. 用熔渗法制备单畴钆钡铜氧超导块材的方法：200910024034.3. 2012-01-11.

[89] Li G Z and Yang W M. A modified TSIG technique for simplifying the fabrication process of single-domain GdBCO bulks with a new kind of liquid source. J. Mater. Sci., 2009, 44：6423.

[90] Li G Z and Yang W M. Synthesis and characterization of large single-domain Gd-Ba-Cu-O bulk superconductor using a modified IG process. Mater. Chem. Phys., 2010, 124：936.

[91] Varanasi C, McGinn P J, Blackstead H A, and Pullinga D B. Flux pinning enhancement in

melt processed YBa$_2$Cu$_3$O$_{7-\delta}$ through rare-earth ion (Nd, La) substitutions. Appl. Phys. Lett., 1995, 67: 1004.

[92] Feng Y, Zhou L, Wen J G, Koshizuka N, Sulpice A, Tholence J L, Vallier J C, and Monceau P. Fishtail effect, magnetic properties and critical current density of Gd-added PMP YBCO. Physica C, 1998, 297: 75.

[93] 冯勇, 周廉, 杨万民, 张翠萍, 汪京荣, 于泽铭, 吴晓祖. PMP 法 YGdBaCuO 超导体的磁通钉扎研究. 物理学报, 2000, 49: 146.

[94] Li G Z and Yang W M. A novel configuration for infiltration and growth of single domain Gd-Ba-Cu-O bulk superconductor. J. Am. Ceram. Soc., 2010, 93(12): 4033.

[95] Nakazato K, Muralidhar M, Koshizuka N, Inoue K, and Murakami M. Effect of growth temperature on superconducting properties of YBa$_2$Cu$_3$O$_y$ bulk superconductors grown by seeded infiltration. Physica C, 2014, 504: 4.

[96] 王孝江. GdNb2411 掺杂与制备方法的改进对 TSIG 法 YBCO 超导块材性能的影响. 西安: 陕西师范大学, 2012.

[97] 杨万民, 王孝江, 王明梓. 制备单畴钇钡铜氧超导块材的方法: 201210506996.4. 2014-12-24.

[98] 杨万民, 钞曦旭, 舒志兵, 朱思华, 武小亮, 边小兵, 刘鹏. 超导体与磁体间的三维磁力及磁场测试装置研制. 低温物理学报, 2005, 27-5: 944.

[99] Yang W M, Chao X X, Shu Z B, Zhu S H, Wu X L, Bian X B, and Liu P. A levitation force and magnetic field distribution measurement system in three dimensions. Physica C, 2006, 445-448: 347.

[100] 杨万民, 王孝江, 王明梓. 用顶部籽晶熔渗法制备单畴钇钡铜氧超导块材的方法: 201210507250.5. 2015-05-13.

[101] Chao X X, Yang W M, and Wan F. The effect of Y$_2$Ba$_4$CuWO$_y$ addition on the properties of single domain YBCO superconductors by TSIG technique. Physica C, 2013, 493: 49.

[102] 渊晓春, 杨万民, 冯忠岭. 用新固相源制备单畴 GdBCO 超导块材的顶部籽晶熔渗生长方法. 陕西师范大学学报(自然科学版), 2015, 43(5): 27.

[103] Li G Z and Yang W M. Effect of cooling time on the morphology and levitation force of single-domain Gd-Ba-Cu-O bulk superconductors by the infiltration and growth technique. J. Am. Ceram. Soc., 2011, 94: 442.

[104] Li Q and Yang W M. Preparation of high quality single domain SmBCO bulks by modified TSIG method in air with new solid phase of Sm$_2$O$_3$ + xBaCuO$_2$. J. Alloy. Compod., 2015, 650: 610.

[105] Watanabe Y, Miyake K, Endo A, Murata K, Shiohara Y, and Umeda T. Improvement of J$_c$ properties of Sm$_{1+x}$Ba$_{2-x}$Cu$_3$O$_y$ superconductors by composition controlled melt growth processes in air. Physica C, 1997, 280(3): 215.

[106] Guo Y X, Yang W M, and Li J W. Effects of vertical temperature gradient on the growth morphology and properties of single domain YBCO bulks fabricated by a new modified

TSIG technique. Cryst. Growth. Des., 2015, 15(4): 1771.

[107] 王妙, 杨万民, 杨芃涛. 采用顶部籽晶熔融辅助熔渗法制备高性能单畴 GdBCO 超导块材. 中国科学: 物理学 力学 天文学, 2014, 9: 907.

[108] Wang M, Yang W M, Tang Y N, Zhang X J, and Wang G F. Effect of $Y_2Ba_4CuNbO_y$ additions on the levitation force of single domain YBCO bulk superconductor by the top-seeded infiltration and growth process. J. Supercond. Nov. Magn., 2012, 25(4): 867.

[109] 王妙, 杨万民, 张晓菊, 唐艳妮, 王高峰. 不同粒径纳米 $Y_2Ba_4CuBiO_y$ 相掺杂对 TSIG 法单畴 YBCO 超导块材性能的影响. 物理学报, 2012, 61(19): 196102.

[110] 万凤. 顶部籽晶熔渗工艺制备 YBCO 高温超导块材的研究. 西安: 陕西师范大学, 2011.

[111] 宋芳. Y_2O_3 和 $Gd_2Ba_4CuWO_x$ 的掺杂对 TSIG 法制单畴 YBCO 超导块材性能的影响. 西安: 陕西师范大学, 2011.

[112] 唐艳妮, 杨万民, 梁伟, 王妙, 张晓菊, 王高峰. $Gd_2Ba_4CuWO_x$ 掺杂对单畴 GdBCO 超导块材性能的影响. 低温物理学报, 2012, 34(3): 210.

[113] 高平. 纳米粒子掺杂对 TS-MTG 单畴 YBCO 超导块材性能的影响. 西安: 陕西师范大学, 2011.

[114] 王高峰, 杨万民, 张晓菊, 王妙, 唐艳妮. YBaCuBiO 掺杂对单畴 YBCO 块材微观结构及超导性能的影响. 低温物理学报, 2012, 34(3): 222.

[115] 梁伟, 杨万民, 程晓芳, 李国政, 高平, 万凤, 宋芳. $Gd_2Ba_4CuNbO_y$ 掺杂对单畴 GdBCO 超导块材性能的影响. 中国科学, 2011, 41: 201.

[116] Li J W, Yang W M, Wang M, Yang P T, and Ma J. The influence of $Y_2Ba_4CuNbO_x$ nanoparticle addition on the superconducting properties of single domain YBCO bulks. J. Supercond. Nov. Magn., 2014, 27(11): 2487.

[117] 王妙, 杨万民, 李国政, 张晓菊, 唐艳妮, 王高峰. Bi_2O_3 氧化物掺杂对单畴 YBCO 超导块材磁悬浮力的影响. 中国科学, 2012, 42(4): 346.

[118] Yang W M and Wang M. New method for introducing nanometer flux pinning centers into single domain YBCO bulk superconductors. Physica C, 2013, 493: 128.

[119] 张龙娟. WO_3 及 CeO_2 掺杂对顶部籽晶熔化生长法 GdBCO 超导块材性能的影响. 西安: 陕西师范大学, 2014.

[120] Sakai N, Inoue K, Nariki S, Hu A, Murakami M, and Hirabayashi I. Experiment for growing large Gd-Ba-Cu-O-Ag bulk superconductor. Physica C, 2005, 426-431: 515.

[121] Sakai N, Nariki S, Nagashima K, Miryala M, Murakami M, and Hirabayashi I. Magnetic properties of melt-processed large single domain Gd-Ba-Cu-O bulk superconductor 140 mm in diameter. Physica C, 2007, 460-462: 305-309.

[122] Nariki S, Sakai N, and Murakami M. Melt-processed Gd-Ba-Cu-O superconductor with trapped field of 3 T at 77 K. Supercond. Sci. Tech., 2005, 18: S126-S130.

[123] Chaud X, Isfort D, Beaugnon E, and Tournier R. Isothermal growth of large $YBa_2Cu_3O_{7-x}$ single domains up to 93 mm. Physica C, 2000, 341-348: 2412416.

[124] Inouea K, Sakaia N, and Murakamia M. Fabrication of Gd-Ba-Cu-O bulk superconductors

with a cold seeding method. Physica C，2005，426-431：54549.

[125] Harnois C，Chaud X，Laffez I，and Desgardin G. Joining of YBCO textured domains：a comparison between the multi-seeding and the welding techniques. Physica C，2002，372-376：1101106.

[126] Choi J S，Park S D，Jun B H，Han Y H，Jeong N H，Kim B G，Sohn J M，and Kim C J. Levitation force and trapped magnetic field of multi-grain YBCO bulk superconductors. Physica C，2008，468：1471476.

[127] Sawamura Mitsuru，Morita Mitsuru，and Hirano Housei. Enlargement of bulk superconductors by the MUSLE technique. Physica C，2003，392-396：441.

[128] Reddy E Sudhakar，Babu N H，Iida K，Withnell T D，Shi Y，and Cardwell D A. The effect of size，morphology and crystallinity of seed crystals on the nucleation and growth of Y-Ba-Cu-O single-grain superconductors. Supercond. Sci. Tech. ，2005，18：64.

[129] Xu K X，Fang H，Jiao Y L，Xiao L，and Zheng M H. A new seeding approach to the melt texture growth of a large YBCO single domain with diameter above 53 mm. Supercond. Sci. Tech. ，2009，22(12)：125003.

[130] Cheng L，Guo L S，Wu Y S，Yao X，and Cardwell D A. Multi-seeded growth of melt processed Gd-Ba-Cu-O bulk superconductors using different arrangements of thin film seeds. J. Cryst. Growth. ，2013，366：1.

[131] Iliescu S，Carrillo A E，Bartolome E，Granados X，Bozzo B，Puig T，Obradors X，Garcia I，and Walter H. Melting of Ag-YBa$_2$Cu$_3$O$_7$ interfaces：the path to large area high critical current welds. Supercond. Sci. Tech. ，2005，18：S168.

[132] Hopfinger Th，Viznichenko R，Krabbes G，Fuchs G，and Nenkov K. Joining of multi-seeded YBCO melt-textured samples using YBCO/Ag composites as welding material. Physica C，2003，398：95.

[133] Chai X，Zou G Sh，Guo W，Wu A P，He J R，Bai H L，Xiao L，Jiao Y L，and Ren J L. Fast joining of melt textured Y-Ba-Cu-O bulks with high quality. Physica C，2010，470：598.

[134] 陈丽平，杨万民，郭玉霞，郭莉萍，李强. 制备大尺寸单畴 YBCO 超导块材的新方法. 科学通报，2015，60(8)：757.

[135] Murakami A，Teshima H，Morita M，and Iwamoto A. Distribution of mechanical properties in large single-grained RE-Ba-Cu-O bulk 150 mm in diameter fabricated using RE compositional gradient technique. Physica C，2014，496：44.

[136] Gawalek W，Habisreuther T，Zeisberger M，Litzkendorf D，Surzhenko O，Kracunovska S，Prikhna T A，Oswald B，Kovalev L K，and C anders W. Batch-processed melt-textured YBCO with improved quality for motor，and bearing applications. Supercond. Sci. Tech. ，2004，17：1185.

[137] Shi Y，Babu N H，Iida K，Yeoh W K，Dennis A R，Pathak S K，and Cardwell D A. Batch-processed GdBCO-Ag bulk superconductors fabricated using generic seeds with high

trapped fields. Physica C, 2010, 470: 685.

[138] Tomita M, Suzuki K, and Fukumoto Y. Novel seed for batch cold seeding production of GdBaCuO bulks M. Muralidhar. Physica C, 2010, 470: 1158.

[139] Yang W M, Chen L P, and Wang X J. A new RE+011 TSIG method for the fabrication of high quality and large size single domain YBCO bulk superconductors. Supercond. Sci. Tech. , 2016, 29: 024004.

[140] Su X Q, Yang W M, Yang P T, Zhang L L, and Abula Y. A novel method to fabricate single domain YBCO bulk superconductors without any residual liquid phase by Y+011 TSIG technique. J. Alloy. Compd. , 2017, 692: 95.

[141] Yang P T, Yang W M, Zhang L J, and Chen L. Novel configurations for the fabrication of high quality REBCO bulk superconductors by a modified RE+011 top-seeded infiltration and growth process. Supercond. Sci. Tech. , 2018, 31: 085005.

[142] Wang Y N, Yang W M, Yang P T, Zhang C Y, Chen J L, Zhang L J, and Chen L. Influence of trapped field on the levitation force of SmBCO bulk superconductor. Physica C, 2017, 542: 28.

第4章　REBCO超导块材的捕获磁通密度及磁悬浮力特性

单畴REBCO超导块材,由于其较高的临界温度($T_c > 90$ K)、大的临界电流密度、强的磁通捕获能力、大的磁悬浮力和良好的自稳定磁悬浮性能,在磁悬浮轴承、储能飞轮、电流引线、故障限流器、微型强磁场永磁体、磁分离技术、超导电机、发电机和磁悬浮列车等方面具有广泛的应用前景[1-5].由于这些应用都离不开高性能的REBCO超导块材,因此,必须了解和掌握REBCO块材超导性能,特别是其捕获磁通密度及磁悬浮力特性.

§4.1　REBCO超导块材的捕获磁通密度及磁悬浮力测试方法

在捕获磁通密度测试方面,人们基本上都用Hall传感器进行测量,但主要都是测量在一个方向(即一维测量)上的值.如在英国剑桥大学Cardwell报道的国际超导标准测试结果[6]中,各单位测量的都是一维捕获磁通密度分布(其中包括德国的IPHT,IFW,ZFW,奥地利的ATI,法国的CNRS等),测试方法如图4.1所示.该方法在测量REBCO超导块材捕获磁通密度分布时,先将已磁化的样品固定好,再根据实验设计,用Hall探头在距离样品表面一定高度(Z)的水平面进行扫描,并记录Hall探头在样品不同位置处Hall探头的输出电压信号,再根据电压与磁场之间的转化系数,获得REBCO超导块材表面的空间捕获磁通密度分布图.例如,将一个直径50 mm、厚度19 mm的单畴SmBCO超导块材在77.3 K,3 T磁场下进行场冷磁化15 min后,用图4.1所示的方法进行测量,即可获得距该样品表面高度为1 mm的平面上沿z方向的捕获磁通密度分量B_z分布图,如图4.2所示.

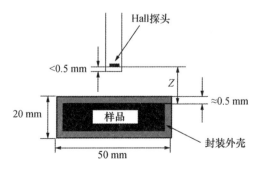

图4.1　REBCO超导块材捕获磁通密度分布测量方法示意图[6]

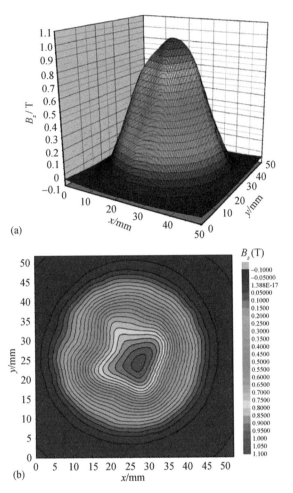

图 4.2　单畴 Sm-Ba-Cu-O 超导块材表面 z 方向捕获磁通密度分量 B_z 的空间分布

　　磁悬浮力测试是通过同时测量超导体与永磁体之间的位移和相互作用力的方法来实现的. 力的测量一般采用拉压力传感器, 位移可以用位移传感器, 也可以通过自动控制的步进电机或伺服电机控制和记录. 在磁悬浮力测试方面, 各单位基本上用的都是一维的磁力测试装置, 如美国康奈尔大学[7]、休斯敦大学[8]、辛辛那提大学[9], 日本的国际超导研究中心[10], 以及我国的西北有色金属研究院[11,12]、北京有色金属研究总院[13]、西南交通大学[14,15] 等, 其中只有较少的单位具有测量二维或三维磁力和磁场的条件. 在研究和实际应用开发过程中, 科研工作者都希望能够更快、更可靠地获得三维磁力和磁场的信息, 提高工作效率. 为此, 杨万民等[16,17] 有针对性地设计制作了一套三维空间磁场与磁力测试系统, 可广泛用于研究永磁体之间、永磁体与超导体之间的三维磁力, 磁体及组合磁体的三维磁场分布, 以及三维磁力和三维磁场的动态变化规律,也可广泛用于教学、科研、生产等方面,而且对研究磁性材料、超导材料、磁性器件、电磁相互作用规律等都具有非常重要的意义.

4.1.1　三维空间磁场与磁力测试装置简介

图 4.3 是三维空间磁场及磁力测试装置的示意图,主要包括:1 个三维运动平台、3 个三维 Hall 探头、1 个三维磁力测试卡具、1 个样品池、一台伺服电机控制装置和一台计算机控制和数据采集系统[16,17].图 4.4 为该装置的照片.

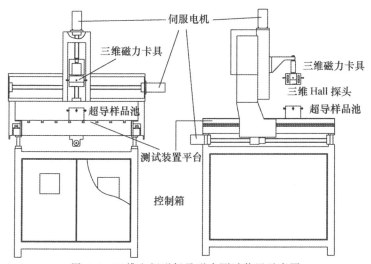

图 4.3　三维空间磁场及磁力测试装置示意图

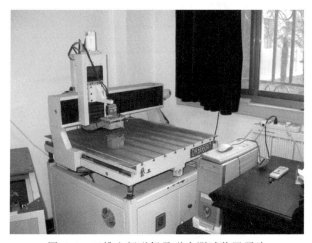

图 4.4　三维空间磁场及磁力测试装置照片

(1) 三维 Hall 探头设计.

磁场中某点磁感应强度是一个矢量,要确定空间某一点的磁感应强度,必须知道其在三维直角坐标系中的三个分量值. 用一个 Hall 片只能测出磁体在某一点一个方向的磁感应强度, 如要测量三维磁场分布, 则必须进行三次测量, 而且尚不能完全保证后两次测量的数据位置与第一次测量时的位置完全相同, 必然导致测量准确性、可靠性的下降.

为了解决这个问题, 可将三个 Hall 片以图 4.5 的构型, 装在一个截面与 Hall 片面积接近的四棱柱上, Hall 片分别固定于四棱柱相互垂直的三个侧面, 形成一个三维 Hall 探头. 当给三维 Hall 探头通以恒定电流时, 即可同时测量出磁体在空间某一点磁感应强度的三个分量值. 如果采用扫描的方法测量某一空间的磁场分布, 即可得到更准确的三维空间磁场分布. 采用三维 Hall 探头将原来单一 Hall 片测量的工作效率提高了 200%. 该装置用九个 Hall 片, 做了三维 Hall 探头, 也可以再拓展. 结合研制的自控系统, Hall 片所在的位置及其测量的磁场均可被同时实时记录, 这对研究磁性材料的宏观磁学特性具有非常重要的意义.

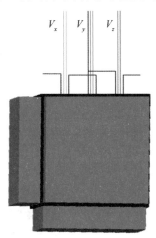

图 4.5   由 3 个 Hall 片装配的三维 Hall 探头

(2) 三维磁力测试卡具设计.

永磁体与永磁体、永磁体与超导体等之间的相互作用力不仅与其磁场分布密切相关, 而且与两者之间的空间位置以及相互运动速度有着密切的关系. 因此, 要了解和掌握它们之间的相互作用规律, 就必须测量出这种力和磁场在空间的三维分布情况. 磁场在空间的三维分布可以用所设计的三维 Hall 探头进行测量, 但以前对这种相互作用力的测量, 基本上都只能给出其在某一个方向的磁力, 即只能测量出力在三维空间中某一个方向的分力, 这就大大降低了测试分析的工作效率和准确性. 为此, 杨万民等有针对性地设计制作了一个测量三维磁力的卡具, 用于测试过程中对待测永磁体、超导体或其他材料的固定, 如图 4.6 所示. 卡具以一个方形 (或圆形) 无底 (放于上部) 或无盖 (放于下部) 的盒子为支架, 在盒子的竖直方向对称地安装上四个压力传感器, 相邻两个压力传感器的夹角为 90°, 如图 4.6(b) 所示,用于测量水平方向(x,y方向)永磁体与永磁体,或永磁体与超导体等之间的相互作用力.在支架顶部固定有一个拉压力传感器,如图 4.6(a)所示,用于测量竖直方向(z方向)的相互作用力.这样就可以直接测量出永磁体与永磁体、永磁体与超导体等之间的三维磁力随两者之间相对位置、时间变化的规律.

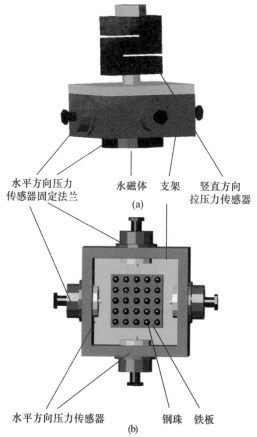

水平方向压力
传感器固定法兰　　　　永磁体　支架　　竖直方向
　　　　　　　　　　　　　　　　　　拉压力传感器
(a)

水平方向压力传感器　　　　钢珠　铁板
(b)

图 4.6　三维磁力测量卡具.(a)正视图,(b)底部视图

借助该卡具,似乎从原理上说已能测量出永磁体与永磁体、永磁体与超导体之间的三维磁力分布,但事实上是有问题的.要精确地测量出它们之间的相互作用力,必须将四个水平方向的压力传感器和竖直方向的拉压力传感器固定好,使其相对支架不能有任何松动.同时,必须始终使永磁体(或超导体等)与四个水平方向的压力传感器和竖直方向的拉压力传感器保持良好的刚性接触.但如果将永磁体(或超导体等)在各个方向都固定死,就不能正确地反映出两者之间的相互作用力.这正是三维磁力测试技术的难点所在.因此,要保证每个传感器都能精确地测量出相应的分力,就必须根据力学原理设计新技术.

这种方法就是,在卡具盒的内上部固定一个铁片,再通过滚珠将磁体与卡具盒的上部巧妙地连接在一起,如图 4.6(b)所示. 因为铁片、滚珠和磁体刚性接触,滚动摩擦很小. 这样就可以完全实现让每个传感器均能与永磁体恰好刚性接触,但又不受力(这是在无相互作用力的情况下). 从而有效地解决了三维磁力测量的难题.

(3) 样品固定卡具设计.

样品固定卡具采用圆柱形夹布胶木棒制作,主要包括样品固定支架、样品池、固定样品的铜螺杆,其剖面图如图 4.7 所示. 样品池除了放置样品之外,可盛装液氮以冷却 REBCO 超导块材. 样品固定支架底部的内螺纹可使其通过螺杆与测试平台固定.

将三维 Hall 探头、三维磁力测试卡具、样品固定卡具按图 4.3 安装好,再将测量使用的永磁体、超导样品分别在三维磁力测试卡具、样品固定卡具上装好后,即可根据实验设计,通过计算机编好的程序控制磁体或三维 Hall 探头相对样品的运动,并对相应的位移、磁场和磁力进行记录. 必须注意的是,该套测试装置除了必需的部件之外,均选用无磁性材料制作.

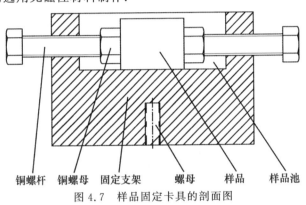

铜螺杆　铜螺母　固定支架　螺母　样品　样品池

图 4.7　样品固定卡具的剖面图

4.1.2　三维空间磁场与磁力测试装置功能简介

该三维磁力和磁场测试装置的主要功能是:(1) 可直接测量永磁体与永磁体、永磁体与超导体等之间的三维磁力随两者之间相对位置的变化规律.(2) 可直接测量出任何磁体或组合磁体在空间的三维磁场分布.(3) 通过将 3 个三维 Hall 探头或 9 个单独的 Hall 探头按实验需要分别固定在所要研究的空间区域,再改变永磁体与永磁体或永磁体与超导体等之间的相对位置,在测量出它们之间的相互作用力的同时,测量出因它们之间相对位置改变而引起的动态磁场分布变化. 还可以得到永磁体接近超导体时磁场进入超导体的动态变化规律等. 该套测试装置可将研究工作的效率提高到一维测量的 300% 以上,对磁性材料研究具有非常重要的意义.

在该套全自动化三维空间磁场及磁力测试装置的基础上,当进行磁力测量时,将被测磁性材料或超导材料固定在和操作平台相连接的样品池内(对超导样品,在池内要注入液氮),将提供磁场的磁性材料安装到三维磁力测试卡具内,再进行测量. 当进行磁场测量时, 将被测磁性材料或被磁化超导材料固定在和操作平台相连接的样品池内(对超导样品, 在池内要注入液氮), 将三维 Hall 探头固定好后, 通过控制 Hall 探头的运动, 实现对磁性材料或超导体捕获磁通密度的三维空间分布测量.

该装置采用计算机程序控制三个交流伺服电机的运动, 再通过与之相连的机械传动轴驱动三维磁力测试卡具或三维 Hall 探头等测量元器件在空间运动, 并记录每一时刻其相对于被测材料在 x, y, z 三个方向上的位移. 同时, 通过固定在三维磁力测试卡具上的五个传感器直接测量并记录磁性材料与磁性材料(或超导材料)之间的相互作用力在 x, y, z 三个方向的分力. 通过一个三维 Hall 探头可以直接测量并记录各种磁体在空间每一位置的磁感应强度在 x, y, z 三个方向的值, 或通过三个三维 Hall 探头可以直接测量两个磁性材料(包括超导材料)之间由于位置的相对变化而引起的三个关键空间点的磁感应强度在每一时刻沿 x, y, z 三个方向(或九个关键点的磁感应强度在每一时刻沿某一个方向)的变化. 通过调节电机的转速, 可以直接测量不同相对运动速度情况下磁性材料之间的三维相互作用力. 举例说明如下.

图 4.8 是用该装置在圆柱形磁体和零场冷圆柱形超导体沿其对称轴线方向相对移动时, 获得的竖直方向磁力(1)、x 正方向磁力(2)、x 负方向磁力(3)、y 正方向磁力(4)和 y 负方向磁力(5)与两者之间距离的关系. 由此可知, 在基本对称的情况下, 竖直方向磁力对位置的变化很敏感, 而 x, y 方向的磁力很小, 只有在完全对称情况下该方向的磁力才为 0.

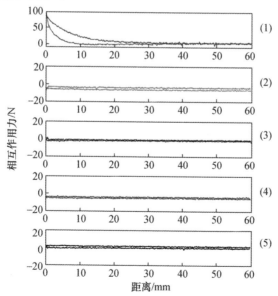

图 4.8 用该装置对圆柱形永磁体和零场冷圆柱形超导体沿其对称轴线方向相对移动时, 测量的竖直方向磁力(1), x 正方向磁力(2), x 负方向磁力(3), y 正方向磁力(4)和 y 负方向磁力(5)与两者之间距离的关系

图 4.9 是在圆柱形磁体和圆柱形超导体之间距离为 3 mm 的近轴对称情况下,将超导体冷却到液氮温度后,用该装置在两者沿其 x 轴线方向相对移动时获得的三维磁力.图 4.9 中(1)是竖直方向磁力,(2)是 x 正方向和负方向的磁力,(3)是 y 正方向和 y 负方向磁力与两者之间距离的关系.由图 4.9 可知,在这种对称情况下,竖直方向和 x 方向的磁力对位置的变化很敏感,而 y 方向磁力很小,只有完全对称情况下 y 方向的磁力才为 0.这对于研究各种水平方向的磁力控制具有一定的指导作用.

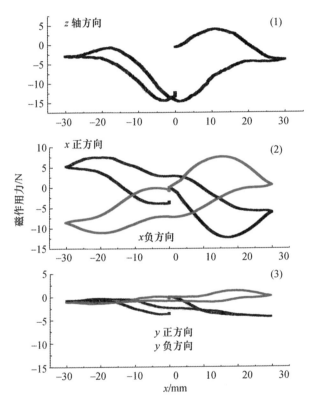

图 4.9   在圆柱形永磁体和圆柱形超导体之间距离为 3 mm 的轴对称情况下将超导体冷却到液氮温度后,用该装置在沿其 x 轴线方向相对移动时,测量获得的竖直方向磁力(1),x 正方向和负方向磁力(2),y 正方向和 y 负方向磁力(3)

图 4.10 是由 50 个 10 mm×10 mm×10 mm 的小磁体组成的一个磁体轨道.用该测试装置的三维 Hall 探头在距轨道磁体上表面 0.5 mm 处的平面上进行扫描测量,获得的磁感应强度沿水平 x 轴方向、水平 y 轴方向、竖直 z 轴方向三个分量的分布,分别如图 4.11(a),(b),(c)所示.

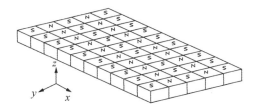

图 4.10　由 50 个 10 mm×10 mm×10 mm 的小磁体组成的磁体轨道

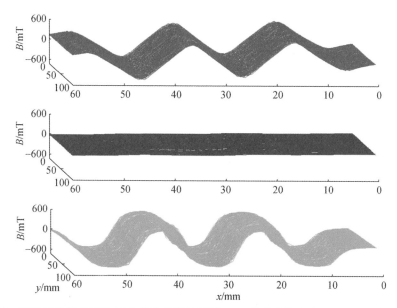

图 4.11　该测试装置的三维 Hall 探头获得的距图 4.10 轨道磁体上表面 0.5 mm 处的平面上的磁感应强度分布.(a) 沿 x 轴方向,(b) 沿 y 轴方向,(c) 沿 z 轴方向

　　由图 4.11 可知,图 4.10 所示的磁体轨道沿轨道 x 轴和 z 轴方向的磁感应强度分布不均匀,具有明显的磁场梯度,而沿 y 轴方向的磁感应强度分布均匀,几乎无磁场梯度.这表明当悬浮在该轨道上的磁性材料或超导体沿 x 轴和 z 轴方向运动时会受到阻力,不易偏离原来位置,当悬浮在该轨道上的磁性材料或超导体沿 y 轴方向运动时,则不会受到任何阻力,可平稳悬浮运动.这种磁场分布对于磁悬浮列车轨道设计有一定的指导意义.

　　图 4.12 是用该装置在圆柱形磁体和零场冷圆柱形超导体沿其对称轴线方向相对移动时,在测量竖直方向和水平方向磁力的同时(这里未给出力的图),通过固定在超导体上表面中心、二分之一半径和边缘处的三个三维 Hall 探头,分别获得的因磁体和超导体之间相对位置改变而引起的超导体上表面三个关键位置处三维磁感应强度分量的动态变化规律.由图 4.12 可知,当永磁体离超导体距离较远(如 $Z=60$ mm)时,超导体表面中心处磁感应强度在 x,y,z 三个方向的分量均为 0,随

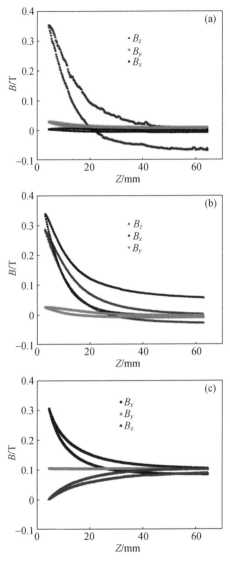

图 4.12   当圆柱形磁体和零场冷圆柱形超导体沿其对称轴线方向相对移动时,在用该装置测量竖直方向和水平方向磁力的同时,通过 3 个三维 Hall 探头分别获得的超导体上表面中心 (a)、二分之一半径(b)和边缘处(c)的三维磁感应强度分量的动态变化情况

着两者之间距离(Z)的减小,B_x 和 B_y 几乎没有变化,但 B_z 却不断增加,并在 $Z=0.5\,\text{mm}$ 时达到最大值. 当两者之间距离再逐渐增加时,B_x 和 B_y 同样几乎没有变化,但 B_z 不仅逐渐减小,而且最终变成了负值,如图 4.12(a)所示. 当磁体离超导体距离较远(如 $Z=60\,\text{mm}$)时,超导体表面距中心二分之一半径处的磁感应强度在 y,z 两个方向的分量均为 0,但在 x 方向的分量不是 0. 随着两者之间距离的减小,

B_y 几乎没有变化,但是,B_x 和 B_z 却不断增加,并在 $Z=0.5\,\mathrm{mm}$ 时均达到最大值. 当两者之间距离再逐渐增加时,B_y 同样几乎没有变化,但是,B_x 和 B_z 均逐渐减小,但最终只有 B_z 变成了负值(其强度小于样品中心处的值),如图 4.12(b)所示. 当磁体离超导体距离较远(如 $Z=60\,\mathrm{mm}$ 时),超导体表面边缘处的磁感应强度在 x,y,z 三个方向的分量均为 0. 随着两者之间距离的减小,B_y 几乎没有变化,而 B_x 和 B_z 却呈现出明显的变化,但变化规律不同,B_x 呈现逐渐增加的趋势,而 B_z 却呈现出逐渐减小的趋势(沿负方向逐渐增加). 当 $Z=0.5\,\mathrm{mm}$ 时,B_x 和 B_z 的绝对值均达到最大值. 当两者之间距离再逐渐增加时,B_y 同样几乎没有变化,但是,B_x 和 B_z 的绝对值均逐渐减小,如图 4.12(c)所示. 这些结果的确反映出了圆柱形磁体和零场冷圆柱形超导体沿其对称轴线方向相互接近、离开时超导体表面不同位置处的磁感应强度的变化规律.

从样品的空间位置上看,当磁体逐渐接近超导体时,B_z 从样品的中心到边缘逐渐减小,并在边缘处出现磁场反向,这说明磁场先从样品的边缘进入样品,再逐渐向内部推移.B_x 从样品的中心到边缘逐渐增强,这说明超导体的抗磁性迫使永磁体的磁场改变方向,Z 越小,边缘的 B_x 越大.

必须注意的是,该装置是一套多功能的物理场测试系统,如果将该装置上测试用的传感器元件换成其他类型的传感器,则可以实现对其他物理场的三维测试分析.如换上超声测试探头就可以实现对材料的三维探伤,换上电场测试元件就可以实现对电场的三维测试分析,换上温度传感器就可以实现对空间温度场的三维测试分析等等.

4.1.3 新型三维磁力测试卡具设计

前面讲述的三维磁力及磁场测试装置,在磁悬浮力测试方面,采用了 5 个传感器才实现三维磁力的测量,相对而言,引线较多、设计复杂、传感器安装不方便,工作效率不高,关键是对于测试数据的处理分析不方便.为了进一步使三维磁力的测试更快捷、可靠、准确,提高工作效率,杨万民等设计出了一种新的三维磁力测试卡具[18,19,20],有效地解决了这一问题.

图 4.13 是该新型三维磁力测试卡具的结构示意图,主要包括磁体卡具盒(支架)、竖向拉压力传感器、横向拉压力传感器、纵向拉压力传感器,这些传感器可同时测量拉力和压力.该装置所用竖向拉压力传感器的测力杆的中心线与永磁体的中心线重合.在永磁体外围设置铜环,纵向铜螺杆穿过卡具盒上的纵向圆孔,经铜环的纵向螺孔与永磁体搭接,纵向拉压力传感器的纵向测力杆穿过铜环的纵向螺孔与永磁体搭接,纵向测力杆的中心线与穿过铜环纵向螺孔的铜螺杆中心线相重合.横向固定铜螺杆穿过卡具盒上的横向圆孔,经铜环的横向螺孔与永磁体搭接,

横向拉压力传感器的横向测力杆经铜环的横向螺孔与永磁体搭接,横向测力杆的中心线与穿过铜环横向螺孔的铜固定螺杆中心线相重合.将卡具安装在三维空间磁场与磁力测试装置上,当永磁体受力时,即可准确地测量出永磁体在 x, y, z 方向的受力.

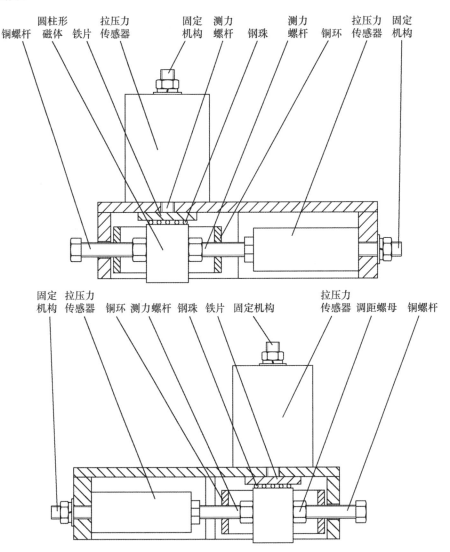

图 4.13　新型三维磁力测试卡具的剖面结构示意图.上图为正剖视图,下图为左剖视图

图 4.14 是该新型三维磁力测试卡具的照片.该卡具克服了三个拉压力传感器同时与受力磁体接触时相互干扰的问题,实现了三个拉压力传感器对受力磁体三

个方向力的同时、实时、准确测量,大大提高了对受力磁体三维磁力测量的工作效率.

图 4.14 新型三维磁力测试卡具的照片

§4.2 REBCO 超导块材的捕获磁通密度分布

4.2.1 磁化方法对 REBCO 超导块材捕获磁通密度的影响

对于一个确定的 REBCO 超导块材,如果采用不同的方法进行磁化,样品的捕获磁通密度分布将会不同.如果要充分发挥 REBCO 超导体优势,使其捕获磁通密度最大,除了确保施加于超导体上的激励磁场足够高(至少超过其饱和磁化强度)外,还必须考虑磁化的方法.在同样的条件下,对同一 REBCO 超导块,如果采用场冷的方法磁化,其捕获磁通密度会高于零场冷的磁化方法.前者必须采用具有稳恒磁场的磁体磁化,而后者则常用脉冲磁体磁化.

电磁铁磁化的优点是设备简单、操作方便、可以在场冷条件下对样品进行磁化,不足之处是磁场比较低(<3 T)、能耗高.对于超导性能较差,或者温度接近临界温度的样品磁化,也可用永磁体进行磁化.

如果超导性能很好,或者在低温条件下对样品磁化,则需要用超导磁体进行磁化.其优点是可以在强的磁场(>5 T)条件下对样品进行场冷磁化,效果好,缺点是需要复杂的制冷系统,操作不太方便,运行成本高.

如果需要用高强度磁场对样品进行磁化,但又没有超导磁体时,可采用脉冲磁化法.优点是操作简单,可在强磁场条件下对样品进行磁化,缺点是只能在零场冷条件下对超导样品进行磁化,并且由于强磁场的突变,磁化时会在超导体内引起磁通蠕动、流动,以及因此而产生的磁力、温升和热应力等问题,有可能会使样品产生裂纹,导致超导性能下降,磁化效果没有场冷的好.

4.2.2 REBCO 超导块材捕获磁通密度的计算模拟

REBCO 超导块材捕获磁通密度除了与磁化方法有关外,与外加磁场的强度、磁场的分布都密切相关. 如 Weinstein 等[21]用直径为 2 cm 的烧结和织构 YBCO 超导块材,在 77 K 条件下分别研究了外加磁场强度对捕获磁通密度的影响. 他们给样品施加磁场后,再冷却到 77 K 后关闭外加磁场,之后测量了样品的捕获磁通密度(B_{tr}). 结果发现,样品的 B_{tr} 大小与外加磁感应强度(B_0)密切相关,如图 4.15 所示.

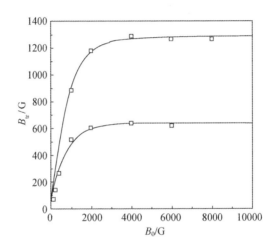

图 4.15 在 77 K 条件下 YBCO 超导块材的捕获磁通密度 B_{tr} 与外加磁感应强度 B_0 的关系. 下面的曲线对应于烧结样品,上面的曲线对应于织构样品

由图 4.15 可知,随着外加磁感应强度的增加,两种样品的捕获磁通密度亦随之增加,但是,当 B_0 增加到一定程度时,样品的 B_{tr} 则逐渐趋于饱和,捕获磁通密度达到最大值($B_{tr,max}$). B_{tr} 和 B_0 可用如下经验关系式描述:

$$B_{tr} = B_{tr,max}\left(1 - e^{-\frac{cB_0}{B_{tr,max}}}\right), \tag{4.1}$$

其中 c 是接近 1 的常数.

外加磁场的激励在超导体内产生了超导环流,超导环流与捕获磁通是同时存在、同时消失的,因此可以通过样品的捕获磁通密度分布计算其电流分布,也可以通过模拟样品中超导环流的大小和分布方式,计算样品的捕获磁通密度分布. 为了计算模拟样品的捕获磁通密度分布,Chen 等[22]根据电磁学理论,在综合考虑样品表面环流密度(J_s)和体电流密度(J_v)分布的基础上,建立了计算样品捕获磁通密

度分布的方法,其物理模型如图 4.16 所示,其中 a 和 t 分别是圆柱形样品的半径和厚度.他们称该模型为 $J_{\mathrm{v}}+J_{\mathrm{s}}$ 模型,如果忽略 J_{s},则相当于 Bean 模型.如果忽略 J_{v},则相当于计算永磁体材料的表面环流模型.

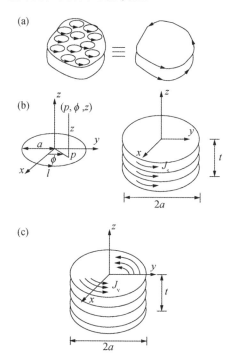

图 4.16　可用来计算样品捕获磁通密度分布的电流分布.(a) 具有捕获磁通密度的超导样品或永磁体材料的表面环流密度 J_{s},(b) 圆柱形样品的表面环流密度 J_{s} 分布,(c) 圆柱形样品内均匀分布的体电流密度 J_{v}

　　Chen 等[22] 分别计算了 J_{v} 和 J_{s} 的贡献,然后综合考虑 $J_{\mathrm{v}}+J_{\mathrm{s}}$ 的贡献,并将三种情况下的计算结果分别与相应的实验结果进行了对比.他们采用柱坐标系,首先计算了如图 4.16(b) 所示的单个载流环的磁矢势,其唯一不为 0 的分量是

$$A_{\phi}(\rho,z) = \frac{Ia}{c} \int_{0}^{2\pi} \frac{\cos\phi' \, \mathrm{d}\phi'}{\sqrt{a^2 + \rho^2 - 2a\rho\cos\phi' + z^2}}, \qquad (4.2)$$

其中 a 和 I 分别是载流环的半径和电流,c 是光速.在此基础上,他们根据公式 $\boldsymbol{B} = \nabla \times \boldsymbol{A}$,分别计算出了载流环产生的磁感应强度分量 B_z, B_{ρ}, B_{ϕ}:

$$B_z = \frac{1}{\rho} \frac{\partial}{\partial \rho}(\rho A_{\phi}),$$

$$B_{\rho} = -\frac{\partial}{\partial z} A_{\phi}, \qquad (4.3)$$

$$B_{\phi} = 0.$$

　　现在的文献中,给出的实验结果基本上都是样品表面磁感应强度 B_z 分量的分布图,因此,他们也计算了 B_z 的表达式:

$$B_z(\rho,z) = \frac{Ia}{c\rho} \int_0^{2\pi} \frac{a^2 + z^2 - a\rho\cos\phi'}{(a^2 + \rho^2 - 2a\rho\cos\phi' + z^2)^{3/2}} \cos\phi' \, \mathrm{d}\phi'. \tag{4.4}$$

　　当用 (4.4) 式计算具有捕获磁通的超导样品或永磁体材料的磁感应强度分布时,只要将 I 换成 $J_s \mathrm{d}z'$ 即可,其中 $\mathrm{d}z'$ 为圆柱形样品的高度元,z' 的总长度为样品的厚度 t. 将柱坐标转化为直角坐标系后,(4.4) 式可表示为

$$B_z(x,y,z) = \frac{J_s a}{c} \frac{1}{\sqrt{x^2 + y^2}} \int_0^{2\pi} \cos\phi' \, \mathrm{d}\phi'$$

$$\cdot \int_{-t}^0 \frac{a^2 + (z-z')^2 - a\sqrt{x^2 + y^2}\cos\phi'}{[a^2 + x^2 + y^2 - 2a\sqrt{x^2 + y^2}\cos\phi' + (z-z')^2]^{3/2}} \mathrm{d}z'. \tag{4.5}$$

　　Chen 等[22]测量了两种圆柱形 SmCo 磁体沿其上表面直径的磁感应强度分布,如图 4.17 中的菱形和方块散点所示,并对实验结果进行了模拟计算,发现当 $J_s =$

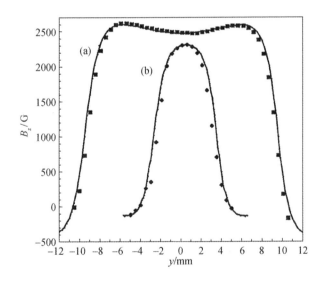

图 4.17　两不同圆柱形 SmCo 磁体沿其上表面直径的磁感应强度分布,其中的菱形和方块散点是实验测量结果,实线是用 (4.5) 式进行模拟计算的结果. (a) 样品的半径为 $a = 9.525\,\mathrm{mm}$,厚度为 $t = 6.35\,\mathrm{mm}$,$J_s = 7820\,\mathrm{A/cm}$,(b) 样品的半径和厚度相等,$a = t = 3.175\,\mathrm{mm}$,$J_s = 7450\,\mathrm{A/cm}$

$(7650 \pm 200)\,\mathrm{A/cm}$ 时,(4.5) 式能够很好地描述 SmCo 磁体的磁感应强度分布,见图 4.17 中的实线. 其中 (a) 样品的半径为 $a = 9.525\,\mathrm{mm}$,厚度为 $t = 6.35\,\mathrm{mm}$,$J_s = 7820\,\mathrm{A/cm}$,(b) 样品的半径和厚度相等,$a = t = 3.175\,\mathrm{mm}$,$J_s = 7450\,\mathrm{A/cm}$. 由图

4.17 可知,(a)样品的磁感应强度分布曲线在中心部位有一定的凹陷,但(b)样品则没有,而是呈现单一的对称峰值分布.这表明样品磁感应强度分布与其半径和厚度的比值 a/t 有关,a/t 比值越大,样品中心部位的磁感应强度分布曲线凹陷越明显.

关于 J_v 的贡献,他们采用了 Bean 模型,假设样品内部的 J_v 是均匀分布的,而且与样品的临界电流密度 J_c 相等,$J_v = J_c$.在此基础上,他们将(4.4)式沿样品的半径 a 和厚度 t 进行积分,即可计算出 J_v 对样品捕获磁通密度分布的贡献:

$$B_z(x,y,z) = \frac{J_v}{c}\frac{1}{\sqrt{x^2+y^2}}\int_0^{2\pi}\cos\phi'\,\mathrm{d}\phi'\int_0^a r'\,\mathrm{d}r'$$

$$\cdot\int_{-t}^0 \frac{r'^2+(z-z')^2-r'\sqrt{x^2+y^2}\cos\phi'}{\left[r'^2+x^2+y^2-2r'\sqrt{x^2+y^2}\cos\phi'+(z-z')^2\right]^{3/2}}\mathrm{d}z'. \quad (4.6)$$

在特殊情况下,如 $\rho=0$,即 $x=y=0$ 时,可以根据(4.5)和(4.6)式分别计算出 J_s 和 J_v 对样品 z 轴方向捕获磁通密度的贡献:

$$B_z(z)_{y=0}^{x=0} = \frac{2\pi}{c}J_s\left(\frac{z+t}{\sqrt{a^2+(z+t)^2}}-\frac{z}{\sqrt{a^2+z^2}}\right)+$$

$$\frac{2\pi}{c}J_v\left((z+t)\ln\frac{a+\sqrt{a^2+(z+t)^2}}{z+t}-z\ln\frac{a+\sqrt{a^2+z^2}}{z}\right). \quad (4.7)$$

样品的磁矩 m 可以通过分别计算样品 J_s 和 J_v 的积分获得:

$$m = \frac{\pi}{c}ta^2\left(\frac{1}{3}aJ_v+J_s\right). \quad (4.8)$$

在用(4.5)和(4.6)式计算模拟样品的捕获磁通密度分布时,他们发现对于颗粒状的烧结 $YBa_2Cu_3O_{7-y}$ 块材,只考虑 J_s 就可以较好地拟合出样品的磁感应强度分布曲线.但是,对于熔融织构法生长的 $YBa_2Cu_3O_{7-y}$ 块材,只有在同时考虑 J_s 和 J_v 的情况下,才能很好地拟合出样品的磁场分布曲线.图 4.18 是半径 $a=1.89\,\mathrm{mm}$,厚度 $t=1.4\,\mathrm{mm}$ 样品的捕获磁通密度沿其直径方向的分布,图中的离散点是实验测量结果,三条实线(a),(b),(c)分别表示用(4.5)和(4.6)式计算得到的结果,计算时采用的具体参数见图中说明.由图 4.18 可知,不论是单独采用 J_s 还是单独采用 J_v,计算的结果均与实验有较大的偏差,只有综合考虑 J_s 和 J_v 后,计算结果才能很好地与实验结果吻合.由(4.5)和(4.6)式以及上述实验结果可知,对于具有织构生长的 REBCO 超导块材,样品的半径、厚度越大,表面电流密度 J_s 和体电流密度 J_v 越高,捕获磁通密度就越高.

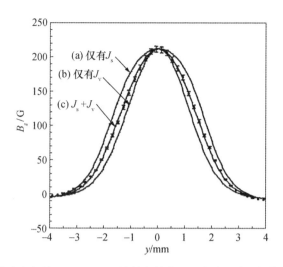

图 4.18   熔融织构法生长的 $YBa_2Cu_3O_{7-y}$ 块材的捕获磁通密度分布(离散点为实验测量值),(a) $J_s=800$ A/cm, $J_v=0$,(b) $J_v=8300$ A/cm², $J_s=0$,(c) $J_s=375$ A/cm, $J_v=4400$ A/cm²

Fukai 等[23,24]将正四棱柱形薄超导块材分割成一系列具有等宽 Δw,等厚 Δt,但在水平和竖直方向位置不同的方形环,如图 4.19 所示. 在此基础上,他们运用 Bean 模型和 Biot-Savart 定律计算每一方形载流环产生的磁场分布,最后通过对每个方形载流环产生的磁场求和或积分的方法,计算了整个方形超导块材的捕获磁通密度分布.

由图 4.19 可知,通过每个方形载流环的电流为

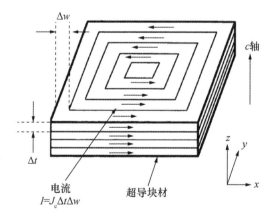

图 4.19   薄正四棱柱形超导块材中电流的分布示意,坐标原点选在上表面中心位置. 该模型认为电流是沿边缘流动的

$$I = J_c \Delta w \cdot \Delta t, \tag{4.9}$$

其中 J_c 为临界电流密度. 那么, 方形载流环上的电流元矢量 $I ds$ 和产生的磁感应强度 dB 可用 Biot-Savart 定律表示为

$$dB = \frac{\mu_0 I}{4\pi} \frac{ds}{r^2} \times \frac{r}{r}, \tag{4.10}$$

其中 μ_0 为真空磁导率, r 是线元 ds 到观察点, 实际上就是测量磁场的点的位置矢量. 根据(4.10)式可计算出方形载流环产生的磁感应强度

$$B = \frac{\mu_0 I}{4\pi R}(\cos\theta_1 + \cos\theta_2), \tag{4.11}$$

其中 θ_1 和 θ_2 为电流元 I 起点和终点到观察点的位置矢量与电流元 I 的夹角. R 是观察点到直线电流 I 的距离. 根据(4.11)式可计算出每个方形载流环产生磁场的 z 分量 B_z, 再通过求和的方法计算出样品能产生的总 B_z. 通过与测量获得的捕获磁通密度分布对比, 即可获得与实验结果符合最好的 J_c 值.

Fukai 等[23]用该模型计算了尺寸为 $10\,mm \times 10\,mm \times 1\,mm$ 的单畴 YBCO 超导块材在加磁场过程中 $0.4\,T$(a)和去磁过程中 $1.2\,T$(b)条件下样品的捕获磁通密度分布, 结果如图 4.20 所示. 计算时, 选取 $\Delta w = 1\,mm$, $\Delta t = 0.1\,mm$, 结果发现, 当 J_c 的取值为 $9740\,A/cm^2$ 和 $11400\,A/cm^2$ 时, 计算结果与实验符合得很好.

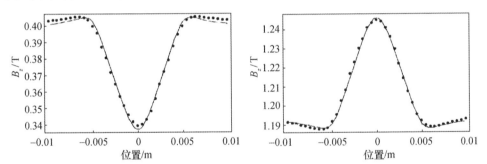

图 4.20 用图 4.19 所示模型计算的尺寸为 $10\,mm \times 10\,mm \times 1\,mm$ 的单畴 YBCO 超导块材在加磁场过程中 $0.4\,T$(a)和去磁过程中 $1.2\,T$(b)条件下的捕获磁通密度分布, 圆点是实验值

Fujishiro 等[25,26]采用有限元分析方法, 计算模拟了单畴 GdBCO 超导块材的脉冲磁化动力学行为, 并结合了实验数据, 如脉冲磁感应强度和脉冲磁场持续时间等对其捕获磁通密度的影响, 计算模拟的结构见图 4.21. 他们采用柱坐标对圆柱形单畴 GdBCO 超导块材的磁化行为进行分析, 在轴对称条件下, 对样品求解的基本方程为

$$\frac{\partial}{\partial r}\left[\frac{\nu}{r}\frac{\partial}{\partial r}(rA)\right] + \frac{\partial}{\partial z}\left(\nu\frac{\partial A}{\partial r}\right) = J_0 + J, \tag{4.12a}$$

$$\rho C \frac{\partial T}{\partial t} = \frac{\nu}{r} \frac{\partial}{\partial r}\left(r \kappa_{ab} \frac{\partial T}{\partial r}\right) + \frac{\partial}{\partial z}\left(\kappa_c \frac{\partial T}{\partial z}\right) + Q, \tag{4.12b}$$

其中 A 为磁矢势, J_0 是磁体线圈的电流密度, J 是超导体产生的感生电流密度, Q 表示磁化过程中产生的热量, C 是样品的比热, κ_{ab} 和 κ_c 分别表示样品沿 ab 面和 c 轴方向的导热系数. J 可以通过下式计算:

$$J = \sigma E = -\sigma \frac{\partial A}{\partial t}. \tag{4.13}$$

其中, E 为电场强度, σ 是电导. 描述超导体非线性 $E\text{-}J$ 关系的幂指数公式为

$$E = E_c \left(\frac{J}{J_c}\right)^n, \tag{4.14}$$

其中 J_c 为临界电流密度, E_c 是参考电场强度. J_c 与磁感应强度之间的关系用 Kim 模型进行计算:

$$J_c = J_{c0} \frac{B_0}{|B| + B_0}, \tag{4.15}$$

其中 J_{c0} 为 $B=0$ 时的 J_c, B_0 是一个常数. J_{c0} 与温度之间的关系为

$$J_{c0} = \alpha \left[1 - \left(\frac{T}{T_c}\right)^2\right]^{\frac{3}{2}}, \tag{4.16}$$

其中 T_c 为 $B=0$ 时的临界温度($\approx 92\,\text{K}$), α 是一个常数. 磁化过程中样品产生的热量为 $Q = JE$. 每次迭代计算的结果须使 σ 趋于收敛. 外加脉冲磁感应强度 $B_{ex}(t)$ 的上升时间 $\tau = 0.01\,\text{s}$, 变化过程可用下式表示:

$$B_{ex}(t) = B_{ex}(0) \frac{t}{\tau} e^{\left(-\frac{t}{\tau}\right)}, \tag{4.17}$$

其中各参数的取值见表 4.1. 为了计算方便, 取 C, κ_{ab} 和 κ_c 均为常数.

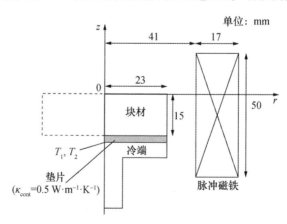

图 4.21 脉冲磁化时单畴 GdBCO 超导块材在磁体中的示意图, 在样品和微型制冷机的冷端之间装有 1 mm 厚、导热系数为 κ_{cont} 的垫片

表 4.1 计算模拟时各参数的取值

符号	参数	取值
T_c	转变温度	92 K
ρ	密度	$5.9 \times 10^3 \text{ kg} \cdot \text{m}^{-3}$
C	比热	$1.32 \times 10^2 \text{ J} \cdot \text{kg}^{-1} \cdot \text{K}^{-1}$
κ_{ab}	沿 ab 面导热系数	$20 \text{ W} \cdot \text{mK}^{-1}$
κ_c	沿 c 轴导热系数	$4 \text{ W} \cdot \text{mK}^{-1}$
n	n 值	8
E_c	常数	$1 \times 10^{-6} \text{ V} \cdot \text{m}^{-1}$
B_0	常数	1.3 T
α	常数	$(0.23 \sim 1.83) \times 10^9 \text{ A} \cdot \text{m}^{-2}$
σ	电导 $(T > T_c)$	$1 \times 10^3 \text{ S} \cdot \text{cm}^{-1}$
τ	上升时间	$0.01 \text{ s}, 1 \text{ s}, 10 \text{ s}$
κ_{cont}	垫片导热系数	$0.5 \text{ W} \cdot \text{mK}^{-1}$

图 4.22 是在不同温度和磁感应强度条件下,经脉冲磁化后,直径 45 mm、厚度 18 mm 的单畴 GdBCO 超导块材的捕获磁通密度,外加脉冲磁感应强度 $B_{\text{ex}}(t)$ 的上升时间 $\tau = 0.01$ s. 由图 4.22(a) 可知,随着脉冲磁感应强度的增加,样品中心的捕获磁通密度 $B_z(r=0)$ 先增大后减小. 当磁化温度 $T_s = 70$ K 时, $B_z(r=0)$ 开始出现的 $B_{\text{ex}} = 2.7$ T. 当 B_{ex} 增加到 4.4 T 时达到最大值,之后随着 B_{ex} 的增加而减小. 当温度

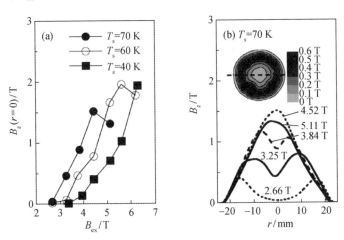

图 4.22 用脉冲磁化方法获得的单畴 GdBCO 超导块材(直径 45 mm、厚度 18 mm)的捕获磁通密度分布,外加脉冲磁感应强度 $B_{\text{ex}}(t)$ 的上升时间 $\tau = 0.01$ s. (a) 不同温度下,样品中心的捕获磁通密度 $B_z(r=0)$ 与脉冲磁感应强度的关系;(b) 在 $T_s = 70$ K 时,样品的捕获磁通密度 B_z 沿直径方向的分布与脉冲磁感应强度 B_{ex} 的关系

降低时,随着脉冲磁感应强度的增加,样品中心 $B_z(r=0)$ 开始出现和能够达到的最大捕获磁通密度均随 B_{ex} 的增加而增加. 由图 4.22(b)可知,样品的捕获磁通密度 B_z 沿直径方向的分布与脉冲磁感应强度 B_{ex} 的大小密切相关,当 B_{ex} 较小(如 $B_{ex} \leqslant$ 3.84 T)时,B_z 沿直径方向的曲线中部呈凹陷状态,当 B_{ex} 较大(如 $B_{ex} \geqslant 4.52$ T)时,B_z 沿直径方向的曲线呈单峰状态.

图 4.23(a)是在 40 K,不同 α 值条件下,计算模拟获得的样品中心捕获磁通密度 $B_z(r=0)$ 与脉冲磁感应强度的关系. 计算时,与 $\alpha=1.83 \times 10^9$ A/m^2,9.2×10^8 A/m^2,4.6×10^8 A/m^2,2.3×10^8 A/m^2 相应的 J_{c0} 分别为 $J_{c0}=1.33 \times 10^9$ A/m^2,6.6×10^8 A/m^2,3.3×10^8 A/m^2,1.6×10^8 A/m^2. 由图 4.23(a)可知,在这些情况下,随着脉冲磁感应强度的增加,样品中心的捕获磁通密度 $B_z(r=0)$ 先增大后减小. 当 B_{ex} 增加到一定值后,样品捕获磁通密度 $B_z(r=0)$ 下降的原因在于强的脉冲磁化会导致样品温度的升高. 随着 α 值的增加,样品中心开始出现捕获磁通密度 $B_z(r=0)$ 的临界磁感应强度 B_{ex}^c 和达到最大值的脉冲磁感应强度 B_{ex} 均呈现增加的趋势,这与图 4.23(a)的实验结果一致. 图 4.23(b)是在 40 K,$\alpha=4.6 \times 10^8$ 时,计算模拟获得的样品的捕获磁通密度 B_z 沿直径方向的分布与脉冲磁感应强度 B_{ex} 的关系. 由图 4.23(b)可知,样品的捕获磁通密度 B_z 沿直径方向的分布与脉冲磁感应强度 B_{ex} 的大小密切相关,当 B_{ex} 较小(如 $B_{ex} \leqslant 5$ T)时,B_z 沿直径方向的曲线中部呈凹陷状态,当 B_{ex} 较大(如 $B_{ex} \geqslant 6$ T)时,B_z 沿直径方向的曲线呈单峰状态. 这与图 4.22(b)的实验结果一致.

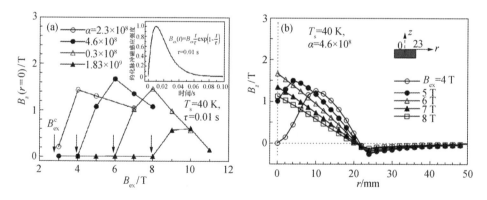

图 4.23　(a) 在 40 K,不同 α 值条件下通过计算获得的样品中心的捕获磁通密度 $B_z(r=0)$ 与脉冲磁感应强度的关系;(b)在 40 K,$\alpha=4.6 \times 10^8$ 时,通过计算获得的样品的捕获磁通密度 B_z 沿直径方向的分布与脉冲磁感应强度 B_{ex} 的关系

图 4.24(a),(b)分别是在 40 K,$B_{ex}=6$ T,$\alpha=4.6 \times 10^8$($J_{c0}=3.3 \times 10^8$ A/m^2)条件下,通过计算获得的 GdBCO 超导块材表面的捕获磁通密度 $B_z(t, r)$ 和温度 $T(t, r)$ 随时间变化的规律. 左图和右图分别表示增加磁场($t \leqslant 0.01$ s)和退磁场

($t \geqslant 0.01\,\text{s}$) 过程中 $B_z(t, r)$ 和温度 $T(t, r)$ 随时间变化的规律. 由图 4.24(a) 可知, 在增加磁场 ($t \leqslant 0.01\,\text{s}$) 的过程中, 磁通线被逐渐从样品的边缘挤入样品内部, 当 t 达到 $0.01\,\text{s}$ 时, $B_z(t, r)$ 穿透到样品的中心. 同时可以看到, 样品边缘部分的磁感应强度很高, 但磁场梯度较小, 这是由超导样品的抗磁性引起的磁通线堆积所致. 在退磁场 ($t \geqslant 0.01\,\text{s}$) 过程中, 当 $t = 0.1\,\text{s}$ 时, 样品中心的 $B_z(t, 0)$ 增加到了 $3\,\text{T}$, 之后逐渐减小到稳定值 $B_z(t, 0) = 1.7\,\text{T}$.

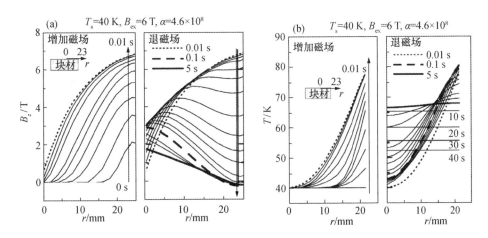

图 4.24 (a), (b) 分别是 $40\,\text{K}, B_{\text{ex}} = 6\,\text{T}, \alpha = 4.6 \times 10^8\,(J_{c0} = 3.3 \times 10^8\,\text{A/m}^2)$ 条件下, 计算获得的 GdBCO 超导块材表面捕获磁通密度 $B_z(t, r)$ 和温度 $T(t, r)$ 随时间变化的规律, 左图和右图分别表示增加磁场 ($t \leqslant 0.01\,\text{s}$) 和退磁场 ($t \geqslant 0.01\,\text{s}$) 过程中 $B_z(t, r)$ 和温度 $T(t, r)$ 随时间变化的规律

由图 4.24(b) 可知, 在增加磁场 ($t \leqslant 0.01\,\text{s}$) 的过程中, 随着外加磁感应强度的增加, 样品边缘的温度 $T(t, r)$ 逐渐增加, 当 $t = 0.01\,\text{s}$ 时, $T(t, r)$ 从 $40\,\text{K}$ 上升至 $78\,\text{K}$, 但是, 样品中心的 $T(t, 0)$ 仍为 $40\,\text{K}$. 在退磁场 ($t \geqslant 0.01\,\text{s}$) 过程中, 随着外加磁感应强度的减小, 样品边缘的温度 $T(t, r)$ 逐渐降低, 同时在加磁过程中产生的热量逐渐向样品中心扩散. 当 $t = 5\,\text{s}$ 时, 样品的温度 $T(t, r)$ 沿其径向几乎变成了一个等温 ($66\,\text{K}$) 线, 之后随着时间的增加, 样品的温度 $T(t, r)$ 继续下降.

图 4.25(a), (b) 分别是在 $40\,\text{K}, B_{\text{ex}} = 6\,\text{T}, \alpha = 4.6 \times 10^8\,(J_{c0} = 3.3 \times 10^8\,\text{A/m}^2)$ 条件下, 通过计算获得的 GdBCO 超导块材表面不同位置 ($r = 0\,\text{mm}, 10\,\text{mm}, 20\,\text{mm}$) 的捕获磁通密度 $B_z(t, r)$ 和温度 $T(t, r)$ 随时间变化的规律. 由图 4.25(a) 可知, 随着外加磁感应强度的增加, 样品边缘的 $B_z(t, r)$ 快速增加, 然后以较快的速度减小. 而在样品的中部和中心位置, $B_z(t, r)$ 开始增加的时间均滞后于边缘处, r 越小滞后的时间越长, 当增加到最大值时, 再逐渐减小, 直到 $t = 10\,\text{s}$ 时基本趋于最终的稳定值.

由图 4.25(b)可知,在增加磁场($t \leqslant 0.01\,\text{s}$)的过程中,随着外加磁感应强度的增加,样品边缘的温度 $T(t,r)$ 增加速度很快,然后逐渐减小.而在样品的中部和中心位置,$T(t,r)$ 开始增加的时间均滞后于边缘处,r 越小滞后的时间越长.如在样品的中心位置 $r=0$,温度升至最大值的时间为 $7\,\text{s}$.值得注意的是,相对于样品边缘的 $T(t,r)$ 达到最大值的时间而言,样品的 $B_z(t,0)$ 达到最大值的时间要滞后约 2 个数量级,这主要是由样品的导热系数很小所致.

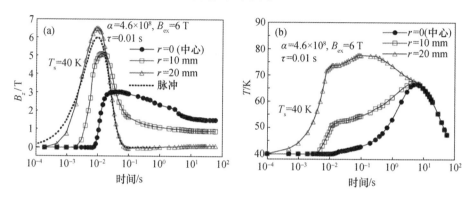

图 4.25 (a),(b)分别是在 $40\,\text{K}$,$B_{\text{ex}}=6\,\text{T}$,$\alpha=4.6\times10^8$($J_{c0}=3.3\times10^8\,\text{A/m}^2$)条件下,通过计算获得的 GdBCO 超导块材表面不同位置($r=0\,\text{mm}$,$10\,\text{mm}$,$20\,\text{mm}$)处的捕获磁通密度 $B_z(t,r)$ 和温度 $T(t,r)$ 随时间变化的规律

图 4.26(a),(b)分别是在 $40\,\text{K}$,$B_{\text{ex}}=(5\,\text{T},6\,\text{T},8\,\text{T})$,$\alpha=4.6\times10^8$($J_{c0}=3.3\times10^8\,\text{A/m}^2$)条件下,通过计算获得的 GdBCO 超导块材表面中心位置($r=0$)的捕获磁通密度 $B_z(t)$ 和温度 $T(t)$ 随时间变化的规律.由图 4.26(a)可知,随着外加磁感应强度 B_{ex} 的增加,样品的 $B_z(t)$ 峰值高度亦随之增加.然而,$B_z(t)$ 达到峰值的时间约为 $0.05\,\text{s}$,几乎与外加磁感应强度 B_{ex} 无关.但是,$B_z(t)$ 达到最终稳定值的时间均大于 $t=10\,\text{s}$.由图 4.26(b)可知,样品中心位置 $r=0$ 处的 $T(t)$ 达到最大值的时间为 $7\,\text{s}$,同样几乎与外加磁感应强度 B_{ex} 无关.随着外加磁感应强度 B_{ex} 的增加,样品的 $T(t)$ 峰值高度亦随之增加.

图 4.27(a),(b)分别是在 $40\,\text{K}$,$\tau(=0.01\,\text{s},1\,\text{s},10\,\text{s})$,$\alpha=1.83\times10^9$ 条件下,计算获得的 GdBCO 超导块材表面中心位置($r=0$)的捕获磁通密度 B_z 随外加磁感应强度 B_{ex} 变化的规律.由图 4.27(a)可知,随着 τ 的增加,样品 B_z 的峰值高度亦随之增加,样品 B_z 开始增加的临界外加磁感应强度 B_{ex}^c 逐渐减小.如 $\tau=10\,\text{s}$ 时,B_z 增加到了 $4.3\,\text{T}$,B_{ex}^c 减小到 $5\,\text{T}$.图 4.27(b)是在 $40\,\text{K}$,$\tau=10\,\text{s}$,$\alpha=1.83\times10^9$ 条件下,计算模拟获得的捕获磁通密度 B_z 沿直径方向的分布与脉冲磁感应强度 B_{ex} 的关系.由图 4.27(b)可知,样品的捕获磁通密度 $B_z(r)$ 沿直径方向的分布与脉冲磁感应强度 B_{ex} 的大小密切相关,当 B_{ex} 较小(如 $B_{\text{ex}} \leqslant 6\,\text{T}$)时,$B_z$ 沿直径方向的曲线中

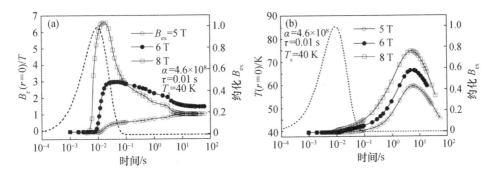

图 4.26　(a),(b)分别是在 40 K,B_{ex}=(5 T,6 T,8 T),α=4.6×10^8(J_{c0}=3.3×10^8 A/m^2)条件下,通过计算获得的 GdBCO 超导块材表面中心位置(r=0)的捕获磁通密度 $B_z(t)$ 和温度 $T(t)$ 随时间变化的规律

部呈凹陷状态,当 B_{ex} 较大(如 $B_{ex} \geqslant 7$ T)时,B_z 沿直径方向的曲线呈单峰状态.值得注意的是,随着脉冲磁场上升时间 τ 的增加,样品捕获磁通密度 B_z 随之增加.许多脉冲磁化实验结果[27—30]与这种计算模拟结果的变化趋势一致.

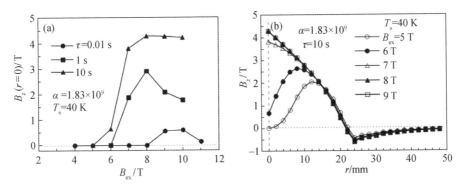

图 4.27　(a),(b)分别是在 40 K,τ(=0.01 s,1 s,10 s),α=1.83×10^9 条件下,通过计算获得的 GdBCO 超导块材表面中心位置(r=0)的捕获磁通密度 B_z 与外加磁感应强度 B_{ex} 的关系

由此可知,对于不同的磁化方法,磁场进入超导样品的方式、捕获磁通密度、分布、影响样品最终捕获磁通密度分布的参数亦有所不同.相对于稳恒磁场的场冷磁化方法而言,采用脉冲磁化时,超导样品的磁化动力学行为更复杂,磁化效果较差,特别是磁化时强磁场的突变,会在超导体内引起磁通流动、蠕动及由此而产生的磁力、温升和热应力等问题,并且有可能会使样品产生裂纹,导致超导性能下降.

4.2.3　影响 REBCO 超导块材捕获磁通密度分布的因素

(1) 通过强化 REBCO 样品机械强度的方法提高样品的捕获磁通密度.

一般情况下,温度越低,REBCO 超导块材的 J_c 越高,捕获磁通密度和磁悬浮力也越高.但是,当捕获磁通密度太大时,样品内部的电磁力有可能会大于样品的机械强度,从而使样品内部产生裂纹,甚至导致样品破裂.如 Ren 等[31]的研究结果表明,在场冷条件下,当施加在单畴 YBCO 超导块材上的激励磁场达到 14 T(49 K)时,样品出现了裂纹和开裂现象.有时,样品的断裂现象也会发生在 77 K[37].这将严重地影响该类材料的应用.因此,人们通过在样品中添加 Ag,用低温合金或环氧树脂等材料浸渗,用金属环强化等方法来克服这一问题.

Fuchs 等[32]通过在单畴 YBCO 超导块材中添加 Ag 和用不锈钢金属环强化的方法,使直径 26 mm,厚 12 mm 样品的捕获磁通密度达到了 11.4 T(17 K).当将这样的两个样品以轴对称的形式叠放时,它们之间的捕获磁通密度达到了 14.35 T(22.5 K),如图 4.28 所示.样品并未出现裂纹和开裂现象.

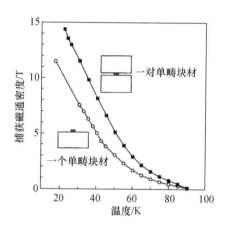

图 4.28   用不锈钢金属环强化的掺 Ag 单畴 YBCO 超导块材(直径 26 mm,厚 12 mm)的捕获磁通密度与温度的关系.(○)—一个单畴 YBCO 超导块材,(■)—一对单畴 YBCO 超导块材

Kimura 等[33]通过用 Bi-Sn-Cd 低温合金浸渗的方法,对直径 25 mm,厚 18 mm 的单畴 GdBCO 超导块材进行了强化.在此基础上,他们用脉冲磁化的方法研究了这种强化的效果.相对于未强化的样品而言,在脉冲磁化的过程中,强化后的样品有效地减小了样品的温升,并将样品的捕获磁通密度提高了 25%.这主要是因为渗入样品的合金有效地提高了其热导率.Shimpo 等[34]通过用 Fe-Mn-Si 金属环强化单畴 YBCO 超导块材的方法,使直径 22.8 mm,厚 10 mm 样品的捕获磁通密度 B_z 达到了 0.17 T(77 K),而未强化样品的 B_z 仅为 0.11 T(77 K),这说明同样的超导样品,经 Fe-Mn-Si 金属环强化后,可有效提高其超导性能.Murakami 等[35]通过用 Bi-Pb-Sn-Cd 低温合金强化的方式,使直径 26.5 mm 的单畴 YBCO 超导块材在

78 K, 46 K, 29 K 的捕获磁通密度 B_z 分别达到了 1.2 T, 9.5 T, 17.24 T.

　　Tomita 等[38,39]通过用环氧树脂强化的方法, 制备出了系列内径 47 mm, 外径 87 mm, 厚 22 mm 的环状 GdBCO 超导体, 如图 4.29 所示. 用多个这种环组成的管状超导磁体在 77 K 下的捕获磁通密度 B_z 达到了 2.6 T 以上.

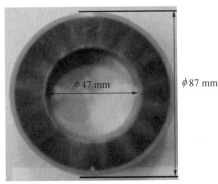

图 4.29　用环氧树脂强化的 GdBCO 超导环照片, 内径 47 mm, 外径 87 mm, 厚 22 mm

　　他们先将 GdBCO 超导环置于 5 T 的磁场环境中, 再冷却到 77 K, 退去外加磁场后, 分别测量了用多个这种超导环以轴对称形式叠成的管状超导磁体沿径向和轴向的捕获磁通密度 B_z, 发现随着叠加超导环层数的增加, 不论是从径向看还是从轴向看, 这种管状超导磁体的最大捕获磁通密度均随层数的增加而增加. 但是, 当超导环的个数增加到 8 层时, 最大捕获磁通密度均逐渐趋于饱和, 如图 4.30、图 4.31 所示.

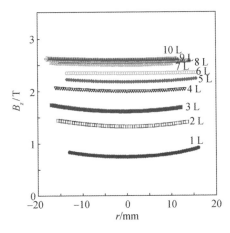

图 4.30　用图 4.29 所示超导环以轴对称形式组成的管状超导磁体沿径向的捕获磁通密度 B_z 的分布, 1 L～10 L 分别表示由 1 层超导环到 10 层超导环组成的管状超导磁体

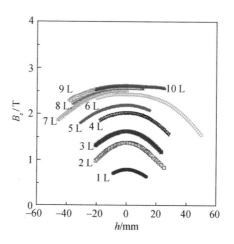

图 4.31 用图 4.29 所示超导环以轴对称形式组成的管状超导磁体沿轴向的捕获磁通密度 B_z 分布,1 L~10 L 分别表示由 1 层超导环到 10 层超导环组成的管状超导磁体

由图 4.30 可知,不管是单层超导环(1 L)还是多层超导环,其沿轴向的捕获磁通密度分布均呈现中心强、两端弱的趋势. 随着超导环层数的增加,管状超导磁体捕获磁通密度以及均匀区的长度均明显增加,当超导环的个数增加到 10 个(10 L)时,最大捕获磁通密度达到 2.65 T,均匀区的长度可达到几厘米. 由图 4.31 可知,单层超导环(1 L)的捕获磁通密度 B_z 从环的中心到内壁呈逐渐增加的趋势,中心磁感应强度最小为 0.75 T. 随着超导环层数的增加,管状超导磁体捕获磁通密度以及分布的均匀性明显增强,当超导环的个数增加到 6 个时基本上已呈现均匀分布状态. 当超导环的个数增加到 10 层(10 L)时,最大捕获磁通密度达到 2.65 T. 这些结果均表明,通过低温合金或环氧树脂等材料浸渗、用金属环强化等方法,能够有效地提高样品的机械强度、导热性能,并能够起到保护样品和提高超导性能的作用.

(2) 脉冲磁化方式对 REBCO 块材捕获磁通密度分布的影响.

Weinstein 等[40]以直径 20 mm,厚度 8 mm 的 YBCO 超导块材为研究对象,采用脉冲磁化的方法研究了中低磁场强度下,当脉冲磁化强度峰值确定时,多次脉冲磁化对其捕获磁通密度 B_z 及其分布的影响. 图 4.32~图 4.35 分别是脉冲磁化强度峰值为 3000 G,6000 G,15000 G,21400 G 时,多次脉冲磁化后,获得的捕获磁通密度 B_z 及其分布图.

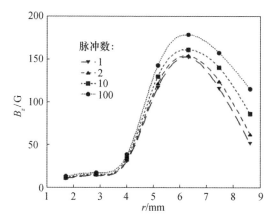

图 4.32 脉冲磁化强度峰值为 3000 G 时多次脉冲磁化后样品的捕获磁通密度分布

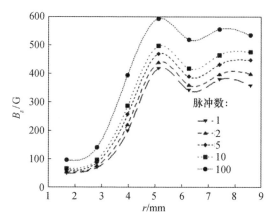

图 4.33 脉冲磁化强度峰值为 6000 G 时多次脉冲磁化后样品的捕获磁通密度分布

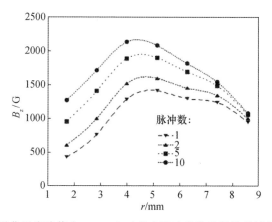

图 4.34 脉冲磁化强度峰值为 15000 G 时多次脉冲磁化后样品的捕获磁通密度分布

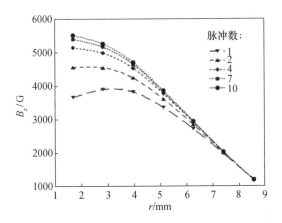

图 4.35　脉冲磁场强度峰值为 21400 G 时多次脉冲磁化后样品的捕获磁通密度分布

这些结果表明,随着脉冲磁化次数的增加,样品的捕获磁通密度 B_z 依次增加.当脉冲磁场强度峰值较小时,样品中心的捕获磁通密度低,中心部分呈凹陷状,如图 4.32、图 4.33 所示.当脉冲磁场强度峰值较高时,随着脉冲磁化次数的增加,样品的捕获磁通密度分布由开始的中心部分凹陷,逐渐变成中心捕获磁通密度最强的单峰分布,如图 4.35 所示.通过对这些实验结果的研究和分析. Weinstein 等[40]总结出了中低磁场强度下,当脉冲磁场强度峰值固定不变时,捕获磁通密度 B_z 与脉冲磁化次数 N 的关系为

$$B_z(r,N) \propto k \lg N. \tag{4.18}$$

这些结果是在中低脉冲磁场强度下获得的,在这种情况下磁化时,样品中的温度变化很小.另外,如果外加磁场在样品中激励的电流密度达到了临界电流密度,那么,即使脉冲磁化次数 N 再增加,也无法提高样品的捕获磁通密度.

必须注意的是,正如前面所讲,脉冲磁化过程非常复杂,当脉冲磁场强度峰值远远超过 REBCO 超导块材的捕获磁通密度时,磁化的效果则不一定还遵从该规律[41],样品中产生的复杂的磁场扩散运动、电磁作用力、热力学效应等都会导致样品捕获磁通密度的下降,甚至会直接导致样品的断裂[31,37].因此,采用脉冲磁化时,必须根据具体情况进行认真的分析和设计.

(3) REBCO 超导块材的厚度和组合形式对其捕获磁通密度分布的影响.

如果 REBCO 块材的形状不同,如为圆柱形、多棱柱形、球形样品,那么它们的捕获磁通密度分布也不同.即使同样的柱状样品,厚度不同时,样品的捕获磁通密度分布亦不同.如 Fukai 等[23,24]针对正四棱柱形超导块材(如图 4.19 所示),计算出了整个方形超导块材的捕获磁通密度分布与其厚度的关系,结果如图 4.36 所示.

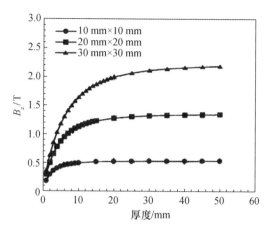

图 4.36   正四棱柱形超导块材的捕获磁通密度分布与其厚度的关系

由图 4.36 可知,不论样品的表面尺寸多大(10 mm×10 mm,20 mm×20 mm,30 mm×30 mm),随着样品厚度的增加,超导块材的捕获磁通密度都迅速增加,但当厚度增加到一定值时,样品的捕获磁通密度则趋于饱和.如对表面为 10 mm×10 mm,20 mm×20 mm,30 mm×30 mm 的样品,捕获磁通密度趋于饱和时的厚度分别约为 10 mm,20 mm,30 mm.但可以看到,对于表面面积为 30 mm×30 mm 的样品,当厚度大于 30 mm 时,捕获磁通密度仍有缓慢增加的趋势,可能与样品的形状导致的退磁因子有关.另外,由图 4.36 可看出,当样品厚度相同时,样品的表面尺寸越大(10 mm×10 mm,20 mm×20 mm,30×30 mm),超导块材的捕获磁通密度越大.

Tomita 等[38]用图 4.29 所示的 GdBCO 超导环研究了超导环的层数对其中心捕获磁通密度的影响.结果发现,随着环层数的增加,其捕获磁通密度亦逐渐增加,当超导环达到 8 层时,其中心的捕获磁通密度趋于饱和状态,达到 2.65 T(77 K),如图 4.37 所示.

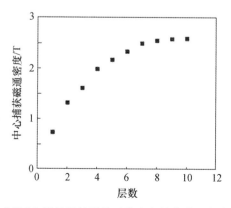

图 4.37   GdBCO 超导环的层数对其中心捕获磁通密度的影响[38]

为了提高 REBCO 超导块材的捕获磁通密度, Saho 等[42]用 6 块直径 45 mm、厚度 15 mm 的单畴 GdBCO 超导块材, 组成了一个直径 45 mm、厚度 90 mm 的 GdBCO 超导磁体, 在 38.1 K 经 6 T 场冷磁化后, 其捕获磁通密度分布如图 4.38 所示.

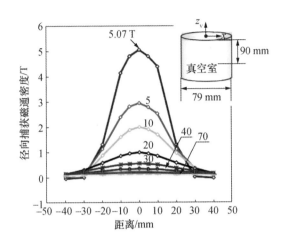

图 4.38　由 6 块直径 45 mm 的单畴 GdBCO 超导块材组成的直径 45 mm、厚度 90 mm 的 GdBCO 超导块材, 在 38.1 K 的径向捕获磁通密度分布

由图 4.38 可知, 6 块单畴 GdBCO 超导块材表面中心位置的最大捕获磁通密度为 5.07 T. 在距其表面 50 mm 的高度处, 捕获磁通密度最大为 0.22 T. 这种磁体可用于靶向用药, 大大提高药物的利用效率. Suzuki[43]和 Sakai 等[44]分别采用多块 REBCO(DyBCO 和 GdBCO)超导块材增加厚度的方法, 研究了厚度对其捕获磁场分布的影响, 结果均表明, 通过增加厚度的方法, 可以提高 REBCO 超导块材的捕获磁通密度.

另外, REBCO 超导块材水平排列间距对其捕获磁场分布也有一定的影响. 如邓自刚等[45]用尺寸分别为 25.1 mm × 36 mm × 18 mm, 21 mm × 36 mm × 18 mm, 25.1 mm × 36 mm × 18 mm 的 3 个单畴 YBCO 超导块(见图 4.39)研究了单个超导块材的捕获磁通密度及其分布与组合超导块材捕获磁通密度分布之间的关系. 组合超导块材是将这三个样品沿水平方向紧密排列形成的组合体(尺寸为 71.2 mm × 36 mm × 18 mm). 图 4.40 是在 77 K, 3 T 条件下用场冷的磁化方法获得的三个样品及其组合体的捕获磁通密度分布. 测量时 Hall 探头距样品表面高度约为 1 mm.

图 4.39 单畴 YBCO 超导块材的尺寸分别为 $25.1\,\mathrm{mm}\times36\,\mathrm{mm}\times18\,\mathrm{mm}$(A), $21\,\mathrm{mm}\times36\,\mathrm{mm}\times18\,\mathrm{mm}$(B), $25.1\,\mathrm{mm}\times36\,\mathrm{mm}\times18\,\mathrm{mm}$(C). 将三个样品沿水平方向紧密排列形成的组合体用 ABC 表示

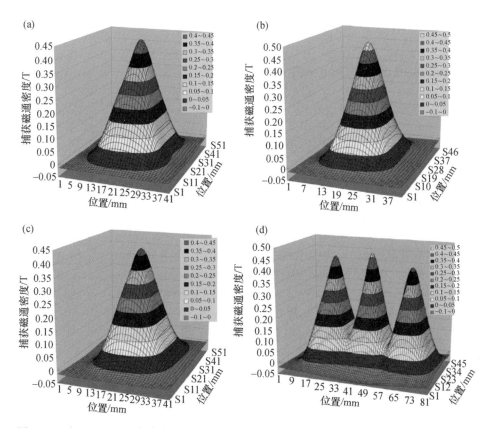

图 4.40 在 77 K,3 T 磁场条件下用场冷的磁化方法获得的三个样品 (a),(b),(c) 及其组合体 (d) 的捕获磁通密度分布

　　由图 4.40 可知,三个样品均具有良好的磁单畴特性,最大捕获磁通密度分别为 0.449 T,0.482 T,0.421 T,而组合体的捕获磁通密度分布呈现三个峰,分别为 0.444 T,0.464 T,0.412 T,分别稍小于单个样品的捕获磁通密度.但是,在三个峰之间形成的两个谷值的捕获磁通密度已达到约 0.1 T.为了进一步研究三个样品与组合体捕获磁通密度分布之间的关系,他们分别测量了到样品表面距离为 1 mm, 5 mm,10 mm 的捕获磁通密度分布,结果如图 4.41 所示.当距离小于 5 mm 时,单个样品的捕获磁通密度高于组合体的捕获磁通密度.当距离大于 10 mm 时,组合体的捕获磁通密度则高于单个样品的捕获磁通密度,同时,组合体的捕获磁通量亦高于各个单个样品的捕获磁通量之和.这说明通过组合增加超导体面积的方法,可以有效地提高超导样品的捕获磁通量,特别是在较远距离处.这可以通过表 4.2 看出,当距离大于 10 mm 时,组合体的捕获磁通量为 0.218 mWb,已高于单个样品的捕获磁通量 0.215 mWb.这些结果对于该类超导材料的实际应用具有一定的指导意义.

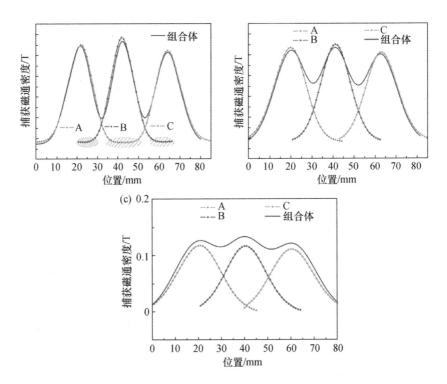

图 4.41　图 4.39 所示 A,B,C 三个样品与组合体的捕获磁通密度分布.(a) 距样品表面 1 mm,(b) 5 mm,(c) 10 mm

表 4.2 样品的尺寸、最大捕获磁通密度及磁通量

YBCO 块材		A	B	C	组合体
尺寸/(mm×mm×mm)		25.1×36×18	21×36×18	25.1×36×18	71.2×36×18
最大捕获磁通密度/T	1 mm	0.449	0.482	0.421	0.444-0.464-0.412
	5 mm	0.234	0.242	0.222	0.228-0.234-0.217
	10 mm	0.118	0.117	0.112	0.127-0.134-0.122
磁通量/mWb	1 mm	0.146	0.132	0.137	0.378
	5 mm	0.107	0.096	0.102	0.282
	10 mm	0.076	0.067	0.072	0.218

（4）温度对 REBCO 块材捕获磁通密度分布的影响.

一般情况下,温度越低,REBCO 块材的超导性能越好,样品的捕获磁通密度和磁悬浮力也会增高. Gruss[46,47] 和 Gonzalez-Arrabal 等[48] 分别研究了掺 Zn,掺 Ag 和 Ag/Zn 共掺单畴 YBCO 块材在不同温度下的磁通捕获能力. 实验所用样品的厚度均为 12 mm 左右,掺 Zn,Ag 和 Ag/Zn 样品的直径分别为 24 mm,26 mm 和 22 mm,在实验的过程中,所有的样品均用 Cr-Ni 不锈钢进行了固定强化,以避免在低温强磁场条件下样品被破坏[49]. 图 4.42 是通过场冷方法在不同温度下获得的三个样品的最大捕获磁通密度(表面中心位置)随温度的变化曲线[47]. 由图 4.42 可知,随着温度的降低,三个样品的捕获磁通密度均单调增加,当温度低于 20 K 时,样品的捕获磁通密度均可超过 10 T. 在相同的温度下,掺 Zn 样品的捕获磁通密度明显高于掺 Ag 和 Ag/Zn 样品,该样品在 44 K 时的捕获磁通密度已达到 9 T.

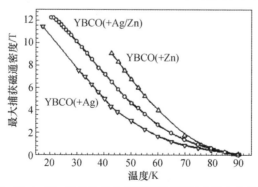

图 4.42 掺 Zn,Ag 和 Ag/Zn 样品的最大捕获磁通密度(表面中心位置)随温度的变化

但是,也有实验结果表明 REBCO 超导块材的最大捕获磁通密度并不一定都随温度的降低而增加. Sakai 等[44] 用直径 140 mm 的单畴 GdBCO 超导块材,分别研究了单个样品和两个样品叠加后在不同温度下的捕获磁通密度沿其径向的分布,测量时 Hall 探头距样品表面约 17 mm,结果如图 4.43 所示.随着温度的降低,不论是单个样品还是两个叠加的样品,温度越低,其捕获磁通密度越高. 但是,随着温

度的降低,捕获磁通密度增加的幅度越来越小,对单个样品而言,这种情况更加明显.

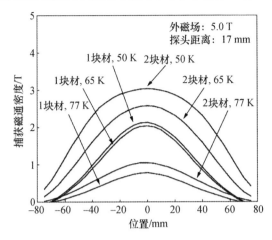

图 4.43   单个和两个叠加单畴 Gd-Ba-Cu-O 超导块材在不同温度下的捕获磁通密度沿其径向的分布,样品直径 140 mm

为了进一步系统地研究温度对单畴 GdBCO 超导块材捕获磁通密度的影响,Sakai 等[44]分别测量了单个和两个叠加单畴 GdBCO 超导块材在 50～88 K 之间的最大捕获磁通密度随温度的变化规律,包括样品表面和距样品表面 17 mm 的 z 轴捕获磁通密度分量,结果如图 4.44 所示.随着温度的降低,不论是单个样品还是两个叠加的样品,是样品表面还是距样品表面 17 mm 处的捕获磁通密度,均随着温度的降低而逐渐增加,但当温度低于 65 K 时,样品的捕获磁通密度达到饱和.单个样品的最大捕获磁通密度为 4.3 T,两个样品之间的最大捕获磁通密度约 5.0 T.

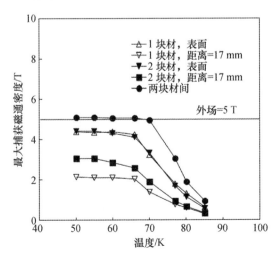

图 4.44   单个和两个叠加单畴 GdBCO 超导块材在 50～88 K 之间的最大捕获磁通密度随温度的变化

这些结果均表明,单畴 REBCO 超导块材的捕获磁通密度及其分布与温度有着密切的关系,但是规律并不一定完全相同,如图 4.42 和图 4.44 的变化趋势就有一定的差异.因此,虽然一般情况下,单畴 REBCO 超导块材的捕获磁通密度及其分布具有相同的变化规律,但是不同样品的捕获磁通密度及其分布却并不一定完全相同.这与磁化的温度、磁化方法、外加磁场强度、是否用粒子辐照、样品的热循环次数以及样品本身(如形状、晶粒取向、微观结构等)的具体情况有关[50—54].

§4.3　REBCO 超导块材的磁悬浮力特性

在零场冷条件下,由于超导材料的零电阻和抗磁特性,当永磁体逐渐靠近超导体时,作用于超导体上的磁场强度和磁通量逐渐增加,根据 Faraday 电磁感应定律,这种磁通量的变化,必然在超导体内产生一种感生电流,称为磁屏蔽感生电流.这种磁屏蔽感生电流产生的磁场与永磁体的磁场方向相反,因此,当两者逐渐接近时,超导体和永磁体之间呈现相互排斥的作用力,称为磁悬浮力(F_L).在永磁体接近超导体的过程中,在较强外加磁场强度 H 下,当 $H > H_{c1}$ 时,会有部分磁通线被挤入超导体内.进入超导体内磁通量的多少,与超导体的磁通钉扎力强弱有关.磁通钉扎力越强,进入超导体内的磁通量越少,F_L 越大.反之,进入超导体内的磁通量越多,F_L 越小.

当永磁体远离超导体时,作用于超导体上的磁场强度和磁通量则逐渐减弱,原来进入样品的磁通线会逐渐向外排出,致使作用于超导体上的磁场强度和磁通量逐渐减少.根据 Faraday 电磁感应定律,这种磁通量的变化,必然在超导体内产生一种与增加磁场时方向相反的感生电流,当两者逐渐远离时,后一种感生电流逐渐增加,因此,超导体和永磁体之间的斥力逐渐减小.在这两种感生电流的作用下,超导体和永磁体之间的相互作用力逐渐减小.但是,由于超导体具有一定的磁通钉扎力,即使在外加磁场强度降为零的情况下,超导体也能捕获部分原来进入超导体内部的磁通线,这就使超导体具有了与外加磁场方向一致的磁场分布,因此,当两者之间的距离达到一定值时,超导体和永磁体之间的相互作用力会变成吸引力.随着两者之间距离的进一步增加,这种吸引力会出现一个极大值,之后,再逐渐回到零.这种吸引力的大小与超导体捕获的磁通量的多少以及超导体的磁通钉扎力强弱有关.在零场冷、弱磁场(<1 T)条件下,磁通钉扎力越强,进入超导体内的磁通量越少,捕获的磁通量也越少,则吸引力越小.反之,进入超导体内的磁通量大,捕获的磁通量也多,则吸引力较大.

必须注意的是,上述情况仅在零场冷、弱磁场(<1 T)条件下是正确的.在这种

情况下,外加磁场无法完全穿透整个超导样品(厘米量级).如果温度较高(如接近临界温度)或者外加磁场较强(如磁场能够完全穿透整个超导样品),那么超导体和永磁体之间的相互作用力就可能会出现与上述情况不同的结果.

另外,当超导体接近或远离永磁体时,如果超导体与永磁体之间的运动路线不同,它们之间的相互作用力也不同.同时需要考虑的是,超导体与永磁体之间相互作用力的大小还与永磁体的形状、大小、磁极数目、磁场分布、超导体的晶畴的大小、晶粒取向、临界电流密度、磁通钉扎力、工作温度、冷却方式、是否被磁化、热循环次数、两者之间的组合形式、相对运动路径、速度等众多因素有关,遇到具体问题,必须进行具体分析和设计.

4.3.1　REBCO 超导块材磁悬浮力的计算模拟

在零场冷条件下,当处于临界温度以下的超导体逐渐接近磁体时,随着两者之间距离的减小,作用于超导体上的磁场强度越来越强,当 $H > H_{c1}$ 时,磁通线逐渐被挤入超导体内,并由超导体表面开始向体内扩散,在超导体内形成磁场梯度.根据 Maxwell 方程可知,这时,超导体内会产生与磁场梯度相应的电流密度 $\boldsymbol{J}$:

$$\nabla \times \boldsymbol{H} = \boldsymbol{J}. \tag{4.19}$$

$\boldsymbol{J}$ 的大小与超导体的磁通钉扎力强弱有关,磁通钉扎力越强,超导体内的磁场梯度越大,$\boldsymbol{J}$ 就越大.$\boldsymbol{J}$ 越大,超导体产生的反向磁场就越强,因此,超导体受到的磁悬浮力 $\boldsymbol{F}_{\mathrm{L}}$ 就越大.反之,超导体内的磁场梯度越小,$\boldsymbol{J}$ 就越小.$\boldsymbol{J}$ 越小,超导体产生的反向磁场就越小,$\boldsymbol{F}_{\mathrm{L}}$ 就越小.超导体与磁体之间的相互作用力可由下式计算:

$$\boldsymbol{F} = \iiint_V \boldsymbol{J} \times \boldsymbol{B} \mathrm{d}V, \tag{4.20}$$

其中,$\boldsymbol{J}, \boldsymbol{B}$ 分别为超导体内的电流密度,与 $\boldsymbol{J}$ 同一位置的磁感应强度,V 为超导体的体积.当半径为 R,厚度为 h 的圆柱形超导块材以轴对称的方式逐渐接近一个圆柱形永磁体时,按照 Bean 模型,(4.20)式可简化为

$$F_{\mathrm{L}} = 2\pi \int_0^R \int_0^h J_{\mathrm{c}} B_r r \mathrm{d}r \mathrm{d}z, \tag{4.21}$$

其中 J_{c} 是超导体的临界电流密度.

如果将超导体视为磁矩为 $\boldsymbol{m}$ 的磁体,那么,其在磁场中的受力[54,55]

$$\boldsymbol{F} = \nabla \iiint_V \boldsymbol{M} \cdot \boldsymbol{H} \mathrm{d}V. \tag{4.22}$$

在一维情况下,(4.22)式可简化为[54,55]

$$F_{\mathrm{L}} = m \frac{\mathrm{d}H}{\mathrm{d}x}, \tag{4.23}$$

其中 $m=MV$，M 为超导体的磁化强度，$M=AJ_c$，A 为常数，J_c 为超导体的临界电流密度，r 为超导体的半径，V 为超导体的体积，$\mathrm{d}H/\mathrm{d}x$ 为磁场梯度. 由(4.23)式可知，在永磁体磁场分布和超导体体积(包括形状)确定的情况下，磁悬浮力与 J_c 和 r 成正比，因此，提高磁悬浮力的关键在于提高超导体的临界电流密度和制备大尺寸的单畴超导块材.

关于超导磁悬浮力的计算有多种方法，如在改变超导体与磁体之间距离时，利用能量最小原理计算两者之间相互作用力的变化规律的方法[56,57]，通过超导体与磁体之间的互感计算两者之间相互作用力的方法[58]，利用超导体内的磁场与电流直接计算超导体与磁体之间相互作用力的方法[59]，通过电磁场有限元计算两者之间相互作用力的方法[60]，将超导体视为磁荷计算两者之间相互作用力的方法[54,55,61]等，这里不详述，读者可自查阅.

4.3.2　影响 REBCO 超导块材磁悬浮力的因素

前面讲过，影响超导体与永磁体之间相互作用力的因素很多，下面就部分情况进行举例说明.

1. REBCO 超导块材的环流半径对其磁悬浮力的影响

由(4.23)式可知，REBCO 超导块材的磁悬浮力大小与样品的半径 r 成正比，但是，这里所说的是一个晶粒或一个单畴晶体，而不是多晶样品. 即使这样，也不一定完全正确，还必须考虑样品中磁屏蔽感生电流的环流周长. 总的环流周长越小，REBCO 超导块材的磁悬浮力越大. 为了研究这一问题，杨万民等[62]用一个直径为 30 mm 的单畴 YBCO 超导块材(如图 4.45 所示)，通过沿直径 AB 切割的方法，获得了具有不同环流周长的样品，如图 4.46 所示. 切割的长度依次为 $L=0$ mm，3 mm，7 mm，12 mm，15 mm，18 mm，21 mm，24 mm，27 mm，30 mm. 切割后样品中的缝隙宽度约为 0.1~0.2 mm，相对于整个样品而言可以忽略，可认为样品的形状和尺寸一致. 在被切割的部位，超导电流无法通过.

1 cm

图 4.45　直径为 30 mm 的单畴 YBCO 超导块材照片

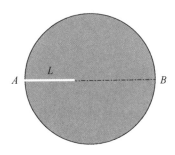

图 4.46　直径 30 mm 的单畴 YBCO 超导块材沿直径 AB 切割的形貌示意图，$AB=2R=$ 30 mm，$L=0$ mm，3 mm，7 mm，12 mm，15 mm，18 mm，21 mm，24 mm，27 mm，30 mm

图 4.47 是在 77 K，零场冷，轴对称情况下，图 4.46 所示 YBCO 超导块材与圆柱形钕铁硼永磁体之间的磁悬浮力曲线，测试所用永磁体的直径为 30 mm，表面磁感应强度为 0.5 T.

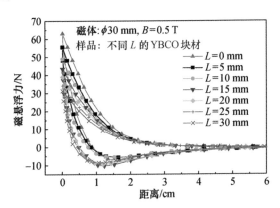

图 4.47　在 77 K，零场冷，轴对称情况下，图 4.46 所示 YBCO 超导块材与磁体之间的磁悬浮力曲线

由图 4.47 可知，随着样品切割长度 L 的增加，样品中磁屏蔽感生电流的环流周长逐渐增加，磁悬浮力逐渐减小. 如样品的最大磁悬浮力从 $L=0$ mm 的 67.5 N 减小到 $L=30$ mm 的 40 N. 同时可发现，随着 L 的增加，样品的磁悬浮力曲线逐渐向左偏移，表明样品的在磁悬浮状态的刚度逐渐下降. 切割长度 L 与样品的最大磁悬浮力的变化趋势如图 4.48 所示，随着样品切割长度 L 的增加，YBCO 超导块材的磁悬浮力呈光滑连续、单调递减的变化趋势. 从 $L=0$ mm 到 $L=30$ mm，磁悬浮力的衰减率达到 40.7%.

现在来分析样品的切割长度 L 是如何影响 YBCO 超导块材的磁悬浮力的. 当样品沿直径方向的切割长度为 L 时，特别是当 $L<2R$ 时，整个 YBCO 超导块材都是一个单畴样品，但随着样品切割长度 L 的增加，包围 YBCO 超导块材的边界周长（$2\pi R+2L$）也逐渐增加. $2\pi R+2L$ 实际就是样品磁屏蔽感生环流（ISCL）的周

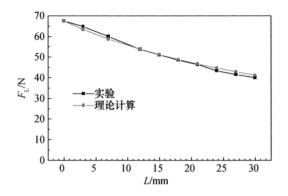

图 4.48 切割长度 L 对 YBCO 超导块材的磁悬浮力的影响

长,其中 $R=15$ mm, $L=0\sim30$ mm. 由(4.23)式可知,YBCO 超导块材的磁悬浮力大小与样品的半径 r 成正比,该半径 r 相当于 $L=0$ mm 时样品的半径 $R=15$ mm. 但是在该实验中,随着 L 的增加,样品 ISCL 的半径 r 减小,ISCL 的周长增加,这相当于减小了样品的晶粒尺寸,从而导致了磁悬浮力的减小. 因此,在这种情况下,可以认为样品磁悬浮力反比于样品中所有晶粒 ISCL 周长的总和 ρ_{total}:

$$F_{\text{L}} = \frac{\rho_{\min}}{\rho_{\text{total}}} F_0, \tag{4.24}$$

其中 $\rho_{\min}$ 是单畴 YBCO 超导块材边界的最小周长,F_0 为 $\rho_{\text{total}}=\rho_{\min}$ 时样品的磁悬浮力. 在该实验中,$\rho_{\text{total}}=2\pi R+2L$,$\rho_{\min}=2\pi R$,$F_0=67.5$ N,$R=15$ mm,$L=0\sim30$ mm,因此,(4.24)式可简化为

$$F_{\text{L}} = \frac{2\pi R}{2\pi R + 2L} F_0. \tag{4.25}$$

根据(4.25)式计算出的样品的磁悬浮力随着切割长度 L 的变化规律与实验结果符合得很好(见图 4.48). 这说明,YBCO 超导块材的磁悬浮力与样品中所有晶粒磁屏蔽感生环流周长总和成反比.

2. 晶粒大小对 REBCO 超导块材磁悬浮力的影响

杨万民等[63]对直径(25 mm)和厚度相同但晶粒尺寸不同的样品,在相同的测试条件下,分别测量了它们在液氮温度下的磁悬浮力,结果表明,晶粒尺寸越大,样品的磁悬浮力也越大. 该结果是通过多个不同样品得到的,每个样品中的晶粒大小、形状、数目都是随机生成的,且不规则,因此无法定量,甚至半定量地看到晶粒的大小对 REBCO 超导块材磁悬浮力的影响规律.

事实上,不论是采用 TSMTG 法还是 TSIG 法,均很难制备出晶粒尺寸完全具有一定规律的系列 YBCO 超导块材. 因此,在研究晶粒大小对 REBCO 超导块材磁悬浮力的影响时,就很难保证实验所用样品的形状、尺寸、材质都是一样的,这就给研究晶粒大小对 REBCO 超导块材磁悬浮力的影响带来了一定的难度.

为了在样品形状、尺寸、材质、测试条件都一样的情况下,研究晶粒的大小对 REBCO 超导块材的磁悬浮力的影响,杨万民等[64,65]用一个直径为 30 mm 的单畴 YBCO 超导块材,通过切割的方法,获得了具有不同晶粒尺寸的一组样品,见图 4.49.

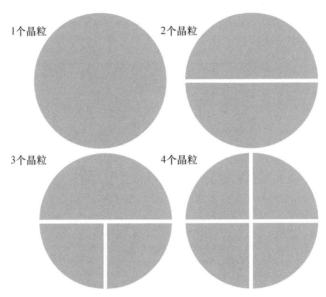

图 4.49 直径 30 mm 的单畴 YBCO 超导块材切割前后的形貌

图 4.50 是在 77 K,零场冷,轴对称情况下图 4.49 所示的 YBCO 超导块材与圆柱形钕铁硼永磁体之间的磁悬浮力曲线,测试所用永磁体的直径为 30 mm,表面磁感应强度为 0.5 T.

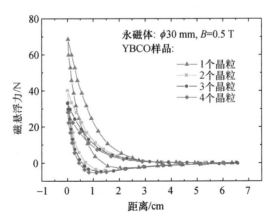

图 4.50 在 77 K,零场冷,轴对称情况下图 4.49 所示样品与永磁体之间的磁悬浮力曲线

　　由图 4.50 可知,随着样品晶粒数目的减少,样品中晶粒的平均尺寸逐渐增加,磁悬浮力逐渐增加,样品的最大磁悬浮力从 4 个晶粒的 28.15 N 增加到单个晶粒的 67.5 N.同时可发现,随着样品晶粒数目的增加,磁悬浮力曲线逐渐向左偏移,表明样品在磁悬浮状态的刚度逐渐下降.

　　为了进一步研究晶粒的平均尺寸对 YBCO 超导块材磁悬浮力的影响,他们将具有不同晶粒数目的样品的最大磁悬浮力进行整理,其变化趋势如图 4.51 所示.随着样品晶粒数目的增加,YBCO 超导块材的磁悬浮力呈光滑连续、单调递减的变化趋势,样品的最大磁悬浮力从 1 个晶粒的 67.5 N 减小到 4 个晶粒的 28.15 N,磁悬浮力的衰减率达到 58.3%.样品的平均晶粒尺寸是如何影响 YBCO 超导块材的磁悬浮力的? 在实验的过程中,样品晶粒数目不同,必然导致 YBCO 超导块材中所有晶粒边界周长的总和 ρ_{total} 不同. 在该实验中, $\rho_{total}=2\pi R,2\pi R+4R,2\pi R+6R,2\pi R+8R$. 因此,可以采用 (4.25) 式进行计算模拟, $\rho_{min}=2\pi R$, $F_0=67.5$ N, $R=15$ mm,结果如图 4.51 所示.由图 4.51 可知,计算的结果与实验符合得很好.这说明,YBCO 超导块材的磁悬浮力与样品中所有晶粒磁屏蔽感生环流周长的总和成反比.

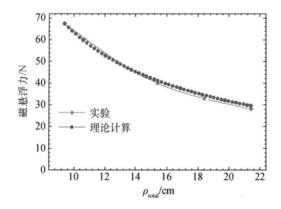

图 4.51　YBCO 超导块材中晶粒边界周长的总和 ρ_{total} 对其磁悬浮力的影响

　　那么,样品的晶粒半径是如何影响超导体磁悬浮力的? 根据图 4.49,可以计算出每个样品的平均晶粒半径 R_A. 假设样品的总表面积为 S,如果样品有 n 个晶粒,假设每个晶粒的表面积可用半径为 r_i 的圆面积替代,则有

$$\pi R^2 = S = \sum_{i=1}^{n} S_i = \pi \sum_{i=1}^{n} r_i^2 = n\pi R_A^2, \tag{4.26}$$

$$\rho_{total} = 2\pi R_A. \tag{4.27}$$

由 (4.26) 和 (4.27) 式可知,样品的平均晶粒半径 R_A 可表示为

$$R_A = \frac{\rho_{min}}{\rho_{total}} R. \tag{4.28}$$

由 (4.24) 和 (4.28) 式可知,磁悬浮力与平均晶粒半径 R_A 的关系可表示为

$$F_L = \frac{\rho_{\min}}{\rho_{\text{total}}} F_1 = \frac{R_A}{R} F_1, \tag{4.29}$$

其中 $\rho_{\min} = 2\pi P, \varphi_1 = 67.5\,\text{N}, P = 15\,\text{mm}, P_A = n^{-0.5} R, n = 4, 3, 2, 1.$ 图 4.52 为四个 YBCO 超导块材的磁悬浮力与样品的平均晶粒半径 R_A 之间的关系. 由图 4.52 可知,样品的磁悬浮力与其平均晶粒半径 R_A 成正比.

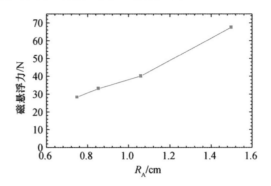

图 4.52　四个 YBCO 超导块材的磁悬浮力与其平均晶粒半径 R_A 之间的关系

3. 单个 REBCO 超导块材对组合样品磁悬浮力的贡献

由于制备大尺寸单畴 REBCO 超导块材的技术难度很大,成功率不高,因此,在实际应用的过程中,人们往往采用将多个小尺寸单畴 REBCO 超导块材排列组合的方法来实现这一目标. 那么,单个 REBCO 超导块材对组合样品磁悬浮力的贡献究竟有多大? 为了研究这一问题,杨万民等[66] 用一个直径为 30 mm 的单畴 YBCO 超导块材,通过切割的方法,获得了两个半圆柱形单畴 YBCO 超导块材. 将这两个半圆柱形样品仍按圆柱形样品的一部分进行组合,有三种方式,如图 4.53 所示.

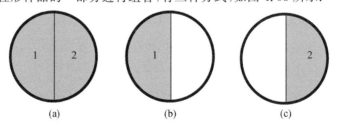

图 4.53　两个半圆柱形单畴 YBCO 超导块材按圆柱形样品的一部分进行组合的形貌. (a) 组合圆柱形样品 SF_{12} (由 2 个半圆柱形单畴 YBCO 超导块材组成),(b) 由第 1 个半圆柱形单畴 YBCO 超导块材组成的圆柱状样品 SF_1,(c) 由第 2 个半圆柱形单畴 YBCO 超导块材组成的圆柱状样品 SF_2

图 4.54 是在 77 K,零场冷,轴对称情况下图 4.53 所示 YBCO 超导块材与圆柱形钕铁硼永磁体之间的磁悬浮力曲线,所用永磁体直径为 30 mm,表面磁感应强度为 0.5 T.

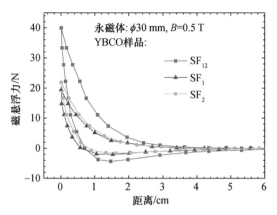

图 4.54　在 77 K, 零场冷, 轴对称情况下, 图 4.53 所示 YBCO 超导块材与圆柱形钕铁硼永磁体之间的磁悬浮力曲线

由图 4.54 可知, 第 1 和第 2 个半圆柱形单畴 YBCO 超导块材 SF_1 和 SF_2 的最大磁悬浮力分别为 19.44 N 和 21.85 N, 由 2 个半圆柱形单畴 YBCO 超导块材组成圆柱状样品 SF_{12} 的最大磁悬浮力为 40.7 N, 稍小于 2 个半圆柱形样品的最大磁悬浮力之和 41.9 N, 相对偏差约 2.95%. 因此, 可以近似地认为, 组合样品的最大磁悬浮力约等于每个样品的最大磁悬浮力之和. 但必须注意, 在测试过程中, 必须保证每个单独样品与其在组合样品中的位置相同.

为了进一步验证这一实验的准确性和可靠性, 杨万民等[66]又将 2 个半圆柱形单畴 YBCO 超导块材切割成了 4 个四分之一圆柱形样品, 将这 4 个四分之一圆柱形样品仍按圆柱形样品的一部分进行组合, 有 5 种方式, 如图 4.55 所示.

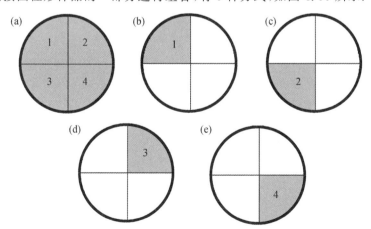

图 4.55　4 个四分之一圆柱形单畴 YBCO 超导块材按圆柱形样品的一部分进行组合的形貌. (a) 组合圆柱状样品 SS_{1234}, (b), (c), (d), (e) 分别是由第 1, 第 2, 第 3, 第 4 个四分之一圆柱形的单畴 YBCO 超导块材组成的圆柱状样品 SS_1, SS_2, SS_3, SS_4

　　图 4.56 是在 77 K,零场冷,轴对称情况下图 4.55 所示 YBCO 超导块材与圆柱形钕铁硼永磁体之间的磁悬浮力曲线,所用永磁体直径为 30 mm,表面磁感应强度为 0.5 T.

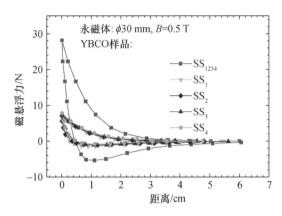

图 4.56　在 77 K,零场冷,轴对称情况下,图 4.55 所示 YBCO 超导块材与圆柱形钕铁硼永磁体之间的磁悬浮力曲线

　　由图 4.56 可知,第 1,第 2,第 3,第 4 个四分之一圆柱形单畴 YBCO 超导块材 SS_1,SS_2,SS_3,SS_4 的最大磁悬浮力分别为 6.77 N,7.0 N,7.4 N 和 7.7 N.由 4 个四分之一圆柱形单畴 YBCO 超导块材组成的圆柱形样品 SS_{1234} 的最大磁悬浮力为 28.15 N,稍小于 4 个四分之一圆柱形样品的最大磁悬浮力之和 28.87 N,相对偏差约 2.6%.该结果进一步说明,组合样品的最大磁悬浮力约等于每个样品的最大磁悬浮力之和,但必须注意测试和使用的条件.实验结果之间的差异,也可能与单个样品和组合样品的退磁因子不同有关.

4. REBCO 超导块材的晶粒取向对其磁悬浮力的影响

　　由于单畴 REBCO 超导块材具有片层状晶粒形貌,因此该类材料的晶体结构和超导性能也具有高度各向异性.那么,对于具有同样形状和尺寸的样品,晶粒取向对 REBCO 超导块材的磁悬浮力有何影响?杨万民等[67]用两个尺寸为 ϕ18 mm ×10 mm,但晶粒取向不同的单畴 YBCO 块材,研究了晶粒取向对其磁悬浮力的影响.实验所用超导样品形貌如图 4.57 所示.

　　首先要确定这两个样品的晶粒取向.由图 4.57 可知,样品 B 有许多相互平行且均匀排列的裂纹,说明该样品是一个单畴样品,ab 面可能垂直于样品表面.样品 A 的形貌与样品 B 截然不同,表面具有明显的十字生长花纹,是 ab 面平行于其表面的典型单畴 YBCO 样品形貌.这只是按照经验的判断,尚需通过 XRD 和 ϕ 扫描实验进一步验证.

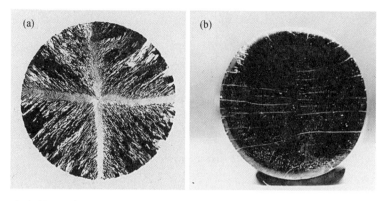

图 4.57　实验所用两个超导单畴 YBCO 样品($\phi18\,\text{mm} \times 10\,\text{mm}$)形貌.(a) 样品 A,$ab$ 面平行于样品表面,(b) 样品 B,ab 面垂直于样品表面

图 4.58 分别是样品 A 和样品 B 表面的 X 射线衍射谱线图.由图 4.58(a) 可知,样品 A 的 X 射线衍射谱中只有 001 峰,说明该样品中晶粒的 c 轴垂直于样品表面,ab 面平行于样品表面生长.由图 4.58(b) 可知,样品 B 的 X 射线衍射谱中只有一个 110 峰,说明该样品中晶粒的 c 轴取向平行于样品表面,ab 面垂直于样品表面.图 4.59 是样品 A 和样品 B 表面的 ϕ 扫描曲线.从图 4.59 中可知,样品 A 的 ϕ 扫描曲线中有四个各间隔 90° 的峰,而样品 B 中只有两个间隔 180° 的峰.在 YBCO 晶体中,其晶胞的晶格常数分别为 $a = 0.383\,\text{nm}$,$b = 0.388\,\text{nm}$,$c = 1.168\,\text{nm}$.由于晶格常数 a 与 b 十分接近,图 4.59(a) 中的四个等间隔峰值表明该样品具有一个四次对称轴,正好与 YBCO 晶胞中的 ab 面相一致,表明该样品为单畴,且 ab 面平行于样品表面.图 4.59(b) 中的两个峰值表明,该样品具有 2 次对称轴,正好与 ac 或 bc 面相对应,表明该样品中 Y123 晶体的 ab 面垂直于样品表面.这些结果说明,样品 A 和样品 B 都是单畴样品,只是样品 A 的 ab 面平行于样品表面生长,样品 B 的 ab 面垂直于样品表面生长.

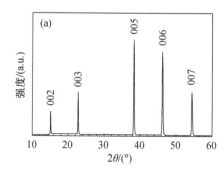
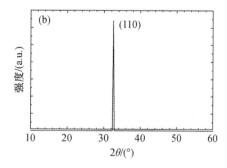

图 4.58　样品 A 和 B 表面的 X 射线衍射谱线图.(a) 样品 A,(b) 样品 B

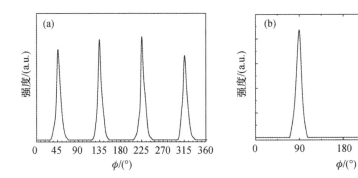

图 4.59　样品 A 和样品 B 表面的 ϕ 扫描曲线.(a) 样品 A,(b) 样品 B

图 4.60 是样品 A 和样品 B 与直径 18.5 mm 的永磁体(表面中心磁感应强度约为 0.5 T) 在 77 K,零场冷,轴对称情况下的磁悬浮力曲线.从图 4.59 中可知,样品 A 的最大磁悬浮力为 28 N,比样品 B 的最大磁悬浮力 12.2 N 高出一倍多.两个样品磁悬浮力的显著差异,说明 ab 面平行于样品表面时,样品具有较高的磁悬浮力,ab 面垂直于样品表面时,样品的磁悬浮力较小,也充分表明 YBCO 超导体的磁悬浮力是高度各向异性的.因此,在实际应用时,应充分考虑该类材料的各向异性,以便充分发挥和利用 REBCO 超导块材的优势.

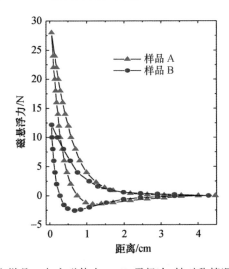

图 4.60　样品 A 和样品 B 与永磁体在 77 K,零场冷,轴对称情况下的磁悬浮力曲线

上面的实验结果对于两个极端情况证明了单畴 YBCO 超导块材磁悬浮力的高度各向异性,但仍无法说明晶粒取向对单畴 YBCO 超导块材磁悬浮力的影响.

为此,杨万民等[68]将一个直径 30 mm,磁悬浮力 70 N(77 K,0.5 T)的圆柱形单畴 YBCO超导块材切割成一组尺寸为 3.5 mm×3.5 mm×5 mm,但晶粒取向不同的单畴 YBCO 块材,在此基础上研究了晶粒取向对磁悬浮力的影响规律.为了便于叙述,这里暂用 θ 表示每个小单畴晶块的晶粒取向,θ 是样品表面法线方向与其 c 轴的夹角.经过切割打磨,他们最后得到一系列单畴 YBCO 小块,相应样品中的晶粒取向角分别为 $\theta=0°,15°,30°,45°,60°,75°$ 和 $90°$.在进行磁悬浮力测量时,样品与永磁体间的最小距离为 0.8 mm.由于实验中所用永磁体直径为 27 mm,远远大于该组小样品的尺寸,因此在测试过程中,即使超导块略微偏离永磁体轴心线一点,也不会给实验结果带来多大影响.图 4.61 是在 77 K 温度下晶粒取向不同的单畴 YBCO小块的磁悬浮力曲线.从图 4.61 中可知,每个样品的最大磁悬浮力各不相同,$\theta=0°$ 时样品的最大磁悬浮力最大,$\theta=90°$ 时样品的最大磁悬浮力最小,这与上面的实验结果一致.

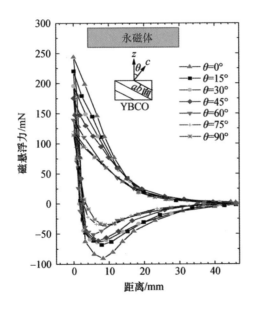

图 4.61 晶粒取向不同的单畴 YBCO 小块的磁悬浮力曲线

图 4.62 给出了该组样品在 $Z=0.8$ mm 时对应的磁悬浮力与其晶粒取向角 θ 之间的关系.从图 4.62 中可知,该组样品的最大磁悬浮力随着 θ 角的增加逐渐递减,从 $\theta=0°$ 时的 243.9 mN 减小到 $\theta=90°$ 时的 115.8 mN.当 $0°<\theta<90°$ 时,样品的磁悬浮力介于两者之间.这进一步说明具有良好织构生长的 YBCO 大块超导材料的磁悬浮力是高度各向异性的.为了分析和阐述这种磁悬浮力与取向角 θ 之间的规律,他们建立了一个简单的物理模型,如图 4.63 所示.

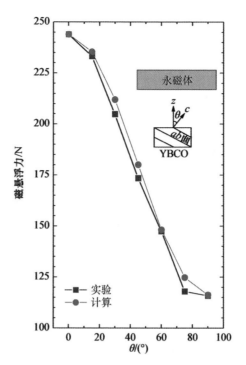

图 4.62   晶粒取向不同的单畴 YBCO 块材的磁悬浮力与其取向角 θ 之间的关系

由于样品的表面尺寸为 $3.5\,\mathrm{mm}\times5\,\mathrm{mm}$, 其面积比永磁体(直径 27 mm)的面积小得多, 可以假定样品所处的磁场是一个均匀磁场, 那么作用在样品上能起磁悬浮作用的磁场 **B** 是垂直向下的, 如图 4.63 所示. 假设当外加磁场 **B** 垂直作用在样品的 ab 面上时, 在 ab 面内感生的环流密度为 $(J_c)_{ab}$, **B** 垂直作用在 ac 或 bc 面上时, 感生的环流密度为 $(J_c)_c$.

由图 4.63 可知, 样品的 ab 面与上表面夹角为 θ, c 轴与 z 轴的夹角也是 θ, 则可以将磁场矢量 **B** 分解成两个相互垂直的分量, 一个平行于 c 轴, 记为 $B_{\parallel c}$, 另一个垂直于 c 轴, 记为 $B_{\perp c}$. $B_{\parallel c}$ 分量垂直于样品的 ab 面, 在 ab 面上感生的环流密度为 $J'_{ab}=(J_c)_{ab}\cos\theta$. $B_{\perp c}$ 平行于样品的 ab 面, 在 c 轴方向上感生的环流密度为 $J'_c=(J_c)_c\sin\theta$. 由图 4.63 可知, 取向角为 θ 的样品表面的电流密度

$$J(\theta)=J'_{ab}\cos\theta+J'_c\sin\theta$$
$$=(J_c)_{ab}\cos^2\theta+(J_c)_c\sin^2\theta. \tag{4.30}$$

超导样品与永磁体的轴向作用力可表示为

$$F=m(\mathrm{d}H/\mathrm{d}x). \tag{4.31}$$

其中 $m=MV$ 为样品的磁矩, V 为样品的体积, $M=AJ_cr$, A 为与样品形状相关的常数, J_c 为样品的临界电流密度, r 为感生环流半径, $\mathrm{d}H/\mathrm{d}x$ 为永磁体的径向磁场

梯度.由此可知,对于任一取向角为 θ 的单畴 YBCO 块材,其磁悬浮力可表示为

$$F = AVJ_c(\theta)r(\mathrm{d}H/\mathrm{d}x)$$
$$= AVr(\mathrm{d}H/\mathrm{d}x)\left[(J_c)_{ab}\cos^2\theta + (J_c)_c\sin^2\theta\right]$$
$$= (F(0)/k)(k\cos^2\theta + \sin^2\theta), \tag{4.32}$$

其中 $k = (J_c)_{ab}/(J_c)_c = F(0)/F(90)$,$F(0) = AV(J_c)_{ab}r(\mathrm{d}H/\mathrm{d}x)$ 和 $F(90) = AV(J_c)_c r(\mathrm{d}H/\mathrm{d}x)$ 分别表示 ab 面平行于样品表面和 ab 面垂直于样品表面时的磁悬浮力.$F(\theta)$ 表示样品表面法线方向与 c 轴夹角为 θ 时的磁悬浮力.根据(4.32)式就可以计算出任一晶粒取向角为 θ 的样品的磁悬浮力.

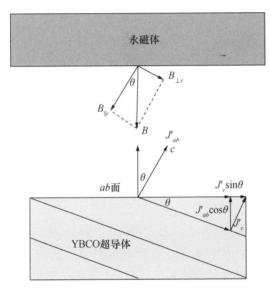

图 4.63 晶粒取向不同的单畴 YBCO 块材在磁场中的电流分布示意图

图 4.62 中给出了用该公式计算的晶粒取向角 θ 不同时样品的磁悬浮力,从中可以看出,计算结果与实验结果符合得较好,可以很好地描述单畴 YBCO 超导块材磁悬浮力的各向异性.

另外,Tent[9],Shi[69] 和 Cardwell[70] 等分别研究了晶粒取向和晶粒之间的夹角对 YBCO 超导块材磁悬浮力的影响,这里不详述.

5. REBCO 超导块材的厚度对其磁悬浮力的影响

对于确定的柱状单畴 REBCO 超导块材,当其横截面形状和面积确定后,样品的磁悬浮力大小取决于其厚度,但并不是样品越厚其磁悬浮力就越大.关于这方面的实验[71,72] 已经证明了这一点.Leblond 等[71] 用组分为 $0.75\mathrm{YBa_2Cu_3O_7} + 0.25\mathrm{Y_2BaCuO_5}$ 和 $0.6\mathrm{YBa_2Cu_3O_7} + 0.4\mathrm{Y_2BaCuO_5}$,直径为 20 mm 的两种单畴 YBCO 超导块材,简称为 Y1.5 和 Y1.8,分别研究了样品的厚度对其磁悬浮力的影响.测

试所用永磁体是尺寸为 $\phi 25\,\mathrm{mm} \times 15\,\mathrm{mm}$，表面磁感应强度 $B = 0.4\,\mathrm{T}$ 的 SmCo 永磁体，整个测试过程是在 77 K，轴对称情况下进行的. 图 4.64 是 Y1.5 和 Y1.8 两组样品与永磁体之间的最大磁悬浮力与样品厚度的关系曲线. 从图中可知，Y1.5 和 Y1.8 两组样品的最大磁悬浮力均随着样品厚度的增加而增加，当样品的厚度增加到 6 mm 和 8 mm 时，Y1.5 和 Y1.8 两组样品的最大磁悬浮力分别达到饱和值. 说明在实际应用的过程中，并不是样品越厚磁悬浮力就越大，而是要选择最佳的厚度.

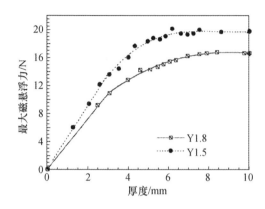

图 4.64   Y1.5 和 Y1.8 两组样品与永磁体之间的最大磁悬浮力与样品厚度的关系

Rudnev 等[73]通过叠加厚度的方式，用 7 个直径为 14 mm，厚度为 2 mm 的 YBCO 超导块材，研究了厚度对 YBCO 超导块材磁悬浮力的影响. 测试所用永磁体尺寸为 $\phi 25\,\mathrm{mm} \times 13\,\mathrm{mm}$，表面磁感应强度 $B = 0.3\,\mathrm{T}$，整个测试过程是在 77 K，轴对称情况下进行的. 图 4.65 是不同厚度 YBCO 超导块材与永磁体之间的最大磁悬浮力与样品厚度的关系曲线，图中的小正方块是实验结果，实线是计算结果. 从图中可知，样品的最大磁悬浮力均随着样品厚度的增加而增加，当样品的厚度增加到 10 mm 时，最大磁悬浮力趋于饱和，但仍在缓慢增加，这与图 4.64 中的结果基本一致.

但是，时东陆等[74]的研究结果则不同于文献[72]和[73]的报道. 他们用直径为 22 mm，厚度为 12 mm 的单畴 YBCO 超导块材，通过逐渐减薄的方式，研究了厚度对 YBCO 超导块材磁悬浮力的影响. 测试所用永磁体直径为 12 mm，表面磁感应强度未标明，整个测试过程是在 77 K，轴对称情况下进行的. 图 4.66 是不同厚度单畴 YBCO 超导块材与永磁体之间的最大磁悬浮力与样品厚度的关系曲线，图中的小正方块、三角形、空心和实心圆符号分别表示四个不同单畴 YBCO 超导块材的最大磁悬浮力变化情况. 由此图可知，样品的最大磁悬浮力均随着样品厚度的增加而线性增加，并未呈现趋于饱和的情况. 这可能与实验所用磁体较小，或样品的特性有关.

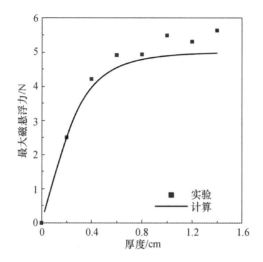

图 4.65   不同厚度 YBCO 超导块材与永磁体之间的磁悬浮力与样品厚度之间的关系

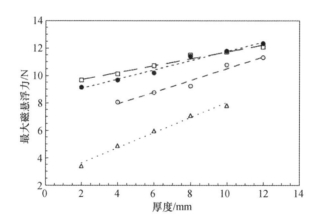

图 4.66   单畴 YBCO 超导块材的最大磁悬浮力与样品厚度之间的关系

杨万民等[75,76]采用抽层的方法直接研究了磁屏蔽感生电流沿纵向的传输对单畴 YBCO 超导块材磁悬浮力的影响. 他们将直径为 30 mm, 厚度为 7 mm 的单畴 YBCO 块材, 从其半高处沿平行于样品上表面的方向逐步切成两个薄片, 每次在 OCD 面沿 BP 切进 5 mm, 且在每次切割前后均测试了样品的磁悬浮性能. 他们发现随着切割长度 L 的增加, 样品的最大磁悬浮力逐渐减小. 这是由于抽掉的薄层减小了超导体上部和下部之间的接触面积, 阻断了感生电流沿纵向的传递, 从而减小了对磁悬浮力有贡献的有效面积系数. 当被分成两层时, 样品的磁悬浮力从原来未切割之前的 62.9 N 下降到 31.2 N, 衰减了 50% 左右. 该结果充分说明, 采用简单独立片层叠加增加厚度的方法, 虽然能够在一定范围内提高样品的磁悬浮力, 但是远远没有整体为一个单畴的样品性能高.

Kütük 等[76]用熔化粉末熔化生长(MPMG)法和火焰淬火熔化生长(FQMG)法分别制备了两个多晶 YBCO 块材,并研究了其厚度对超导磁悬浮力的影响.他们将两个多晶 YBCO 块材按如图 4.67 所示的厚度 h_1,h_2,h_3 分别进行了测量.

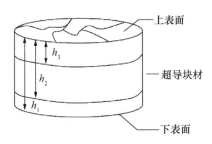

图 4.67　多晶 YBCO 块材厚度切割示意图

图 4.68 分别是用 MPMG 法和 FQMG 法制备的两个多晶 YBCO 块材单位体积的磁悬浮力与其厚度之间的关系.由图 4.68 可知,样品 A 单位体积的最大磁悬浮力随着厚度的增加呈先增加后减小的趋势,而其最大吸引力随着厚度的增加而减小.样品 B 单位体积的最大磁悬浮力和最大吸引力均随着样品厚度的增加而减小.这说明该类多晶样品的磁悬浮力不仅与其制备方法有关,而且与其厚度和显微结构有关.

6. 场冷条件对 REBCO 超导块材磁悬浮力的影响

许多研究表明,磁悬浮力的大小与 REBCO 超导块材的冷却方法密切相关[77-79].在场冷条件下,样品的磁悬浮力特性不同于零场冷样品的磁悬浮力.杨万民等[77]用 $\phi30\,\mathrm{mm}\times12\,\mathrm{mm}$ 的单畴 YBCO 超导块材和直径为 30 mm,表面磁感应强度 $B=0.5\,\mathrm{T}$ 的永磁体,在 77 K,轴对称情况下,研究了冷却样品时两者之间的距离(相当于不同场冷条件)对单畴 YBCO 大块超导体磁悬浮力的影响.图 4.69 是所用圆柱形永磁体沿其中心轴线的磁场分布曲线,磁体表面的磁感应强度为 $B_z=0.5\,\mathrm{T}$.由图4.69 可知,当远离永磁体表面时,其中心轴线上的磁感应强度 B_z 是以指数形式衰减的,其磁感应强度的变化规律可用下式表示:

$$B_z = 0.5088\mathrm{e}^{-\frac{Z}{1.536}}. \tag{4.33}$$

为了研究不同场冷条件下单畴 YBCO 超导块材磁悬浮力的变化规律,在测试之前,必须先选取冷却样品时两者之间的间距(Z_{fc}),然后,将 YBCO 超导块材冷却到液氮温度,再将超导体沿其共轴线逐渐接近永磁体,当两者之间的最小距离达到 0.1 cm 时,再使超导体沿原路逐渐离开永磁体,完成测量.在该试验中,$Z_{\mathrm{fc}}=$ 0.1 cm,0.8 cm,1.3 cm,2.0 cm,2.5 cm,3.4 cm,4.6 cm,5.2 cm,7 cm,由图 4.69 可知,$Z_{\mathrm{fc}}=0.1$ cm 和 7 cm 分别相当于场冷和零场冷情况.

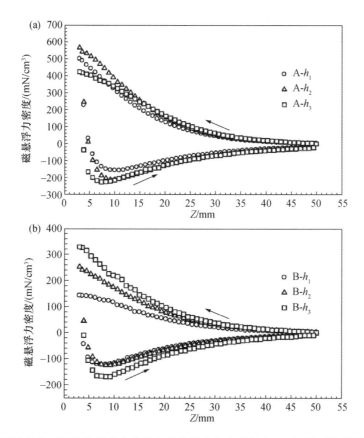

图 4.68 不同多晶 YBCO 块材单位体积的磁悬浮力与永磁体在 77 K,轴对称情况下的磁悬浮力曲线[76].(a) MPMG 样品 A,(b) FQMG 样品 B

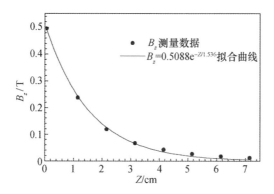

图 4.69 实验用圆柱形永磁体沿其中心轴线的磁场分布曲线

YBCO 超导块材接近和远离永磁体时,由于 YBCO 超导块材的磁滞效应,其磁悬浮力(F)随着两者之间距离(Z)的变化,会形成一个 F-Z 闭合曲线.在零场冷条件下,当 YBCO 超导块材接近和远离永磁体时,均可观察到两者之间的相互排斥力.但是,只有在 YBCO 超导块材远离永磁体时,才能观察到两者之间的相互吸引力.这说明 YBCO 超导块材与永磁体两者之间的相互作用力包括排斥力和吸引力,只是在零场冷条件下不明显而已.

图 4.70 为不同场冷条件(Z_{fc} 不同)下 YBCO 超导块材与永磁体之间的磁悬浮力(F)随两者之间距离(Z)变化的曲线.由图 4.70 可知,随着 Z_{fc} 的减小,YBCO 超导块材的 F-Z 曲线逐渐向左偏移,但是 F-Z 曲线的斜率逐渐增加,表明样品的刚度逐渐增加.同时可以看到,样品的最大磁悬浮力(F_{mlf})逐渐下降.

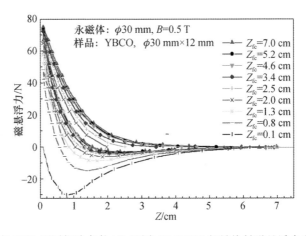

图 4.70 在 77 K,不同场冷条件(Z_{fc} 不同)下 YBCO 超导块材磁悬浮力变化的曲线

由图 4.70 可知,不同场冷条件下,YBCO 超导块材与永磁体之间的吸引力明显不同.随着 Z_{fc} 的减小,YBCO 超导块材的最大吸引力(F_{maf})从零场冷($Z_{fc}=7$ cm)的 2.96 N 增加到场冷($Z_{fc}=0.1$ cm)的 30.6 N.同时可以看到,随着 Z_{fc} 的减小,在 YBCO 超导块材离开永磁体的 F-Z 曲线中,处于最大吸引力位置(Z_{maf})附近的曲线形状由原来较平坦的变化趋势逐渐变成明显的深谷形状,其谷底值则对应于样品的最大吸引力(F_{maf}).另外,由图 4.70 可看出,Z_{fc} 越小,F_{maf} 越大,Z_{maf} 越小.如当 $Z_{fc}=7$ cm 时,$F_{maf}=2.96$ N,$Z_{maf}=2.34$ cm.当 $Z_{fc}=0.1$ cm 时,$F_{maf}=30.6$ N,$Z_{maf}=0.8$ cm.

图 4.71 是在 77 K 下 YBCO 超导块材的最大吸引力与不同冷却间距之间的关系曲线.随着 Z_{fc} 的逐渐减小,F_{maf} 以指数形式增加,其磁场的变化规律可表示为

$$B_z = 2.96 + 31.15 \mathrm{e}^{\frac{Z_{fc}}{0.82}}. \tag{4.34}$$

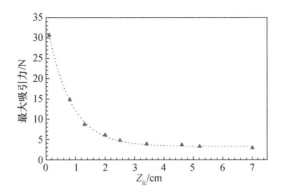

图 4.71 在 77 K 下 YBCO 超导块材的最大吸引力随不同冷却间距的变化

图 4.71 中的 F_{maf}-Z_{fc} 曲线与图 4.69 中圆柱形永磁体的 B_z-Z 变化规律相似,这是因为在磁悬浮力测试之前,是在固定两者间距 Z_{fc} 的条件下对 YBCO 超导块材进行冷却的,而样品所处的磁场呈指数变化规律(见图 4.69),因此,随着 Z_{fc} 的减小,YBCO 超导块材的捕获磁通量也是按指数规律增加的,从而导致了 F_{maf} 与 Z_{fc} 之间的关系呈指数规律.

另外,由图 4.70 还可以看出,当 Z_{fc} 不同时,在 YBCO 超导块材离开永磁体的 F-Z 曲线中,相互作用力为零(F_{0fa})时两者之间的间距(Z_{0fa})也明显不同. 图 4.72 是在 77 K 下 YBCO 超导块材的 Z_{maf} 和 Z_{0fa} 与不同冷却间距 Z_{fc} 之间的关系.

由图 4.72 可知,随着 Z_{fc} 的逐渐减小,Z_{maf} 和 Z_{0fa} 均逐渐减小,两条曲线的变化趋势相同,只是大小不同. Z_{maf} 和 Z_{0fa} 与 Z_{fc} 之间的关系可分别用下两式表示:

$$Z_{maf} = 2.35 - 1.65\,e^{-\frac{Z_{fc}}{1.57}}, \tag{4.35}$$

$$Z_{0fa} = 1.46 - 1.5\,e^{-\frac{Z_{fc}}{1.62}}. \tag{4.36}$$

他们根据 Z_{maf} 和 Z_{0fa} 与 Z_{fc} 之间的关系,计算了与不同 Z_{fc} 值相应的 $Z_{maf} - Z_{0fa}$ 值,并在图 4.72 中给出了结果. 由此可知,虽然在不同 Z_{fc} 条件下冷却样品的 Z_{maf} 和 Z_{0fa} 不同,但是,它们的差值 $Z_{maf} - Z_{0fa}$ 则基本不变,几乎为一个常数(0.8 mm).

在该实验中,YBCO 超导块材、永磁体,以及其他测试条件都是一样的,只有 Z_{fc} 不同. 那么,究竟是什么导致了在 Z_{fc} 不同的条件下,样品的 Z_{maf} 与 Z_{0fa} 的差值 $Z_{maf} - Z_{0fa}$ 为一个常数?众所周知,YBCO 超导块材与永磁体之间的相互作用力由超导体内的磁屏蔽感生环流和外磁场的乘积确定,而磁屏蔽感生环流则是由永磁体的 B_z 分量产生的,因此,可以通过分析在不同 Z_{fc} 条件下,与 Z_{maf} 和 Z_{0fa} 参数相应的磁场分布规律来研究这一问题. 根据图 4.69 所示圆柱形永磁体的 B_z-Z 变化规律,可以分别计算出在不同 Z_{fc} 条件下,当超导体离开永磁体时,与最大吸引力和零磁悬浮力相应位置 Z_{maf} 和 Z_{0fa} 处的磁场 B_{zmaf} 和 B_{z0fa}. 图 4.73 是 B_{zmaf} 和 B_{z0fa} 与 Z_{fc} 之

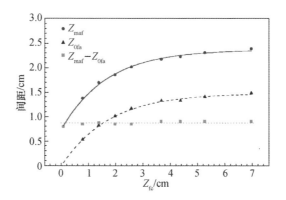

图 4.72　在 77 K 下 YBCO 超导块材的 Z_{maf} 和 Z_{0fa} 与 Z_{fc} 之间的关系,图中的实线和虚线分别是用(4.35)和(4.36)式计算的结果

间的对应关系. 由图 4.73 可知,随着 Z_{fc} 的减小,B_{zmaf} 和 B_{z0fa} 均逐渐增加,B_{z0fa} 增加的幅度稍高于 B_{zmaf}. 而 B_{zmaf} 和 B_{z0fa} 之间的差值 $B_{z0fa}-B_{zmaf}$ 随着 Z_{fc} 的减小亦缓慢增加,增加的幅度小于 B_{zmaf} 与 B_{z0fa}. 但 $B_{z0fa}-B_{zmaf}$ 与 B_{z0fa} 的比值则基本不变,接近一个常数(约 0.42),如图 4.73 所示. 这种磁场变化规律决定了 $Z_{maf}-Z_{0fa}$ 为一个常数.

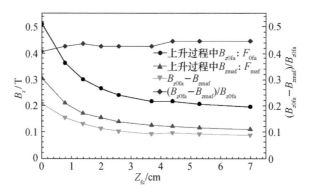

图 4.73　B_{zmaf},B_{z0fa},$B_{z0fa}-B_{zmaf}$,$(B_{z0fa}-B_{zmaf})/B_{z0fa}$ 与 Z_{fc} 之间的对应关系

在图 4.70 所示不同场冷条件下 YBCO 超导块材的磁悬浮力变化曲线中,由于实验数据太多,不易看清 YBCO 超导块材接近永磁体时的 F-Z 曲线. 为了研究样品的最大磁悬浮力 F_{mlf} 与 Z_{fc} 之间的关系,他们将这一组曲线单独绘于图 4.74 中. 由图 4.74 可知,随着 Z_{fc} 的减小,单畴 YBCO 超导块材的磁悬浮力曲线不仅逐渐向左偏移,而且其 F-Z 曲线的斜率逐渐增加,形状也逐渐变成了一条直线,表明 YBCO 超导块材与永磁体之间的刚度也在逐渐增加. 同时可发现,随着 Z_{fc} 的减小,单畴 YBCO 超导块材的最大磁悬浮力 F_{mlf} 逐渐减小.

图 4.75 是在 77 K 下 YBCO 超导块材的磁悬浮力 F_{mlf} 与不同冷却间距 Z_{fc} 之间的变化曲线. 由图 4.75 可知, 随着 Z_{fc} 的减小, 单畴 YBCO 超导块材的最大磁悬浮力 F_{mlf} 以指数的形式减小:

$$F_{\mathrm{mlf}} = 74.3 - 52.4\,\mathrm{e}^{-\frac{Z_{\mathrm{fc}}}{1.15}}. \tag{4.37}$$

图 4.75 中的实线就是用该公式计算的结果, 与实验结果相吻合. 这些结果表明, 在进行超导磁悬浮系统设计和应用时, 可以根据实际情况的需要, 充分利用不同的场冷条件, 控制 YBCO 超导块材的磁悬浮力和吸引力, 达到实际应用的要求.

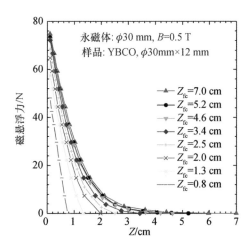

图 4.74　在 77 K, 不同场冷条件 (Z_{fc} 不同) 下 YBCO 超导块材接近永磁体时的 F-Z 曲线

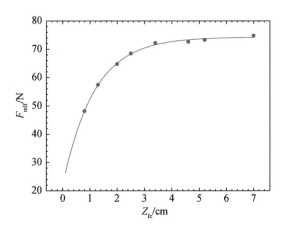

图 4.75　在 77 K 下 YBCO 超导块材的磁悬浮力与不同冷却间距之间的关系

7. 温度和热循环次数对 REBCO 超导块材磁悬浮力的影响

众所周知,一般情况下,温度越低,超导体的临界电流密度就越高,超导体的磁悬浮力也就越高. Nagashima 等[80]用尺寸为 $\phi46\,mm \times 15\,mm$ 的单畴 YBCO 超导块材,研究了不同温度下样品的磁悬浮力与磁感应强度之间的变化规律,实验所用的磁体为超导磁体,磁感应强度 B_z 可在 $0\sim3.5\,T$ 之间变化. 图 4.76 是不同温度下 YBCO 超导块材的磁悬浮力与磁感应强度 B_z 之间的变化曲线. 由图 4.76 可知,随着磁感应强度 B_z 的增加,单畴 YBCO 超导块材的磁悬浮力均呈增加的趋势. 但是,温度越低,磁悬浮力增加的幅度越大,达到饱和值的磁感应强度越高. 如在 77 K 时,样品的磁悬浮力在 $B_z = 2\,T$ 时就趋于饱和值,而当温度小于 65 K 时,样品的磁悬浮力在 $B_z = 3\,T$ 时仍未达到饱和. 这说明在 77 K,2 T 条件下,外加磁场已穿透整个样品,从而导致了样品的磁悬浮力趋于饱和.

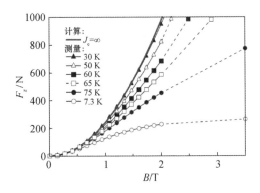

图 4.76　在不同温度下 YBCO 超导块材的磁悬浮力与磁感应强度 B_z 之间的关系

图 4.77 是在不同磁感应强度 B_z 下 YBCO 超导块材($\phi46\,mm \times 15\,mm$)的磁悬浮力与温度之间的变化曲线. 由图 4.77 可知,随着温度的降低,单畴 YBCO 超导块材的磁悬浮力均呈增加的趋势. 但是,磁感应强度 B_z 越大,磁悬浮力增加的幅度越大,达到饱和值的温度越低. 如 $B_z = 0.5\,T$ 时,样品的磁悬浮力在 65 K 就趋于饱和值. $B_z = 1\,T, 1.5\,T, 2\,T$ 时,样品的磁悬浮力趋于饱和值的温度分别为 60 K,50 K,30 K. Suzuki 等[81]用尺寸为 $\phi60\,mm \times 20\,mm$ 的单畴 GdBCO 超导块材获得的磁悬浮力实验结果也有类似的规律.

周军等[82]对于尺寸为 $\phi30\,mm \times 18\,mm$ 的单畴 YBCO 超导块材与尺寸为 $\phi30\,mm \times 30\,mm$,表面磁场 $B_z = 0.5\,T$ 的永磁体,在零场冷轴对称情况下,先将样品冷却到起始温度(T_1),再将样品逐渐移近永磁体,当两者之间达到最小间距 12 mm(设备条件限制)时,固定超导体与永磁体之间的距离不变,开始记录两者之间的磁悬浮力. 通过连续改变超导体温度的方法,他们研究了超导体从起始温度(T_1)开始变温至(T_2)的过程中,两者之间磁悬浮力随时间的变化规律. 图 4.78 是

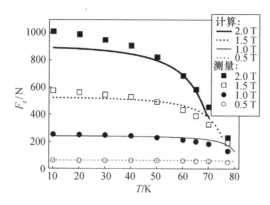

图 4.77 不同磁感应强度 B_z 下 YBCO 超导块材的磁悬浮力与温度之间的关系

在超导体从起始温度 (T_1) 升温至 (T_2) 的过程中,单畴 YBCO 超导块材的磁悬浮力随时间的变化曲线,$T_1 = 11.3\,\text{K}, 51.9\,\text{K}, 61.9\,\text{K}$,$T_2 = 81.8\,\text{K}, 61.9\,\text{K}, 71.6\,\text{K}$. 由图 4.78 可知,在保温阶段,单畴 YBCO 超导块材的磁悬浮力随着时间的延长,会出现一定小幅度的弛豫衰减过程,之后,随着温度的升高,样品的磁悬浮力则逐渐减小. 如当温度为 $51.9\,\text{K}, 61.9\,\text{K}$ 和 $71.6\,\text{K}$ 时,样品的磁悬浮力分别为 $10.1\,\text{N}, 9.9\,\text{N}$ 和 $9.2\,\text{N}$. 这表明,当样品温度从低温逐渐升高时,样品的磁悬浮力呈逐渐减小趋势,但是,当升至最终工作温度后,样品的磁悬浮力会达到在该温度零场冷条件下的稳定状态,至少在外加磁场比较小的情况下是这样的(该实验所用永磁体的磁场只有 $0.5\,\text{T}$).

周军等[82]用同样的方法,研究了当超导体从起始温度 (T_1) 开始,先降温至 (T_2),再升温至 (T_3) 的过程中,两者之间磁悬浮力随时间的变化规律. 图 4.79 是在超导体从温度 T_1 降至 T_2 再升至 T_3 的过程中,单畴 YBCO 超导块材的磁悬浮力随时间的变化曲线. 由图 4.79 可知,在温度为 T_1 的保温阶段,降温至 T_2 阶段以及再升温至 T_3(但 $T_2 \leqslant T_3 \leqslant T_1$) 阶段,单畴 YBCO 超导块材的磁悬浮力,除了因磁通蠕动引起的小幅度弛豫现象外,基本保持不变. 但是,当温度升高到 $T > T_1$ 时,随着温度的继续升高,样品的磁悬浮力开始逐渐减小. 这表明,当样品的温度从较高温度逐渐降低或升高时,只要样品的温度 $T \leqslant T_1$(样品的初始温度),样品的磁悬浮力基本稳定,保持不变. 这种现象与样品本身的超导性能、外加磁场强度等因素有关,如果改变有关实验条件,则有可能会出现其他可能的结果.

另外,许多研究发现,在长期使用的过程中,单畴 REBCO 超导块材会出现老化现象,导致样品超导性能的下降. 郭伟等[83]用 $1\,\text{mm} \times 1\,\text{mm} \times 15\,\text{mm}$ 的 YBCO 样品,研究了多次热循环对样品磁化电流密度的影响. 结果表明,经过第 2,3,4 次热循环后,样品的临界电流密度分别下降为第一次的 $96\%, 80\%$ 和 40%. 这说明在多次反复使用的过程中,由于 REBCO 超导块材的导热系数很小,温度变化在其中产

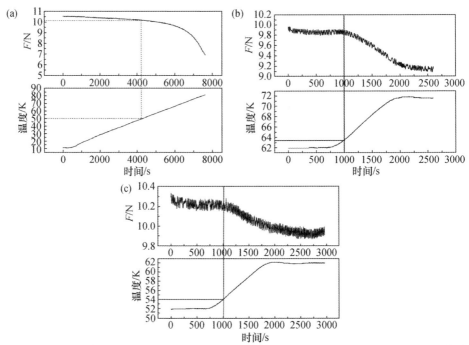

图 4.78 在超导体从起始温度 T_1 升温至 T_2 的过程中,单畴 YBCO 超导块材的磁悬浮力随时间的变化. (a) $T_1=11.3$ K,$T_2=81.8$ K, (b) $T_1=61.9$ K,$T_2=71.6$ K, (c) $T_1=51.9$ K,$T_2=61.9$ K

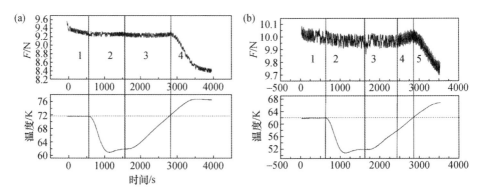

图 4.79 在超导体从温度 T_1 降至 T_2 再升至 T_3 的过程中,单畴 YBCO 超导块材的磁悬浮力随时间的变化. (a) $T_1=71.6$ K,$T_2=61.9$ K,$T_3=76.6$ K, (b) $T_1=61.9$ K,$T_2=51.9$ K,$T_3=66.8$ K

生的热应力会导致样品显微组织的变化(如产生裂纹).同时,样品表面吸附的水分可能导致样品的水解,这些都会导致样品最终超导性能的下降.该实验所用的样品很小,再加上样品是从大块超导体上切取的,并不是生长的自然表面,因此并不能代表大样品的情况,但至少说明冷热循环对样品是有害的,必须注意.

Ullrich 等[84]用尺寸为 $\phi30\,mm\times8\,mm$ 的单畴 YBCO 超导块材和直径为 $\phi25\,mm\times15\,mm$,表面磁场 $B=0.4\,T$ 的永磁体,在 77 K,零场冷,轴对称情况下,研究了多次冷热循环对单畴 YBCO 超导块材磁悬浮力的影响. 图 4.80 是 YBCO 超导块材与永磁体在 77 K,零场冷,轴对称情况下的磁悬浮力曲线. 为了便于看清楚,图中只给出了 0 次、10 次、50 次和 100 次循环后的测试结果. 从图 4.80 中可知,在 50 多次冷热循环以内,样品的最大磁悬浮力虽有衰减,但衰减的程度很小. 当冷热循环达到 100 次后,样品的最大磁悬浮力出现了明显衰减.

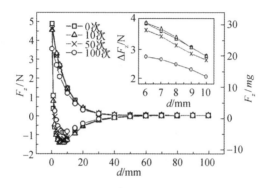

图 4.80 YBCO 超导块材与永磁体在 77 K,零场冷,轴对称情况下的磁悬浮力曲线. 右边的纵坐标表示样品单位质量磁悬浮力,ΔF_z 表示上面曲线与下面曲线在同一位置处的差值

为了进一步阐明导致样品磁悬浮力下降的原因,Ullrich 等[84]详细观察和分析了样品的微观形貌和化学成分变化情况. 结果表明,经过多次反复循环测量后,YBCO超导块材内部产生了裂纹. 同时发现样品表面吸附的水分导致了样品表面部分 $YBa_2Cu_3O_{7-y}$ 超导相的水解,从而导致超导样品磁悬浮力下降. 这些事实说明,温度的变化和多次冷热循环,会导致样品的水解以及产生裂纹,最终致使样品超导性能和磁悬浮力下降. 为了克服这些问题,可以通过增强样品的热导性能,减少样品在冷却和升温过程中产生的热应力[85],通过在样品表面增加强化和防水涂层等方式,增强样品的强度和防水能力[36,86],防止样品的水解变质.

8. 磁体的尺寸对 REBCO 超导块材磁悬浮力的影响

由(4.21)和(4.23)式可知,REBCO 超导块材的磁悬浮力正比于超导体的 J_c 和半径 r,正比于超导体所处的磁场,包括磁场强度和磁场梯度,而样品中产生的磁屏蔽感生环流则正比于垂直且作用于样品表面的磁通量. 因此,对于一个确定的单畴 REBCO 超导块材,其磁悬浮力的大小与磁体的磁场分布密切相关,而磁场分布取决于磁体形状和尺寸. 下面就以圆柱形超导体和圆柱形磁体为例,研究磁体的尺寸对 REBCO 超导块材磁悬浮力的影响.

杨万民等[87,88]用尺寸 $\phi18\,\mathrm{mm}\times10\,\mathrm{mm}$ 的单畴 YBCO 超导块材和直径为 d,表面磁感应强度 $B=0.5\,\mathrm{T}$ 的永磁体,在 77 K,零场冷,轴对称情况下,研究了永磁体的直径对单畴 YBCO 超导块材磁悬浮力的影响.实验所用永磁体的直径 d 分别为 13 mm,16 mm,18.5 mm,24 mm 和 27 mm.图 4.81 是永磁体上表面 z 方向的磁感应强度分量 B_z 的径向分布.该组永磁体的表面中心磁感应强度基本一致,约为 (0.5 ± 0.01) T.图中的方框代表 YBCO 超导体.图 4.81 给出了超导体接近永磁体表面时,样品所在位置的磁场分布与样品形状间的相对关系.

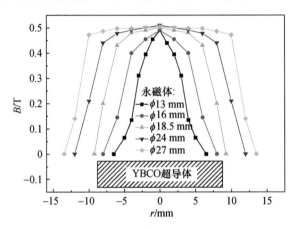

图 4.81   永磁体上表面磁感应强的轴向分量 B_z 的径向分布

在液氮温度,他们分别测量了该样品与各个永磁体间的相互作用力.图4.82 是在 77 K,零场冷,轴对称条件下该样品与不同永磁体间的相互作用力曲线.

从图 4.82 可知,对于不同永磁体,样品的磁悬浮力曲线不同,最大磁悬浮力(两者间距为 0.5 mm 时的力)也不同,而且具有明显的差异.图 4.83 是图 4.82 中与每个永磁体对应的样品最大磁悬浮力随磁体直径的变化曲线.这条曲线表明,样品的最大磁悬浮力与测量时所用永磁体的尺寸密切相关.随着磁体直径的增加,单畴 YBCO 超导块材的磁悬浮力也不断增加,当磁体尺寸接近样品的直径时,样品的最大磁悬浮力达到了最大值,之后,随着永磁体尺寸的继续增大,样品的磁悬浮力开始逐渐减小,这与永磁体的磁场分布密切相关.

为了研究永磁体直径大小对样品超导性能的影响,必须分析一下两者之间的相互作用力.图 4.84 是超导体与永磁体间的相互作用力示意图.从图 4.84 中可以看出,永磁体的磁感应强度可以分解成竖直的 z 轴分量 B_z 和水平方向分量 B_r.B_z 作用在超导样品上产生一系列水平面内的超导感生环流,该环流产生的磁场方向与 B_z 方向相反.B_r 在超导样品的垂直面内产生一系列对称的感生环流,该感生环

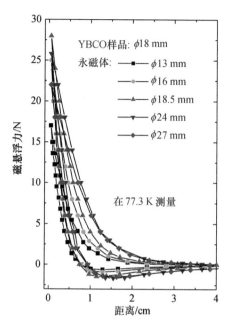

图 4.82   在 77 K, 零场冷, 轴对称条件下样品与各永磁体的相互作用力

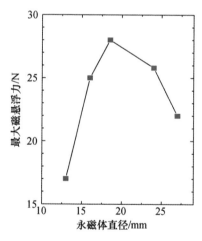

图 4.83   单畴 YBCO 超导块材的最大磁悬浮力随永磁体直径的变化

流产生的磁场方向与 B_r 方向相反. 这样, B_z 作用在样品竖直面感生环流上的力如图 4.84 上部的两个对称环流所示. 该系列面内的感生环流所受的力均在水平方向上, 由于样品与永磁体的组态具有轴对称性, 故永磁体作用在超导样品水平面内的合力为 0, 可以暂不考虑. 水平分量 B_r 作用在样品水平面内环流上的受力分析如图 4.84 的左图所示. 从图 4.84 中可以看出, 该处的感生环流所受的力均竖直向

上,说明当永磁体接近样品时,样品将受到一个排斥力,阻止其接近永磁体,即磁悬浮力.当永磁体离开超导样品时,由于作用在样品上的外加磁场迅速减弱,原来进入样品内部的磁通将迅速向外逸出,沿径向形成一个负磁场梯度,并捕获部分原来进入超导体内的磁通线.根据 Bean 模型,样品中边缘部分的感生环流将迅速反向,产生一个与永磁体磁场方向相同的磁场分布来吸引永磁体,防止其离开超导体.随着永磁体离开距离的增加,样品中的感生环流全部反向,使得样品与磁体间的相互作用力成为纯吸引力.正是由于超导体与永磁体之间既有吸引力又有排斥力,才能够实现超导体与永磁体间的自稳定磁悬浮,这也是超导体能够实现自稳定磁悬浮应用的一个主要因素.

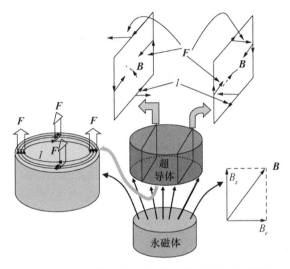

图 4.84 超导体与永磁体间的相互作用力示意图

在以上分析的基础上可以明确看出,超导体与永磁体之间的磁悬浮力主要来自 B_z 分量产生的感生环流与 B_r 分量的相互作用.依此,可以对图 4.83 的实验结果进行分析.从图 4.81 可知,在超导体与永磁体间距离很近的情况下:(1) 当永磁体的直径小于超导样品的直径时,由永磁体的表面发出的磁通线基本上都直接作用在超导体上,这时在样品所覆盖的范围内,磁体产生的径向磁感应强度分量基本无多大变化.因此,这种情况下,对磁悬浮力起主要作用的是直接作用在超导体上的磁通量,而磁通量的大小则直接正比于永磁体的表面积(所用永磁体的表面磁感应强度基本一致),所以,磁悬浮力的大小随着永磁体直径(面积)的增加而增加.如样品与直径为 13 mm,16 mm,18.5 mm 的永磁体之间的最大磁悬浮力随着直径的增加而增加,如图 4.83 所示.(2) 当永磁体的尺寸大于样品的直径时,随着永磁体尺寸的增加,样品可接受的垂直方向的磁通量虽略有增加,但基本上趋于饱和,而永磁体的径向磁场强度在样品所覆盖的范围内,随着永磁体直径的增加却明显降低,故而这种情况下,样品的磁悬浮力则相应减小,如图 4.83 中直径为 18.5 mm,24 mm 和 27 mm 永磁体的磁悬浮力随永磁体直径的增加而减小.(3) 当永磁体直径与样品直径接近时,作用在样品上的垂向磁通量及径向的磁场都较大,故而这时样品的磁悬浮力最大.这些结果表明,要充分发挥超导样品的磁悬浮特性,必须选择最佳的永磁体尺寸和形状,当永磁体的尺寸与超导样品尺寸相近时,两者之间的磁悬浮力最大.

　　前面已弄清楚了超导体在零场冷条件下的磁悬浮力与永磁体尺寸间的关系,那么,在场冷条件下,超导体的磁悬浮力与永磁体间的关系又如何呢? 这也是超导体在磁悬浮应用中最重要的技术参数之一.图 4.85 是单畴 YBCO 大块超导材料与不同尺寸永磁体在场冷条件下的吸引力曲线.对于不同的永磁体,样品的曲线各不相同,吸引力随着永磁体尺寸的增加而增加,当永磁体尺寸达到一定值时,最大吸引力基本达到饱和.

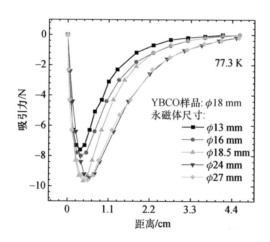

图 4.85　单畴 YBCO 超导块材与不同永磁体在场冷条件下的吸引力曲线

　　图 4.86 是该样品与不同尺寸永磁体之间的最大吸引力与永磁体尺寸的关系.图中 y 轴的负号表示样品与永磁体间的相互作用力是吸引力.图 4.86 说明,随着永磁体直径的增大,样品的最大吸引力越来越大,如图中与直径为 13 mm,16 mm 和 18.5 mm 磁体相应的样品的吸引力从 7.6 N 增加到 9.7 N.当磁体的直径大于等于样品的直径时,样品的最大吸引力基本上达到饱和,不再有明显变化,如图中直径为 18.5 mm,24 mm 和 27 mm 磁体的最大吸引力均在 9.7 N 左右,几乎成一条水平线.由此可知,在场冷条件下,样品的最大吸引力与磁体尺寸之间的关系和两者之间零场冷条件下的最大磁悬浮力并不一样.

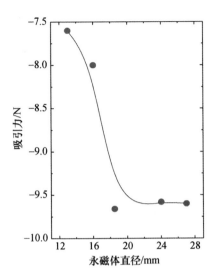

图 4.86   样品与不同尺寸永磁体之间的最大吸引力与永磁体尺寸间的关系

　　另外,人们发现与最大吸引力相应的超导体与永磁体的间距也与永磁体的直径密切相关. 图 4.87 是两者间出现最大吸引力时对应的距离 Z_{maf} 与磁体直径的关系. 从图中可知,与样品的最大吸引力对应的两者间距随着永磁体直径的增加而增加,当永磁体直径大于超导样品的直径时, Z_{maf} 基本上达到饱和值. 这说明超导样品的最大吸引力出现的位置与实验所用的永磁体尺寸密切相关.

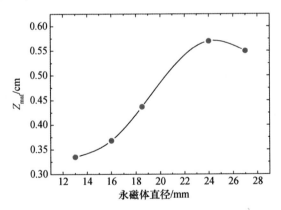

图 4.87   样品与不同尺寸永磁体之间出现最大吸引力时对应的距离 (Z_{maf}) 与永磁体直径的关系

　　这些结果表明,在进行超导磁悬浮应用设计时,必须考虑 REBCO 超导材料的磁悬浮力及吸引力与磁体尺寸间的关系,以充分发挥 REBCO 超导材料的性能,促进其应用. 另外,关于超导样品与永磁体之间形状、尺寸等对单畴 YBCO 超导块材磁悬浮力和吸引力的影响,也可参阅文献[89,90].

9. 磁体的磁极数目对 REBCO 超导块材磁悬浮力的影响

前面已讲过,对于一个确定的单畴 REBCO 超导块材,其磁悬浮力的大小与磁体的磁场分布密切相关,且只有当超导体的尺寸与磁体的尺寸接近时,磁悬浮力最大.但这是在只有一个磁极正对超导体的情况下获得的,并不能说明磁极数目的多少对 REBCO 超导块材磁悬浮力的影响.

杨万民等[91]用 $\phi30\,\text{mm} \times 15\,\text{mm}$ 的单畴 YBCO 超导块材和由多个小磁体组成的组合磁体,在 77 K,零场冷情况下,研究了组合磁体的磁极数对单畴 YBCO 超导块材磁悬浮力的影响.小磁体尺寸为 10 mm×10 mm×10 mm,表面磁感应强度 $B=0.5\,\text{T}$.组合磁体包括单个磁体和多个磁体.在由多个磁体(磁体数相同)组成的组合磁体中,不同的磁极数对应于不同的磁场分布,如图 4.88 所示.

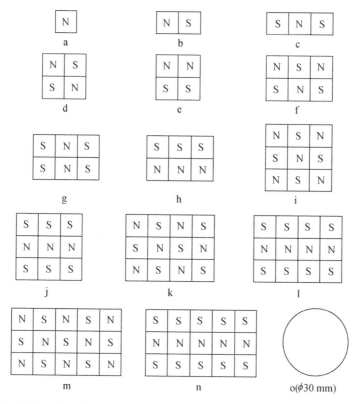

图 4.88　由不同数目小磁体(10 mm×10 mm×10 mm)组成的组合磁体示意图.为了比较,也选取了一个 $\phi30\,\text{mm}$,表面磁感应强度 $B=0.5\,\text{T}$ 的永磁体

图 4.89 是在 77 K,零场冷条件下该样品与图 4.88 中 a,b,c 组合磁体之间的相互作用力曲线.由图 4.89 可知,随着组合磁体(磁极)数目的增加,样品的磁悬浮力逐渐增加,如当数目从 1 个增加到 3 个时,样品的磁悬浮力从 18 N 增加到 25.5 N.虽

然样品的磁悬浮力增加幅度较小,但曲线却向右偏移,表明随着组合磁体(磁极)数目的增加,样品的磁悬浮力刚度亦逐渐增加.由于该组实验所用的小磁体最多只有三个,最大边长为 3 cm,与样品的直径 3 cm 相同(见图 4.88 中 a,b,c),因此当组合磁体接近超导块材时,单个磁体(磁极)作用在样品上的磁通量较小,自然产生的感生环流半径和面积就小,样品的磁悬浮力最小.当有两个磁体(磁极)的组合磁体接近超导块材时,会在样品上生成两个感生环流,半径和面积与单个磁极的情况基本一致,因此样品上生成的总感生环流量增加了,从而导致了样品磁悬浮力增加.同样,当磁极数增加到 3 个时,样品的总感生环流量和磁悬浮力均有所增加.(必须注意的是,这一结果只在组合磁体尺寸小于样品尺寸的情况下正确)

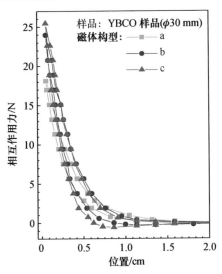

图 4.89　在 77 K,零场冷条件下该样品与图 4.88 中 a,b,c 组合磁体之间的相互作用力

另外,由图 4.89 可看出,随着组合磁体(磁极)数目的增加,样品的吸引力也逐渐增加,这也可以用图 4.90 所示的感生环流分布模型进行解释:在有 2 个或 3 个磁极的组合磁体中,样品中有两种方向相反的感生环流,相当于两个磁极相反的磁体,因此,超导样品与组合磁体之间除了同性磁极之间的排斥力之外,还存在异性磁极之间的吸引力,而单个磁极的磁体与样品之间只有排斥力,没有这种吸引力(这里只说磁极之间的相互作用力),所以随着组合磁体(磁极)数目的增加,样品与组合磁体之间的吸引力也逐渐增加.

图 4.91 是在 77 K,零场冷条件下该样品与图 4.88 中 d,e 组合磁体之间的相互作用力曲线.虽然这两种组合磁体均由完全相同的 4 个小磁体组成,但它们之间的磁悬浮力不同.当磁体的组态为图 4.88 中的 d,e 时,样品的最大磁悬浮力分别为 29.2 N 和 32.1 N.由此可知,在组合磁体的形状、小磁体数目、面积等完全相同

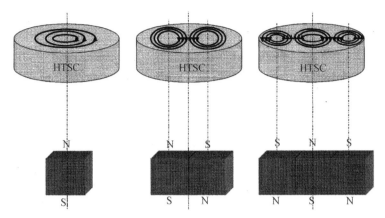

图 4.90 组合磁体接近超导体时的磁感生环流分布

的情况下,磁极数目的多少是决定样品磁悬浮力的关键,组合磁体的磁极数目越少,样品的磁悬浮力越大.这也可以用图 4.90 所示的感生环流分布模型进行解释.因为,在组合磁体的形状、小磁体数目、面积等完全相同的情况下,磁极数目越少,样品中产生的反向磁感应环流数目就越少,自然环流半径和磁悬浮力就越大.另外,由图 4.91 可知,磁极数目越多,样品的磁悬浮刚度和吸引力则越大.

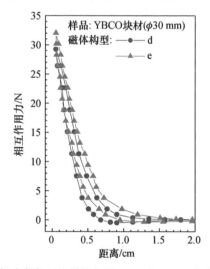

图 4.91 在 77 K,零场冷条件下该样品与图 4.88 中 d,e 组合磁体之间的相互作用力

图 4.92 是在 77 K,零场冷条件下该样品与图 4.88 中 f,g,h 组合磁体之间的相互作用力曲线.由图 4.92 可知,虽然这 3 种组合磁体均由完全相同的 6 个小磁体组成,但它们之间的磁悬浮力不同.当磁体的组态为图 4.88 中的 f,g,h 时,样品的最大磁悬浮力分别为 32.8 N,37.7 N 和 39.6 N.由此可知,在由 6 个小磁体构成

的组合磁体的形状和面积完全相同的情况下,与磁极数目最少(2 个)组合磁体相应的样品磁悬浮力最大为 39.6 N,与磁极数目最多(6 个)组合磁体相应的样品磁悬浮力最小为 32.8 N,而磁极数目为 3 个的组合磁体的磁悬浮力则介于两者之间,约 37.7 N.同时可发现,在图 4.92 中,磁极数目越多,其磁悬浮力刚度和吸引力亦越大.

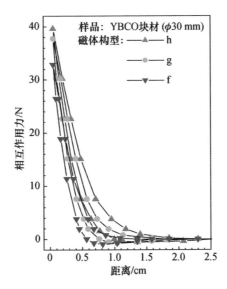

图 4.92　在 77 K,零场冷条件下该样品与图 4.88 中的 f,g,h 组合磁体之间的相互作用力曲线

图 4.93 是在 77 K,零场冷条件下该样品与图 4.88 中 i,j,o 组合磁体之间的相互作用力曲线.由图 4.93 可知,组合磁体 i 和 j 均由完全相同的 9 个小磁体组成,其表面面积大于直径为 30 mm 的圆柱形磁体,但与组合磁体 i 和 j 相应的磁悬浮力均小于圆柱形磁体的 52 N.同时可发现,样品与磁极数目为 3 个的组合磁体 j 之间的磁悬浮力 45.3 N 明显大于与磁极数目为 9 个的组合磁体 i 之间的磁悬浮力 37.7 N.样品的磁悬浮力刚度和吸引力与前面的情况类似.

图 4.94 是在 77 K,零场冷条件下超导样品的磁悬浮力与图 4.88 中组合磁体数目(对于确定的磁体数目,只给出磁极数目最少和最多的情况)之间的关系.由图 4.94 可知,随着组合磁体中小磁体数目的增加,样品的磁悬浮力均逐渐增加.对于具有相同小磁体数目的组合磁体而言,磁极数目越少,样品的磁悬浮力越大.当组合磁体中小磁体的数目超过 12 个时,样品的磁悬浮力达到饱和(这时,组合磁体的面积已超过样品的面积).

这些结果表明:(1) 当组合磁体的面积小于超导样品的面积时,组合磁体的面积越大,样品的磁悬浮力越大.(2) 在组合磁体的形状、小磁体数目、面积等完全相同的情况下,组合磁体的磁极数目越少,样品的磁悬浮力越大,而组合磁体的磁极

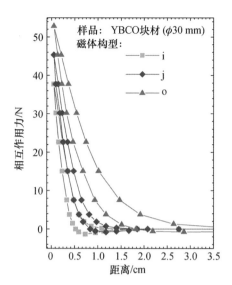

图 4.93　在 77 K,零场冷条件下该样品与图 4.88 中 i,j,o 组合磁体之间的相互作用力

数目越多,样品的刚度越好,吸引力越大. 在实际设计和应用时,可借助这种方法,通过调整磁体的组合方式以达到对磁悬浮力的控制.

　　关于磁体组合的方法很多,还可以通过调整磁体的磁极方向、磁体之间的间距、引入聚磁材料等磁路设计方法[19,92,93],来提高 REBCO 超导块材的磁悬浮力特性,这里不详述.

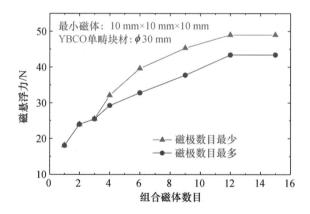

图 4.94　在 77 K,零场冷条件下超导样品的磁悬浮力与图 4.88 中组合磁体数目之间的关系. 该实验中有相同小磁体数目的组合磁体的磁极数目最少(▲)和最多(●)的情况

10. 轨道磁体的磁场分布对 REBCO 超导块材磁悬浮力的影响

　　由上一节的结果可知,对于一个确定的单畴 REBCO 超导块材,在 77 K,零场

冷,轴对称情况下,如果组合磁体的形状、小磁体数目、面积等参数完全相同,组合磁体的磁极数目越少,样品的磁悬浮力越大.在实际应用的过程中,如何获得大的磁悬浮力是必须解决的关键问题之一.由上述结论可以推知,只有一个单极的磁体,才能使超导体达到最大的磁悬浮力,但这就限制了超导体的应用范围.例如,在不用任何电力和自动控制系统的情况下,如果希望超导体能够稳定地悬浮在磁体之上并实现沿一个方向的稳定悬浮运动且不偏离方向,该怎么办? 只有一个单极的组合磁体是无法实现这一目标的.为了达到这一目的,就必须科学合理地设计磁路,让组合磁体满足:(1) 沿长度方向的磁场均匀分布.(2) 沿垂直于长度方向的磁场具有较强的磁场梯度.以这种磁场分布搭建的组合磁体,一般具有 3 个(或多个)磁极,如图 4.88 中 j,l,n 所示的磁体排列方式,即可达到上述目标.实际上,这是一般小型磁悬浮列车模型所用轨道磁体的排列方式.

图 4.88 中 j,l,n 所示组合磁体的特征是:均由 3 排磁体构成,每排磁体中小磁体的磁极相同,但相邻两排磁体的磁极不同,组合磁体共有 3 个磁极.中间一排小磁体的磁极均为 N 极,相邻的边上两排小磁体的磁极均为 S 极.这种情况下,可以使单畴 YBCO 超导块材在这种轨道上稳定悬浮运动,但无法获得与单个磁极可比的最大的磁悬浮力.那么,如何在此类轨道基础上进一步提高单畴 YBCO 超导块材的磁悬浮力呢?

为了解决这一问题,杨芃焘等[94]在文献[87,88]的基础上,用 ϕ20 mm×10 mm 的单畴 YBCO 超导块材和由多个小磁体组成的组合磁体轨道,在 77 K,零场冷,轴对称情况下,研究了组合磁体轨道的中排磁体的宽度对单畴 YBCO 超导块材的磁悬浮力的影响.图 4.95 是组合磁体轨道的示意图,边上两排小磁体的尺寸均为 10 mm×10 mm×10 mm、表面磁感应强度 $B=0.5$ T,中排磁体的尺寸为 w×10 mm×10 mm、表面磁感应强度 $B=0.5$ T,$w=10$ mm,20 mm,30 mm,40 mm.

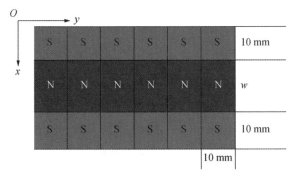

图 4.95 组合磁体轨道.长 60 mm,宽 10 mm+w+10 mm

图 4.96 是图 4.95 所示轨道组合磁体表面 z 方向的磁感应强度分量 B_z 沿宽

度方向(x)的分布,测量绘图选用的坐标原点为轨道组合磁体的中心位置,x,y 轴的方向与图 4.95 一样,z 轴的方向垂直纸面向外. 由图 4.96 可知,对于不同宽度($w=10\,\mathrm{mm},20\,\mathrm{mm},30\,\mathrm{mm},40\,\mathrm{mm}$)的中排磁体,其表面中心磁感应强度均在 $B_z=0.5\,\mathrm{T}$ 左右,但轨道组合磁体磁场分布的宽度不同,在超导样品所在空间范围内的磁感应强度梯度不同.

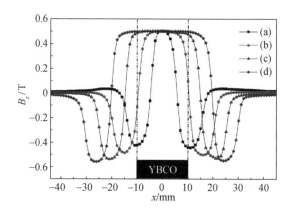

图 4.96　图 4.95 所示轨道组合磁体表面 z 方向的磁感应强度分量 B_z 沿宽度方向(x)的分布. (a) $w=10\,\mathrm{mm}$,(b) $w=20\,\mathrm{mm}$. (c) $w=30\,\mathrm{mm}$. (d) $w=40\,\mathrm{mm}$

　　图 4.97 是图 4.95 所示轨道组合磁体表面 x 方向的磁感应强度分量 B_x 沿宽度方向 x 的分布,坐标原点为轨道组合磁体的中心位置. 由图 4.97 可知,随着中排磁体宽度 w 的增加,磁感应强度 B_x 分量的斜率逐渐减小. 但是,当 $w<10\,\mathrm{mm}$ 时,中排磁体的宽度 w 小于样品的直径 $20\,\mathrm{mm}$,所以轨道组合磁体作用在样品上的磁

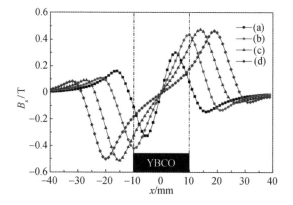

图 4.97　图 4.95 所示轨道组合磁体表面 x 方向的磁感应强度分量 B_x 沿宽度方向(x)的分布. (a) $w=10\,\mathrm{mm}$,(b) $w=20\,\mathrm{mm}$,(c) $w=30\,\mathrm{mm}$,(d) $w=40\,\mathrm{mm}$

极数有 3 个,B_z 有正反 2 种方向,B_x 有正负 2 种梯度.当 $w \geqslant 20$ mm 时,中排磁体的宽度 w 大于等于样品的直径 20 mm,所以轨道组合磁体作用在样品上的磁极只有 1 个,B_z 只有 1 个方向,B_x 只有正梯度.

图 4.98 是在 77 K,零场冷,轴对称情况下,$\phi20$ mm×10 mm 的单畴 YBCO 超导块材与图 4.95 所示轨道组合磁体之间的磁悬浮力曲线.从图 4.98 可知,对于不同的中排磁体宽度 w,样品的磁悬浮力曲线不同,最大磁悬浮力(两者间距为 0.5 mm 时的力)也不同,而且具有明显的差异.

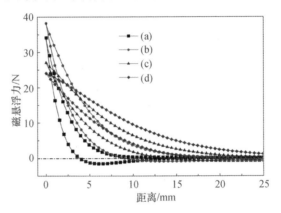

图 4.98　在 77 K,零场冷,轴对称情况下,$\phi20$ mm×10 mm 的单畴 YBCO 超导块材与图 4.95 所示轨道组合磁体之间的磁悬浮力.(a) $w=10$ mm,(b) $w=20$ mm,(c) $w=30$ mm,(d) $w=40$ mm

图 4.99 是图 4.98 中与每个轨道组合磁体对应的样品最大磁悬浮力随中排磁体宽度 w 的变化曲线.这说明样品的最大磁悬浮力与测量时所用的轨道组合磁体的中排磁体宽度 w 密切相关.随着 w 的增加,单畴 YBCO 超导块材的磁悬浮力呈先增大后减小的趋势.当中排磁体宽度 w 等于样品的直径时,样品的最大磁悬浮力最大,这与轨道组合磁体的磁场分布密切相关.

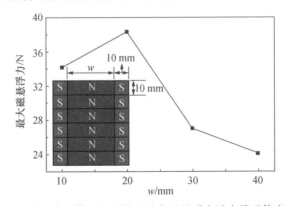

图 4.99　每个轨道组合磁体对应的样品最大磁悬浮力随中排磁体宽度 w 的变化

从图 4.96,图 4.97 可知,在超导体与永磁体间距离很近的情况下:(1) 当中排磁体宽度 w 小于超导样品直径时,中排磁体表面发出的磁通线基本上都直接作用在超导体上,同时,作用于样品上的横向磁感应强度梯度 dB_x/dx 最大,满足获得大磁悬浮力的条件.但是,由于中排磁体表面发出的磁通线只能覆盖样品的中间部分,而样品的边缘部分则处于与中间部分磁场方向相反的磁场中,故作用于样品上的磁场有 3 个磁极,因此,样品最大磁悬浮力较小.如样品与中排磁体宽度 w 为 10 mm,20 mm 轨道组合磁体的磁悬浮力随着 w 的增加而增加,如图 4.99 所示.(2) 当中排磁体宽度 w 大于等于超导样品的直径时,中排磁体表面发出的磁通线基本上都直接作用在超导体上,而且,中排磁体表面发出的磁通线能够完全覆盖整个样品,相当于只有 1 个单磁极作用于样品上,随着中排磁体宽度 w 的增加,样品可接受的垂直方向的磁通量基本上已趋于饱和,虽略有增加,并不能明显影响样品的磁悬浮力大小.但在这种情况下,由图 4.97 可知,随着中排磁体宽度 w 的增加,轨道组合磁体作用于样品上的横向磁感应强度梯度 dB_x/dx 却逐渐减小,因此根据 (4.21) 和 (4.23) 式可知磁悬浮力相应减小.图 4.99 中的中排磁体宽度 w 为 20 mm,30 mm,40 mm 的轨道组合磁体的磁悬浮力随着 w 的增加而减小.(3) 当中排磁体宽度 w 与样品直径接近时,作用在样品上的垂直方向及径向的磁感应强度都比较大,故而这时样品的磁悬浮力最大.

由图 4.98 可知,当样品与轨道组合磁体之间的间距大于 4 mm 时,磁悬浮力与中排磁体宽度 w 之间的关系则不同于图 4.99,而是随着 w 的增加磁悬浮力亦逐渐增加,当样品与轨道组合磁体的间距在 6~13 mm 时更明显.如当样品与轨道组合磁体之间的间距为 10 mm 时,与中排磁体宽度 $w=10$ mm,20 mm,30 mm,40 mm 的轨道组合磁体相应的磁悬浮力分别为 0.5 N,4 N,6.5 N,9.5 N.这些结果说明,轨道组合磁体的中排磁体宽度 w 不仅影响样品与轨道组合磁体间距很小时的最大磁悬浮力,而且会影响磁悬浮规律.在超导样品与轨道组合磁体之间的间距很小,表面磁感应强度相同的情况下,当中排磁体的宽度 w 与样品直径接近时,样品的磁悬浮力最大.当超导样品与轨道组合磁体之间的间距较大时,中排磁体的宽度 w 越宽,轨道组合磁体的磁场作用距离越远,样品的磁悬浮力越大.

另外,Del Valle 等[92,93]通过改变永磁体之间的距离和调整永磁体的磁极方向的方法,也达到了在某种程度上改善 REBCO 超导块材的磁悬浮力特性的目的.

11. 聚磁材料对 REBCO 超导块材磁悬浮力的影响

在实际应用的过程中,对于一个确定的单畴 REBCO 超导块材,为了获得大的磁悬浮力,除了改变如上所述轨道组合磁体的尺寸之外,还可以利用高磁导率的聚磁材料,通过磁路设计,借助聚磁材料或 Halbach 磁体组合的方法,使组合磁体的磁场强度、磁场梯度以及磁场分布达到提高单畴 REBCO 超导块材磁悬浮力和稳定性的目的.

王家素等[95-97]通过软铁聚磁材料和 Halbach 磁体组合方法,研究了组合磁体的磁场分布对 YBCO 超导块材磁悬浮力的影响,并成功地研制出了世界上第一台载人高温超导磁悬浮列车样机. Sotelo 等[98,99]通过软铁聚磁材料和 Halbach 磁体组合方法,提出了提高 YBCO 超导块材磁悬浮力和导向力的组合磁体结构,并研制出了可载 20 多人的高温超导磁悬浮列车样机.

　　Sotelo 等[98]用软铁和 Halbach 磁体组合方法,设计出了 3 种用于磁悬浮列车试验的磁体轨道,垂直于轨道方向的横断面结构如图 4.100 所示,图中灰色的矩形为软铁,白色的矩形为 NdFeB 磁体,箭头表示磁体的磁化方向. 在图 4.100(a)中NdFeB 磁体的尺寸为 120 mm×30 mm×120 mm,称为组合磁体结构 A. 在图4.100(b)中 NdFeB 磁体的尺寸为 100 mm×100 mm×50 mm,称为组合磁体结构B. 在图 4.100(c)中所用的 NdFeB 磁体尺寸有 100 mm×25 mm×50 mm 和100 mm×50 mm×50 mm 两种,称为组合磁体结构 C. 这 3 种组合磁体中 NdFeB磁体的横断面面积分别为 7200 mm², 5000 mm² 和 5000 mm²,说明如果用组合磁体结构 A 成本会很高.

　　图 4.101 是图 4.100 所示 3 种磁体轨道 z 方向的磁感应强度分量 B_z 沿宽度方向(y)的分布,每个图中有 6 条曲线,分别对应于距磁体轨道表面 2 mm, 5 mm,10 mm, 15 mm, 20 mm 和 25 mm 的磁场分布. 由图 4.101 可知,从磁感应强度看,组合磁体结构 A 和结构 B 的磁感应强度明显高于组合磁体结构 C. 同时可以看出,离轨道磁体表面越近,磁感应强度 B_z 越强.

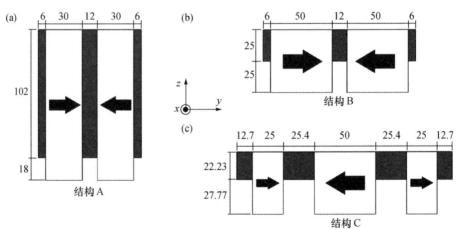

图 4.100　用软铁和 NdFeB 磁体组合的 3 种磁体轨道的横断面结构. 图中灰色的矩形为软铁,白色的矩形为 NdFeB 磁体,箭头表示磁体的磁化方向

　　他们将 24 块尺寸为 64 mm×32 mm×13 mm 的 YBCO 超导块材以平铺的方式安装在一个低温容器内,形成一组 YBCO 超导模块,进行磁悬浮力测试研究. 图4.102 是在 77 K 零场冷和不同高度场冷条件下该组 YBCO 超导模块与图 4.100所示 3 种轨道磁体之间的磁悬浮力曲线. 从图中可以看出,在零场冷(冷却时

YBCO 超导模块与轨道磁体之间的高度为 105 mm)条件下,YBCO 超导模块与组合磁体结构 C 之间的磁悬浮力高于结构 A 和结构 B.随着冷却高度的降低,YBCO 超导模块与组合磁体之间的磁悬浮力均逐渐下降.当冷却高度小于等于 25 mm 时,YBCO 超导模块与组合磁体结构 A 之间的最大磁悬浮力(YBCO 超导模块与轨道磁体间距为 5 mm 处的力)则高于结构 B 和结构 C.

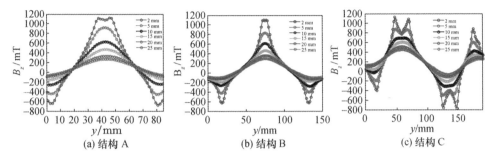

(a) 结构 A　　　　　(b) 结构 B　　　　　(c) 结构 C

图 4.101　图 4.100 所示 3 种轨道磁体的磁感应强度分量 B_z 沿宽度方向(y)的分布

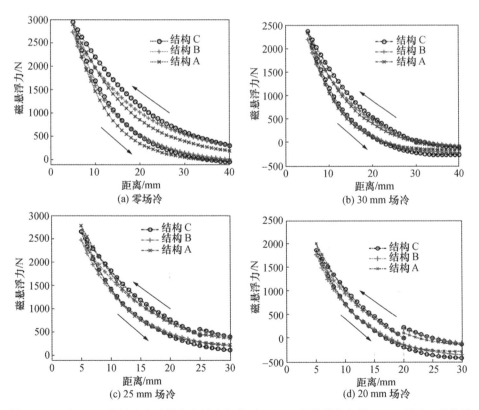

(a) 零场冷　　　　　(b) 30 mm 场冷

(c) 25 mm 场冷　　　　　(d) 20 mm 场冷

图 4.102　在 77 K,零场冷和不同高度场冷条件下,YBCO 超导模块与图 4.100 所示 3 种轨道磁体之间的磁悬浮力

另外,荆华等[96]通过软铁和 Halbach 磁体组合的方法,将原来单磁极的磁体轨道改成了具有双磁极的轨道磁体后,发现 YBCO 超导块材的磁悬浮力提高到了原来的 2 倍以上.Del-Valle 和郭芳等[100,101]用软铁和 Halbach 磁体组合方法,通过磁路设计,计算分析了提高超导体磁悬浮力的磁体组合的方法.这些结果表明,通过科学的磁路设计,合理利用聚磁材料和 Halbach 磁路,可以有效地提高组合磁体的磁场强度和分布,达到改善超导块材磁悬浮力特性的目的.但必须注意的是,要在搞清楚实际应用的环境、条件和目的后,再设计相应的组合磁体.

12. 磁体的运动速度对 REBCO 超导块材磁悬浮力的影响

在轴对称情况下,REBCO 超导块材与永磁体之间的磁悬浮力主要来自于磁感应强度的 B_z 分量在超导体内产生的磁屏蔽感生环流与磁感应强度的 B_r 分量的相互作用.众所周知,磁屏蔽感生环流的大小正比于作用在超导体上的磁通量变化率 $\mathrm{d}\Phi/\mathrm{d}t$,依此,在测量 REBCO 超导块材磁悬浮力的过程中,永磁体的运动速度必然会在某种程度上影响其磁悬浮力的大小.那么,永磁体的运动速度是如何影响 REBCO 超导块材的磁悬浮力的?

杨万民等[102]用两个尺寸为 $\phi30\,\mathrm{mm}\times13\,\mathrm{mm}$ 的单畴 YBCO 超导块材与直径为 $\phi30\,\mathrm{mm}$,表面磁感应强度 $B=0.5\,\mathrm{T}$ 的永磁体,在 77 K,零场冷,轴对称情况下,研究了磁体的运动速度对磁悬浮力的影响.实验所用的两个单畴 YBCO 超导块材具有相同的形状和尺寸,但具有不同的晶粒取向,一个样品的 ab 面垂直于其上表面(简称 S1),另一个样品的 ab 面平行于其上表面(简称 S2).实验中选取永磁体与单畴 YBCO 超导块材之间的相对运动速度(v_{RMS})分别为 0.6 mm/s,1.2 mm/s,1.8 mm/s,2.4 mm/s,3.0 mm/s,3.6 mm/s,4.8 mm/s,6.0 mm/s,12 mm/s 和 24 mm/s.图 4.103 是 77 K,零场冷,轴对称情况下,样品 S1 在不同永磁体运动速度条件下的磁悬浮力曲线.

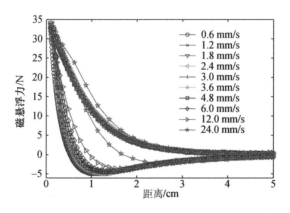

图 4.103   样品 S1 在不同永磁体运动速度条件下的磁悬浮力

由图 4.103 可知,对于永磁体与单畴 YBCO 超导块材之间不同的相对运动速度 v_{RMS},样品 S1 的磁悬浮力也各不相同. 当 $v_{RMS}=1.8\,mm/s$ 时,磁悬浮力最大为 34 N. 当 v_{RMS} 大于或小于 1.8 mm/s 时,样品 S1 的磁悬浮力均逐渐减小. 另外可以看到,随着 v_{RMS} 的增加,样品 S1 的磁悬浮力曲线逐渐向右偏移,表明样品的磁悬浮力刚度逐渐下降.

图 4.104 是 77 K,零场冷,轴对称情况下,样品 S2 在不同永磁体运动速度下的磁悬浮力曲线. 由图 4.104 可知,对于永磁体与单畴 YBCO 超导块材之间不同的相对运动速度 v_{RMS},样品 S2 的磁悬浮力不同. 当 $v_{RMS}=2.4\,mm/s$ 时,磁悬浮力最大,为 53 N,当 v_{RMS} 大于或小于 2.4 mm/s 时,样品 S2 的磁悬浮力均逐渐减小. 另外,由图 4.104 可知,与样品 S1 的情况一样,随着 v_{RMS} 的增加,样品 S2 的磁悬浮力曲线逐渐向右偏移,同样表明样品的磁悬浮力刚度也逐渐下降.

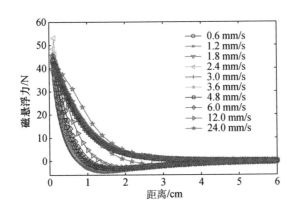

图 4.104　样品 S2 在不同永磁体运动速度条件下的磁悬浮力

图 4.105 是样品 S1 和 S2 的最大磁悬浮力与永磁体运动速度 v_{RMS} 之间的关系. 由图 4.105 可知,样品 S2 的磁悬浮力明显大于 S1 样品. 样品 S1 的磁悬浮力在 $1.8\leqslant v_{RMS}\leqslant 3.6\,mm/s$ 之间最大,而 S2 样品的磁悬浮力在 $v_{RMS}=2.4\,mm/s$ 时达到最大. 按照电磁学理论,永磁体运动速度 v_{RMS} 越大,磁通量的变化率 $d\Phi/dt$ 就越大,在超导体内产生的磁屏蔽感生环流也越大,那么超导样品的磁悬浮力自然应该更大. 但事实却不是这样. 为什么会出现这样的现象?

这种现象与超导样品本身的磁通钉扎力(F_p)有关. 磁通钉扎力 F_p 是一种阻止磁通线在超导体内运动的力,对于确定的超导体通常是一个常数. 当外加磁场作用于磁通线上的驱动力 $F_d>F_p$($F_d=|\boldsymbol{J}\times\boldsymbol{B}|$)时,磁通线则会脱离原来的位置,沿由外向内的方向运动,反之则会沿由内向外的方向运动(为了分析方便,忽略磁通线运动时的黏滞阻力).

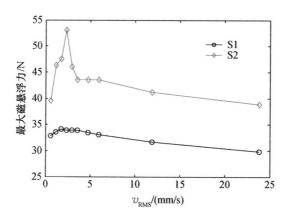

图 4.105 样品 S1 和 S2 的最大磁悬浮力与磁体运动速度 v_{RMS} 之间的关系

当 v_{RMS} 较小时, 磁通量的变化率 $d\Phi/dt$ 较小, 在超导体内产生的磁屏蔽感生环流密度较小, 因此, 作用于磁通线上的驱动力 F_d 较小, 磁屏蔽感生环流只在样品表面附近一个较薄的层内流动, 样品的磁悬浮力较小. 随着 v_{RMS} 的增加, 磁通量的变化率 $d\Phi/dt$ 逐渐增加, 在超导体内产生的磁屏蔽感生环流密度亦逐渐增加. 因此, 作用于磁通线上的驱动力 F_d 也逐渐增加, 磁屏蔽感生环流层的厚度则由外向内逐渐增加, 致使样品的磁悬浮力逐渐增加, 如样品 S1 在 $v_{RMS} \leqslant 1.8\,mm/s$ 时和样品 S2 在 $v_{RMS} \leqslant 2.4\,mm/s$ 时的磁悬浮力. 当 v_{RMS} 太大时, 磁通量的变化率 $d\Phi/dt$ 亦很大, 在超导体内产生的磁屏蔽感生环流密度也很高, 作用于磁通线上的驱动力 F_d 也很大, 远大于 F_p, 有利于磁通线向内扩散. 但是, 由于磁通线向内运动时, 必须克服样品的磁通钉扎力 F_p, 这种脱钉需要时间, 在 v_{RMS} 太大的情况下, 磁通线的脱钉速度小于磁通线的增加速度, 因此, 导致了高密度的磁通线来不及向超导体内扩散, 只能堆积在样品表面附近的一个薄层内, 自然样品的磁悬浮力也较小, 如样品 S1 在 $v_{RMS} \geqslant 3.6\,mm/s$ 时和样品 S2 在 $v_{RMS} \geqslant 2.4\,mm/s$ 时的磁悬浮力. 当 v_{RMS} 适中时, 磁通量的变化率 $d\Phi/dt$ 和超导体内产生的磁屏蔽感生环流密度度比较合适, 作用于磁通线上的驱动力 F_d 稍大于 F_p, 有利于磁通线向内扩散. 同时, 磁通线的增加速度与超导体内磁通线的脱钉、扩散速度匹配较好, 因此, 磁通线向超导体内扩散的深度最大, 样品的磁屏蔽感生环流最大, 自然样品的磁悬浮力也最大, 如样品 S1 在 $1.8 \leqslant v_{RMS} \leqslant 3.6\,mm/s$ 时和样品 S2 在 $v_{RMS} = 2.4\,mm/s$ 时的磁悬浮力.

图 4.106 是样品 S1 和 S2 的最大吸引力与永磁体运动速度 v_{RMS} 之间的关系. 由此图可知, 从总体上看, 样品 S1 和 S2 的最大吸引力均随着永磁体运动速度 v_{RMS} 的增加而减小, 这可能是由永磁体运动速度 v_{RMS} 越快, 进入超导样品的磁通线越

少,样品捕获的磁通量也越少所致.另外,样品 S1 和 S2 的最大吸引力与图 4.105 所示磁悬浮力的情况相反,样品 S1 的吸引力明显大于 S2 样品.这可能是由两个样品的晶粒取向不同,引起的磁通钉扎能力不同所致.

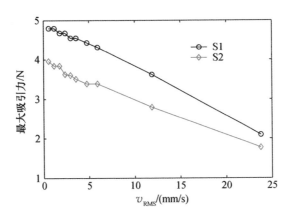

图 4.106 样品 S1 和 S2 的最大吸引力与永磁体运动速度 v_{RMS} 之间的关系

秦玉洁等[103]用尺寸为 $\phi 50\,\mathrm{mm} \times 15\,\mathrm{mm}$ 的单畴 YBCO 超导块材与两种轨道磁体在 77 K,零场冷情况下,研究了磁体的运动速度对单畴 YBCO 超导块材磁悬浮力衰减规律的影响.图 4.107 是实验用两种轨道磁体的磁场分布图.图 4.107(a) 是用永磁体和软铁组成的具有单峰值磁场分布的轨道磁体.图 4.107(b)是用永磁体组成的具有双峰值磁场分布的 Halbach 轨道磁体.

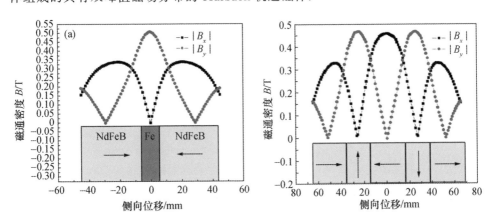

图 4.107 实验用两种轨道磁体的磁场分布图.(a) 用永磁体和软铁组成的轨道磁体,(b) 用永磁体组成的 Halbach 轨道磁体

图 4.108 是 77 K,零场冷情况下,当单畴 YBCO 超导块材($\phi 50\,\mathrm{mm} \times 15\,\mathrm{mm}$) 以速度 v 移动到与轨道磁体图 4.107(a)间距为 3 mm 时,记录的(约化)磁悬浮力

随时间的变化规律,$v=20\,\mathrm{mm/s},40\,\mathrm{mm/s},60\,\mathrm{mm/s},80\,\mathrm{mm/s},100\,\mathrm{mm/s}$. 由图 4.108 可知,单畴 YBCO 超导块材磁悬浮力在 50 s 之前衰减很快,之后逐渐减慢. 随着磁体运动速度的增加,样品的约化磁悬浮力衰减逐渐减慢.

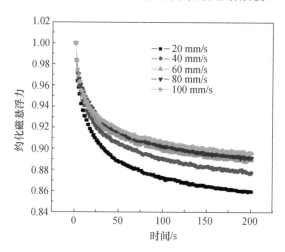

图 4.108   在 77 K,零场冷情况下,单畴 YBCO 超导块材与图 4.107(a)的轨道磁体之间的约化磁悬浮力随时间的变化规律

图 4.109 是 77 K,零场冷情况下,当单畴 YBCO 超导块材($\phi 50\,\mathrm{mm}\times 15\,\mathrm{mm}$)以速度 v 移动到与轨道磁体图 4.107(b)间距为 3 mm 时,记录的(约化)磁悬浮力随时间的变化规律,$v=20\,\mathrm{mm/s},40\,\mathrm{mm/s},60\,\mathrm{mm/s},80\,\mathrm{mm/s},100\,\mathrm{mm/s}$. 由图 4.109 可知,单畴 YBCO 超导块材磁悬浮力同样在 50 s 之前衰减很快,之后逐渐减慢. 随着磁体运动速度的增加,样品的磁悬浮力衰减逐渐减慢. 相对于图 4.108 的结果而言,采用永磁体组成的 Halbach 轨道磁体后,磁体的运动速度对单畴 YBCO 超导块材约化磁悬浮力衰减的影响减小了. 但是,采用这种方法后,样品磁悬浮力衰减幅度却增加了. 这是由两种磁体的磁场分布不同引起的.

这些结果表明,对于给定的超导体和磁体,两者之间的相对运动速度对其悬浮力、吸引力、刚度等均有影响,只是影响的程度对于不同的样品或磁体不同而已. 因此,在实际应用设计时,应根据实际情况,考虑对超导磁悬浮系统的加载速度等因素.

13. REBCO 超导块材磁悬浮力的衰减特性和抑制方法

由图 4.108 和图 4.109 可知,在单畴 YBCO 超导块材与磁体之间距离固定的情况下,样品的磁悬浮力呈逐渐衰减的趋势[103]. 在运动速度较小的情况下,样品的磁悬浮力在 200 s 以内衰减率超过 15%,甚至达 25% 以上. Suzuki 等[81]用图 4.110

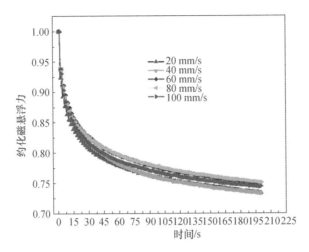

图 4.109 在 77 K,零场冷情况下,单畴 YBCO 超导块材与图 4.107(b)轨道磁体之间的约化磁悬浮力随时间的变化

所示的磁悬浮力测试实验装置,研究了尺寸为 $\phi60\,\text{mm}\times20\,\text{mm}$ 的单畴 GdBCO 超导块材和超导磁体在不同磁场条件下的磁悬浮力及其衰减规律.图 4.111 是在 77 K,零场冷,轴对称情况下,单畴 GdBCO 超导块材在超导磁体不同位置处的磁悬浮力随时间的衰减曲线.由图 4.111 可知,随着样品在超导磁体中位置的不同,样品的磁悬浮力随时间衰减的幅度明显不同.当 $120\,\text{mm}\leqslant Z\leqslant140\,\text{mm}$ 时,随着样品在超导磁体中位置 Z 的增加,样品的磁悬浮力逐渐增加(这里未给出,见原文献),其随时间衰减的幅度逐渐增加,衰减率超过了 17%.

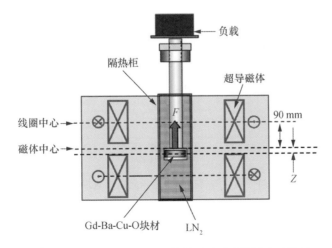

图 4.110 单畴 GdBCO 超导块材磁悬浮力测试实验装置

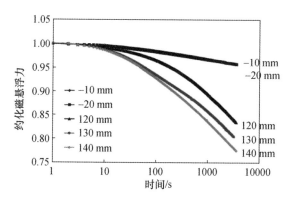

图 4.111 单畴 GdBCO 超导块材在超导磁体不同位置处的磁悬浮力随时间的衰减曲线

另外,Sotelo 等[99]用由 24 块尺寸为 64 mm×32 mm×13 mm 的 YBCO 超导块材组成的 YBCO 超导模块,研究了在 77 K 温度下其与轨道组合磁体之间的磁悬浮力及其衰减情况. 图 4.112 是 YBCO 超导模块与轨道组合磁体之间磁悬浮力随时间的衰减曲线. 在 24 h 之内,YBCO 超导模块的磁悬浮力从最初的 1950 N 衰减到了 1680 N.

这些结果表明,磁悬浮力随时间的衰减,严重地影响着磁悬浮系统的稳定性,对于该类材料的实际应用是不利的. 因此,需要进一步探索抑制 REBCO 超导块材磁悬浮力衰减的方法和途径.

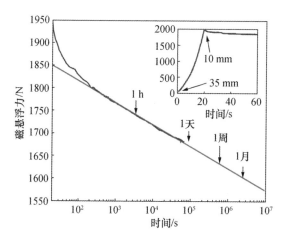

图 4.112 YBCO 超导模块与轨道组合磁体之间磁悬浮力随时间的衰减曲线

Konishi 等[81]用高温超导块材和永磁体设计制作的径向磁悬浮轴承,研究了对超导块材过冷、对轴承预加压,以及两种方法共用时,对磁悬浮轴承的磁悬浮力(或悬浮高度)的影响. 他们在轴承负载为 700 N 和 350 N 时,分别研究了对以下 6

种情况磁悬浮轴承的磁悬浮力稳定性的影响:(1) 无过冷、预加压,(2) 只采用过冷的方法,(3) 只采用预加压的方法,但预加压力为 1050 N,是最大磁悬浮力的 80%,(4) 只采用预加压的方法,但预加压力为最大磁悬浮力,(5) 同时采用过冷和预加压的方法,但预加压力为 1050 N,是最大磁悬浮力的 80%,(6) 同时采用过冷和预加压的方法,但预加压力为最大磁悬浮力. 在情况(1)、情况(3)、情况(4)下,超导块材的冷却温度为 81 K. 在只采用过冷方法时,情况(2)、情况(5)、情况(6)的超导块材过冷却温度为 71 K. 在预加压的情况下,他们先给超导轴承加 1050 N 或最大磁悬浮力,然后再减小到 700 N 或 350 N,之后保持不变,测量轴承的位置随时间的变化情况((3)~(6)).

图 4.113 是这 6 种情况下,当作用在超导块材上的力为 700 N 和 350 N 时,随着时间的延长轴承对起始位置的偏离. 偏移量(rotor descent)为正时,表示轴承向下降,为负时,表示轴承向上浮. 由图 4.113 可知,在情况(2)下,轴承偏离起始位置向下移动的偏移量,明显小于情况(1),这说明对超导块材的低温过冷,能够有效地降低轴承向下移动的偏移量. 这种方法既能够降低磁悬浮力的衰减,又能够提高磁悬浮系统的稳定性,这是由于在过冷温度下样品的超导性能更好.

另外,由图 4.113 可知,在情况(3)~(6)下,轴承偏离起始位置向下移动的偏移量,明显小于情况(1),特别是在图 4.113(a)的情况(4)、情况(6)和图 4.113 (b)的情况(3)、情况(5)、情况(6),出现了轴承偏离起始位置向上移动的现象. 这说明,对超导轴承的预加压力不仅能够有效地降低轴承向下移动的偏移量,甚至能够使超导轴承向相反的方向移动. 这种方法不但能降低磁悬浮力的衰减,甚至能在某种程度上提升超导块材的磁悬浮力,从而达到改善和提高磁悬浮系统稳定性的目的. 这主要是因为预加载(压力)的过程改变了超导块材的磁化特性,从而提高了样品的磁悬浮力特性.

邓自刚等[105]用单畴 YBCO 超导块材和永磁体,在液氮温度研究了预加载对高温超导磁悬浮列车高度下降程度的影响,结果如图 4.114 所示. 该磁悬浮列车样机共用了 2×43 块直径 30 mm,厚度 17 mm 的单畴 YBCO 超导块材. 图 4.114 包括两种实验结果,一种是空载情况下加载对磁悬浮列车高度下降程度的影响,另一种是预加载情况下加载对磁悬浮列车高度下降程度的影响. 空载情况下的加载实验如下:当磁悬浮列车样机与磁体轨道之间高度为 30 mm 时,注入液氮冷却装在其底部低温容器中的单畴 YBCO 超导块材. 待超导样品冷却到液氮温度后,磁悬浮列车样机在空载情况下的自稳定悬浮高度为 27.75 mm. 然后对其进行加载,每次加 10 kg,并记录加载前后磁悬浮列车样机的悬浮高度,最大加载量为 130 kg. 预加载情况下的加载实验如下:当磁悬浮列车样机达到空载情况下的自稳定悬浮高度 27.75 mm 时,先对其进行 130 kg 预加载,这时磁悬浮列车样机的稳定悬浮高度

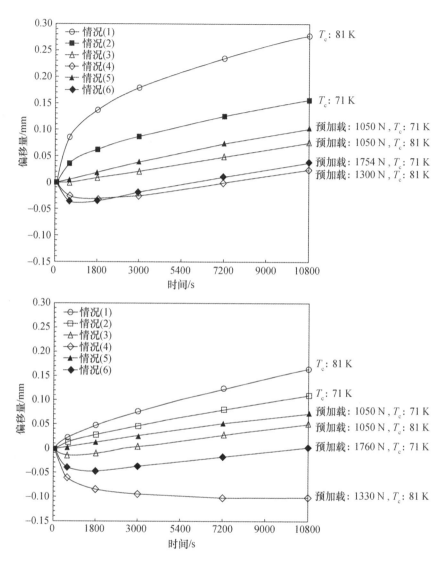

图 4.113　轴承随着时间的延长对起始位置的偏离.(a) 作用在轴承上的力为 700 N,(b) 作用在轴承上的力为 350 N

为 14.25 mm.卸载后,磁悬浮列车样机的空载稳定悬浮高度为 19.75 mm,之后再对其进行与空载情况下一样的加载实验.

　　由图 4.114 可知,不论是在空载还是预加载情况下,磁悬浮列车样机的悬浮高度均随着加载重量的增加而逐渐下降.总体上看,在加载重量相同的情况下,空载时磁悬浮列车样机的悬浮高度明显高于预加载时的高度.但是,从磁悬浮列车样机悬浮高度随加载重量变化的曲线看,预加载情况下曲线斜率的绝对值明显偏小.例如,在空载情况下,加载 130 kg 后,磁悬浮列车样机的悬浮高度从 27.75 mm 下降到了 14.25 mm. 卸载后,磁悬浮列车样机的悬浮高度恢复为 19.75 mm,悬浮高度下降了 8 mm,损失了 29.6%. 在进行了预加载的情况下,加载 130 kg 后,磁悬浮列车样机的悬浮高度从 19.75 mm 下降到了 13.25 mm. 卸载后,磁悬浮列车样机的悬浮高度恢复为 18.75 mm,悬浮高度下降了 1 mm,损失了 5.06%. 这些结果表明,通过预加载的方法,可以明显提高磁悬浮列车样机悬浮的刚度和稳定性.

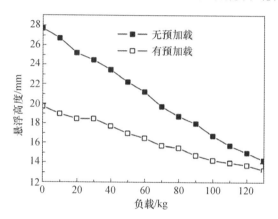

图 4.114　在液氮温度下预加载对磁悬浮列车高度下降程度的影响

马光同等[106]用尺寸分别为 $\phi 30$ mm$\times 12$ mm(S1)和 68 mm$\times 33$ mm$\times 13$ mm(S2)的 YBCO 超导块材,在液氮温度下研究了预加载对横向运动时样品超导磁悬浮力的影响规律. 实验所用的轨道磁体有两种,一种是在轨道的中部用软铁聚磁(PMG1),另一种是通过 Halbach 磁路聚磁(PMG2),其横断面示意图见图 4.115.

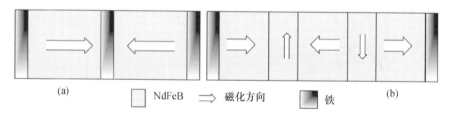

(a)　□ NdFeB　⟹ 磁化方向　▨ 铁　(b)

图 4.115　实验所用两种轨道磁体的横断面示意图. (a) PMG1,(b) PMG2

无预加载情况下的横向运动实验如下:将超导样品固定在磁体轨道正上方高度为 30 mm 处,注入液氮进行冷却. 待超导样品冷却到液氮温度后,将超导样品下降到 15 mm 的高度. 然后,使超导样品以轨道为中心,在该水平面内沿垂直轨道的方向进行横向往复循环运动,偏离轨道的最大位移为 ±6 mm,并记录其在往复循环运动过程中样品超导磁悬浮力的变化规律. 预加载情况下的横向运动实验如下:将超导样品固定在磁体轨道正上方高度为 30 mm 处,待超导样品冷却到液氮温度后,先将其下降到 12 mm 的高度,保持 6 min. 再将样品升高到 15 mm 的高度,保持 6 min. 然后,使超导样品在 15 mm 高度处进行与无预加载情况下同样的横向运动实验,并记录其在往复循环运动过程中,超导样品磁悬浮力的变化规律.

图 4.116 是两个样品与轨道磁体 PMG1 在有预加载和无预加载情况下横向运动时,样品处于轨道磁体正上方的磁悬浮力与循环次数的关系.

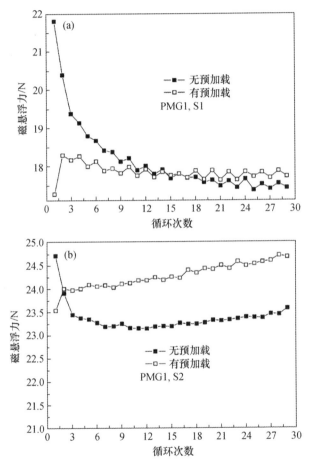

图 4.116 两个样品与轨道磁体 PMG1 在有预加载和无预加载情况下横向运动时,磁悬浮力与循环次数的关系

由图 4.116 (a)可知,在无预加载的情况下,随着往复循环运动次数的增加,样品 S1 的超导磁悬浮力快速下降. 循环 3 次后,样品的磁悬浮力就从最开始的 21.797 N 下降到 19.361 N,下降了 11%,之后缓慢下降,循环 9 次和 29 次后,分别下降到 18.1 N 和 17.409 N. 但是,在有预加载的情况下,随着往复循环运动次数的增加,样品 S1 的超导磁悬浮力开始稍有增加,然后再缓慢衰减. 当循环到第 9 次

后,样品的超导磁悬浮力不再衰减,基本上保持不变,波动很小,并且当循环 9 次后,样品在该高度的磁悬浮力一直高于其在无预加载情况下的值.由图 4.116 (b)可知,在无预加载的情况下,随着往复循环运动次数的增加,样品 S2 的超导磁悬浮力快速下降.循环 3 次后,样品的磁悬浮力就从最开始的 24.708 N 下降到 23.434 N,下降了 5%,之后缓慢变化,波动很小.但是,在有预加载的情况下,随着往复循环运动次数的增加,样品 S2 的超导磁悬浮力开始有一个明显的增加,然后一直缓慢增加,并且在第 2 次循环之后,样品在该高度的磁悬浮力一直高于其在无预加载情况下的值.

图 4.117 是两个样品与轨道磁体 PMG2 在有预加载和无预加载情况下横向运动时,样品处于轨道磁体正上方的超导磁悬浮力与循环次数的关系.

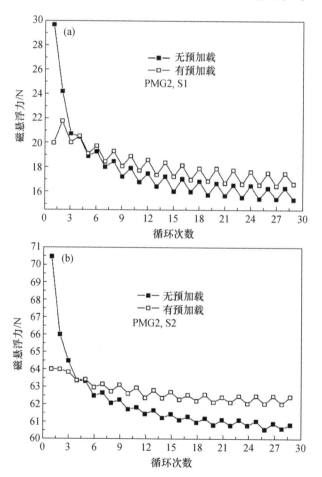

图 4.117 两个样品与轨道磁体 PMG2 在有预加载和无预加载情况下横向运动时,超导磁悬浮力与循环次数的关系

由图 4.117 (a)可知,在无预加载的情况下,随着往复循环运动次数的增加,样品 S1 的磁悬浮力快速下降. 循环 3 次后,样品的磁悬浮力就从最开始的 29.697 N 下降到 20.783 N,下降了 30%,之后缓慢下降,循环 29 次后,下降到 15.386 N. 在有预加载的情况下,随着往复循环运动次数的增加,样品 S1 的磁悬浮力衰减仍比较明显,但当循环 9 次后,样品在该高度的磁悬浮力仍高于其在无预加载情况下的值. 由图 4.117(b)可知,在无预加载的情况下,随着往复循环运动次数的增加,样品 S2 的磁悬浮力快速下降,循环 3 次后,样品的磁悬浮力就从最开始的 70.471 N 下降到 64.473 N,下降了 9%,之后缓慢衰减,循环 29 次后,下降到 60.808 N,下降了 14%. 在有预加载的情况下,随着往复循环运动次数的增加,样品 S2 的超导磁悬浮力亦缓慢衰减,但在第 4 次循环之后,样品在该高度的磁悬浮力一直高于其在无预加载情况下的值,循环 29 次后,样品 S2 的磁悬浮力从最开始的 63.997 N 下降到 62.423 N,下降了 2.5%.

这些结果表明,对于高温超导磁悬浮系统,如磁悬浮列车和磁悬浮轴承,可以通过预加压力(预加载)和过冷的方法降低磁悬浮力的衰减,从而达到改善和提高磁悬浮系统稳定性的目的. 这主要是因为预加压力(预加载)的过程改变了高温超导块材的磁化特性,在过冷的情况下,提高了高温超导块材的超导电性,从而提高了超导磁悬浮系统的刚度和稳定性.

人们也研究了单畴 REBCO 超导块材在环形永磁轨道上运行时的动态磁悬浮力特性. Liu 等设计制作了一个直径为 1.5 m 的环形永磁轨道(型号 SCML-03). 该轨道上 15 mm 处磁感应强度的波动范围小于 32 mT,转速可达 1200 rpm[107]. Liao 等用直径 41 mm 和直径 31 mm 的单畴 YBCO 和 GdBCO 超导块材,分别研究了永磁轨道磁场的非均匀性对单畴 REBCO 超导块材磁悬浮力的影响规律[108]. 图 4.118 是环形永磁轨道在静态—动态(转速 60 rpm)—静态变化过程中,单畴 YBCO (a)和 GdBCO (b)超导块材的磁悬浮力随时间的变化规律. 由图 4.118 可知,当永磁轨道旋转时,由于轨道磁场的非均匀性,会导致单畴 YBCO 和 GdBCO 超导块材磁悬浮力的波动,以及平均磁悬浮力的下降.

图 4.119 是畴 YBCO (a)和 GdBCO (b)超导块材的磁悬浮力衰减率与环形永磁轨道转速之间的关系. 由此图可知,随着永磁轨道旋转速率的增加,单畴 YBCO 和 GdBCO 超导块材磁悬浮力的衰减率也越来越大,GdBCO 超导块材磁悬浮力的衰减率较小. 因此,在设计和制造超导磁悬浮系统时,必须考虑永磁轨道磁场的均匀性.

另外,马俊等[109]通过引入辅助永磁体以及改变永磁体组合方式的方法提高了单畴 GdBCO 超导体的磁悬浮力特性. 邓自刚等[110]通过将铁磁性材料与高温超导块材组合的方法,提高了高温超导磁悬浮系统的性能. Hlasek 等[111]采用 TSMTG 法

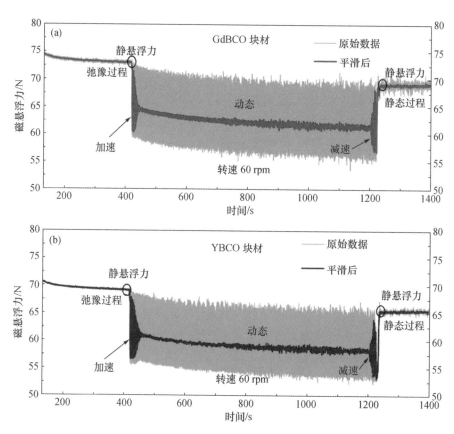

图 4.118　环形永磁轨道在静态—动态(转速 60 rpm)—静态变化过程中,单畴 YBCO (a)和 GdBCO (b)超导块材的磁悬浮力随时间的变化[108]

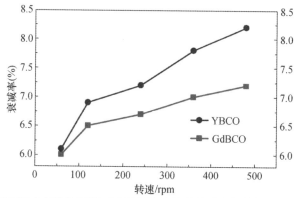

图 4.119　单畴 YBCO (a)和 GdBCO (b)超导块材的磁悬浮力衰减率随环形永磁轨道转速的变化[108]

制备出了 37 mm × 37 mm × 10 mm 的方形 YBCO 块材,在 77 K 的捕获磁场和磁悬浮力分别为 1.17 T 和 183 N.剑桥大学研制的直径 20 mm 和 30 mm 的单畴 GdBCO 超导晶体在 77 K 的捕获磁通密度为 0.8 T 和 0.95 T[112−113].王雅囡、李强等采用杨万民等发明的新 RE+011 TSIG 法在大气环境下制备出高质量单畴 SmBCO 超导晶体[114−116],其临界温度达到 95 K,直径 20 mm 的单畴 SmBCO 超导晶体的磁悬力密度达 17 N/cm² (77 K,0.5 T)[114],直径 32 mm,厚 8.4 mm 的单畴 SmBCO 超导晶体在 77 K,1.2 T 的充磁条件下,捕获磁通密度达 1.15 T[115,116],是目前在大气环境下制备的 SmBCO 样品中国际上报道的最高值.杨芃焘采用杨万民等发明的新 RE+011 TSIG 法制备出了高质量的单畴 GdBCO 晶体[117],直径 20 mm 的单畴 GdBCO 超导晶体的磁悬力密度达 17.4 N/cm² (77 K,0.5 T),在 77 K 的捕获磁通密度为 1.15 T[117].他们制备出的内径 10 mm,外径 32 mm 的环形单畴 GdBCO 超导晶体[118],在 77 K 下能够屏蔽 0.4 T 的外加磁场.这些事实说明,新 RE+011TSIG 法是一种高效制备高质量单畴 REBCO 超导晶体的好方法.Ozturk 等[119]发现磁体的磁场分布和样品的场冷高度会明显影响超导体的磁悬浮力和导向力.Uta 等[120]用尺寸为 64 mm×32 mm×12 mm 的 24 块 YBCO 超导块材(表面积 0.049 m²)在液氮温度悬浮高度为 10 mm 的条件下获得了达 3000 N 的磁悬浮力.Bernstein 等[121]发现 YBCO 块材的捕获磁通量与样品的厚度有关.对于一定厚度的样品,在捕获磁通量一定的条件下,温度越低,电流分布的厚度层越薄.杨万民等[116]计算模拟了单畴 SmBCO 超导晶体的捕获磁通密度分布与其平均电流密度的关系,并给出了单畴 REBCO 超导晶体的最大捕获磁通密度与其直径和厚度的依赖关系.这些结果对该类材料性能的进一步研究、拓展,以及开发应用均有重要意义.还有许多其他工作,这里不再详述.

参 考 文 献

[1]　Werfel F N, Floegel-Delor U, Rothfeld R, Riedel T, Goebel B, Wippich D, and Schirrmeister P. Superconductor bearings, flywheels and transportation. Supercond. Sci. Tech., 2012, 25: 014007.

[2]　Han Y H, Park B J, Jung S Y, Han S C, Lee W R, and Bae Y C. The improved damping of superconductor bearings for 35 kWh superconductor flywheel energy storage system. Physica C, 2013, 485: 102.

[3]　Dias D H N, Sotelo G G, Rodriguez E F, de Andrade Jr R, and Stephan R M. Emulation of a full scale maglev vehicle behavior under operational conditions. IEEE Trans. Appl. Supercond., 2013, 23(3): 3601105.

[4]　Tomita M, Fukumoto Y, Suzuki K, Ishihara A, and Muralidhar M. Development of a compact, lightweight, mobile permanent magnet system based on high T_c Gd-123 super-

conductors. J. Appl. Phys., 2011, 109: 023912.

[5] Tomita M and Murakami M. High-temperature superconductor bulk magnets that can trap magnetic fields of over 17 tesla at 29 K. Nature, 2003, 421: 517.

[6] Cardwell D A, Murakami M M, Zeisberger W G, Gonzalez A R, Eisterer M, Weber H W, Fuchs G, Krabbes G, Leenders A, Freyhardt H C, Chaud X, Tournier R, and Babu N H. Round robin measurements of the flux trapping properties of melt processed Sm-Ba-Cu-O bulk superconductors. Physica C, 2004, 412-414: 623.

[7] Moon F C, Yanoviak M M, and Ware R. Hysteretic levitation forces in superconducting ceramics. Appl. Phys. Lett., 1988, 52 (18): 1534.

[8] Hennig W, Hennig W, Parks D, Weinstein R, and Sawh R P. Enhanced levitation forces with field cooled $YBa_2Cu_3O_{7-\delta}$. Appl. phys. Lett., 1998, 72 (23): 3059.

[9] Tent B A, Qu D, and Donglu S. Angle dependence of levitation force in a $YBa_2Cu_3O_x$ sphere. Physica C, 1998, 309: 89.

[10] Tachi Y, Uemura N, Sawa K, Iwasa Y, Nagashima K, Miyamoto T, Tomita M, and Murakami M. Force measurements for levitated bulk superconductors. Physica C, 2001, 357-360: 771.

[11] 杨万民, 汪京荣, 张翠萍, 李建平, 王天成, 周廉. 熔融生长 YBCO 大块超导体磁悬浮力的测试及分析. 低温与超导, 1994, 22 (2): 50.

[12] Yang W M, Zhou L, Feng Y, Zhang P X, Wang J R, Zhang C P, Yu Z M, Tang X D, and Wei W. The effect of magnet configurations on the levitation force of melt processed YBCO bulk superconductors. Physica C, 2001, 354: 5.

[13] 肖玲, 任洪涛, 焦玉磊, 郑明辉. YBCO 超导块的磁浮力及其测量. 低温物理学报, 1999, 21 (4): 317.

[14] Ren Z Y, Wang J S, Wang S Y, Jiang H, Zhu M, Wang X R, and Shen X M. A hybrid maglev vehicle using permanent magnets and high temperature superconductor bulks. Physica C, 2002, 378-381: 873.

[15] Wang X R, Song H H, Ren Z Y, Zhu M, Wang J S, Wang S Y, and Wang X Z. Levitation force and guidance force of YBaCuO bulk in applied field. Physica C, 2003, 386: 536.

[16] Yang W M, Chao X X, and Shu Z B. A levitation force and magnetic field distribution measurement system in three dimensions. Physica C, 2006, 445-448: 347.

[17] 杨万民, 钞曦旭, 舒志兵, 朱思华, 武晓亮, 边小兵, 刘鹏. 超导体与磁体间的三维磁力及磁场测试装置研制. 低温物理学报, 1999, 27(5): 944.

[18] 杨万民, 马俊. 三维磁力测量卡具: 201110053985.0. 2013-04-27.

[19] 马俊. 高温超导块材与永磁体组合形式对其磁悬浮力的影响规律及应用研究. 西安: 陕西师范大学, 2012.

[20] Chen S L, Yang W M, Li J W, Yuan X C, Ma J, and Wang M. A new 3D levitation force measuring device for REBCO bulk superconductors. Physica C, 2014, 496: 39.

[21] Weinstein R, InGann C, Liu J, Parks D, Selvamanickam V, and Salama K. Persistent

magnetic fields trapped in high T_c superconductor. Appl. phys. Lett. , 1990, 56: 1475.

[22] Chen I G, Liu J X, Roy W, and Kwong L. Characterization of YBa$_2$Cu$_3$O$_7$ including critical current density J_c, by trapped magnetic field. J. Appl. Phys. , 1992, 72: 1013.

[23] Hirofumi F, Masaru T, Murakami M, and Nagatomo T. J_c-B properties of large RE-Ba-Cu-O disks. Supercond. Sci. Tech. , 2000, 13: 798.

[24] Hirofumi F, Masaru T, Murakami M, and Nagatomo T. Numerical simulation of trapped magnetic field for bulk superconductor. Physica C, 2001, 360: 774.

[25] Hiroyuki F and Tomoyuki N. Simulation of temperature and magnetic field distribution in superconducting bulk during pulsed field magnetization. Supercond. Sci. Tech. , 2010, 23: 105021.

[26] Fujishiro H, Naito T, and Oyama M. Simulation of flux dynamics in a superconducting bulk magnetized by multi-pulse technique. Physica C, 2011, 471: 889.

[27] Ishihara H, Ikuta H, Ttoh Y, Yanagi Y, Yoshikawa M, Oka T, and Mizutani U. Pulsed field magnetization of melt-processed Sm-Ba-Cu-O. Physica C, 2001, 357-360: 763.

[28] Tokuyama M, Yanagi Y, and Ikuta H. Local measurement of the pulsed field magnetization process of melt-processed bulk superconductor. Physica C, 2007, 463-465: 405.

[29] Ikuta H, Ishihara H, Hosokawa T, Yanagi Y, Itoh Y M, Yoshikawa T O, and Mizutani U. Pulse field magnetization of melt-processed Sm-Ba-Cu-O, Supercond. Sci. Tech. , 2000, 13: 846.

[30] Yoshizawa K, Nariki S, Sakai N, Murakami M, Hirabayasi I, and Takizawa T. Flux motion in Y-Ba-Cu-O bulk superconductors during pulse field magnetization. Supercond. Sci. Tech. , 2004, 17: S74.

[31] Ren Y, Weinstein R, Liu J, Sawh R P, and Foster C. Damage caused by magnetic pressure at high trapped field in quasi-permanent magnets composed of melt-textured Y-Ba-Cu-O superconductor. Physica C, 1995, 251: 15.

[32] Fuchs G, Schätzle P, Krabbes G, Gruβ S, Verges P, Müller K H, Fink J, and Schultz L. Trapped magnetic fields larger than 14 T in bulk YBa$_2$Cu$_3$O$_{7-x}$. Appl. Phys. Lett. , 2000, 76(15): 2017.

[33] Kimura Y, Matsumoto H, Fukai H, Sakai N, Hirabayashi I, Izumi M, and Murakami M. Pulsed field magnetization properties for Gd-Ba-Cu-O superconductors impregnated with Bi-Sn-Cd alloy. Physica C, 2006, 445-448: 408.

[34] Shimpo Y, Seki H, Wongsatanawarid A, Taniguchi S T, Kurita T M, and Murakami M. The improvement of the superconducting Y-Ba-Cu-O magnet characteristics through shape recovery strain of Fe-Mn-Si alloys. Physica C, 2010, 470: 1170.

[35] Masaru T and Murakami M. High-temperature superconductor bulk magnets that can trap magnetic fields of over 17 tesla at 29 K. Nature, 2003, 421: 517.

[36] Tomita M, Fukumoto Y, Suzuki K, and Iwasa Y. Measurement of the magnetic field of resin-impregnated bulk superconductor annuli. Physica C, 2010, 470: S33.

[37] Nariki S, Sakai N, and Murakami M. Melt-processed Gd-Ba-Cu-O superconductor with trapped field of 3 T at 77 K. Supercond. Sci. Tech., 2005, 18: 126.

[38] Tomita M, Fukumoto Y, Suzuki K, Ishihara A, and Muralidhar M. Development of a compact, lightweight, mobile permanent magnet system based on high T_c Gd-123 superconductors. J. Appl. Phys., 2011, 109: 023912.

[39] Tomita M, Fukumoto Y, Suzuki K, Ishihara A, and Muralidhar M. Development of a compact magnet system based on high T_c superconductors. Quarterly Report of RTRI, 2012, 53(3): 155.

[40] Weinstein R, Parks D, Sawh R P, Davey K, and Carpenter K. A study of pulsed activation of trapped field magnets: effects of multiple pulsing. Supercond. Sci. Tech., 2013, 26: 095005.

[41] Yokoyama K, Oka T, and Noto K. Development of a small-size superconducting bulk magnet system especially designed for a pulsed-field magnetization. Physica C, 2009, 469: 1282.

[42] Saho N, Nishijima N, Tanaka H, and Sasaki A. Development of portable superconducting bulk magnet system. Physica C, 2009, 469: 1286.

[43] Suzuki A, Wongsatanawarid A, Seki H, and Murakami M. Improvement in trapped fields by stacking bulk superconductors. Physica C, 2009, 469: 1266.

[44] Sakai N, Nariki S, Nishimura M, Miyazaki T, Murakami M, and Hirabayashi M M I. Magnetic field distributions of stacked large single domain Gd-Ba-Cu-O bulk superconductors exceeding 140 mm in diameter. Physica C, 2007, 463-465: 348.

[45] Deng Z, Miki M, Felder B, Tsuzuki K, Shinohara N, Uetake T, and Izumi M. Gap-related trapped magnetic flux dependence between single and combined bulk superconductors. Physica C, 2011, 471: 314.

[46] Fuchs G, Schätzle P, Krabbes G, Gruβ S, Verges P, Müller K H, Fink J, and Schultz L. Trapped magnetic fields larger than 14 T in bulk $YBa_2Cu_3O_{7-x}$. Appl. Phys. Lett., 2000, 76: 2107.

[47] Gruss S, Fuchs G, Krabbes G, Verges P, Stover G, Müller K -H, Fink J, and Schultz L. Superconducting bulk magnets: Very high trapped fields and cracking. Appl. Phys. Lett., 2001, 79(19): 3131.

[48] Gonzalez-Arrabal R, Eisterer M, Weber H W, Fuchs G, Verges P, and Krabbes G. Very high trapped fields in neutron irradiated and reinforced $YBa_2Cu_3O_{7-y}$ melt-textured superconductors. Appl. Phys. Lett., 2002, 81(5): 868.

[49] Schätzle P, Krabbes G, Gruss S, and Fuchs G. YBCO/Ag bulk material by melt crystalization for cryomagnetic applications. IEEE. T. Appl. Supercond., 1999, 9: 2022.

[50] Eisterer M, Haindl S, Zehetmayer M, Gonzalez-Arrabal R, Weber H W, Litzkendorf D, Zeisberger M, Habisreuther T, Gawalek W, Shlyk L, and Krabbes G. Limitations for the trapped field in large grain YBCO superconductors. Supercond. Sci. Tech., 2006,

19: S530.

[51] Gonzalez-Arrabal R, Eisterer M, and Weber H W. Study of inhomogeneities in the flux density distribution of big monolithic (RE)Ba$_2$Cu$_3$O$_{7-\delta}$ melt-textured superconductors. J. Appl. Phys., 2003, 93: 4734.

[52] Murakami M. Measurements of trapped-flux density for bulk high-temperature superconductors. Physica C, 2001, 357-360: 751.

[53] Sawh R P, Weinstein R, Carpenter K, Parks D, and Davey K. Production run of 2 cm diameter YBCO trapped field magnets with surface field of 2 T at 77 K. Supercond. Sci. Tech., 2013, 26: 105014.

[54] Murakami M. Melt-processing of high temperature superconductors. Prog. Mater. Sci., 1994, 38: 311.

[55] Brandt E H. Rigid levitation and suspension of high temperature superconductors by magnets. Am. J. Phys., 1990, 58: 43.

[56] Sanchez A and Navau C. Magnetic properties of finite superconducting cylinders I uniform applied field. Phys. Rev. B, 2001, 64: 214506.

[57] Navau C and Sanchez A. Magnetic properties of finite superconducting cylinders II nonuniform applied field and levitation force. Phys. Rev. B, 2001, 64: 214507.

[58] Putman P T and Salama K. Attractive force between a YBCO ring and rod. Physica C, 2000, 341-348: 2461.

[59] Qin M J, Li G, Liu H K, Dou S X, and Brandt E H. Calculation of the hysteretic force between a superconductor and a magnet. Phys. Rev. B, 2002, 66: 024516.

[60] Camacho D, Mora J, Fontcuberta J, and Obradors X. Calculation of levitation forces in permanent magnet-superconductor systems using finite element analysis. J. Appl. Phys., 1997, 82: 1461.

[61] Alqadi M K, Alzoubi F Y, Al-khateeb H M, and Ayoub N Y. The levitation force between a magnet and a small superconductor with cylindrical symmetry in the meissner state. Physica B, 2008, 403: 3495.

[62] Yang W M, Zhou L, Feng Y, Zhang P X, Zhang C P, Yu Z M, and Tang X D. Effect of perimeters of induced shielding current loops on levitation force in melt grown single-domain YBa$_2$Cu$_3$O$_{7-x}$ bulk. Appl. Phys. Lett., 2001, 79(13): 2043.

[63] 杨万民. Y 系大块超导体的制备、组织性能及应用研究. 沈阳：东北大学, 1999.

[64] Yang W M, Zhou L, Feng Y, Zhang P X, Zhang C P, Yu Z M, and Tang X D. Identification of the effect of grain size on levitation force of well-textured YBCO bulk superconductors. Cryogenics, 2002, 42: 589.

[65] Yang W M, Zhou L, Feng Y, Zhang P X, Zhang C P, Yu Z M, and Tang X D. The effect of grain-domain-size on levitation force of melt growth processing YBCO bulk superconductors. Brazilian J Physics, 2002, 32 (3): 763.

[66] Yang W M, Zhou L, Feng Y, and Zhang P X. The relationship of levitation force between

single and multiple YBCO bulk superconductors. Physica C, 2002, 371(3): 219.

[67] Yang W M, Zhou L, Feng Y, Zhang P X, Wu M Z, Gawalek W, and Gornert P. The grain-alignment and its effect on the levitation force of melt processed YBCO single-domain bulk superconductors. Physica C, 1998, 307: 271.

[68] Yang W M, Zhou L, Feng Y, Zhang P X, Wu M Z, Gawalek W, and Gornert P. The effect of grain alignment on the levitation force in single domain $YBa_2Cu_3O_y$ bulk superconductors. Physcia C, 1999, 319: 164.

[69] Shi D L, Qu D, Sagar S, and Lahiri K. Domain-orientation dependence of levitation force in seeded melt grown single-domain $YBa_2Cu_3O_x$. Appl. Phys. Lett. , 1997, 70: 3606.

[70] Cardwell D A, Bradley A D, Babu N H, Kambara M, and Lo W. Processing, microstructure and characterization of artificial joins in top seeded melt grown Y-Ba-Cu-O. Supercond. Sci. Tech. , 2002, 15: 639.

[71] Leblond C, Monot I, Bourgault D, and Desgardin G. Effect of the oxygenation time and of the sample thickness on the levitation force of top seeding melt-processed YBCO. Supercond. Sci. Tech. , 1999, 12: 405.

[72] Kutuk S, Bolat S, Basoglu M, and Ozturk K. Comparison of levitation force relative to thickness of disk shaped $YBa_2Cu_3O_{7-x}$ prepared by MPMG and FQMG processes. J. Alloy. Compd. , 2009, 488: 425.

[73] Rudnev I A and Ermolaev Y S. Non-additivity of magnetic levitation force. Journal of Physics: Conference Series, 2006, 43: 983.

[74] Shi D L, Lahiri K, Qu D, Sagar S, Solovjov V F, and Pan V M. Surface nucleation, domain growth mechanisms, and factors dominating superconducting properties in seeded melt grown $YBa_2Cu_3O_x$. J. Mater. Res. , 1997, 12: 3036.

[75] Yang W M, Zhou L, Feng Y, Zhang P X, Zhang C P, Yu Z M, and Tang X D. The relationship of levitation force between individual discs and double disc $YBa_2Cu_3O_{7-x}$ superconductors. Supercond. Sci. Tech. , 2003, 16(4): 451.
杨万民，周廉，冯勇，张平祥，Nicolsky R. 磁感应屏蔽电流沿纵向的传输性能对 YBCO 块材磁悬浮力的影响. 中国科学(G)，2003，33(5)：393.

[76] Kütük S, Bolat S, Basoglu M, and Öztürk K. Comparison of levitation force relative to thickness of disk shaped $YBa_2Cu_3O_{7-x}$ prepared by MPMG and FQMG process. Journal of Alloys and Compounds, 2009, 448: 425.

[77] Yang W M, Zhou L, Feng Y, Zhang P X, Zhang C P, Yu Z M, and Tang X D. Effect of different field cooling process on the levitation force and attractive force of single-domain $YBa_2Cu_3O_{7-x}$ bulk. Supercond. Sci. Tech. , 2002, 15(10): 1410.

[78] Yang W M, Zhou L, Feng Y, Zhang P X, Zhang C P, Nicolsky R, and Andrade R Jr. The characterization of levitation force and attractive force of single-domain YBCO bulk under different field cooling process. Physica C, 2003, 398: 141.

[79] Zhou J, Zhang X Y, and Zhou Y H. Influences of cooling height and lateral moving speed

on the levitation characteristics of YBaCuO bulks. Physica C, 2009, 469: 207.

[80] Nagashima K, Seina H, Miyazaki Y, Arai Y, Sakai N, and Murakami M. Magnetic bearings using superconducting coils and bulk superconductors. QR. Of. RTRI., 2008, 49 (2): 127.

[81] Suzuki T, Araki S, Koibuchi K, Ogawa K, Sawa K, Takeuchi K, Murakami M, Nagashima K, Seino H, Miyazaki Y, Sakai N, Hirabayashi I, and Iwasa Y. A study on levitation force and its time relaxation behavior for a bulk superconductor-magnet system. Physica C, 2008, 468: 1461.

[82] Zhou J, Zhang X Y, and Zhou Y H. Influences of temperature cycle on the levitation force relaxation with time in the HTS levitation system. J. Bas. Appl. Phys., 2013, 2 (3): 134.

[83] Guo W, Zou G S, Chai X, Wu A P, Zheng M H, Jiao Y L, and Ren J L. The study of multiple thermal cycle of HTS YBCO bulk. Physica C, 2012, 474: 25.

[84] Ullrich M, Leenders A, and Freyhardt H C. Influence of thermal cycling on the levitation force of melt-textured YBaCuO. Appl. Phys. Lett., 1996, 68 (19): 2375.

[85] Nariki S, Sakai N, Matsui M, and Murakami M. Effect of silver addition on the field trapping properties of Gd-Ba-Cu-O bulk superconductors. Physica C, 2002, 378-381: 774.

[86] Tomita M, Murakami M, Sawa K, and Tachi Y. Effect of resin impregnation on trapped field and levitation force of large-grain bulk Y-Ba-Cu-O superconductors. Physica C, 2001, 357-360: 690.

[87] Yang W M, Chao X X, Bian X B, Liu P, Feng Y, Zhang P X, and Zhou L. The effect of magnet size on the levitation force and attractive force of single-domain YBCO bulk. Supercond. Sci. Tech., 2003, 16(7): 789.

[88] Yang W M, Zhou L, Feng Y, and Zhang P X. The effect of magnetic field distribution on the levitation force of single -domain YBCO bulk superconductors. Advances in Cryogenic Engineering (Materials), 1999, 46(A): 663.

[89] Yang Z J and Hull J R. Effect of size on levitation force in a magnet/superconductor system. J. Appl. Phys., 1996, 79: 3318.

[90] Cha Y S, Hull J R, Mulcahy T M, and Rossing T D. Effect of size and geometry on levitation force measurements between permanent magnets and high temperature superconductors. J. Appl. Phys., 1991, 70: 6504.

[91] Yang W M, Zhou L, Feng Y, Zhang P X, Wang J R, Zhang C P, Yu Z M, Tang X D, and Wei W. The effect of magnet configurations on the levitation force of melt processed YBCO bulk superconductors. Physica C, 2001, 354: 5.

[92] Nuria D V, Sanchez A, Navau C, and Chen D X. Lateral-displacement influence on the levitation force in a superconducting system with translational symmetry. Appl. Phys. Lett., 2008, 92: 042505.

[93] Valle N D, Sanchez A, Pardo E, Chen D X, and Navau C. Optimizing levitation force and

stability in superconducting levitation with translational symmetry. Appl. Phys. Lett.,
2007, 90: 042503.

[94] Yang P T, Yang W M, Wang M, Li J W, and Guo Y X. Effective method to control the
levitation force and levitation height in a superconducting maglev system. Chin. Phys. B.,
2015, 24(11): 117403.

[95] Wang J S, Wang S Y, and Zheng J. Recent development of high temperature superconduct-
ing maglev system in China. IEEE. T. Appl. Supercond., 2009, 19(3): 2142.

[96] Jing H, Wang J S, Wang S Y, Wang L, Liu L, Zheng J, Deng Z G, Ma G T, Zhang Y,
and Li J. A two-pole halbach permanent magnet guideway for high temperature supercon-
ducting maglev vehicle. Physica C, 2007, 463-465: 426.

[97] Liu W, Wang S Y, Jing H, Zheng J, Jiang M, and Wang J S. Levitation performance of
YBCO bulk in different applied magnetic fields. Physica C, 2008, 468: 974.

[98] Sotelo G G, Dias D H N, Machado O J, David E D, Andrade R D, Stephan R M, and Cos-
ta G C. Experiments in a real scale maglev vehicle prototype. Journal of Physics: Confer-
ence Series, 2010, 234: 032054.

[99] Sotelo G G, Dias D H N, Andrade R D, and Stephan R M. Tests on a superconductor line-
ar magnetic bearing of a full-scale maglev vehicle. IEEE T. Appl. Supercon., 2011, 21
(3): 1464.

[100] Del-Valle N, Agramunt-Puig S, Navau C, and Sanchez A. Shaping magnetic fields with
soft ferromagnets: Application to levitation of superconductors. J. Appl. Phys., 2012,
111: 013921.

[101] Guo F, Tang Y, Ren L, and Li J. Structural parameter optimization design for Halbach
permanent maglev rail. Physica C, 2010, 470: 1787.

[102] Yang W M, Zhu S H, Wu X L, and Chao X X. Effects of the relative speed of a magnet
moving to and from a single-domain YBCO bulks on their interaction force. Cryogenics,
2009, 49: 299.

[103] Qin Y J, Lu Y Y, Wang S Y, and Wang J S. Levitation force relaxation of HTS bulk a-
bove NdFeB guideways at different approaching speeds. J. Supercond. Nov. Magn.,
2009, 22: 511.

[104] Konishi H, Isono M, Nasu H, and Hirose M. Suppression of rotor fall for radial-type
high-temperature superconducting magnetic bearing. Physica C, 2003, 392-396: 713.

[105] Deng Z G, Zheng J, Zhang J, Wang J S, Wang S Y, Zhang Y, and Liu L. Studies on the
levitation height decay of the high temperature superconducting maglev vehicle. Physica
C, 2007, 463-465: 1293.

[106] Ma G T, Lin Q X, Wang J S, Wang S Y, Deng Z G, Lu Y Y, Liu M X, and Zheng J.
Method to reduce levitation force decay of the bulk HTSC above the NdFeB guideway due
to lateral movement. Supercond. Sci. Tech., 2008, 21: 065020.

[107] Liu L, Wang J S, Wang S Y, Li J, Zheng J, Ma G T, and Yen F. Levitation force tran-

sition of high-T_c superconducting bulk superconductors within a maglev vehicle system under different dynamic operation. IEEE Trans. Appl. Supercond., 2011, 21: 1547.

[108] Liao H P, Zheng J, Jin L W, Huang H, Deng Z G, Shi Y H, Zhou D F, and Cardwell D A. Dynamic levitation performance of Gd-Ba-Cu-O and Y-Ba-Cu-O bulk superconductors under a varying external magnetic field. Supercond. Sci. Tech., 2018, 31: 035010.

[109] 马俊, 杨万民, 李国政, 程晓芳, 郭晓丹. 永磁体辅助下单畴 GdBCO 超导体和永磁体之间的磁悬浮力研究. 物理学报, 2011, 60: 027401.
马俊, 杨万民. 条状永磁体的组合形式及间距对单畴 GdBCO 超导体磁悬浮力的影响. 物理学报, 2011, 60: 077401.
马俊, 杨万民, 李佳伟, 王妙, 陈森林. 辅助永磁体的引入方式对单畴 GdBCO 超导块材磁场分布及其磁悬浮力的影响. 物理学报, 2012, 61(13): 137401.

[110] Deng Z G, Wang J S, Zheng J, Zhang Y, and Wang S Y. Feasibility of introducing ferromagnetic materials to onboard bulk high-T_c superconductors to enhance the performance of present maglev systems. Physica C, 2013, 485: 20.

[111] Hlasek T and Plechacek V. Long-term quality observation in large-scale production of top-seeded melt growth YBCO bulks. IEEE T. Appl. Supercon., 2017, 27(4): 6801004.

[112] Shi Y H, Anthony R D, Zhou D F, Devendra K N, Huang K Y, John H D, and Cardwell D A. Factors affecting the growth of multiseeded superconducting single grains. Cryst. Growth. Des., 2016, 16: 5110.

[113] Srpcic J, Perez F, Huang K Y, Shi Y, Ainslie M D, Dennis A R, Filipenko M, Boll M, Cardwell1 D A, and Durrell J H. Penetration depth of shielding currents due to crossed magnetic fields in bulk (RE)-BaCu-O superconductors. Supercond. Sci. Tech., 2019, 32: 035010.

[114] Wang Y N, Yang W M, Yang P T, Zhang C Y, Chen J L, Zhang L J, and Chen L. Influence of trapped field on the levitation force of SmBCO bulk superconductor. Physica C, 2017, 542: 28.

[115] Yang W M, Li Q, Chao X X, and Wu X J. High-quality single-domain SmBCO bulks prepared by a Sm+011 SIG technique with new solid phase in air. IEEE T. Appl. Supercon., 2016, 26(3): 7201305.

[116] Yang W M, Yang P T, Wang Y N, and Li Q. Theoretical analysis and numerical calculation of 3D trapped field distribution of single domain SmBCO bulks by Sm+011 TSIG methods. Physica C, 2017, 540: 32.

[117] Yang P T, Yang W M, Zhang L J, and Chen L. Novel configurations for the fabrication of high quality REBCO bulk superconductors by a modified RE+011 top-seeded infiltration and growth process. Supercond. Sci. Tech., 2018, 31: 085005.

[118] Yang P T, Yang W M, and Chen J L. Fabrication and properties of single domain GdBCO superconducting rings by a buffer aided Gd+011 TSIG method. Supercond. Sci. Tech., 2017, 30: 085003.

[119] Ozturk K, Kabaer M, Abdioglu M, Patel A, and Cansiz A. Clarification of magnetic levitation force and stability property of multi-seeded YBCO in point of supercurrent coupling effect. J. Alloy. Compd. , 2016, 689: 1076.

[120] Uta F D, Peter S, Riedel T, Koenig R, Kantarbar V, and Werfel F N. Bulk superconductor levitation devices: advances in and prospects for development. IEEE T. Appl. Supercon. , 2018, 28(4): 3601605.

[121] Bernstein P, Colson L, Dupont L, and Noudem J. A new approach to the current distribution in field cooled superconductors disks. Supercond. Sci. Tech. , 2018, 31: 015008.